Grundkurs Philosophie

von
Bruno Heller

Band 1

Einführung in die
Philosophie

Philosophische
Anthropologie

Bayerischer Schulbuch Verlag · München

Bildnachweis
Interfoto: 14, 82, 125, 152, 158
Süddeutscher Verlag: 69, 93, 142, 167, 172
Ullstein Bilderdienst: 139
Bildarchiv Preussischer Kulturbesitz: 7
AOK: 103

www.bayerischer-schulbuch-verlag.de

Dieses Werk folgt der reformierten Rechtschreibung und Zeichensetzung.

3. Auflage 2000 R E
Druck 04 03 02
Die letzte Zahl bezeichnet das Jahr des Drucks.
Alle Drucke dieser und der vorhergehenden Auflagen sind untereinander unverändert und im Unterricht nebeneinander verwendbar.

Umschlag: Christian Diener
Lektorat: Annette Rose, Stephanie Staudacher
Herstellung: Heiko Jegodtka
Satz: Typosatz Ullrich, Nördlingen
Druck: Appl, Wemding

ISBN 3-7627-**7071**-9

Inhalt

TEIL A: EINFÜHRUNG IN DIE PHILOSOPHIE

Raffaelo Santi: Die Schule von Athen (Ausschnitt; 1509–1511, Rom, Vatikan). Der italienische Renaissancemaler Raffael hat auf seinem Bild die wichtigsten griechischen Philosophen zusammengestellt. In der Bildmitte stehen Platon und Aristoteles; Platon hält seinen Dialog „Timaios" in der linken Hand und weist mit der rechten hinauf zum ewigen Reich der Ideen; der jüngere Aristoteles hält seine „Ethik" und zeigt auf die irdische Welt der Erfahrung.

Einleitung

Philosophie kann eine spannende Sache sein, wenn man ihr ernsthaft und aufgeschlossen gegenübersteht. Allerdings lässt sie sich nicht „lernen", wie man englische Vokabeln oder mathematische Formeln lernt. Wer Sokrates' Reden kennt oder wer sich einige Sätze aus Kants Büchern eingeprägt hat, ist deswegen noch längst kein Philosoph. Philosophie erschöpft sich nicht darin, irgendwelche Lehrmeinungen aufzunehmen. Eigentlich wäre es viel sinnvoller, nicht von „der Philosophie", sondern vom Philosophieren *zu sprechen, denn dann wird gar nicht erst der Eindruck erweckt, es ginge da um einen festen Unterrichtsstoff. Philosophieren kann eigentlich jeder und mancher tut es, ohne davon zu wissen. Philosophieren ist ein lebendiges Geschehen, kein fertiges Wissen. Wer sich mit Grundfragen seines Daseins, mit der Welt überhaupt gedanklich auseinander setzt, philosophiert bereits.*

Allerdings ist systematisches *Philosophieren nicht ohne gewisse Hilfsmittel möglich und der Philosophieunterricht soll dazu dienen, sie – wenigstens in ersten Ansätzen – zu entwickeln. Wer einen Nagel in die Wand schlagen will, muss dazu nicht erst den Hammer erfinden; meistens liegt der schon an seinem Platz in der Werkstatt. So hat auch der Philosoph eine Art Gedankenwerkstatt, in der es mancherlei gibt, was beim Philosophieren hilfreich ist, z. B. die Arbeitsergebnisse anderer Philosophen. Solche Ergebnisse werden selten einfach hingenommen; Philosophen pflegen sich gegenseitig unerbittlich zu kritisieren. Aber jeder von ihnen öffnet den Blick für gewisse Dinge, die andere vor ihm noch nicht so gesehen haben; er stellt neue Fragen und bereitet Wege, auf denen er selbst vielleicht gar nicht bis zum Ende geht.*

Im Philosophieunterricht lässt sich also lernen, was in exemplarischer Weise durch bedeutende Denker vorgedacht wurde: wie *sie dachten und welche Fragen sie gestellt haben. Darüber ein wenig zu wissen, kann bei eigenen Denkbemühungen sehr hilfreich sein. Anregend ist es allemal und wie gesagt: Man braucht nicht immer von vorne anzufangen, wenn schon andere auf dem Weg gegangen sind, den man selbst einschlagen will. Eventuell könnte es sogar ein Irrweg sein und dann ist es gut, vom Scheitern anderer auf diesem Wege etwas zu erfahren.*

Übrigens ist ein Einführungskurs „Philosophie" nicht so etwas wie das Trockenschwimmen vor dem ersten Sprung ins tiefe Wasser. Wer diesen Kurs wählt, bekommt nicht eine Art unechter Vor-Philosophie geboten, sozusagen Übungsstückchen, die später zu nichts mehr taugen. Auch eine Einführung ins Philosophieren ist immer schon Philosophie im vollen Sinne des Wortes und mit dem ganzen Ernst der Sache. Eine Philosophie für Schüler gibt es nicht – immer nur die Philosophie *selbst.*

Auch die Texte in diesem Buch sind nicht eigens für Schüler und Schülerinnen geschrieben, sogar dann nicht, wenn ihre Verfasser ausdrücklich erst einmal fragen, was Philosophie überhaupt sei. Wer solch eine Frage stellt, fragt philosophisch, d. h. in einem durch Philosophieren erlangten Bewusstsein von Philosophie. Das hier vorliegende Arbeitsbuch soll helfen, solch ein Bewusstsein zu entwickeln, und es soll den entsprechenden Unterricht begleiten. Vielleicht (sehr wahrscheinlich sogar) werden dabei nicht alle Texte behandelt. Das muss auch nicht sein. Aber falls Sie Lust haben, alle zu lesen, sollte das den Herausgeber freuen. Er hat sich bemüht, Ihnen das Verständnis der Texte durch kleine Zwischenbemerkungen zu erleichtern, und wünscht Ihnen Freude am Denken!

1 Was ist Philosophie?

1.1 Philosophie – eine merkwürdige Sache

Die erste Begegnung mit Philosophie weckt – hoffentlich – Spannung und mancherlei Erwartungen. Das liegt nicht nur an dem fremd klingenden Namen, sondern vielleicht auch an dem, was gelegentlich über Philosophie geredet wird. Philosophie sei Liebe zur „Weisheit" (sophía), etwas schlichter übersetzt: Liebe (philía) zum Wissen. Aber nicht jeder, der ein bestimmtes Wissen schätzt, z. B. gern Physik treibt oder englische Vokabeln lernt, ist schon ein Philosoph. Mit dem Wissen, um das es der Philosophie geht, hat es seine besondere Bewandtnis. Vielleicht hängt das damit zusammen, dass man sich als Mensch so seine Gedanken machen kann, nicht nur über bestimmte Dinge, sondern ganz allgemein …

Das muss nicht immer mit dem angestrengten Ernst grüblerischer Besinnung geschehen. Es gibt auch heitere Wege in die Philosophie, und um einen solchen einzuschlagen, soll diese Textsammlung mit einer Szene beginnen, die der Münchener Komiker Karl Valentin *an den Anfang eines seiner Stücke gestellt hat.*

1.1.1 Die Raubritter vor München – Karl Valentin

(Bene ist ein Soldat der Bürgerwehr aus der Biedermeierzeit; er steht gerade schlafend in seinem Schilderhaus. Michl ist ein Trommelbube, der ihn aufwecken kommt.)

Michl: Ja i bin da – sechs Uhr is!

Bene: Was – sechs Uhr is – i werd ja erst um sieben Uhr abgelöst.
(er will in sein Schilderhaus zurück)

Michl: Ja bleib nur da, sei froh, dass ich dich aufgweckt hab.

Bene: Ja ich hab jetzt grad einen Traum ghabt, einen ganz exotischen Traum. Mir hat nämlich träumt, i bin a Entn gwesn und bin in an Weiher umeinand gschwommen, und wie ich so umeinanda schwimm, seh ich am Rand draußen einen ganz langen, gelben Wurm, der war mindestens so gelb, i bin glei auf ihn hingschwommen, und grad wie i an Schnabel aufreißen will und will den Wurm fressn, im selben Moment hast du mich aufgweckt.

Michl: Das ist aber schad. Wenn ich da eine Ahnung ghabt hätt, dann hätt ich dir den Wurm zuerst fressen lassen, aber das kann ich doch net schmecken, dass du um sechs Uhr noch träumst.

Bene: Ja und ich kann doch net zu dir sagn: Weck mi net auf, weil i träum!

Michl: Nun ja, es ist ja gleich, ein schöner Traum wars doch net.

Bene: Ja, für a Entn scho –

Michl: Ja, für a Entn, aber du bist ja koa Entn!

Bene: Ja, aber im Traum war ich eine Entn; überhaupt: für solche Träume bist du noch z'jung.

Michl: Du derfst mir ja dankbar sein, dass ich dich aufgeweckt hab, denn wenn i dir den Wurm fressn hätt lassen, dann wär dir jetzt höchstens recht schlecht.

Bene: Einer Entn wird doch net schlecht von einem Wurm, verstehst du denn das nicht? Das weiß überhaupt kein Mensch, ob eine Entn wirklich träumt, das weiß niemand, das wäre eine zoologische Berechnung, und wenns einer Entn wirklich träumt, dann kann sie's nicht sagen, weils net reden kann! Bei einem Papagei wär das was anders, weil der reden kann.

Michl: Du musst dir doch denken, das war doch nur ein Traum, und Träume sind Schäume.
Bene: Das war kein Schaum, das war ein Wurm, und jetzt holst an Kaffee, da hast fuchzehn Kreuzer, Pfennig hats seinerzeit noch keine gebn, also oan Kaffee, oan für mi und oan für di – und oan für uns zwoa – im ganzen fünf Kaffee.
Michl: Soll i mei Trommel mitnehma oder soll is dalassn?
Bene: Entweder du nimmst es mit, oder du lasst es da, keinen goldenen Mittelweg gibt's da net.
Michl: Soll ichs na mitnehma?
Bene: Ja –
Michl: Oder soll ichs dalassen?
Bene: Des is doch wurscht, jetzt nimmst as z'erst mit, und dann lasst as da.
Michl: Aaaa, dann lass ichs schon lieber glei da, dann brauch ichs überhaupt nicht mitnehmen. (er geht ab)*

Man hat Karl Valentin *als den Philosophen unter den Komikern bezeichnet; warum wohl?*
Zum Vergleich eine kleine Geschichte aus dem Alt-Chinesischen. Sie stammt von dem Dichter Tschuang-Tschou *(sprich: dschwang-dschou); er lebte um 300 v. Chr. und wurde auch Tschuang-Tse genannt.*

1.1.2 Der Schmetterlingstraum – Tschuang-Tschou

Einst träumte mir, Tschuang Tschou, ich sei ein Schmetterling. Ein schwebender Schmetterling, der sich wohl und wunschlos fühlte und nichts wusste von Tschuang Tschou.
Plötzlich erwachte ich und merkte, dass ich wieder Tschuang Tschou war. Nun weiß ich nicht, bin ich Tschuang Tschou, dem träumte, ein Schmetterling zu sein, oder bin ich ein Schmetterling, dem träumt, er sei Tschuang Tschou.
Und doch ist sicherlich zwischen Tschuang Tschou und dem Schmetterling ein Unterschied, denn gerade diesen nennen wir ja Wandlung der Substanz zu Einzelwesen.**

Gemeint ist damit, dass sich eine zunächst gleichartige Ursubstanz in voneinander unterscheidbare Individuen aufteilte.

* Karl Valentin, Die Raubritter vor München. Piper, München; dtv, München 1963, S. 11–12
** Tschuang-Tse, Dichtung und Weisheit. Übers. v. Hans Otto Heinrich Stange, Insel-Bücherei Nr. 499, Wiesbaden 1957, S. 15

Wenn wirklich das ganze Leben ein Traum sein sollte, dann braucht das den Träumenden eigentlich wenig zu kümmern; er lebt eben sein Traumleben, wie es für ihn ist.
Andererseits scheinen die Dinge, die uns täglich umgeben, so real zu sein wie nur irgendetwas. Der Tisch steht wirklich da, wo er ist, durch das Fenster scheint tatsächlich die Sonne ins Zimmer, und der Himmel draußen ist blau, wie es sich für einen schönen Sommertag gehört. Aber ist der Himmel wirklich blau? Gibt es ihn überhaupt? Ein Astronaut, der in seiner Raumkapsel die Erde umrundet, sieht ihn gar nicht, sondern schwebt durch einen schwarzen Raum, in dem auch am Tage die Sterne leuchten. Wie wirklich ist also „der Himmel"? Und wenn man an seiner Realität zweifeln kann, ist dann die Wirklichkeit des Tisches im Zimmer immer noch völlig unbestreitbar? Das scheinen Haarspaltereien zu sein, auf die nur Leute kommen können, die sich mit überflüssigen Spinnereien plagen: eben die „Philosophen". Gehen sie nicht unfruchtbaren Gedankenspielen nach? Wie müßig ihr Tun erscheinen kann, hat der Schriftsteller Victor Auburtin *in einer kleinen Geschichte dargestellt:*

1.1.3 Der Philosoph oder Über das Wesen der Dinge – Victor Auburtin

Der Philosoph saß in seinem Studierzimmer und wollte über das Wesen der Dinge nachsinnen. Aber sein weißes Kätzchen sprang auf den Tisch, schmiegte sich an den Philosophen und störte ihn in jeder Weise.
Da warf er dem Kätzchen einen Champagnerpfropfen auf die Erde hin; das Kätzchen stürzte sich darauf und begann, den Champagnerpfropfen vor sich her zu jagen.
Und ungestört konnte der Philosoph nun Folgendes denken: Es ist etwas. Aber was ist? Und was heißt sein? Was ist, kann nicht nicht sein, und alle Dinge sind, die nicht nicht sind.
Die Katze trudelte den Champagnerpropfen von dem Arbeitstisch zum Kamin, ihre Augen leuchteten vor Eifer, denn der Verdacht war ihr gekommen, dass dies kein Champagnerpfropfen sei, sondern eine Maus, die sich nur so stelle, als sei sie ein Champagnerpfropfen.
Offenbar, so folgerte der Philosoph weiter, offenbar gibt es Dinge, die sind, und Dinge, die nicht sind. Die Welt teilt sich also in zwei große Kategorien: Kategorie a: die Dinge, die sind; Kategorie b: die Dinge, die nicht sind. Aber was heißt nun nicht sein? Nicht sein heißt nicht vorhanden sein. Wenn ich also sage, in der Kategorie b sind die Dinge, die nicht sind, begehe ich einen greifbaren Widerspruch. Denn was nicht ist, kann nirgendwo sein, also auch in der Kategorie b nicht. So bleibt nur die Kategorie a übrig, und alle Dinge sind. Es ist also etwas, aber was ist und was heißt sein?
Während der Philosoph so dachte, hatte die Katze den Champagnerpfropfen rund um das Zimmer gejagt und trieb ihn nun zu dem Arbeitstisch zurück. Dort ließ sie ihn liegen, denn sie war jetzt überzeugt, dass es doch keine Maus, sondern einfach ein Pfropfen sei. Der Philosoph blickte sie an und lächelte.
Törichtes Tier, sprach er, bist du nun weitergekommen, da du den Pfropfen einmal im Kreise herumgejagt hast?*

* Victor Auburtin, Sündenfälle. Hrsg. von Heinz Knobloch, Albert Langen/Georg Müller, München/Wien 1970, S. 348 f.

Was bringt es also, sich mit müßigen Grübeleien zu beschäftigen? Dass ein Philosoph manchmal sehr weltfremd sein kann, hat man schon gemerkt, als erstmals Philosophen auftraten: zunächst in Griechenland, und da erzählt Platon *eine Anekdote, die sehr typisch zu sein scheint.*

1.1.4 Über die scheinbare Lächerlichkeit des Philosophen – Platon

Sokrates *unterhält sich in* Platons *Dialog* „Theaitetos“ *mit seinem Freund Theodoros über den seltsamen Ruf, in dem Philosophen stehen, und gibt ein Beispiel:*

So soll denn, o Theodoros, eine witzige und anmutige Magd aus Thrakien den Thales verspottet haben, als er, um Sternkunde zu treiben, den Blick nach oben richtete und in einen Brunnen fiel: Was im Himmel wäre, suche er wohl herauszubekommen, aber was vor ihm und seinen Füßen liege, das bemerke er nicht.*

Allerdings betont Platon, *gelegentlich würde von den Philosophen der Spieß umgedreht und gegen ihre Mitwelt gerichtet. Dann spotten sie darüber, mit welchen Nichtigkeiten die Menschen sich meistens beschäftigen und dass kaum jemand sich um die Dinge kümmert, die wirklich wesentlich sind.*
Philosophie ist also nicht nur eine fragwürdige Sache, sondern kann selbst manches Fragwürdige aufdecken. Um so wichtiger ist es, zu klären, worum es sich bei der Philosophie überhaupt handelt.

1.2 Zugänge zur Philosophie

Die folgenden Texte (Jaspers, Landgrebe, Lübbe) *geben auf unterschiedliche Weise eine erste Einführung in die Philosophie.*

1.2.1 Was ist Philosophie? – Karl Jaspers

Was Philosophie sei und was sie wert sei, ist umstritten. Man erwartet von ihr außerordentliche Aufschlüsse oder lässt sie als gegenstandsloses Denken gleichgültig beiseite. Man sieht sie mit Scheu als das bedeutende Bemühen ungewöhnlicher Menschen oder verachtet sie als überflüssiges Grübeln von Träumern. Man hält sie für eine Sache, die jedermann angeht und daher im Grund einfach und verstehbar sein müsse, oder man hält sie für so schwierig, dass es hoffnungslos sei, sich mit ihr zu beschäftigen. Was unter dem Namen der Philosophie auftritt, liefert in der Tat Beispiele für so entgegengesetzte Beurteilungen.
Für einen wissenschaftsgläubigen Menschen ist das Schlimmste, dass die Philosophie gar keine allgemein gültigen Ergebnisse hat, etwas, das man wissen und damit besitzen kann. Während die Wissenschaften auf ihren Gebieten zwingend gewisse und allgemein anerkannte Erkenntnisse gewonnen haben, hat die Philosophie dies trotz der Bemühungen der Jahrtausende nicht erreicht. Es ist nicht zu leugnen: In der Philosophie gibt es keine Einmütigkeit des endgültig Erkannten. Was aus zwingenden Gründen von jedermann anerkannt wird, ist nicht mehr Philosophie, sondern bezieht sich auf ein besonderes Gebiet des Erkennbaren.

* Platon, Theaitetos 173 d–175 b, in: Ders., Sämtliche Werke, Bd. 3, übers. v. Friedrich Schleiermacher, Rowohlt, Hamburg 1958

Das philosophische Denken hat auch nicht, wie die Wissenschaften, den Charakter eines Fortschrittsprozesses. Wir sind gewiss viel weiter als Hippokrates, der griechische Arzt[1]. Wir dürfen kaum sagen, dass wir weiter seien als Plato[2]. Nur im Material wissenschaftlicher Erkenntnisse, die er benutzt, sind wir weiter. Im Philosophieren selbst sind wir vielleicht noch kaum wieder bei ihm angelangt.

Dass jede Gestalt der Philosophie, unterschieden von den Wissenschaften, der einmütigen Anerkennung aller entbehrt, das muss in der Natur der Sache liegen. Die Art der in ihr zu gewinnenden Gewissheit ist nicht die wissenschaftliche, nämlich die gleiche für jeden Verstand, sondern ist eine Vergewisserung, bei deren Gelingen das ganze Wesen des Menschen mitspricht. Während wissenschaftliche Erkenntnisse auf je einzelne Gegenstände gehen, von denen zu wissen keineswegs für jedermann notwendig ist, handelt es sich in der Philosophie um das Ganze des Seins, das den Menschen als Menschen angeht, um Wahrheit, die, wo sie aufleuchtet, tiefer ergreift als jede wissenschaftliche Erkenntnis.

Ausgearbeitete Philosophie ist zwar an die Wissenschaften gebunden. Sie setzt die Wissenschaften in dem fortgeschrittenen Zustand voraus, den sie in dem jeweiligen Zeitalter erreicht haben. Aber der Sinn der Philosophie hat einen anderen Ursprung. Vor aller Wissenschaft tritt sie auf, wo Menschen wach werden.

Diese *Philosophie ohne Wissenschaft* vergegenwärtigen wir uns an einigen merkwürdigen Erscheinungen:

Erstens: In philosophischen Dingen hält sich fast jeder für urteilsfähig. Während man anerkennt, dass in den Wissenschaften Lernen, Schulung, Methode Bedingung des Verständnisses sei, erhebt man in Bezug auf die Philosophie den Anspruch, ohne weiteres dabei zu sein und mitreden zu können. Das eigene Menschsein, das eigene Schicksal und die eigene Erfahrung gelten als genügende Voraussetzung.

Die Forderung der Zugänglichkeit der Philosophie für jedermann muss anerkannt werden. Die umständlichsten Wege der Philosophie, die die Fachleute der Philosophie gehen, haben doch ihren Sinn nur, wenn sie münden in das Menschsein, das dadurch bestimmt ist, wie es des Seins und seiner selbst darin gewiss wird.

Zweitens: Das philosophische Denken muss jederzeit ursprünglich sein. Jeder Mensch muss es selber vollziehen.

Ein wunderbares Zeichen dafür, dass der Mensch als solcher ursprünglich philosophiert, sind die Fragen der Kinder. Gar nicht selten hört man aus Kindermund, was dem Sinne nach unmittelbar in die Tiefe des Philosophierens geht. Ich erzähle Beispiele:

Ein Kind wundert sich: „Ich versuche immer zu denken, ich sei ein anderer, und bin doch immer wieder ich." Dieser Knabe rührt an einen Ursprung aller Gewissheit, das Seinsbewusstsein im Selbstbewusstsein. Er staunt vor dem Rätsel des Ichseins, diesem aus keinem anderen zu Begreifenden. Er steht fragend vor dieser Grenze.

Ein anderes Kind hört die Schöpfungsgeschichte: Am Anfang schuf Gott Himmel und Erde …, und fragt alsbald: „Was war denn vor dem Anfang?" Dieser Knabe erfuhr die Endlosigkeit des Weiterfragens, das Nichthaltmachenkönnen des Verstandes, dass für ihn keine abschließende Antwort möglich ist.

Ein anderes Kind lässt sich bei einem Spaziergang angesichts einer Waldwiese Märchen erzählen von den Elfen, die dort nächtlich ihre Reigen aufführen … „Aber die gibt es doch gar nicht …" Man erzählt ihm nun von Realitäten, beobachtet die Bewegung der Sonne, erklärt die Frage, ob sich die Sonne bewege oder die Erde sich drehe, und bringt die Gründe, die für die Kugelgestalt der Erde und ihre Bewegung um sich selbst sprechen … „Ach, das ist ja gar nicht

1 Hippokrates lebte 460–377 v. Chr. und gilt als Begründer der wissenschaftlichen Medizin in der Antike.
2 Plato, Platon: griechischer Philosoph; vgl. das Autorenverzeichnis, S. 209

wahr", sagt das Mädchen und stampft mit dem Fuß auf den Boden, „die Erde steht doch fest. Ich glaube doch nur, was ich sehe." Darauf: „Dann glaubst du nicht an den lieben Gott, den kannst du doch auch nicht sehen." – Das Mädchen stutzt und sagt dann sehr entschieden: „Wenn er nicht wäre, dann wären wir doch gar nicht da." Dieses Kind wurde ergriffen von dem Erstaunen des Daseins: Es ist nicht durch sich selbst. Und es begriff den Unterschied des Fragens: ob es auf einen Gegenstand in der Welt geht oder auf das Sein und unser Dasein im Ganzen.

Karl Jaspers (1883–1969); führender Vertreter der deutschen Existenzphilosophie um die Mitte des 20. Jahrhunderts

Ein anderes Mädchen geht zum Besuch eine Treppe hinauf. Es wird ihm gegenwärtig, wie doch alles immer anders wird, dahinfließt, vorbei ist, als ob es nicht gewesen wäre. „Aber es muss doch etwas Festes geben können … dass ich jetzt hier die Treppe zur Tante hinaufgehe, das will ich behalten." Das Staunen und Erschrecken über die universale Vergänglichkeit im Hinschwinden sucht sich einen hilflosen Ausweg.

Wer sammeln würde, könnte eine reiche Kinderphilosophie berichten. Der Einwand, Kinder hätten das vorher von Eltern oder anderen gehört, gilt offenbar gar nicht für die ernsthaften Gedanken. Der Einwand, dass diese Kinder doch nicht weiter philosophieren und dass also solche Äußerungen nur zufällig sein können, übersieht eine Tatsache: Kinder besitzen oft eine Genialität, die im Erwachsenwerden verlorengeht. Es ist, als ob wir mit den Jahren in das Gefängnis von Konventionen und Meinungen, der Verdeckungen und Unbefragtheiten eintreten, wobei wir die Unbefangenheit der Kinder verlieren. Das Kind ist noch offen im Zustand des sich hervorbringenden Lebens, es fühlt und sieht und fragt, was ihm dann bald entschwindet. Es lässt fallen, was einen Augenblick sich ihm offenbarte, und ist überrascht, wenn die aufzeichnenden Erwachsenen ihm später berichten, was es gesagt und gefragt habe.

Drittens: Ursprüngliches Philosophieren zeigt sich wie bei Kindern so bei Geisteskranken. Es ist zuweilen – selten –, als ob die Fesseln der allgemeinen Verschleierungen sich lösten und ergreifende Wahrheit spräche. Im Beginn mancher Geisteskrankheiten erfolgen metaphysische Offenbarungen[3] erschütternder Art, die zwar durchweg in Form und Sprache nicht von dem Range sind, dass ihre Kundgabe eine objektive Bedeutung gewönne, außer in Fällen wie dem Dichter Hölderlin[4] oder dem Maler van Gogh[5]. Aber wer dabei ist, kann sich dem Eindruck nicht entziehen, dass hier eine Decke reißt, unter der wir gemeinhin unser Leben führen. Manchem Gesunden ist auch bekannt die Erfahrung unheimlich tiefer Bedeutungen im Erwachen aus dem Schlafe, die sich bei vollem Wachsein wieder verlieren und nur fühlbar machen, dass wir nun nicht mehr hindurchdringen. Es ist ein tiefer Sinn in dem Satz: Kinder und Narren sagen die Wahrheit. Aber die schaffende Ursprünglichkeit, der wir die großen philosophischen Gedanken schulden, liegt doch nicht hier, sondern bei Einzelnen, die in ihrer Unbefangenheit und Unabhängigkeit als wenige große Geister in den Jahrtausenden aufgetreten sind.

Viertens: Da die Philosophie für den Menschen unumgänglich ist, ist sie jederzeit da in einer Öffentlichkeit, in überlieferten Sprichwörtern, in geläufigen philosophischen Redewendungen, in herrschenden Überzeugungen, wie etwa in der Sprache der Aufgeklärtheit, der politischen

3 metaphysische Offenbarungen: Einblicke in das, was hinter den sichtbaren Dingen als deren Urgrund steht
4 Hölderlin: Dichter der deutschen Klassik (1770–1843); seit 1806 lebte er in geistiger Umnachtung.
5 Vincent van Gogh (1853–1890, holländischer Maler; Wegbereiter des Expressionismus

Glaubensanschauungen, vor allem aber vom Beginn der Geschichte an in Mythen. Der Philosophie ist nicht zu entrinnen. Es fragt sich nur, ob sie bewusst wird oder nicht, ob sie gut oder schlecht, verworren oder klar wird. Wer die Philosophie ablehnt, vollzieht selber eine Philosophie, ohne sich dessen bewusst zu sein.

Was ist nun die Philosophie, die so universell und in so sonderbaren Gestalten sich kundgibt? Das griechische Wort Philosoph (philosophos) ist gebildet im Gegensatz zum Sophos. Es heißt: der die Erkenntnis (das Wesen) Liebende im Unterschied von dem, der im Besitz der Erkenntnis sich einen Wissenden nannte. Dieser Sinn des Wortes besteht bis heute: das Suchen der Wahrheit, nicht der Besitz der Wahrheit ist das Wesen der Philosophie, mag sie es noch so oft verraten im Dogmatismus, das heißt in einem in Sätzen ausgesprochenen, endgültigen, vollständigen und lehrhaften Wissen. Philosophie heißt: auf dem Wege sein. Ihre Fragen sind wesentlicher als ihre Antworten und jede Antwort wird zur neuen Frage.

Aber dieses Auf-dem-Wege-Sein – das Schicksal des Menschen in der Zeit – birgt in sich die Möglichkeit tiefer Befriedigung, ja in hohen Augenblicken eine Vollendung. Diese liegt nie in einem aussagbaren Gewusstsein, nicht in Sätzen und Bekenntnissen, sondern in der geschichtlichen Verwirklichung des Menschseins, dem das Sein selbst aufgeht. Diese Wirklichkeit in der Situation zu gewinnen, in der jeweils ein Mensch steht, ist der Sinn des Philosophierens.

Suchend auf dem Wege sein, oder: Ruhe und Vollendung des Augenblicks finden – das sind keine Definitionen der Philosophie. Philosophie hat nichts Übergeordnetes, nichts Nebengeordnetes. Sie ist nicht aus einem andern abzuleiten. Jede Philosophie definiert sich selbst durch ihre Verwirklichung. Was Philosophie sei, das muss man versuchen. Dann ist Philosophie in eins der Vollzug des lebendigen Gedankens und die Besinnung auf diese Gedanken (die Reflexion) oder das Tun und das Darüberreden. Aus dem eigenen Versuch heraus erst kann man wahrnehmen, was in der Welt als Philosophie uns begegnet.

Aber wir können weitere Formeln vom Sinn der Philosophie aussprechen. Keine Formel erschöpft diesen Sinn, und keine erweist sich als die einzige. Wir hören aus dem Altertum: Philosophie sei (je nach ihrem Gegenstand) Erkenntnis der göttlichen und menschlichen Dinge, Erkenntnis des Seienden als Seienden, sei weiter (ihrem Ziel nach) Sterbenlernen, sei das denkende Erstreben der Glückseligkeit, Anähnlichung an das Göttliche, sei schließlich (ihrem umgreifenden Sinne nach) das Wissen alles Wissens, die Kunst aller Künste, die Wissenschaft überhaupt, die nicht auf ein einzelnes Gebiet gerichtet sei.

Heute lässt sich von der Philosophie vielleicht in folgenden Formeln sprechen; ihr Sinn sei:

die Wirklichkeit im Ursprung erblicken –
die Wirklichkeit ergreifen durch die Weise, wie ich denkend mit mir selbst umgehe, im inneren Handeln –
uns aufschließen für die Weite des Umgreifenden –
Kommunikation von Mensch zu Mensch durch jeden Sinn von Wahrheit in liebendem Kampfe wagen –
Vernunft noch vor dem Fremdesten und vor dem Versagenden geduldig und unablässig wach erhalten.
Philosophie ist das Konzentrierende, wodurch der Mensch er selbst wird, indem er der Wirklichkeit teilhaftig wird.

Obgleich Philosophie jeden Menschen, ja das Kind in Gestalt einfacher und wirksamer Gedanken bewegen kann, ist ihre bewusste Ausarbeitung eine nie vollendete und jederzeit sich wiederholende, stets als ein gegenwärtiges Ganzes sich vollziehende Aufgabe – sie erscheint in den Werken der großen Philosophen und als Echo bei den kleineren. Das Bewusstsein dieser Aufgabe wird, in welcher Gestalt auch immer, wach sein, solange Menschen Menschen bleiben.

Nicht erst heute wird Philosophie radikal angegriffen und im Ganzen verneint als überflüssig und schädlich. Wozu sei sie da? Sie halte nicht stand in der Not.
Kirchlich autoritäre Denkart hat die selbstständige Philosophie verworfen, weil sie von Gott entferne, zur Weltlichkeit verführe, mit Nichtigem die Seele verderbe. Die politisch-totalitäre Denkart erhob den Vorwurf: Die Philosophen hätten die Welt nur verschieden interpretiert, es komme aber darauf an, sie zu verändern. Beiden Denkarten galt Philosophie als gefährlich, denn sie zersetze die Ordnung, sie fördere den Geist der Unabhängigkeit, damit Empörung und Auflehnung, sie täusche und lenke den Menschen ab von seiner realen Aufgabe. Die Zugkraft eines uns vom offenbarten Gott erleuchteten Jenseits oder die alles für sich fordernde Macht eines gottlosen Diesseits, beide möchten die Philosophie zum Erlöschen bringen.
Dazu kommt vom Alltag des gesunden Menschenverstandes her der einfache Maßstab der Nützlichkeit, an dem die Philosophie versagt. Thales, der für den frühesten der griechischen Philosophen gilt, wurde schon von der Magd verlacht, die ihn bei Beobachtung des Sternenhimmels in den Brunnen fallen sah. Warum suchte er das Fernste, wenn er im Nächsten so ungeschickt ist!
Die Philosophie soll sich also rechtfertigen. Das ist unmöglich. Sie kann sich nicht rechtfertigen aus einem anderen, für das sie infolge ihrer Brauchbarkeit Berechtigung habe. Sie kann sich nur wenden an die Kräfte, die in jedem Menschen in der Tat zum Philosophieren drängen. Sie kann wissen, dass sie eine zweckfreie, jeder Frage nach Nutzen und Schaden in der Welt enthobene Sache des Menschen als solchen betreibt, und dass sie sich verwirklichen wird, solange Menschen leben. Noch die ihr feindlichen Mächte können nicht umhin, den ihnen selbst eigenen Sinn zu denken und dann zweckgebundene Denkgebilde hervorzubringen, die ein Ersatz der Philosophie sind, aber unter den Bedingungen einer gewollten Wirkung stehen – wie der Marxismus, der Faszismus[6]. Auch diese Denkgebilde bezeigen noch die Unausweichlichkeit der Philosophie für den Menschen. Die Philosophie ist immer da.
Nicht kämpfen kann sie, nicht sich beweisen, aber sich mitteilen. Sie leistet keinen Widerstand, wo sie verworfen wird, sie triumphiert nicht, wo sie gehört wird. Sie lebt in der Einmütigkeit, die im Grunde der Menschheit alle mit allen verbinden kann.
Philosophie in großem Stil und im systematischen Zusammenhang gibt es seit zweieinhalb Jahrtausenden im Abendland, in China und Indien. Eine große Überlieferung spricht uns an. Die Vielfachheit des Philosophierens, die Widersprüche und die sich gegenseitig ausschließenden Wahrheitsansprüche können nicht verhindern, dass im Grunde ein Eines wirkt, das niemand besitzt und um das jederzeit alle ernsten Bemühungen kreisen: die ewige eine Philosophie, die philosophia perennis[7]. Auf diesen geschichtlichen Grund unseres Denkens sind wir angewiesen, wenn wir mit hellstem Bewusstsein und wesentlich denken wollen.*

6 Faszismus: gemeint ist Faschismus
7 philosophia perennis (lat.): die „ewige Philosophie“

Jaspers *beantwortet die Frage „Was ist Philosophie?“ mit der Eindringlichkeit eines Philosophen, für den Denken immer auch eine von der ganzen persönlichen Existenz des Denkers getragene Haltung ist (Existenzphilosophie!). Der folgende Text von* Landgrebe *geht etwas neutraler vor; er ist einer Reihe von Vorträgen entnommen, die während der Fünfzigerjahre im damaligen Nordwestdeutschen Rundfunk gehalten wurden. Wieder geht es um eine Einführung in die Philosophie, wobei diesmal die Verflechtung theoretischer und praktischer Gesichtspunkte sowie der enge Bezug zu konkreten Lebensproblemen im Vordergrund stehen.*

* Karl Jaspers, Einführung in die Philosophie. Piper, München 1971, S. 9–15

1.2.2 Was ist Philosophie? – Ludwig Landgrebe

Bei den meisten Wissenschaften wird sich die Frage nach ihrer Funktion im menschlichen Leben in einer auch dem Laien verständlichen Weise ohne weiteres beantworten lassen, auch bei den entlegensten. So hat wohl jeder ungefähr eine Ahnung davon, wie auch die schwierigsten Erkenntnisse der theoretischen Physik ihre Folgen für die praktische Anwendung in der modernen Technik haben. Denken wir nur an die umwälzenden Folgen der Einsicht in den Aufbau der Atome. Auch dass zum Beispiel die Sprachwissenschaft – um auf ein ganz anders Gebiet zu kommen – eine nützliche Wissenschaft ist, wird niemandem einfallen in Zweifel zu ziehen. Aber wie steht es hierin mit der Philosophie? In der Tat ist es sehr schwierig, ebenso unmittelbar auf eine praktische Funktion, die sie im Leben hat, hinzuweisen, wie das bei den meisten anderen Wissenschaften möglich ist. Die Philosophie wurde ja von dem ersten Augenblick an, in dem sie in der Geschichte der Menschheit auftrat – und das war bei den Griechen – als *reine Theorie* bezeichnet: als ein Wissen also, das nicht irgendwelchen Zwecken dient, sondern das *Wissen um des Wissens willen* ist, ein Streben nach Wissen um seiner selbst willen. Und zwar soll dieses Erkenntnisstreben nicht zufällig bei einzelnen Menschen etwa als eine Art Spieltrieb auftreten, sondern es soll zum Wesen, zu der Natur des Menschen gehören. So sagt zum Beispiel Aristoteles[1]: Alle Menschen streben ihrer Natur gemäß danach, zu wissen. Die Philosophie bezeichnet sich also von ihrem Ursprung ab als *reine Theorie.* Sie macht es uns damit schwer, anzugeben, was eigentlich ihre Funktion im Leben ist, welchen Nutzen dieses Streben nach dem Wissen um seiner selbst willen bringen mag.

Was bedeutet es nun, dass Philosophie reine Theorie ist? Sie ist damit in Gegensatz gestellt zur *Praxis.* Und diesen Gegensatz müssen wir zunächst einmal verstehen; wir finden nämlich, dass in gewissem Sinne dieser Gegensatz bei allen Wissenschaften auftritt. Sie sind zunächst alle theoretisch, können dann aber ihre praktische Anwendung finden. Es ist uns selbstverständlich, dass der Wissenschaftler nicht bei jedem Schritt, den er in seiner Arbeit tut, sofort nach dem praktischen Nutzen fragt, den man davon haben könne. Alle großen Entdeckungen sind zumeist auf dem Wege des rein theoretischen Tuns gemacht worden. Erst nachträglich, und für den Forscher häufig ganz überraschend, ergab sich, dass seine Entdeckung große praktische Folgen haben konnte; ja man kann sagen, dass die entscheidenden Ergebnisse vielleicht gar nicht erzielt worden wären, wenn sie nicht auf dem Weg einer rein um ihrer selbst willen betriebenen theoretischen Forschung angestrebt worden wären. Dass eine Wissenschaft rein theoretisch ist, das besagt also keineswegs, dass sie nicht praktische Bedeutung haben könnte. Freilich finden wir in allen Bereichen des Lebens den Kampf des Theoretikers mit dem Praktiker. Häufig hören wir die Rede „das mag in der Theorie, am grünen Tisch ganz schön sein, aber in der Praxis sehen die Dinge ganz anders aus". Und so glaubt der Praktiker oft, über alle Theorie die Achseln zucken zu dürfen und auf seinem Wege der praktischen Erfahrung *ohne* alle Theorie viel weiter zu kommen. Aber er widerspricht dabei sich selbst. Denn zumeist wird er doch seine praktischen Erfahrungen, die er in einem Bereich der Tätigkeit gemacht hat, anderen mitzuteilen suchen, damit sie auch etwas davon haben und nicht jeder wieder von vorne anfangen muss. Damit hat er selbst schon – wenigstens in einem Ansatz – den Schritt zur Theorie getan. Er gibt damit einem anderen einen allgemein gefassten Ratschlag, wie er in einer bestimmten Situation am zweckmäßigsten vorzugehen habe. Es ist das Wesen der Theorie im Verhältnis zur Praxis, dass sie allgemeine Regeln aufstellt, die dann auf den bestimmten Fall angewendet werden können. Häufig zeigt sich freilich beim Versuch der Anwendung, dass dieser Fall nicht so ohne weiteres in ein allgemeines Schema gepresst werden kann, sondern dass seiner Eigenart Rechnung getragen werden muss. So finden wir in allen Bereichen des menschlichen Tuns dieses *Ineinander*

1 Aristoteles: griechischer Philosoph; vgl. das Autorenverzeichnis, S. 203

von Theorie und Praxis im weitesten Sinne. Keine Praxis kann ohne ein gewisses Mindestmaß von Theorie auskommen. Auch der Handwerker zum Beispiel, der sich vor eine bestimmte Aufgabe gestellt sieht, die er nicht einfach mechanisch und gewohnheitsmäßig zu lösen imstande ist, sucht sich dabei an bestimmte ähnliche Fälle zu erinnern, um von ihnen her eine Anleitung zu gewinnen, wie er dieser Aufgabe gerecht werden könne. Damit hat er schon den Blick über den Einzelfall hinausgelenkt auf eine allgemeine Regel und also einen ersten Schritt zur Theorie getan.

Wenden wir das nun an auf die Kennzeichnung, die schon die ältesten Philosophen von der Philosophie gaben, indem sie sagten, sie sei reine Theorie. Da auch das praktische Leben nirgends ohne ein gewisses Mindestmaß von Theorie auskommen kann, dürfen wir aus der Kennzeichnung einer Betätigung als einer rein theoretischen nicht ohne weiteres schließen, dass sie nicht doch ihre praktische Funktion hätte: Worin kann die praktische Funktion der Philosophie nun gefunden werden?

Dazu müssen wir vor allem fragen: *Was leistet alles praktische Wissen und praktische Denken der Menschen?* Es dient zur Erreichung bestimmter Ziele, bestimmter praktischer Zwecke, und ist dabei immer wenigstens von einem Mindestmaß an Theorie geleitet. Das heißt, es sagt uns: Wenn wir die und die Zwecke im Leben erreichen wollen, müssen wir die und die Mittel anwenden. Zum Beispiel sagt es uns: Wenn eine bestimmte Getreidesorte auf einem bestimmten Boden angebaut werden soll, muss die und die Weise der Düngung angewandt werden, um den größtmöglichen Ertrag zu sichern. Die Erforschung dieses Zusammenhangs etwa ist Sache der Pflanzenphysiologie. Weiter hat sie hierbei keine Aufgabe. Sie fragt nicht danach, *ob* es zweckmäßig ist – natürlich die entsprechende Bodenbeschaffenheit und die entsprechenden Klimabedingungen vorausgesetzt – etwa in einem gewissen Gebiete den Anbau einer gewissen Getreidesorte zu steigern, sondern sie sagt nur: *Wenn* es zweckmäßig ist, dann müssen diese und diese Mittel angewandt werden. *Ob* es zweckmäßig ist, das wird sich von allgemeinen volkswirtschaftlichen Gesichtspunkten ergeben: zum Beispiel von der Entscheidung der Frage her, ob eine möglichst autarke[2] Selbstversorgung des Landes angestrebt werden oder ob ein Produkt für die Ausfuhr und für den Austausch gewonnen werden soll. Und auch da finden wir wieder das gleiche Abhängigkeitsverhältnis in der Anwendung des praktischen Wissens: Das volkswirtschaftliche Wissen kann uns in gewissen Grenzen sagen, welche Maßnahmen im einen oder anderen Falle zu ergreifen sind; *ob* aber die Entscheidung für wirtschaftliche Autarkie oder für weltwirtschaftliche Verflechtung fallen soll, ist wieder nicht ihre Sache. Die volkswirtschaftliche Einsicht, welche Wege im einen oder im anderen Falle zu beschreiten sind, setzt die Entscheidung bereits voraus und gibt nur die *Mittel* zur Erreichung des von anderer Seite schon gesteckten Zieles an.

So steht alles praktische Wissen unter bestimmten, entweder stillschweigend hingenommenen oder ausdrücklich ausgesprochenen Voraussetzungen. Es *setzt nicht selbst die Ziele,* sondern setzt voraus, dass sie erstrebenswert sind, und lehrt uns dann, welche Mittel hierzu angewandt werden müssen. Woher steht es aber fest, *dass* bestimmte Ziele, die dann mit Hilfe praktisch-technischen Wissens erreicht und angestrebt werden, überhaupt erstrebenswert sind? Man sage nicht, dass sich dies ohne weiteres von selbst versteht. Bleiben wir bei unserem Beispiel. Die volkswirtschaftliche Entscheidung für Autarkie oder weltwirtschaftliche Verflechtung wird in der Regel vorweg gefällt sein vom *Politiker*, der etwa im einen Falle die Autarkie zum Zwecke der größtmöglichen Ausdehnung des Lebensraumes seines Volkes anstrebt, damit ihm eine unbeschränkte Möglichkeit der Vermehrung gesichert sei. Aber eine solche Entscheidung setzt voraus eine bestimmte Auffassung von dem, was für ein Volk das Beste ist, also eine bestimmte

2 autark, Autarkie: wirtschaftliche Unabhängigkeit

Ansicht darüber, was ein Volk ist und wie es am besten gedeiht und was für eine Rolle es in der Gesamtheit der Menschheit zu spielen hat. Da sind das eine Mal die Völker gesehen wie Raubtiere, die im ständigen Kampfe ums Dasein stehen und von denen diejenigen die meisten Chancen haben sich durchzusetzen, die über die stärkste Vermehrung verfügen; und ein anderes Mal, wenn etwa ein Politiker eine Beschränkung befürwortet, sind sie vielleicht gesehen als Glieder der umfassenden Menschheit, auf Verständigung und Zusammenwirken angewiesen, wobei der brutale Kampf ums Dasein hinter einem wechselseitigen Aufeinander-Rücksicht-Nehmen zurücktritt. Ob die eine oder die andere Auffassung die richtige ist, das ist wieder eine Frage, die nicht mehr von den Politikern entschieden wird; sie stehen vielmehr zumeist schon von vornherein auf dem Boden der einen oder der anderen Auffassung, ohne sich darüber Rechenschaft zu geben, woher sie stammt und ob sie die richtige ist. Gerade diese verborgen wirkenden Voraussetzungen und Überzeugungen, die oftmals mehr gefühlsmäßiger Natur sind, bestimmen das Tun zumeist mehr als ausdrückliche verstandesmäßige Erwägungen, die häufig an der Oberfläche bleiben und unsere Einstellung zu den Dingen des Lebens gar nicht tiefer zu berühren vermögen. Woher solche Überzeugungen stammen und welcher Art sie sind: das ist die Frage, die uns nunmehr gestellt ist. (…)

Wir pflegen zu sagen, diese zugrunde liegenden Überzeugungen seien eine Angelegenheit der *Weltanschauung.* Weltanschauungsfragen sind es ja auch, die die Menschen am tiefsten und unversöhnlichsten miteinander entzweien und gegeneinander in Kampf bringen; Kriege, die um Weltanschauungen geführt werden, sind, wie wir ja das selbst erleben mussten, die blutigsten und unbarmherzigsten. Denn da ist kein Boden mehr, auf dem sich die kriegführenden Parteien in einem Kompromiss treffen und Frieden schließen können, wie bei jedem Krieg, der um rein territoriale oder wirtschaftliche Interessen geführt wird.

Es hat sich gezeigt, wie jede praktische Entscheidung und jedes praktische Wissen uns nur lehrt, welche Mittel zur Erreichung bestimmter Zwecke angewandt werden müssen; welche Ziele aber überhaupt angestrebt werden sollen, das steht vorweg fest aufgrund *unausgesprochener weltanschaulicher Überzeugungen.* Und damit sind wir der Frage, welche Funktion die Philosophie im menschlichen Dasein habe, schon ein Stück näher gerückt. Offenbar hat sie es zu tun mit diesen weltanschaulichen Überzeugungen, die allem menschlichen Tun zugrunde liegen. Darüber werden wir noch sprechen müssen. Zunächst halten wir als *Ergebnis* fest: ein *Vorurteil* bezüglich dessen, was Weltanschauung in unserem Leben bedeutet, ist weggeräumt. Wenn man nämlich von Weltanschauung spricht, so kann man häufig die Meinung geäußert hören, dass dies so etwas wie eine Art Luxus, eine Ausschmückung des Lebens gewissermaßen für den Feierabend sei. Wie soll der Mensch, der in den Zwang eines schweren Arbeitstages eingespannt ist, zu einer Weltanschauung gelangen? Ist die Weltanschauung nicht bloß das Privileg einer glücklichen Schicht von Besitzenden, die die Muße haben, nachzudenken, philosophische Bücher zu studieren und sich frei zu machen von dem Druck des Alltags? Bleibt dann nicht für die minder Glücklichen nichts anderes übrig, als die Entscheidung der weltanschaulichen Fragen einfach aus den Händen derer entgegenzunehmen, die Muße zum Nachdenken haben, und sich dieser Entscheidung zu fügen, ohne die Möglichkeit, selbst zu einer weltanschaulichen Stellungnahme zu gelangen? Diesem Vorurteil entgegen haben wir gesehen, dass Weltanschauung nicht etwas ist, was der eine aufgrund glücklicher Lebensumstände erwerben und besitzen kann, der andere aber nicht. Weltanschauung ist nicht etwas, was durch ein besonderes Studium erst erworben werden müsste, sondern in einem gewissen Sinne *hat ein jeder so etwas wie Weltanschauung,* nämlich in der Gestalt eines Inbegriffes von Überzeugungen, über die er sich zumeist gar nicht klar Rechenschaft zu geben vermag, die aber gerade in ihrer Unausdrücklichkeit die stärkste Macht im menschlichen Leben darstellen. Man könnte überhaupt keinen Schritt tun, wenn es nicht ein spontanes Reagieren gäbe, ein ganz unmittelbares Empfinden einer Handlungsweise als richtig oder verwerflich, als edel oder gemein, ohne dass es erst nötig wäre, sich jeweils auf die letzten Grundlagen zu besinnen. Diese weltanschaulichen Voraussetzungen und Überzeugungen sind also nicht ein bloßer Aufputz des Lebens, sozusagen sein Sonntagsstaat, den man nur bei bestimmten Gelegenheiten hervorholt und der für das übrige Leben des Alltags ohne Bedeutung wäre. Sie sind nicht etwas, was man sich so nebenher denkt, was einem in den Kopf kommt, wenn man sich über die Gründe seines Tuns Rechenschaft zu geben versucht, sondern sie bestimmen als unausgesprochene, gar nicht besonders zu Bewusstsein gebrachte Überzeugungen unser Tun und unsere Stellungnahmen auch in den meisten praktischen Zusammenhängen, in denen wir vor irgendeine Entscheidung gestellt sind. (...)*

1.2.3 Wozu Philosophie? – Hermann Lübbe

Im folgenden Text von H. Lübbe *wird der Faden aus den Vorträgen* Landgrebes *wieder aufgegriffen: Philosophie beginnt zwar mit privaten Meinungen und „Weltanschauungen", aber sie strebt nach überpersönlicher Professionalität.* Lübbe *äußert allerdings eine grundsätzliche Skepsis angesichts der Frage, ob die Philosophie ihren selbst gestellten Aufgaben heute noch gerecht werden kann.*

Überall gibt es (...) eine Philosophie, längst bevor der Fachphilosoph sich ihr zuwendet, und genau diese Philosophie ist es, die wir nach Ausweis unseres Sprachgebrauchs auch so nennen, wenn wir beispielsweise von der „Philosophie" der Koexistenzpolitik[1] reden, von „Wachstumsphilosophie", von der „Selbstzweckphilosophie" in der Grundlagenforschung oder von „Laissez-faire-Philosophie"[2] etc. Allerdings schließt dieser Gebrauch des Wortes „Philosophie" auch Fälle ein, von denen man nie gehört hat, dass sie eine fachphilosophische Entsprechung gefunden hätten. Das gilt für die „Philosophie der Olympischen Spiele", obzwar immerhin Beiträge dazu auch von fachphilosophischer Seite in olympischen Festreden geliefert wurden; es gilt für die „Philosophie des Kölner Humors", obwohl man sie unter diesem Titel sogar nachlesen kann, und es gilt für die „Philosophie der Französischen Küche", soviel die Menschheit ihr auch verdankt. Philosophien dieser Sorte gibt es so viele wie Kulturen, Institutionen und auf Dauer gestellte Produktionen. Gleichwohl wäre es irreführend zu sagen, dass in der Reihe, die von der „Philosophie des Extrem-Alpinismus" über die „Philosophie des american way of life" bis zur professionellen „Philosophie des common sense" reicht, das Wort „Philosophie" eben synonym, als identischer Name verschiedener Begriffe, gebraucht würde. Die bedeutungsvolle „Philosophie, die uns scheidungsrechtspolitisch vom „Schuldprinzip" zum „Zerrüttungsprinzip" übergehen lässt, unterscheidet sich von der harmlosen „Philosophie des Angelns" nicht strukturell, sondern erstens durch ihre praktische Bedeutung und durch die Universalität ihres Anspruchs und zweitens durch die Grade der Komplexität[3], die für den

Aus dem Inserat einer Computer-Firma:

> ... Wie diese Premium-Drucker fertigen wir auch unsere PCs und anderen Drucker stets nach einer durchgängigen Produkt- und Qualitätsphilosophie. Wohl nicht zuletzt deshalb sieht man ihnen jenen *** Unterschied an, der uns immer mehr Freunde schafft.

1 Koexistenzpolitik: Begriff aus der Nachkriegsgeschichte, mit dem das Bemühen gekennzeichnet werden sollte, zwischen den Machtblöcken der NATO und des Warschauer Paktes ein friedliches Nebeneinanderleben zu gewährleisten

2 Laissez-faire (frz.): Geschehenlassen; Vermeidung von Eingriffen

3 Komplexität: Bezeichnung für die zumeist große Anzahl von Wechselbeziehungen in einem (gesellschaftlichen) System

* Ludwig Landgrebe, Was bedeutet uns heute Philosophie? – Eine Einführung. Marion Schröder, Hamburg 1948, S. 13–17, 21–23

Zweck ihrer Analyse Fachwissen einerseits und andererseits fachlich trainierte Reflexionskompetenz[4] („Philosophie") erfordern. Analog bleibt in allen Fällen die Struktur des Verhältnisses der Philosophie zur Praxis, deren „Philosophie" sie ist, nämlich als das Ensemble[5] von Grund- und Leitsätzen, auf die man, unter anderem, rekurriert[6], wenn es einen Anlass gibt zu sagen, wieso man überhaupt tut, was man tut. (...)

Es wäre meines Erachtens eine zusätzliche Studie wert, die ja weithin bekannte Geschichte des Begriffs der Philosophie um diejenigen Teile zu ergänzen, die die gegenwärtige Streubreite des Wortes „Philosophie" von der Fachphilosophie bis zur Trivialphilosophie auch begriffshistorisch erklärten. Auch die bekannte Synonymität von „Philosophie" und „Wissenschaft" bzw. ihrer englischen Äquivalente[7] noch im 18. Jahrhundert bräuchte man wohl für diese Erklärung. Auch damals streute ja das Wort über alle Bereiche der Realitäten, von denen es eben eine „philosophy" gab – bis hin zur Agrikultur, sodass es entsprechend, wie Hegel[8] sich lustig machte, sogar eine Philosophie des Mistes hätte müssen geben können. Indem später die Philosophie als Wissenschaft sich semantisch[9] von den übrigen Wissenschaften trennte, verblieb sie in Zuordnung zum Garten und analogen Örtern und Tätigkeiten in der semantischen Reliktposition[10] der Bedeutung einer jeden Dauerorientierung nichtwissenschaftlichen Charakters, und eben das ist ja die „Philosophie", wie wir sie heute noch in der trivialen Bedeutung dieses Wortes kennen. Aber man braucht solche begriffshistorischen Vermutungen nicht einmal, um plausibel zu finden, dass solche Trivialphilosophie ebenso wie die große Philosophie, die rechtspolitische Entscheidungen, ja Revolutionen steuert, beide „Philosophie" genannt werden. Diese Plausibilität beruht, wie gesagt, auf der strukturellen Analogie im Verhältnis unserer Praxis zu den Systemen der Orientierung, die sie, auf welcher Stufe auch immer, in letzter Instanz leiten und legitimieren.

Und die Fachphilosophie, die professionelle Philosophie der philosophischen Seminare? Welche Funktion hat sie in Relation zur Philosophie, die in der angedeuteten Funktion faktisch leitender und legitimierender Orientierungen mehr oder minder explizit[11] als ein Moment in den Systemen unseres institutionell gesicherten Handelns[12] ohnehin stets schon da ist? Die esoterische[13] akademische Philosophie ist, insoweit, die wissenschaftliche Disziplin unserer exoterischen[14] Philosophien.

Mit dieser Antwort ist nicht gesagt, die professionelle Philosophie habe keine andere als diese Funktion. Es ist aber diese Funktion, die erklärt, wieso die wissenschaftliche Philosophie, was ja der Fall ist, ein exoterisches öffentliches Interesse findet, und es ist somit diese Funktion, auf die man in erster Linie verweisen sollte, wenn es sich darum handelt, auf die in wissenschaftspolitischer Relevanzkontrollabsicht[15] gestellte Frage „Wozu Philosophie?" eine Antwort zur Verfügung zu haben. (...)

4 Reflexionskompetenz: die Fähigkeit bzw. Zuständigkeit für Reflexion, also für Rückbesinnung und Nachdenken
5 Ensemble (frz.): Gruppe, Gemeinschaft
6 rekurrieren (lat.): auf etwas zurückgehen
7 Äquivalent (lat.): Entsprechung
8 Hegel, Georg Wilhelm Friedrich (1770–1831): deutscher Philosoph, Hauptvertreter des Idealismus; vgl. das Autorenverzeichnis, S. 205
9 semantisch: der Bedeutung nach (von griech. sema = Zeichen)
10 semantische Reliktpositionen: Restbestände, Rückzugsbereiche für das, was „Philosophie" heißt
11 explizit (lat.): ausdrücklich
12 institutionell gesichertes Handeln: ein Handeln, das in festgefügten Institutionen wie Schulen oder Universitäten seinen Gang nimmt
13 esoterisch (griech.): nach innen gerichtet, abgesondert
14 exoterisch (griech): nach außen gerichtet, öffentlich
15 Relevanzkontrollabsicht: die Absicht, Zuständigkeiten und Geltungsansprüche zu kontrollieren

Es ist, kurz gesagt, ihre Rolle als Spezialisten fürs jeweils voraussetzende Allgemeine, auf die sich die Mitwirkung der Philosophen gründet, und zwar in Zusammenhängen weit über die akademische Esoterik von Lehre und Forschung hinaus. Schließlich ist es ja, im exoterischen Sinne, Philosophie, auf die wir auch in politischer Praxis in letzter Instanz rekurrieren, wenn uns Rechtfertigung für unser Tun und Lassen abverlangt wird. Erst in der Orientierung durch solche Philosophie sind wir überhaupt in der Lage zu sagen, wer wir sind und was wir wollen, was wir fürchten und hoffen. Die Spuren und Elemente solcher Philosophie sind in jeder parlamentarischen Grundsatzrede nachweisbar. Wir finden sie in parteiprogrammatische Orientierungsrahmen gefasst; auf ihre Stützen legt man Wahlplattformen aus und auch der politische Fanatismus ernährt sich in selektiver[16] Einseitigkeit aus ihrem Sinnangebot. Entsprechend sitzen unsere professionellen Philosophen auch in Parteiprogramm-Reformkommissionen, wirken als verbandspolitische Grundsatzredner, organisieren ideologieanalytische Aufklärungskurse für administrative oder wirtschaftliche Führungskader, fungieren als Generalisten[17] in staatsnahen Räten und Kommissionen für Bildungsreform oder zur Erforschung des sozialen Wandels, und sie leisten Formulierungshilfe für Texte, durch deren Veröffentlichung Politiker die Weite ihres Horizonts dokumentieren. (…)

Zunächst: Die Philosophie, als wissenschaftliche Disziplin, ist A-priori-Forschung[18]; das heißt: Sie ist für die in normaler Einstellung bei gelingender theoretischer, politischer oder sonstiger Praxis nicht in der Richtung unserer Aufmerksamkeit liegenden Orientierungsvoraussetzungen dieser Praxis zuständig. Sodann: Die Nachfrage nach Philosophie ist krisenabhängig. Die Funktion der philosophischen Reflexion ist die der Bewältigung von Orientierungskrisen, die ihren Grund in Unzulänglichkeiten bislang maßgebender Prämissen[19] unserer Orientierungspraxis haben. Weiterhin: Die Philosophie hat insoweit keinen speziellen Gegenstand, sondern ist die methodische Disziplin der Reflexion auf die maßgebenden Prinzipien unserer Orientierungspraxis. Außerdem: Philosophie in dieser Charakteristik findet nicht nur im philosophischen Seminar statt, sondern von den Wissenschaften bis zur Politik überall, wo Orientierungskrisen zu bewältigen sind. Als akademisches Fach ist sie allein durch den erweisbaren, oben geschilderten Nutzen gerechtfertigt, den es in unserer öffentlichen Kultur hat, für orientierungsbedingte Reflexionsprozesse den Beistand professioneller Reflexionsexperten zur Verfügung zu haben. Schließlich: Mit anwachsendem Tempo des wissenschaftlichen und sozialen Wandels einerseits und mit zunehmender funktionaler Differenzierung unserer Kultur andererseits wächst der Bedarf an Philosophie an und sinken zugleich die Chancen, ihn zu befriedigen. Die Philosophie gerät in einen Zustand permanenter[20] Überforderung. Jedoch ist die Hilflosigkeit, die sie in dieser Lage immer wieder einmal zeigt, nicht speziell ihr Problem, sodass man sie auf sich beruhen lassen könnte; es ist vielmehr das Problem einer Zivilisation, die anwachsende Schwierigkeiten hat, sich ihrer selbst orientierungspraktisch gewachsen zu zeigen.

Nachdem insoweit auf die Frage „Wozu Philosophie?“ eine Antwort gegeben ist, sollte zum Schluss noch die Frage gestellt sein, wieso denn überhaupt die Frage „Wozu Philosophie?“ so irritierend häufig gestellt wird, wenn anders doch ihre Beantwortung nicht schwerfällt. Den wichtigsten und gegenwärtig generell geltenden Grund habe ich soeben genannt: Die Frage „Wozu noch Philosophie?“ drängt sich in der Tat auf, wenn die komplexitäts- und änderungstempobe-

16 selektiv (lat.): ausgesondert; hier in dem Sinne gemeint, dass sich jemand etwas aus dem Ideenangebot der Philosophie aussucht

17 Generalist: Verallgemeinerer, Philosophen werden gelegentlich als die Spezialisten für das Allgemeine angesehen.

18 A-priori-Forschung: eine Forschung, die sich mit dem beschäftigt, was von vornherein (a priori; lat.) feststeht, z. B. mit den Voraussetzungen einer Wissenschaft

19 Prämisse (lat.): Voraussetzung (wörtl.: das Vorangeschickte)

20 permanent (lat.): andauernd

dingten Orientierungskrisen nach Zahl und Ausmaß die Reflexionskapazität erschöpfen, die uns für ihre Bewältigung zur Verfügung steht. Die Frage, wozu noch etwas gut sei, kann ja zweierlei Richtungssinn haben. Entweder stellt sie etwas infrage, anstelle dessen wir inzwischen etwas Besseres haben. Oder sie stellt infrage, was selbst als Ultima ratio[21] nun nicht mehr ausreicht. Der Fall der Philosophie ist der zuletzt genannte Fall.*

21 Ultima ratio (lat.): letzte Lösung, letzte Möglichkeit

Sollte die Philosophie überfordert sein, wenn man von ihr konkrete Antworten auf bedrängende Lebensprobleme verlangt, so bliebe ihr immer noch, diese Probleme zu untersuchen und vorschnell geäußerte Meinungen infrage zu stellen. Eine solche Auffassung von Philosophie wird im folgenden Text vorgestellt.

1.2.4 Philosophieren als radikales Fragen – Wilhelm Weischedel

a) Philosophieren als Fragen

Philosophieren vollzieht sich als Fragen und Infragestellen. Das ist seine ursprüngliche Wesensbestimmung. Damit hängt ein Zweites zusammen. Fragen bedeutet, etwas nicht so stehen zu lassen, wie es sich zunächst zeigt; als Fragen und Infragestellen richtet sich das Philosophieren also auf das, was sich unmittelbar als fraglos und selbstverständlich gibt. Eben dies wird im Philosophieren infrage gestellt. Dieses fragt ausdrücklich, wie es denn mit jenem als fraglos und selbstverständlich Erscheinenden in Wahrheit ist.

Als ein solches Fragen ist das Philosophieren von alters her verstanden worden. Platon und Aristoteles[1] erblicken seinen Ursprung im thaumázein[2], dem „Staunen", und sie sehen darin nicht etwa nur den historischen Beginn der Philosophie, sondern deren in jedem Philosophieren sich wiederholenden, das philosophische Denken ständig hervorbringenden Ursprung. In diesem Sinne nennt Platon im „Theaitetos" das „Staunen" das páthos[3], die in einem eher passiven Sinne verstandene Leidenschaft des Philosophen (155 d). Aristoteles sagt es noch deutlicher: „Durch das Staunen haben die Menschen sowohl jetzt wie zu Anfang philosophiert" (M 982 b 11 f.).

Staunen ist nun, wie Aristoteles weiter ausführt, „In-Verlegenheit-Sein" und „Unwissenheit" (M 982 b 17 f.), im Hinblick darauf nämlich, „ob es sich so verhält" (M 983 a 13), ob es also mit dem Seienden, angefangen vom einzelnen Staunenerregenden bis zum Erstaunlichen des Seienden im Ganzen (vgl M 982 b 13 ff.), so steht, wie es dem nächsten Anblick erscheint. In diesem dem Staunen eigentümlichen „ob" steckt der Keim des Fragens.

Nun sind freilich Staunen, In-Verlegenheit-Sein und Unwissenheit nicht schon selber Philosophieren, sondern lediglich dessen Ursprung, archä philosophías[4], wie Platon an der oben angegebenen Stelle sagt. Philosophieren selber dagegen vollzieht sich als Wille zur Gewissheit, als Wegdrängen von der Verlegenheit, als, wie Aristoteles formuliert, „Fliehen vor der Unwissenheit" (M 982 b 15). Doch eben darin zeigt sich: Das Philosophieren lässt das Staunen nicht einfach hinter sich; dieses bleibt, entsprechend der zweiten Grundbedeutung des Wortes

1 Die Stellenverweise im Text beziehen sich auf Platons Dialog „Theaitetos" und auf die „Metaphysik" des Aristoteles
2 θαυμάξειν(thaumázein): Staunen
3 πάθος (páthos): Leidenschaft
4 ἀρχή φιλοσοφίας (archā philosophías): Ursprung der Philosophie.

* Hermann Lübbe, Philosophie nach der Aufklärung, Econ, Düsseldorf/Wien 1980, S. 21–24, 32, 36–37

archä[5], das Herrschende, es ist im ganzen Vollzug des Philosophierens als die im Wegdrängen und im Fliehen forttreibende Unruhe wirksam; hört diese auf, so hörte auch das Philosophieren auf.
Indem das Philosophieren jedoch aus seinem bleibenden Ursprung anhebt, ist es selber nicht bloßes Staunen, In-Verlegenheit-Sein und bloße Unwissenheit, nicht bloßes betroffenes Erblicken des Fragwürdigen. In der Radikalisierung des schon dem Staunen eigentümlichen „ob" kommt es zum Vollzug des Fragens, zur zätäsis[6] (M 983 a 23), wie Aristoteles sagt.
Als diese Suche ist das Philosophieren ausdrückliches Fragen.

b) Philosophieren als radikales Fragen
Wird so das Philosophieren von seinem Ursprung her auf den Weg des Fragens verwiesen, ja, ist die zätäsis sein eigenstes Wesen, dann ist damit auch gegeben, dass es die Grenze seines Fragens nicht aus sich selber heraus setzen kann. Dieses geht seiner innersten Natur nach immer weiter; hielte es inne, so hörte es auf, Fragen zu sein, und verlöre sein Wesen.
Philosophieren ist also, konsequent gedacht, unendliches Fragen. Denn worin könnte es sein Ende finden? Offenbar nur in etwas, das sich ihm als fraglos gewiss, als allem weiteren Fragen enthoben darböte, das also dem Ansturm des Fragens mit Erfolg standhielte. Als standhaltend vor einem Fragen aber kann sich etwas nur dann erweisen, wenn es zuvor infrage gestellt ist. Eine Antwort kann nur dann Antwort auf die philosophische Frage sein, wenn sie von dieser vorgängig fragwürdig gemacht worden ist: sie ist nur stichhaltig, wenn der Stich des Fragens zuvor auf sie gezielt hat. Das Philosophieren muss also, und zwar eben sofern es das fraglos Gewisse als seine Grenze finden will, alles in den Wirbel des Fraglichmachens hineinreißen; es kann nichts in unbefragter Fraglosigkeit stehen lassen; es muss alles Sichere und Feste zum Einsturz bringen. Philosophieren ist von seinem zu Ende gedachten Wesen her radikales Fragen.*

5 ἀρχή (archấ): Ursprung
6 ξήτησις (zấtäsis): Suche

Weischedel *zitiert zwei Quellen, die sich auf das Staunen als Anfang des Philosophierens beziehen: Da ist einmal* Platon, *der in seinem Dialog „Theaitetos" das Staunen mit dem Mythos vom Gott Thaumas und dessen Tochter Iris in Verbindung bringt, und zweitens* Aristoteles, *der im ersten Buch seiner „Metaphysik" über die Anfänge der Philosophie berichtet.*

1.2.5 Über das Staunen – Platon

(...) Dies ist nämlich die innere Regung eines echten Philosophen: Das Staunen. Es gibt keinen anderen Anfang der Philosophie als diesen, und wer gesagt hat, Iris sei die Tochter des Thaumas, scheint die Abstammung nicht übel getroffen zu haben.**

Thaumas ist im griechischen Mythos ein Gott, in dem sich die Wunder des Meeres verkörpern; Iris ist die Göttin des Regenbogens. Der Name „Thaumas" hängt mit dem griechischen Wort für „staunen" – thaumázein – zusammen. Platon sieht darin, dass Iris als Tochter des Thaumas galt, einen Hinweis auf den Bogen, der vom Staunen her das Philosophieren aus den Niederungen des Irdischen hinauf zur Höhe allgemeiner Ideen führt.

* Wilhelm Weischedel, Der Gott der Philosophen, Bd. I. Nymphenburger Verlagshandlung, München ²1972, S. 26–27
** Platon, Theaitetos 155.

1.2.6 Über die Anfänge der Philosophie – Aristoteles

Durch das Staunen (thaumázein) haben die Menschen jetzt wie auch zuerst zu philosophieren begonnen; sie staunten anfangs über das Unerklärliche, das ihnen vor die Hände kam, dann gingen sie von Geringem zu Größerem voran und fragten nach den Mondphasen, nach der Sonne und der Entstehung des Weltalls. Der aber, der voller Fragen ist und erstaunt, glaubt, in Unkenntnis zu sein (so ist auch der Mythenfreund ein Philosoph, denn der Mythos besteht aus Erstaunlichem). Begann man also zu philosophieren, um der Unkenntnis zu entfliehen, so suchte man offenbar das Verstehen um des Wissens willen, keineswegs aber wegen irgendeines Nutzens. Das bezeugt auch der Gang der Dinge, denn erst, als alles zum Leben Notwendige vorhanden war und alles, was das Leben erleichtert, begann man, nach solcher Erkenntnis zu streben. Offenbar also suchen wir sie nicht aus irgendeinem sonstigen Bedürfnis, sondern – wie wir sagen, dass nur der Mensch frei ist, der um seiner selbst und nicht um eines anderen willen lebt – so ist allein dieses Wissen frei, denn es trägt seinen Zweck in sich selbst. (...)
Alle beginnen nämlich, wie gesagt, mit dem Staunen, dass die Dinge so sind, wie sie sind ...*

Arbeitsaufträge

1. „Philosophie" wird häufig mit „Liebe zur Weisheit" übersetzt. Versuchen Sie, Ihre eigenen Vorstellungen von „Weisheit" zu formulieren! – Entspricht Ihr Bild von einem „Weisen" dem, was in 1.2 über Philosophen gesagt wird?
2. Nach Jaspers ist Philosophie für einen wissenschaftsgläubigen Menschen eine problematische Sache. Wann aber ist jemand „wissenschaftsgläubig"? Ist denn die Wissenschaft nicht glaubwürdig? (1.2.1)
3. Jaspers sagt, Philosophie beginne, „wo Menschen wach werden". Wie ist dieses Wachwerden zu verstehen? (1.2.1)
4. Betrachten Sie das Sprichwort: „Wer andern eine Grube gräbt, fällt selbst hinein." Enthält es irgendeine „Philosophie"? Wenn ja, versuchen Sie, diese Philosophie zu formulieren!
5. „Philosophie heißt: auf dem Wege sein", sagt Jaspers. Von welchem Weg könnte da die Rede sein? (1.2.1)
6. Versuchen Sie, Beziehungen zwischen den Texten von Jaspers und Weischedel herauszuarbeiten! (1.2.1/1.2.4)
7. Für Jaspers ist Philosophie eine Tätigkeit, die den ganzen persönlichen Einsatz des Philosophierenden fordert. Suchen Sie nach Stellen in seinem Text, die diese Auffassung belegen! Finden Sie ähnliche Stellen auch bei Landgrebe und Lübbe? (1.2.2/1.2.3/1.2.4)
8. Wie entwickelt Landgrebe aus der Gegenüberstellung von Theorie und Praxis die Funktion weltanschaulicher Positionen? (1.2.2)
9. Landgrebe spricht in den letzten Absätzen seines Textes mehr von Weltanschauung als von Philosophie. Aber dennoch ergeben sich Beziehungen zu dem, was Lübbe über die Philosophie sagt. Welche Zusammenhänge können Sie zwischen den beiden Texten herstellen? (1.2.2/1.2.3)
10. Worin sieht Lübbe die Aufgabe der Philosophie? (1.2.3)
11. Wie schätzt er die Möglichkeit ein, diese Aufgabe zu lösen? (1.2.3)
12. Lübbe unterscheidet esoterische von exoterischer Philosophie. Wie würden Sie das Philosophieren in Ihrem Philosophieunterricht einstufen? (1.2.3)

* Aristoteles, Metaphysik A 982 b 12-28, 983 a 12

1.3 Philosophie und Geschichte

Der Bezug auf Platon *und* Aristoteles *verweist darauf, dass beim Philosophieren immer wieder das Denken früherer Philosophen aufgegriffen werden muss. Die folgenden Texte sollen zeigen, in welcher Weise die Philosophie geschichtlich ist und ihre eigene Vergangenheit in das gegenwärtige Denken einbezieht.*

1.3.1 Notwendiger Geschichtsbezug der Philosophie – Michael Landmann

M. Landmann *gibt in seiner Einleitung in die Philosophie einen Überblick über die Grundstrukturen von Philosophie. Auch dabei wird die Frage nach dem Verhältnis zwischen Philosophie und ihrer Geschichte gestellt. Es zeigt sich, dass ein Philosophieren ohne historisches Bewusstsein in die Irre geht.*

Wissenschaftlich gibt es von *einer* Sache nur *eine* Wahrheit. Philosophien dagegen, da sie immer (zwar, dem Anspruch nach, nicht über die *Sache*, aber) über das *Greif- und Sichtbare* hinausgehen, kann es neben- und nacheinander viele geben. Philosophie lebt wesensmäßig in einer Pluralität sich bestreitender Richtungen und Schulen. (Wenn sie trotzdem zuweilen kompatibel[1] scheinen, so nur deshalb, weil sie nicht nur verschiedene Antworten erteilen, sondern auch verschiedene Fragen stellen.) Ihren Wahrheitsauftrag an dem der Wissenschaft messend, hat man ihr dies stets zum Vorwurf gemacht. Sie zeigt auch hier wieder Affinität[2] zur Kunst mit ihrer Pluralität von Stilen.

Auf ihre eine, definitive Wahrheit hin befindet sich Wissenschaft im *Fortschritt:* korrektiv, indem sie früheren Irrtum bereinigt, und kumulativ[3], indem sie frühere Wahrheit übernimmt und durch neue ergänzt. Anders in der Philosophie. Auch in der Philosophie gibt es zwar einen Fortgang in Sachnähe und Logizität[4]: Anaxagoras[5] trat „wie ein Nüchterner unter Trunkene“ (Aristoteles). Sie partizipiert[6] ferner am Fortschritt der Wissenschaften: vorsokratische Natur-, augustinische[7] Geschichtsphilosophie wären heute ein Unding. Aber zwischen den Philosophien läuft keine Fortschrittslinie. Sie stehen unverbunden nebeneinander. Das einzelne System widerlegt weder die früheren noch vervollständigt es sie, wie wir das in der Wissenschaft sahen, sondern bildet einen neuen Anfang, greift in anderer Richtung. Wissenschaftliche Ergebnisse sind kooperativ, Philosophien einsam. Jene verstehen sich als Beitrag zum Ganzen der Wissenschaft, Philosophie dagegen prätendiert[8], selbst schon das Ganze, das Endgültige und Vollendete zu sein.

Weil aber eine Philosophie mit den anderen Philosophien nicht durch Fortschritt *verbunden* ist, deswegen braucht sie nicht ohne *Bezug* auf sie zu sein, im Gegenteil. Gerade *weil* sie keinen Fortschritt kennt, ist Philosophie immer und wesenhaft auch Aufarbeitung ihrer eigenen Geschichte. Sie hat nicht Fortschritt, sondern Geschichte. Sie wird von ihr nicht nur faktisch bedingt und mitgeformt, sondern steht im Angesicht ihrer Geschichte.

Auch darin liegt ein Unterscheidungsmerkmal gegen die Wissenschaft. In der Wissenschaft gibt es einen Stand der Forschung. Sobald der Forschende diesen aufgenommen hat, wendet er sich der Sache zu. Früher gewonnene Ergebnisse sind entweder wahr: dann gehören sie zum noch

1 kompatibel (griech.): zusammenfügbar, passend
2 Affinität (lat.): Nähe, Verwandtschaft
3 kumulativ (lat.): angehäuft, zusammengesetzt
4 Logizität: logischer Charakter, logische Eigenart
5 Anaxagoras: griechischer Philosoph (500–428 v. Chr.)
6 partizipieren (lat.): teilhaben
7 augustinische Geschichtsphilosophie: zu Augustinus vgl. das Autorenverzeichnis, S. 203
8 prätendieren (lat.): vorwegnehmen, beanspruchen, vorgeben

gegenwärtigen Forschungsstand; oder sie sind falsch: dann besteht kein sinnvoller Grund, sich noch mit ihnen zu befassen. Wissenschaft nimmt also als solche kein Interesse an ihrer eigenen Vergangenheit. (Generell stehen Fortschrittsglaube und Geschichtsversenkung antinomisch[9]: Der Rationalist entwirft die Idee z. B. des besten Staates, die angestrebt werden soll, betrachtet dagegen nicht die Mannigfaltigkeit der empirisch[10] realen Staaten, die für ihn alle nur Verdunklungen jener sind.) – Demgegenüber bildet die Gegenwartsphilosophie weder das Ganze noch die Spitze, sondern nur eine mögliche Ausprägung der Philosophie neben andern, früher hervorgetretenen. Die Gegenwart allein ist also arm. Nur indem sie auch die älteren Philosophien in sich einholt zur Kopräsenz[11], eignet sie sich den schon gewonnenen Reichtum und Differenziertheitsgrad der Philosophie an. Unsere Kraft zum Ersinnen eines Neuen ist proportional zum Erinnern des Gewesenen.

Der Philosoph kann sich nicht in gleicher Weise wie der Wissenschaftler an die „Sache" halten. Die Sache selbst lässt sich hier nicht demonstrieren, wir besitzen sie nur als eine vermittelte in den Fassungen durch die Philosophien selbst, in Fragen und Thesen. Wenn der Philosoph neben seiner eigenen These andere vorfindet, die denselben Anspruch erheben wie sie, so muss er sie daher als konkurrierende Denkmöglichkeiten ernst nehmen und sich mit ihnen auseinander setzen. Nur im Horizont der eigenen Geschichte, die schon von andern durchgespielten Gestalten des Denkens vergegenwärtigend, sich gegen sie abgrenzend und an ihnen klärend, tritt ein neuer philosophischer Entwurf über die Relevanzschwelle[12]. An die Stelle des Hineinwachsens in den Forschungsstand tritt also hier das Gespräch mit den Mitphilosophen. Wie die Natur reichere Formen erzeugt als die kühnste Fantasie, so wird die nur interne Dialektik[13] der Gedanken übertroffen durch die geschichtliche Dialektik der Philosophien, an der daher jeder Philosophierende sich beteiligen muss. Alles geschichtsfremde bloße Drauflosphilosophieren bleibt dilettantisch.

Dass Philosophen sich mit ihren Vorgängern und Zeitgenossen in Relation setzen, das ist nicht nur und erst in alexandrinischen Zeitaltern[14] so. Aus immanenter Notwendigkeit der Philosophie tun es schon Platon und Aristoteles. Theophrasts[15] Geschichte der griechischen Philosophie hat bei ihnen ihre Wurzeln. Selbst ihrer Natur nach so unhistorisch veranlagte Denker wie Kant und Husserl[16] werden durch das Gesetz der Philosophie in den geschichtlichen Raum hineingezwungen. Von Kant als einem der Ersten stammt die bis heute geläufige Einteilung der Philosophie seit Descartes in Rationalismus und Empirismus[17].

Für den, der fremde Meinungen unkritisch übernimmt, ist sie, als wahr geglaubte, geschichtsunabhängig. Sie mag in einem bestimmten Zeitpunkt gefunden worden sein, aber ihre Gültigkeit herrscht zeitlos, in „ewiger Gegenwart". Der Philosoph empfindet an früherer Meinung ein Ungenügen. Oft ist es dieses Ungenügen, das seine eigene Position aus Opposition entstehen lässt.

9 antinomisch (griech.): gegensätzlich, widerspruchsvoll
10 empirisch (griech.): erfahrungsgemäß, durch Erfahrung festgestellt
11 Kopräsenz (lat.): gemeinsame Gegenwärtigkeit, Anwesenheit
12 Relevanzschwelle: Stufe der Bedeutsamkeit
13 interne Dialektik: innere Wechselbeziehung. Dialektik bezeichnet eine Bewegung zwischen gegensätzlichen Begriffen, die wie zwei Seiten einer Münze zusammengehören.
14 alexandrinisches Zeitalter: die Epoche nach Alexander dem Großen (356–323 v. Chr.), in der man begann, die Ergebnisse aller Wissenschaften zusammenzutragen und in großen Bibliotheken zu vereinigen (Bibliothek von Alexandria)
15 Theophrast: griechischer Gelehrter (um 372–287 v. Chr.), Schüler des Aristoteles
16 Husserl, Edmund (1859–1938): deutscher Philosoph, der eine Philosophie des reinen Bewusstseins entwickelte und dabei ähnlich verfuhr wie Immanuel Kant (1724–1804; Transzendentalphilosophie); vgl. das Autorenverzeichnis, S. 206
17 Rationalismus und Empirismus: zwei Richtungen der Philosophie im 17. und 18. Jahrhundert. Der Rationalismus geht vom reinen Denken aus (ratio = Vernunft); der Empirismus von der Erfahrung (vgl. „empirisch"). Zu Descartes vgl. das Autorenverzeichnis, S. 204

Das entfernt ihn aber nicht nur von der Fremdmeinung: Um sie bekämpfen zu können, muss er sie kennen, durchdenkt er sie besser als der Übernehmende. Mehr: Weil er sie nicht für wahr hält, wird sie für ihn zu einer „nur geschichtlichen", aus individuellen Bedingungen zu erklärenden. Philosophische Opposition ist eine der großen Geburtshelferinnen der späten Fähigkeit, die Dinge historisch zu sehen.

Der Philosoph wird aber gut tun, sich nicht nur mit denjenigen früheren Meinungen vertraut zu machen, denen er entgegentritt, sondern auch davon unabhängig mit der Geschichte des Denkens überhaupt. Denn erst dann erkennt er, wie viele von seinen eigenen Meinungen, die er unbesehen für selbstverständlich, für denknotwendig hielt, in Wahrheit aus der Geschichte übernommen sind. Erst indem sich ihm die gelebte Tradition in vergegenständlichte Geschichte verwandelt, macht er sich klar, dass sie in einmaligen Situationen aus oft lange hinfälligen Motivationen entstanden. „Wenn Worte ihre Flügel öffnen, so entfallen ihnen Jahrtausende" (Benn)[18]. Damit tritt er in eine neue Freiheit: Entweder er behält das Ältere bei, aber jetzt nicht mehr nur als blind Übernommenes, sondern aus eigener Einsicht und Begründung; oder er stößt es, weil sein einstiger Sinn für uns nicht mehr trägt, ab.

So dient der historische Blick dazu, dass wir ein Erbe, das wir nur noch aus Gewohnheit mittrugen, abschütteln und zu Neuem frei werden. Er erweist sich damit als parallel geordnet dem Cartesischen Zweifel[19]: Bei Descartes fällt das Erbe von uns ab wegen seiner Irrationalität, hier wegen seiner Historizität. Das gleiche Ergebnis wird auf verschiedenem Wege gewonnen. Descartes sagt, wir sollen an all unseren Meinungen zweifeln, aber von vielen Meinungen wüssten wir gar nicht, dass wir sie haben, weil sie uns viel zu eingefleischt sind (das Grundlegendste wird am spätesten bewusst), wenn nicht geschichtlicher Rückblick und Vergleich uns darüber belehrte. Geschichtliche Bewusstmachung – die im Unterschied zu konservativem Geschichtsenthusiasmus[20] aufklärerischer Wurzel entspringt – und logische Analyse sind über Gegensätze verwandt und müssen kooperieren.

Es ist beim Erkennen im Allgemeinen nicht so, dass wir von einem gesicherten Punkt aus, wie bei mathematischen Deduktionen, zum nächsten gesicherten Punkt fortschreiten, sondern in hermeneutischem Zugleich[21] mit den ersten Detailerfahrungen entwirft der Geist ein noch ungesichertes Modell des Ganzen. Wenn dieses sich im weiteren Fortgang als nicht zulänglich erweist, nimmt er es sich wieder vor und baut es um. Er dringt also zunächst nicht weiter in die Sache ein, sondern kehrt in einer „schleifenförmigen" Bewegung zu seinem eigenen früheren Ansatz zurück, arbeitet an ihm und wagt sich erst dann besser gerüstet wieder an die Sache (O.F. Bollnow[22] verglich dies damit, dass wir auch im Psychischen und Ethischen nur weiterkommen durch Berichtigung vergangener Fehler, durch reuige „Umkehr"). Dieses allgemeine Gesetz des Erkennens wiederholt sich in den Auseinandersetzungen der Philosophen mit den Entwürfen *früherer* Philosophen.

Ältere Philosophie zu kennen und zu verstehen liegt also bereits im Baumuster der Philosophie selbst. Auf dieser Basis ruht und doch etwas ganz anderes ist die Philosophiegeschichte um ihrer selbst willen (schon Kant klagt über die, denen sich Philosophie in Philosophiegeschichte verwandelt). Hier wird die Geschichte nun nicht mehr kritisiert, um ihr das eigene Wahre ent-

18 Benn, Gottfried: deutscher Lyriker und Essayist, 1886–1956

19 Cartesischer Zweifel: der Versuch des René Descartes, alles zu bezweifeln, was nicht völlig sicher ist

20 konservativer Geschichtsenthusiasmus: die Begeisterung eines zurückgewandten Denkens für die Vergangenheit

21 hermeneutisch (griech.): verstehend. Gemeint ist eine Weise der Interpretation, die vom Gesamteindruck ausgeht, um Einzelheiten zu verstehen, und die umgekehrt aus den Einzelheiten den Gesamteindruck korrigierend vertieft.

22 Bollnow, Otto Friedrich: deutscher Philosoph (geb. 1903)

gegenzusetzen, sondern betrachtet. Dabei fallen gewiss, je nach dem Standort des Historikers, auch Wertakzente, aber Ziel ist das dem Werten vorgelagerte Verstehen.
Und doch gehört auch die so betriebene Philosophiegeschichte noch in die Philosophie und nicht nur in die Geschichtsforschung. Der Systematiker will seinen Gegner noch widerlegen; erst beim Historiker treten der Pluralismus und die Nichtfortschritthaftigkeit der Philosophie voll hervor. Alle Philosophen stehen bei ihm prinzipiell gleichberechtigt als Grundmöglichkeiten des Seinserfassens nebeneinander. In ihnen allen ist für ihn etwas, wofür es sich noch einmal nachzudenken lohnt. Vorhin sagten wir: Man kann heute nicht mehr philosophieren wie ein Vorsokratiker. Aber deswegen ist er im zentralen Punkt nicht „überholt", sowenig wie die vorperspektivische Malerei durch die technische Erfindung der perspektivischen aufhört, schön zu sein. Wenn der erste Philosoph, Thales von Milet, an der Wende vom 7. zum 6. Jahrhundert sagt, alles sei aus dem Wasser entstanden, so hat das zwar eine hocharchaische Form, sofern aber darin liegt, dass die Vielheit der Welt Einheit sei in einer sich evolutiv[23] abwandelnden Grundsubstanz, bleibt es – ob man dies nun gutheiße oder nicht – ein unentbehrlicher Gedanke.
Deshalb ist Geschichtsschreibung ihrer selbst bereits ein Teil der Philosophie, während Geschichtsschreibung der Physik nicht ein Teil der Physik ist. Immerhin sind heute auch die Wissenschaften an ihrer eigenen Geschichte, die früher fast nur anekdotisch betrieben wurde, interessierter als früher. Denn viele von ihnen haben während und nach der Jahrhundertwende große Wandlungen durchgemacht. Diese Wandlungen beruhten auf einem Wandel im Prinzipiendenken. Und wie sie heute – wir sprachen schon davon – in Abhebung von ihrer positivistischen Phase[24] dazu übergegangen sind, ihre eigenen Prinzipien zu erforschen, so daher auch zur Erforschung der *Geschichte* ihrer Prinzipien. Beides beweist, dass die Wissenschaften philosophischer geworden sind.*

23 evolutiv (lat.): entwicklungsmäßig
24 positivistisch: sich nur an das unmittelbar Gegebene haltend. Der Positivismus war im 19. Jahrhundert die leitende Einstellung der meisten Naturwissenschaftler, die sich damit gegen Spekulationen und philosophische Theorien wandten.

1.3.2 Das Problem der Geschichte – Gerhard Krüger

Dass man nicht sinnvoll philosophieren kann, ohne die Geschichte der Philosophie in das eigene Denken einzubeziehen, hängt letztlich damit zusammen, dass der Mensch selbst ein geschichtliches Wesen ist. In vielfältiger Weise begegnet er immer wieder dem, was er war, und dem, was vor ihm war. Der folgende Text dient dazu, diesen Gesichtspunkt ansatzweise herauszuarbeiten.

a) Menschliche Natur und geschichtlicher Charakter

Wir leben in einer Zeit, in der uns – mehr als alles andere in der Welt – die Geschichte zu denken gibt, d. h. die Veränderung, die mit dem menschlichen Leben vor sich geht. Wenn wir unser heutiges Leben mit dem der vorhergehenden Generationen vergleichen, so ist die Veränderung ungeheuer: Schon die Menschen vor dem ersten Weltkrieg lebten – innerlich und äußerlich – in einer so anderen Welt, dass man mit den damaligen Begriffen das heutige Leben kaum fassen kann; und für die jetzige Generation bereits ist das Erbe aus dieser Zeit, das sie sich noch wirklich anzueignen vermag, erstaunlich gering. Die Klüfte zwischen den Generationen sind in der jüngeren Geschichte sehr groß, und es scheint: sie sind immer größer geworden, je mehr wir uns im historischen Überblick der Gegenwart nähern. Man wird diese Erfahrung wohl in jeder Familie machen können, obwohl sich die Differenz der Zeiten je nach der landschaftlichen, sozialen und nationalen Situation der Familie in verschiedenem Maße der Ausprägung zeigen wird;

* Michael Landmann, Was ist Philosophie? Bouvier Herbert Grundmann, Bonn 1977 S. 134–139

vollständig wird diese Erfahrung nirgends fehlen, und aufs Ganze gesehen behält sie ein auffallendes Übergewicht gegenüber allem Verbindenden, gegenüber der die Einheit der Familie wahrenden Tradition.

Diese Beobachtung ist wichtig, denn in gewisser Hinsicht bleibt sich das menschliche Leben immer gleich, und gerade in der Familie tritt dieses Unveränderliche in Erscheinung: Liebe und Ehe, Geburt und Tod, Jugend und Alter, die Brüderlichkeit der Gleichaltrigen und die Überlegenheit der Älteren, Gesundheit und Krankheit, Wohlstand und Armut, Freundschaft und Feindschaft – dieses und vieles andere mit allem, was an Schicksal darin beschlossen ist, hat es gegeben, solange überhaupt Menschen sind. Aber es ist doch ein großer Unterschied in der Art, wie dieses Leben gelebt wird, in dem Charakter, den die Menschen selbst ihrem immer gleichen Wesen geben. Mag das Wesen im Grund unveränderlich sein: Die Art, wie die Menschen selbst ihr Leben auffassen und wie sie es in dieser Auffassung selbstständig führen, unterliegt Wandlungen, die so tief greifen, dass sie alles natürlich Gegebene erfassen und prägen. Ja, man muss offenbar sagen: Eben dies gehört zum Wesen des Menschen, dass er sich selbst einen Charakter gibt, dass er sich selbst zu dem machen muss, was er von Natur ist.

Die Liebe der Geschlechter ist gewiss etwas Elementares, demgegenüber alle wechselnden Meinungen der Menschen geringfügig scheinen mögen; sie bringt kraft der menschlichen Natur immer dieselben Gefühle und Gesinnungen, ja dieselben Worte und Gebärden mit sich; wie sie im Kern die Hohen und Geringen gleichmacht, so auch die Zeitalter. Und doch empfinden wir gerade in dieser natürlichen Lebenssphäre eine merkwürdige Fremdheit zwischen den Generationen und den Zeitaltern. Wir alle wissen, wie sehr sich im Verhältnis der Geschlechter, aufs Ganze gesehen, die Sitten und die Begriffe, ja auch die Gefühle und Neigungen selbst geändert haben, wie anders es noch – äußerlich und innerlich – bei den Großeltern und sogar bei den Eltern hergegangen ist. Wir wissen, wie anders die weltschmerzliche Romantik, wie anders das galante 18. Jahrhundert, wie anders wiederum die exklusiv männliche Kultur der klassischen Griechen die Liebe erlebt hat. In einer schwer zu durchschauenden Weise ist hier etwas Ewig-Menschliches und Allgemeinverständliches mit ganz Zeitgebundenem, schwer Nachzufühlendem verquickt: die bleibende Natur des Menschen mit dem wechselnden geschichtlichen Charakter.

Es ist nicht anders bei den Formen der Ehe, der Altersunterschiede, der sozialen Stellung. Es gibt keine Ehe ohne irgendeinen Begriff der Dauer und der Treue; aber wie anders haben sich diese Begriffe gestaltet, je nachdem ob man sie heidnisch oder christlich, patriarchalisch oder liberal verstand, ob man z. B. die Treue auf das Gebot Gottes, auf freie Ritterlichkeit, auf einen Enthusiamus für die Tugend oder auf Kameradschaftlichkeit gegründet hat – im 16., im 17., im 18., im 20. Jahrhundert. Wie anders ist das Schicksal des Altwerdens, je nachdem ob man im Alter Erfahrung und Weisheit ehrt oder die Energie der Jugend vermisst! Wie anders nahmen sich die sozialen Unterschiede aus, als sie noch den Charakter von Standesunterschieden hatten, als z. B. noch der Geburtsadel von Bedeutung war. Es macht viel aus, ob man dem Alter schon als solchem mit Ehrfurcht begegnet oder nur seinem wirklich bewiesenen Können und ob man dem Höhergestellten als solchem einen höheren Rang des ganzen Menschseins zuspricht oder nur eine größere Leistung anerkennt. Immer wieder vermögen wir schwer zu sagen, wie sich das Gleichbleibende und das Veränderliche zueinander verhalten. Gewiss, wenn wir den patriarchalischen Handwerksmeister der Vergangenheit mit dem „Arbeitgeber" der Gegenwart vergleichen, könnte man denken: Im Grunde ist es doch immer dasselbe Verhältnis, nur unter verschiedenen äußeren Umständen. Aber die geschichtliche Erfahrung und die Gewalt der geschichtlichen Kämpfe zeigen uns, dass die Unterschiede bis auf den Grund gehen: Alles, auch das Elementarste, bis in die Leiblichkeit hinein, wird in die geschichtliche Bewegung hineingezogen, denn je nachdem, wie der Mensch sein Leben auffasst und führt, bekommt alles mit dem

menschlichen Wesen Gegebene bis in die Physiognomie[1] und die Körperhaltung hinein einen jeweils anderen Sinn.
Eben diese Veränderung bezeichnen wir im eigentlichen Sinne als „Geschichte". Sie ist mehr als die „Lebensgeschichte", die jeder Einzelne jederzeit durchmacht; sie ist der Wandel in der Auffassung vom Sinn des menschlichen Lebens; ein Wandel, der grundsätzliche, allgemeine Bedeutung hat und der daher die gemeinsamen Formen, die Anschauungen, Sitten, Institutionen – kurz: die Ordnung des menschlichen Daseins betrifft. Geschichte ist in diesem Sinne die Veränderung des menschlichen Lebens überhaupt.

b) Die eminente[2] Geschichtlichkeit der Gegenwart

(…) Und doch ist das, was wir heute erleben, etwas Besonderes: Während früher nur selten, nur in „säkularen"[3] Abständen wirklich eingreifende geschichtliche Wandlungen kamen, hat sich heute das Tempo dieses Geschehens beschleunigt (…) Heute nun ist es soweit, dass die Geschichtlichkeit des menschlichen Lebens in ihrem Umfange fast total und in ihrer Bewegtheit von allen traditionellen Hindernissen fast gänzlich frei geworden ist. Wir leben in einer Zeit totaler und freier Geschichtlichkeit. Daher das heutige Bewusstsein, dass alle bisherigen Begriffe vom Leben versagen, dass jetzt gewissermaßen alles möglich ist und dass von dieser Situation kein Mensch mehr unbetroffen ist. Die Macht der Geschichte hat gleichsam das ganze Wesen des Menschen verzehrt; die Möglichkeit des Menschen, seinem Leben selbst das Gepräge, den Charakter zu geben, ist so radikal geworden, dass nichts mehr selbstverständlich ist, nichts mehr feststeht, nichts mehr außerhalb einer möglichen Neugestaltung ist. Die Geschichtlichkeit des Lebens ist extrem geworden.

c) Der Wandel und das Bleibende

Diese Situation gibt uns zu denken; sie macht die Geschichte zu einer prinzipiellen philosophischen Frage. (…) Wir müssen uns eine Reihe von Konsequenzen der totalen Geschichtlichkeit klarmachen, durch die unsere Zeit zu einer höchst fragwürdigen Zeit wird und durch die für die philosophisch Denkenden die totale Geschichtlichkeit, die unserer Zeit das Gepräge gibt, zum schwersten und dringendsten Problem wird. Der Mensch, der von vornherein im historischen Bewusstsein lebt – der Mensch also, der von vornherein damit rechnet, dass das, was heute gilt, in Zukunft – und wann fängt diese Zeit an? – schon nicht mehr gelten wird –, hat nichts Festes und Bleibendes mehr, woran er sich halten kann; sein Leben hat keinen bleibenden Sinn mehr, von dem er sich leiten lassen kann. Seine Frage: wozu lebe ich eigentlich? stößt ins Leere, ins Nichts. Der Mensch erfährt nicht mehr das Befreiende, das in der Klarheit über den Lebenssinn liegt; er kann nicht mehr wirken und sich unter Umständen freudig oder enthusiastisch aufopfern für etwas, wozu er zweifellos da ist; sondern er ist wie gelähmt durch die ermüdende Skepsis, die aus dem Anblick der geschichtlichen Hinfälligkeit alles dessen folgt, was einmal als ewig und unverbrüchlich gegolten hat. So ist das Lebensgefühl unserer Zeit das Gefühl der Beklemmung, der Angst geworden. Früher hat man sich darum gestritten, welcher Gott der wahre Gott und welche Art von Gottesverehrung die wahre Religion ist, oder man hat darum gekämpft, gegen die Kirche die Ideale des Fortschritts durchzusetzen, von denen man die Lösung aller Menschheitsprobleme erhoffte. Heute kämpft man darum, dass das Leben überhaupt einen Sinn behält oder bekommt. Das dringendste Problem ist für den heutigen Menschen nicht mehr

1 Physiognomie (griech.): Gesichtsausdruck
2 eminent (lat.): besonders, hervorstechend
3 säkular: von saeculum (lat.): Jahrhundert, Zeitalter

die Frage nach dem wahren Lebenssinn – wobei ja vorausgesetzt wäre, daß es bestimmt einen solchen Sinn gibt und dass es nur darauf ankommt, ihn recht zu erkennen und zur Geltung zu bringen –, sondern die Frage, ob es überhaupt einen Lebenssinn gibt und wie es möglich ist, als Mensch – d. h. in irgendeiner sinnvollen Weise zu existieren.*

Arbeitsaufträge

1. In der Antike lehrte man, dass es vier Elemente gebe; inzwischen hat sich das als falsch herausgestellt und einer anderen Vorstellung von den Elementen Platz gemacht. In der Kunst ist aber der mittelalterliche Stil der Gotik nicht durch moderne Stile „falsch" geworden. Wie sieht *Landmann* die Geschichte der Philosophie im Vergleich zu Wissenschafts- und Kunstgeschichte? (1.3.1)
2. Welcher Gefahr setzt sich aus, wer meint, ganz ohne Kenntnis der Philosophiegeschichte auf eigene Faust drauflos philosophieren zu können? (1.3.2)
3. Wenn schon ohne „historisches Bewusstsein" kein sinnvolles Philosophieren möglich ist: warum sollte dann der Philosophieunterricht nicht einfach Kenntnis der Philosophiegeschichte vermitteln?

1.4 Philosophie im Zeitalter wissenschaftlichen Denkens

Die von G. Krüger *beschriebene Veränderung moderner Lebensverhältnisse, besonders die wachsende Beschleunigung dieser Veränderung, hängt sicherlich mit der Entwicklung neuer Technologien zusammen; sie haben einen bestimmenden Einfluss auf das Verhältnis des heutigen Menschen zu sich selbst und zu der Welt, in der er lebt. Aber die moderne Technik ist nicht denkbar ohne die mit ihr verflochtene naturwissenschaftliche Forschung, sodass sich die Frage erhebt, welche Rolle in einer naturwissenschaftlich orientierten Zeit die Philosophie spielt bzw. ob sie dort überhaupt noch eine Rolle spielen kann.*

1.4.1 Philosophie und Naturwissenschaft – Aloys Wenzl

In Bezug auf das Verhältnis der Naturwissenschaften zur Philosophie und der Philosophie zu den Naturwissenschaften beobachten wir zwei entgegengesetzte Grundhaltungen, und zwar von beiden Seiten her: diejenige der Distanzierung, Trennung, ja Ablehnung des anderen Bereichs und diejenige der Begegnung, Ergänzung und Synthese. Die erstere Haltung wird von naturwissenschaftlicher Seite vertreten mit den Argumenten: Wir wollen voraussetzungslos forschen, wir stützen uns auf die Erfahrung, wir wollen nur Tatsachen und ihre Gesetzlichkeiten feststellen und dadurch Ordnung in die Mannigfaltigkeit der Natur bringen und sie beherrschen; die ewig wechselnde Philosophie ist eine unfruchtbare Spekulation; wir haben denn auch erst Erfolge erzielt, seit wir uns selbstständig gemacht haben. Der gemäßigtere Standpunkt ist dann noch der des realistischen Naturwissenschaftlers, der mit seinen Ergebnissen zwar objektive Aussagen über die physische[1] Wirklichkeit gewonnen zu haben überzeugt ist, aber auf diese sich beschränkt und auf Metaphysik[2] verzichten zu sollen glaubt; der radikale Standpunkt ist

1 physisch (griech.): körperlich, materiell
2 Metaphysik: ein Gebiet der Philosophie, in dem es um die Grundprobleme des Seins und des Werdens geht

* Gerhard Krüger, Grundfragen der Philosophie. Vittorio Klostermann, Frankfurt a. M. [2]1965, S. 1–3, 5, 6–7

der extrem positivistische[3], welcher Fragen, die nicht aus der Beobachtung und dem Experiment heraus beantwortet werden können, einfach für sinnlos erklärt. Aber auch aufseiten vieler Philosophen wird die erstere Haltung vertreten, wenn auch sozusagen mit umgekehrtem Vorzeichen: Wir dürfen uns nicht abhängig machen von den Naturwissenschaften, unser Fragen geht hinter die Naturwissenschaften zurück, auf ihre Voraussetzungen und die Grundfragen des Seins selbst. Wir können nicht den wechselnden Hypothesen und Theorien der Naturwissenschaften uns verschreiben; die bloßen Erklärungen der Naturwissenschaft sind übrigens auch philosophisch bedeutungslos, sie sind nur Deskription[4], wir brauchen eine apriorische Ontologie[5] und selbstständige Metaphysik.

Die beiden Extremismen, radikal durchgeführt, wären in Wahrheit eine geistige Schizophrenie[6], eine geistige Spaltung. Schon ein Blick zurück in die Geschichte lehrt die tatsächliche Wechselbeziehung von Philosophie und Wissenschaft. Aus philosophischen Fragestellungen sind auch die Naturwissenschaften entsprungen, und was für eine gewaltige Bedeutung ihre Ergebnisse und Entwürfe für das Weltbild und damit auch für die Weltanschauung und Metaphysik gehabt haben, dafür ist die *Kopernikanische* Wendung[7] das repräsentativste Beispiel. (...) In dem Bereich der organischen Natur war die Lehre *Darwins*[8] von weltanschaulich nicht geringerer Wirkung als die des Kopernikus. Wie durch diese die Erde ihre Sonderstellung verlor, so schien mit Darwin diejenige des Menschen grundsätzlich verneint. (...)

Das wahre Verhältnis von Naturwissenschaft und Philosophie wäre dies: Auch die Naturwissenschaften sind Töchter der Philosophie, die ältesten sogar, und sie entspringen der gleichen Wurzel wie die Philosophie selbst, dem Streben des Menschen nach Wahrheit. Der philosophierende, die Wahrheit suchende Mensch gibt sozusagen im Zug der Arbeitsteilung, zu der er schon durch die Kürze des einzelnen Menschenlebens gezwungen ist, die einzelnen Bereiche der Wirklichkeit an die Einzelwissenschaften. Mit den Ergebnissen aber kehren diese sozusagen zur Mutter zurück; die Philosophie muss versuchen, die Voraussetzungen und die Wege kritisch zu prüfen und die Ergebnisse unter dem Gesichtspunkt der philosophischen Fragestellung zu deuten und zusammenzuhalten. Sie vergibt sich durchaus nichts, wenn sie dankbar auch die Anregungen anerkennt und aufnimmt, die ihr von den Einzelwissenschaften gebracht werden und auf die sie von sich aus nicht hätte kommen können. So verfeinert sich die Fragestellung und erweitert sich der Horizont. Dass das Ideal einer erschöpfenden Antwort nie erreichbar, ja „irrational" ist, kann das Streben nach einer näherungsweisen bestverantwortlichen Antwort so wenig wertlos machen, wie wir bei einer Irrationalzahl[9] auf die Berechnung verzichten können, weil wir wissen, dass wir doch nie an ein Ende kommen können.*

3 positivistisch: vgl. 1.3.1, Anm. 24
4 Deskription: Beschreibung
5 apriorische Ontologie: eine Seinslehre (Ontologie), die nicht erst durch Erfahrung gewonnen wird, sondern deren Grundformen von vornherein (a priori) festliegen
6 Schizophrenie: Bewusstseinsspaltung
7 Kopernikanische Wendung: die Umstellung des Weltbildes von der geozentrischen Sicht zur heliozentrischen. Nicht mehr die Erde, sondern die Sonne steht im Mittelpunkt des Planetensystems (Kopernikus; 1473–1543).
8 Darwin, Charles (1809–1882): Begründer der Abstammungslehre, die den Menschen als ein Produkt der natürlichen Artenentwicklung ansieht und nicht mehr auf einen göttlichen Schöpfungsakt (Adam und Eva!) zurückführt
9 Irrationalzahlen: Zahlen, die sich nicht auf Verhältnisse zwischen ganzen Zahlen zurückführen lassen. Ihre unperiodischen Nachkommastellen hören nie auf.

* Aloys Wenzl, Die philosophischen Grenzfragen der modernen Naturwissenschaft. Urban-Bücherei 11, Kohlhammer, Stuttgart [3]1960, S. 9–11, 14–15

Diese Skizze der Beziehung Naturwissenschaft-Philosophie lässt sich ergänzen, wenn man wenigstens einen Teilbereich der Philosophie zur „Wissenschaftsphilosophie“ (bzw. Wissenschaftstheorie) macht und ihr die Aufgabe zuteilt, das Vorgehen der Wissenschaften kritisch zu begleiten.

1.4.2 Zur Charakterisierung der Wissenschaftsphilosophie – D.W. Theobald

Ganz grob gesagt geht es bei der Wissenschaft um Tatsachen hinsichtlich der Welt, in der wir leben (…) Und bei der Wissenschaftsphilosophie geht es, ebenso grob gesagt, um die Natur dieser von der Wissenschaft ermittelten Tatsachen, oder – anders ausgedrückt – um Tatsachen, die diese Tatsachen hinsichtlich der Welt betreffen. Die Aufgabe des Wissenschaftsphilosophen besteht nicht darin, irgendwelche neuen Tatsachen über die Welt zu entdecken; sie besteht vielmehr darin, das, was die Wissenschaftler als erkannte Tatsachen bezeichnen, einer kritischen Betrachtung zu unterziehen. Er beschäftigt sich also nicht mit Beobachtungen und Experimenten, sondern mit der Bedeutung von Beobachtungen und Experimenten, mit der Art und Weise ihrer Interpretation, weil es – wie wir noch im Einzelnen sehen werden – die Interpretation von Beobachtungen ist, die zur wissenschaftlichen Erkenntnis führt. Und deshalb richtet sich das Interesse des Philosophen vor allem auf die Struktur der von der Wissenschaft entdeckten Tatsachen und der zwischen ihnen bestehenden Beziehungen. Ich möchte das an einigen Beispielen verdeutlichen. Nehmen wir z. B. die Grundaussage der kinetischen Gastheorie[1]: Gase bestehen aus Molekülen, die sich vollkommen ungeordnet hin und her bewegen. Die Mehrzahl der Wissenschaftler würde das für eine Tatsachenaussage halten, die als solche mit Aussagen wie „Wenn man bei einem Gas den Druck verdoppelt, vermindert sich sein Volumen um die Hälfte“ oder „Wenn ich bei dem Gas in diesem Kolben jetzt den Druck verdoppele, vermindert sich sein Volumen um die Hälfte“ vergleichbar ist. Was den Philosophen an diesem Beispiel interessiert, ist nicht das Verhalten von Gasen schlechthin oder eines bestimmten Gasvolumens, sondern die Frage nach den logischen Zusammenhängen, die es dem Wissenschaftler gestatten zu behaupten, dass die beiden letzten Aussagen durch die erste erklärt werden, bzw. dass die beiden letzten die erste in gewissem Umfange bestätigen. Handelt es sich bei diesen drei Tatsachenaussagen um Aussagen ein und desselben logischen Typs[2], und wenn nicht: worin genau bestehen die Unterschiede zwischen ihnen? – Solche und ähnliche Fragen sind es, worauf es dem Philosophen in diesem Falle ankommt. (…)

Aber wie steht es nun mit Fragen wie „Was ist eine Erklärung?“, „Was ist Energie?“ oder „Was ist Wahrscheinlichkeit?“ Bei ihnen kann es – und das dürfte unmittelbar einleuchtend sein – keine noch so raffinierte Experimentiertechnik geben, mit deren Hilfe sich die Antwort finden ließe: Es handelt sich um philosophische Fragen, die die Wissenschaft als solche betreffen und deshalb nicht durch einen Verweis auf irgendwelche Naturtatsachen beantwortbar sind. Wenn man sie stellt, erwartet man *nicht* eine direkte Auskunft über Dinge, die in der Natur der Fall sind, sondern Erläuterungen, durch die Licht in bestimmte wissenschaftliche Sprech- und Verfahrensweisen gebracht wird, die einem dunkel und undurchsichtig erscheinen. Auf die Frage „Was ist eine Erklärung?“ gibt es keine Antwort, die einen mit wenigen Worten ein für alle Mal zufriedenstellen könnte; und es wäre deshalb besser, wenn man dem Fragesteller eine Reihe von gängigen Erklärungen vorführte und versuchte, diese genauer zu analysieren. Der Effekt dieser Art von „Feldforschung“ besteht dann allerdings in der Regel darin, dass die Frage am Ende offener und dringlicher erscheint als je zuvor; denn man wird ziemlich bald herausfinden,

1 kinetische Gastheorie: ein Gebiet der theoretischen Physik, in dem versucht wird, das Verhalten von Gasen aus der Bewegung (kínesis) ihrer Moleküle herzuleiten

2 logischer Typ: Eine Einzelaussage (das Gas in *diesem* Kolben) ist etwas anderes als eine Verallgemeinerung (*irgendein* Gas). Noch anders sind theoretische Aussagen zu verstehen.

dass es nicht nur einen einzigen Typ von Erklärung gibt und dass deshalb keine der in Betracht gezogenen Antworten wirklich alle vorkommenden Fälle deckt. Man könnte hier eine Bemerkung von Dr. Johnson[3] über das Licht abwandeln und sagen: Was eine Erklärung ist, *wissen* wir zwar alle, aber es zu sagen ist schwierig. Doch sehen wir davon erst einmal ab: Für uns ist im Moment der entscheidende Punkt der, dass die Frage „Was ist eine Erklärung?" nicht durch einen Verweis auf irgendwelche Naturphänomene beantwortet werden kann, sondern nur durch eine sorgfältige Untersuchung der Art und Weise, wie wir über Naturphänomene sprechen und sie zueinander in Beziehung setzen.

Was in philosophischen Fragen zum Ausdruck kommt, ist (zumindest häufig) der Umstand, dass wir einen bestimmten Begriff nicht ganz verstehen, dass er uns nicht hinreichend durchsichtig erscheint. Wenn wir nach dem Begriff der Energie fragen, geht es uns um eine Klärung der Bedeutung und der Implikationen[4], die dieser Begriff im Kontext[5] seiner Verwendung in der Naturwissenschaft hat; wir erwarten, dass man uns einen bestimmten Aspekt der Wissenschaftssprache in ihrem Verhältnis zur Welt erläutert. Und das führt dann zu einer Untersuchung der Ökonomie[6], mit der es uns gelungen ist, die Welt sprachlich in den Griff zu bekommen. Wie aber könnten wir sie in den Griff bekommen, wenn nicht sprachlich? Das ist die Frage, die wir uns stellen müssen, wenn wir einsehen wollen, warum die philosophische Reflexion so wichtig ist.*

3 Dr. Johnson: amerikanischer Physiker
4 Implikationen (lat.): Voraussetzungen bzw. Bedingungen, die in einem Begriff mitgedacht werden
5 Kontext (lat.): Umfeld eines Begriffs oder einer Aussage
6 Ökonomie (griech.): Wirtschaftlichkeit, Sparsamkeit

Die Auseinandersetzung zwischen Philosophie und Wissenschaft – zumal Naturwissenschaft – kann sich nicht darauf beschränken, nur die methodischen, sprachlichen und logischen Probleme der Forschung zu betrachten. Wenn es zutrifft, dass unser modernes Leben weitgehend von Wissenschaft und Technik bestimmt ist, stellt sich auch die Frage, was mit uns selbst im Umkreis der Welt, in der wir leben, geschieht: eine Frage, die vor allem unser Verhältnis zur Natur betrifft. Diese Frage führt nicht nur auf Probleme der Erkenntnis, sondern genauso gut auf solche des praktischen Handelns, insbesondere der Zielsetzung von Wissenschaft. Das heute aufbrechende „Ökologische Bewusstsein" ist daher ein zentrales Thema gegenwärtiger Philosophie. Es kann jedoch hier nicht weiter behandelt werden, da es den Rahmen dieser Einführung in die Philosophie sprengen würde.

Arbeitsaufträge

1. Worauf beruht die Abneigung vieler Naturwissenschaftler, sich mit Philosophie zu beschäftigen? (1.4.1)
2. Wie beurteilt A. Wenzl die historische Entwicklung des Verhältnisses zwischen Philosophie und Naturwissenschaften? (1.4.1)
3. Welche Aufgaben kann die Philosophie haben, wenn sie sich mit den Naturwissenschaften auseinander setzt? (1.4.2)

* D.W. Theobald, Grundzüge der Wissenschaftsphilosophie. Aus dem Englischen übersetzt von Erhard Bubser, Reclam, Stuttgart 1973, S. 13–16

2 Die Welt der Vorsokratik

2.1 Aufbruch der Philosophie

Die Philosophie beginnt bei den Griechen. Zumeist setzt man ihren Anfang in die Zeit um 600 v. Chr., als die ersten Denker auftraten, die nicht mehr die Welt so sahen, wie sie in den Mythen dargestellt wurde, etwa bei Homer *oder* Hesiod, *sondern die versuchten, auf eigene und selbstständige Weise die Wirklichkeit in Gedanken zu fassen.*
*Zwar lässt sich einwenden, dass spätestens zur selben Zeit auch in den Kulturen des Fernen Ostens, in Indien und China, so etwas wie Philosophie anhebt, sodass Griechenland nicht allein Ursprung philosophischen Denkens sein könne. Aber es ist fraglich, ob die Kulturen des Orients Philosophie im vollen Sinne des Wortes hervorgebracht haben. Versteht man Philosophie als radikales Fragen (*Weischedel*), so trifft diese Kennzeichnung ihres Wesens auf die Denkwelten des Ostens nicht zu. Das sagt nichts gegen den geistigen Rang dessen, was in den Veden*[1]*, dem Buddhismus, bei* Konfuzius *und* Lao-tse *vorliegt. Zumindest aber gilt, dass die abendländische Philosophie ihren eigenen Weg genommen hat, dass wir selbst auf einem Punkt dieses Weges stehen und der Osten kaum je einen maßgeblichen Einfluß auf das von den Griechen herkommende Denken gewonnen hat.*

1 der Veda, die Veden: die ältesten Bücher der indischen Literatur, überwiegend religiösen Inhalts, in der altindischen Schriftsprache Sanskrit verfasst

2.1.1 Heraklits erstes Fragment

Der Anspruch, mit dem das Philosophieren bei den Griechen anhebt, wird beispielhaft durch Heraklit *formuliert. Sein Begriff des Logos setzt Maßstäbe, die das griechische Denken geprägt haben.*

Diesen Logos aber, obgleich er ewig ist, begreifen die Menschen nicht, weder bevor sie ihn noch nachdem sie ihn gehört haben. Und doch geschieht alles diesem Logos gemäß. Sie aber gleichen Unerfahrenen, sobald sie sich an solchen Worten und Werken versuchen, wie ich sie verkünde, jegliches seiner Natur gemäß auslegend und deutend, wie es sich damit verhält. Den anderen Menschen aber verbirgt sich, was sie im Wachen tun, wie sie vergessen, was sie im Schlafe tun.*

Heraklit *erhebt seine Stimme als Philosoph mit einem Selbstbewusstsein, das anmaßend klingt, zumal er sich mit aller Schärfe gegen das Unverständnis der übrigen Menschen wendet. Sein „Logos" ist hier Wort und Lehre, zugleich aber auch das Weltgesetz, nach dem alles geschieht; das griechische Wort lógos hat viele Bedeutungen (Wort, Sprache, Vernunft, Weltordnung usw.); man kann es eigentlich gar nicht übersetzen. Aber es wurde seit Heraklit zu einem Grundwort griechischen Philosophierens.*

* Heraklit, Fragm. Nr. 1 nach der Zählung von H. Diels (Hermann Diels, Die Fragmente der Vorsokratiker. Weidmannsche Buchhandlung, Berlin 1906), Sext. Empir. VII 132. Griech. bei Jaap Mansfeld, Die Vorsokratiker. Reclam, Stuttgart 1987, S. 144. Übersetzung durch den Herausgeber

2.1.2 Die Lehre des Thales – Aristoteles

Der eigentliche Beginn der Philosophie bei den Griechen wird zumeist mit Thales *verbunden, über den zwar wenig bekannt ist, der aber schon in der Antike als Urheber einer bestimmten Art des Denkens gesehen wurde: nämlich der Suche nach dem Ursprung alles Seienden. Einen wichtigen Hinweis auf die Lehren des Thales gibt* Aristoteles, *der allerdings fast dreihundert Jahre später lebte und manche Begriffe verwendet, die Thales selbst wohl noch gar nicht gekannt hat.*

Thales, der Begründer dieser Art von Philosophie (*in der, nach Aristoteles, ein stofflich-materielles Prinzip allen Dingen zugrunde liegt; anm. d. Hrsg.*), sagt, das Wasser sei Prinzip (physis); deshalb erklärte er auch, die Erde ruhe auf dem Wasser. Vermutlich kam er zu dieser Annahme, weil er beobachtete, dass die Nahrung aller Wesen feucht sei …*
Thales glaubte, dass alles voller Götter sei.**

2.1.3 Wasser, nicht H_2O – Gerhard Nebel

Die Philosophie des Thales ist die eines wesenhaften Insulaners: ringsum Meer, als die eigentliche und ursprüngliche Wesenheit, und aus ihr dann das Feste, die Erde. (…) Die Götter sind aus der Welt des Thales verschwunden. Aber sofern er mehr als Verstand, sofern er Vernunft ist, muss sich ihm die Göttlichkeit der Welt bewahrt haben, und diese Göttlichkeit erfüllt sich ihm im Wasser. An die Stelle des göttlichen Er, das sich sogar zu einem Du profilieren konnte, ist das Es getreten. Die Göttlichkeit erscheint nicht mehr in Göttern, es gibt keine kraftgeladenen Orte, aus denen plötzlich ein Gott ins Herz des aufgerissenen und keuchenden Gläubigen springt: Sie ist unsterbliche, alles aus sich entlassende Heiligkeit, die trotz des Verstandes das Dasein immer noch zu einem Fest und Wunder macht, die verhindert, dass das Sein verdorrt und verwelkt, sorgt, dass es blüht und fruchtet. Zu dieser Wesenheit kann nicht gebetet, aber sie kann betrachtet werden; sie vergottet und heroisiert nicht, aber sie wirkt trotzdem ein, sie teilt sich mit. Diese Wirklichkeit und Göttlichkeit des Wassers ist nicht H_2O, nicht der Gegenstand der Chemie, Limnologie, Ozeanologie, nicht das, was von der Arbeit benutzt und von der Technik verdorben werden kann, aber das, was sich ungeheuer im Durst offenbart, was in unendlicher Seligkeit den Durst löscht. Es ist das Wasser der Reinigung, Sintflut und Taufe, Buße und Vergebung; das erquickende Bad wie der Geruch der Tangfeuchte; gleißende Fläche und empörtes Gestrudel, dröhnende Brandung und murmelnder Silberbach, schmeichelnde Nachgiebigkeit und zerschmetternde Härte. Die Welt wiederholt ihren Reichtum und ihre Gegensätze im Wasser.***

Thales *hatte in der ionischen Hafenstadt Milet an der kleinasiatischen Küste gelebt und dort so anregend gewirkt, dass andere Milesier seine Überlegungen weiterdachten. Zu ihnen gehört* Anaximenes, *über den später der Römer* Cicero *(1603–43 v. Chr.) berichtete.*

* Aristoteles, Die Lehre des Thales. Metaphysik I, 182 b 12–983 a 14, A, 983b 20f.
** Aristoteles, De Anima, A 411 a 8f
*** Gerhard Nebel, Rundfunkvortrag im NDR, 15. VIII. 1961; abgedruckt in: Ders.: Die Geburt der Philosophie. Klett, Stuttgart 1967, S. 27–29

2.1.4 Gott ist Luft – Anaximenes

Anaximenes behauptete, Gott sei Luft, und er entstehe und sei unermesslich und unendlich und immer in Bewegung, als ob Gott Luft ohne jede Gestalt sein könne …
(Cicero, De natura deorum, I 26)*

Anaximenes *war vermutlich durch die Gedanken des (älteren)* Anaximander *angeregt worden, als er an die Stelle des Wassers (Thales) die Luft setzte. Was aber bei* Anaximenes *in verhältnismäßig konkreter Weise die Luft ist, war bei* Anaximander *das „Unbegrenzte" (ápeiron) gewesen.* Anaximander *wird hier nach Anaximenes behandelt, obwohl er eine Generation vorher lebte und Anaximenes sein Schüler war. Aber die Denkweise Anaximanders hebt sich so von den Lehren des Thales und des Anaximenes ab, dass er in einem eigenen Kapitel vorgestellt werden soll.*

2.1.5 Das Unbegrenzte und die Notwendigkeit – Anaximander

Das Apeiron
Anaximander, des Praxiades Sohn, aus Milet. Dieser sagte, Ursprung (arché) und Element (stoicheíon) sei das Unbegrenzte (ápeiron); er bestimmte es nicht als Luft oder Wasser oder etwas anderes. Und die Teile verwandelten sich, das All aber sei unwandelbar.
(Diogen. Laertios II 1)

Das Walten der Notwendigkeit
Woraus aber den seienden Dingen das Entstehen ist, dorthin geschieht auch ihr Vergehen, nach der Notwendigkeit; denn sie müssen einander Schuld und Buße zahlen für ihre Ungerechtigkeit nach der Ordnung der Zeit.**

Dieser bei Simplikios *(um 530 n. Chr.) überlieferte Spruch* Anaximanders *hat viele Deutungen erfahren. Sogar die Übersetzung aus dem Griechischen ist nicht einheitlich, von Fragen der Text-Echtheit ganz abgesehen. Nachdem lange Zeit die frühgriechische Philosophie nur als Vorstufe zum Denken der „Klassiker" Sokrates, Platon und Aristoteles angesehen wurde, hat* Nietzsche *zum ersten Mal das Ursprüngliche und Eigenständige der sogenannten Vorsokratiker hervorgehoben.*

2.1.6 Der „tragische" Anaximander – Friedrich Nietzsche

Während der allgemeine Typus des Philosophen an dem Bilde des Thales sich nur wie aus Nebeln heraushebt, spricht schon das Bild seines großen Nachfolgers viel deutlicher zu uns. *Anaximander* aus Milet, der erste philosophische Schriftsteller der Alten, schreibt so, wie der typische Philosoph eben schreiben wird, solange ihm noch nicht durch befremdende Anforderungen die Unbefangenheit und die Naivität geraubt sind: in groß-stilisierter Steinschrift, Satz für Satz Zeuge einer neuen Erleuchtung und Ausdruck des Verweilens in erhabenen Kontemplationen. Der Gedanke und seine Form sind Meilensteine auf dem Pfade zu jener höchsten Weisheit. In solcher lapidarischen Eindringlichkeit sagt Anaximander einmal: „Woher die Dinge ihre Entstehung haben, dahin müssen sie auch zugrunde gehen, nach der Notwendigkeit; denn sie müssen Buße zahlen und für ihre Ungerechtigkeit gerichtet werden, gemäß der Ordnung der Zeit."

* Anaximenes, Gott ist Luft. Frag. Nr. 13 nach Mansfeld, A 10 bei Diels
** Anaximander, Das Apeiron. Frag. Nr. 4 nach Mansfeld, 2 bei Diels; Das Walten der Notwendigkeit. Frag. Nr. 15 bei Mansfeld, 9 bei Diels

Rätselhafter Ausspruch eines wahren Pessimisten, Orakelaufschrift am Grenzsteine griechischer Philosophie, wie werden wir dich deuten? (...)

Alles, was einmal geworden ist, vergeht auch wieder, ob wir nun dabei an das Menschenleben oder an das Wasser oder an Warm und Kalt denken: Überall, wo bestimmte Eigenschaften wahrzunehmen sind, dürfen wir auf den Untergang dieser Eigenschaften, nach einem ungeheuren Erfahrungs-Beweis, prophezeien. Nie kann also ein Wesen, das bestimmte Eigenschaften besitzt und aus ihnen besteht, Ursprung und Prinzip der Dinge sein; das wahrhaft-Seiende, schloss Anaximander, kann keine bestimmten Eigenschaften besitzen, sonst würde es, wie alle andern Dinge, entstanden sein und zugrunde gehen müssen. Damit das Werden nicht aufhört, muss das Urwesen unbestimmt sein. Die Unsterblichkeit und Ewigkeit des Urwesens liegt nicht in einer Unendlichkeit und Unausschöpfbarkeit – wie gemeinhin die Erklärer des Anaximander annehmen –, sondern darin, dass es der bestimmten, zum Untergange führenden Qualitäten bar ist; weshalb es auch seinen Namen, als „das Unbestimmte" trägt. Das so benannte Urwesen ist über das Werden erhaben und verbürgt eben deshalb die Ewigkeit und den ungehemmten Verlauf des Werdens. Diese letzte Einheit in jenem „Unbestimmten", der Mutterschoß aller Dinge, kann freilich von dem Menschen nur negativ bezeichnet werden, als etwas, dem aus der vorhandenen Welt des Werdens kein Prädikat gegeben werden kann, und dürfte deshalb dem Kantischen „Ding an sich" als ebenbürtig gelten.

Wer sich freilich mit anderen darüber herumstreiten kann, was das nun eigentlich für ein Urstoff gewesen sei, ob er etwa ein Mittelding zwischen Luft und Wasser oder vielleicht zwischen Luft und Feuer sei, hat unsern Philosophen gar nicht verstanden: was ebenfalls von jenen zu sagen ist, die sich ernsthaft fragen, ob Anaximander sich seinen Urstoff als Mischung aller vorhandenen Stoffe gedacht habe. Vielmehr dorthin müssen wir den Blick richten, wo wir lernen können, dass Anaximander die Frage nach der Herkunft dieser Welt bereits nicht mehr rein physikalisch behandelte, hin nach jenem zuerst angeführten lapidarischen Satz. Wenn er vielmehr in der Vielheit der entstandenen Dinge eine Summe von abzubüßenden Ungerechtigkeiten schaute, so hat er das Knäuel des tiefsinnigsten ethischen Problems mit kühnem Griffe, als der erste Grieche, erhascht. Wie kann etwas vergehen, was ein Recht hat zu sein! Woher jenes rastlose Werden und Gebären, woher jener Ausdruck von schmerzhafter Verzerrung auf dem Angesichte der Natur, woher die nie endende Totenklage in allen Reichen des Daseins? Aus dieser Welt des Unrechtes, des frechen Abfalls von der Ur-Einheit der Dinge flüchtet Anaximander in eine metaphysische Burg, aus der hinausgelehnt er jetzt den Blick weit umherrollen lässt, um endlich, nach nachdenklichem Schweigen, an alle Wesen die Frage zu richten: „Was ist euer Dasein wert? Und wenn es nichts wert ist, wozu seid ihr da? Durch eure Schuld, merke ich, weilt ihr in dieser Existenz. Mit dem Tode werdet ihr sie büßen müssen. Seht hin, wie eure Erde welkt; die Meere nehmen ab und trocknen aus, die Seemuschel auf dem Gebirge zeigt euch, wie weit sie schon vertrocknet sind; das Feuer zerstört eure Welt bereits jetzt, endlich wird sie in Dunst und Rauch aufgehn. Aber immer von neuem wird eine solche Welt der Vergänglichkeit sich bauen: wer vermöchte euch vom Fluch des Werdens zu erlösen?"*

Nietzsche *hat hier in fast dichterisch-eindringlicher Weise die Gedankenwelt Anaximanders deutlich zu machen versucht. Aus einem anderen Blickwinkel beschreibt ein moderner Historiker der Philosophie die ersten Milesier:*

* F. Nietzsche. Die Philosophie im tragischen Zeitalter der Griechen. Kröner-Taschenausgabe. Bd. 70, Stuttgart 1946, S. 277, 278–280

2.1.7 Milesische Naturphilosophie – Kurt Schilling

Es ist nicht Aufklärung, auch nicht der Beginn einer frei über die Natur verfügenden Wissenschaft im modernen Sinn, wenn plötzlich Männer wie diese ionischen Naturphilosophen den altüberlieferten Mythos und Glauben ihres Volks liegen lassen und eine Welterklärung im Ganzen aus einem Grundprinzip heraus versuchen. Ihr Denken soll nicht etwa bedeuten: „Es gibt keine Götter, alles geschieht ‚bloß' natürlich." Sondern in ganz anderem Sinn: Das wahre Göttliche ist nicht der Gott des heimischen Kults, sondern die geordnete Natur selber, verstanden als eine irgendwie seiende Einheit, in allem ihrem Wandel unzerstörbar, unsterblich trotz des Untergangs jedes Einzelnen, voll Gerechtigkeit im Ganzen trotz des Übergriffs aller Einzelnen, göttlich und ewig; „ein sichtbarer so großer Gott", wie es später einmal in einem Fragment des jungen Aristoteles heißt.
Philosophie ist also hier die leidenschaftliche Erkenntnis der Welt. Aber nicht im modernen Sinn: um der Erkenntnis willen oder um die Natur zu beherrschen, sondern um die greifbare Körperlichkeit und das Aussehen dieses wahren Gottes im Ganzen kennen zu lernen, sich ihm direkt zu nähern in der Erforschung und Anschauung der Welt. Deswegen eben muss in der Erkenntnis die sichtbare Ordnung dieser Welt geklärt und ergriffen werden. Anschauung, Erkenntnis ist hier direkt Hingabe an diesen Gott im gleichen Sinn, wie der griechische Kult und die griechische Frömmigkeit eine leidenschaftliche Hingabe an die Götter als bestimmte große und natürliche Mächte sind: Apollon anders als Dionysos oder Aphrodite, Zeus, Ares anders als diese, aber jeder groß und mächtig in seinem Wesen.
Alles Seiende ist dem Anschein nach ein Gestalthaftes und, zumal jedes Lebewesen, ein Sterbliches. Der Drang der Erkenntnis aber geht – selbstverständlich – auf das Immerseiende und gelangt nun zum Urstoff und Ursprung, später zum Sein, zum Weltgesetz, zu den Elementen; zu den Zahlen, zu einem alle Bewegung beherrschenden und planenden göttlichen Geist als dem eigentlichen Sein *in* allem. Was man selbst ist, womit man irgendwie umgehen kann, woran einem irgendwie liegt, das ist zwar das schein- und gestalthaft Vergängliche, das aber doch nur entwertet wird im Hinblick auf das Unsterbliche in ihm selbst. Das Immerseiende aber sorgt nun dafür, dass alles Scheinhafte und Greifbare durch seine eigene Vergänglichkeit sein Maß erhält und dass zugleich unendlich viel mehr möglich ist, als nach der Ordnung der Zeit wirklich wird und von einem beschränkten Daseinsstandpunkt gelten kann. Indem jedes Einzelne nur dem in seinem Augenblick Wirklichen Rechnung trägt, ist es notwendig, ungerecht und verfällt dem Gericht. Es ist sogar nicht nur jeweils dem nach ihm Kommenden schuldig und vor ihm hinfällig, sondern sein eigenstes tiefstes Gesetz erwirkt wie sein Werden so auch sein Vergehen.
Dabei ist auf Folgendes zu achten: Der „Urstoff" so gut wie das so genannte Weltgesetz Anaximanders bedeuten als philosophische Prinzipien den Versuch der Feststellung der bleibenden Einheit der Natur im Wissen gegenüber allem Wandel des Geschehens, dem Entstehen und Vergehen der Dinge der Welt. Verstehen wir diese Naturphilosophie nun so, wie wir das getan haben, so heißt das nur: Im Wissen selber erhebt sich der Mensch über den Wandel der Dinge und tritt in Beziehung zu dem Ewigen und Unsterblichen der Natur. (Unsterblichkeit ist so gut bei Homer wie bei den Tragikern das entscheidende Beiwort der Götter, das sie von den „Sterblichen", den Menschen, unterscheidet.) Im Wissen als Hingabe an die Natur also findet der Mensch auch hier seinen *Halt* im Leben, die neue Bindung nach der ziellosen Freiheit bloßen Fragens. Die Naturphilosophie ist hier nicht eine Vorstufe auf dem Weg zur Aufklärung und ungebundenen Freiheit, sondern bereits wieder über diese Freiheit hinaus und *neue* Bindung. Dieses Wissen ist also auch nicht „Theorie" im modernen Sinn, sondern vielmehr Praxis, Praxis der neuen philosophischen Frömmigkeit und Lebensführung.*

* Kurt Schilling, Geschichte der Philosophie Bd. I, Ernst Reinhard, München/Basel 1951, S. 67–69

Arbeitsaufträge

1. Hans fragt Fritz: „Kommst du mich heute besuchen?“ Fritz antwortet: „Logo!“ – Was hat Fritz mit diesem Wort gemeint? Woher stammt der Jargon-Ausdruck „Logo“? (2.1.1)
2. Was sind Elemente im Sinne der modernen Chemie? Weshalb lässt sich ein „Urstoff“ im Sinne der Vorsokratiker nicht zu den chemischen Elementen rechnen? (2.1.2–2.1.5)
3. Vergleichen Sie die Texte von Nietzsche und Schilling! Wo finden Sie Gemeinsamkeiten, wo Unterschiede? (2.1.6/2.1.7)

2.2 Kritik am Bild der Götter

*Die in 2.1.2 bis 2.1.7 vorgestellten ersten Philosophen Griechenlands (*Thales, Anaximander, Anaximenes*) stammten aus Milet und können daher als eine einheitliche Gruppe angesehen werden. Aber es gibt weitere „Vorsokratiker“, die sich in ihrer Grundeinstellung von den Milesiern unterscheiden. Zu ihnen gehört* Xenophanes *aus Kolophon, der sich heftig gegen die Göttervorstellungen des homerischen Mythos wandte und das Göttliche nicht mehr in menschlicher Gestalt denken wollte. Er definierte Gott so, dass man später vom „Gott der Philosophen“ gesprochen hat* (Pascal[1], Weischedel).

1 Blaise Pascal: französischer Philosoph, Mathematiker und Physiker (1623–1662)

2.2.1 Gott ist anders – Xenophanes

(Es folgt eine Auswahl der wichtigsten Xenophanes-Fragmente in der Zählung von Hermann Diels, *eines deutschen Philologen, 1848–1922.)*

frg. 14
Wähnen doch die Sterblichen, die Götter würden geboren und hätten Gewand, Stimme und Gestalt wie sie.

frg. 15
Doch hätten Kühe, Pferde und Löwen Hände und könnten damit malen und Werke wie die Menschen schaffen, dann würden die Pferde pferdähnliche, die Kühe kuhähnliche Götterbilder malen und solche Gestalten schaffen, wie sie selber haben.

frg. 16
Die Äthiopen stellen sich ihre Götter schwarz und stumpfnasig vor, die Thraker dagegen blauäugig und rothaarig.

frg. 23–26
Ein einziger Gott, unter Göttern und Menschen der größte, weder an Gestalt den Sterblichen ähnlich noch an Gedanken.
Ganz sieht er, ganz denkt er, ganz hört er.
Doch ohne Mühe schwingt er das All mit des Geistes Denkkraft.
Immer verharrt er am selbigen Ort, ohne sich zu bewegen, ziemt es sich doch nicht für ihn, hierhin und dorthin zu gehen.*

* Xenophanes, Gott ist anders. Frag. 28, 29, 27, 34–37 bei Mansfeld

Der Altphilologe W. Capelle *hat in seiner Ausgabe der „Fragmente der Vorsokratiker" die Bedeutung des Xenophanes darin gesehen, dass dieser Philosoph sich um eine echte „Aufklärung" bemüht habe:*

2.2.2 Xenophanes: „Sturmvogel der Aufklärung" – Wilhelm Capelle

Hier zeigt sich uns die erste leidenschaftliche Reaktion eines selbstständigen Geistes gegen die heiter-naive Götterwelt des Homer, und ebenso sehr gegen die düsteren Mythen der griechischen Vorzeit, mit denen der grüblerische Geist eines Hesiod ringt. Xenophanes aber bleibt hierbei nicht stehen. Seine weit reichende Völkerkunde hat es ihm bereits offenbart, dass die Götter eines Volkes nur das Spiegelbild von dessen eigenem Wesen sind, und kühn zieht er hieraus den Schluss, dass die Gottesanschauungen der Völker nur anthropomorphe[1] Gebilde ihrer mehr oder weniger kindlichen Phantasie sind. Und nun verwirft er, von mächtigem sittlichen Pathos getragen, vor allem den anthropomorphen Polytheismus[2] des eigenen Volkes, wie er sich in so klassischer Weise in den homerischen Dichtungen offenbart. (...) Aber bei aller Schärfe seines Kampfes gegen den anthropomorphen Polytheismus bleibt dieser unerbittliche Kritiker nicht auf die Negation beschränkt, sondern er entwickelt auch eine dem seit den Tagen Homers mächtig fortgeschrittenen Bewusstsein der griechischen Nation entsprechende, positive Anschauung vom Wesen Gottes überhaupt. Und hier ist nun das Charakteristische, dass er, der das gleiche seelische Grunderlebnis wie die großen Milesier von der Einheit aller Dinge hat, eben in diesem all-einen Kosmos die übermenschliche, übersinnliche Gottheit verkörpert sieht, die, selber in majestätischer Ruhe verharrend, diese Welt in all ihren Teilen „durch des Geistes Denkkraft" lenkt und durchwaltet. Denn darüber kann ernstlich kein Zweifel sein, dass – in unserer Sprache zu reden – die Gottesanschauung des Xenophanes durchaus pantheistisch[3], nicht monotheistisch[4] ist, eine Denkweise, die, in Verbindung mit seiner grundsätzlichen Vergeistigung und Versittlichung des Gottesbegriffes, damals und noch auf Menschenalter hinaus etwas völlig Neues bedeutete, ja, als ebenso Epoche machend in der Geschichte des Gottesgedankens bezeichnet werden muss wie die rücksichtslose Bekämpfung des anthropomorphen Polytheismus.*

1 anthropomorph (griech.): in menschlicher Gestalt
2 anthropomorpher Polytheismus (griech.): eine Religion, die sich viele Götter (polytheistisch) in menschlicher Gestalt (anthropomorph) vorstellt
3 pantheistisch (griech.): Die gesamte Welt ist in sich göttlich bzw. ein Gott.
4 monotheistisch (griech.): Es gibt nur einen Gott (Gegensatz zum Polytheismus).

2.3 Die Pythagoreer

Eine entscheidende Etappe in der Ausbildung des griechischen Kosmos-Gedankens bilden die Spekulationen der sogenannten Pythagoreer. So wenig greifbar die historische Gestalt ihres Schulgründers Pythagoras *ist, so vielschichtig sind ihre Theorien über mathematische, musikalische und kosmologische Probleme. Die folgende zusammenfassende Darstellung stammt von dem italienischen Schriftsteller* Luciano De Crescenzo, *der in einem viel beachteten Buch über die Vorsokratiker plaudert.*

* Wilhelm Capelle: Die Vorsokratiker. Kröner-Taschenausgabe Bd. 119, Stuttgart [4]1953, S. 114–115

2.3.1 Die Lehren der Pythagoreer – Luciano De Crescenzo

Will man die Lehren des Pythagoras darstellen, ohne dabei unter jener Flut von Nachrichten begraben zu werden, die über ihn überliefert sind, beschränkt man sich am besten auf drei grundlegende Themen: Seelenwanderung, Zahl und Weltsicht. (...)

Pythagoras behauptete, früher schon viermal gelebt und in den Zwischenzeiten verschiedene Tier- und Pflanzenkörper ‚besucht' zu haben. Es darf als sicher gelten, dass unser Philosoph diese Theorie aus dem Fernen Osten mitgebracht hatte, schließlich wird in Indien auch heute noch daran geglaubt. Die Seele also wandert von einem Körper zum anderen und erreicht dabei, je nachdem, wie sie sich auf der Erde verhalten hat, eine höhere Stufe (so wird sie Kaufmann, Athlet oder Zuschauer[1]), oder aber sie fällt zurück in eine niedere Spezies (Baum, Hund, Schaf, Schwein usw.). Alkmeon[2] erklärt, dass beim Tod ein „Ende" und ein anderer „Anfang" aneinander geknüpft werden, während ein Körper stirbt, bewegt sich die Seele, da sie unsterblich ist, auf einer kreisförmigen Umlaufbahn weiter, etwa so wie die Sterne am Himmel. Der Körper, meint Philolaos[3] weiter, ist nichts anderes als ein Grab, ein Gefängnis, in dem die Seele für ihre Schuld büßt. So erklärt sich also die Pythagoreische Moral: Immer schön brav, sonst geht's mit der Beförderung nicht weiter! (...)

Wichtiger als der Seelenwanderungsgedanke ist für Pythagoras allerdings die Überzeugung, dass das Wesen aller Dinge, die *arché*[4], die Zahl sei. So wie für Thales das Wasser und für Anaximenes die Luft der Urstoff des Weltalls war, ist es für Pythagoras die Zahl, und hier wird es für mich nun schwierig: während ich mir einen Tisch durchaus als ein Ding vorstellen kann, das aus so und so vielen mehr oder weniger verdichteten Wasser- oder Luftmolekülen besteht, fällt es mir schwer, ihn mir als ein Gebilde aus übereinander plattgedrückten Zahlen zu denken; Pythagoras stellte sich nämlich die Zahlen mit einer bestimmten Dicke vor. Speusippos[5] erklärt in einem Fragment über die platonischen Zahlen, dass man sich die Zahl Eins als einen Punkt zu denken hat (eine Art Atom), die Zwei als eine Gerade, die Drei als eine Ebene und die Vier als einen festen Körper. Und nachdem alle Dinge dieser Welt, wir eingeschlossen, eine Form haben, lässt sich diese Form in Punkte und Linien und damit letzten Endes in Zahlen zerlegen. Aristoteles berichtet, Eurytos[6], ein Pythagoreer der zweiten Generation, Schüler des Philolaos, habe unbedingt die charakteristische Zahl eines jeden Lebewesens herausfinden wollen und zu diesem Zweck begonnen, die Zahl all der Bausteinchen zu zählen, die nötig sind, um das Bild des Menschen und des Pferdes zusammenzusetzen.

Abgesehen von den physikalischen Eigenschaften der Zahlen war Pythagoras besonders von der Beobachtung fasziniert, dass alle Naturerscheinungen von einer höheren Logik gesteuert scheinen. Vor allem die Entdeckung eines konstanten Verhältnisses zwischen der Länge der Saiten einer Leier und den Grundakkorden der Musik (1:2 für die Oktave, 2:3 für die Quint und 3:3 für die Quart) beeindruckte ihn so stark, dass er sich Gott als großartigen Ingenieur vorstellte und glaubte, ein mathematisches Gesetz, nämlich die Harmonie, bestimme die ganze Natur.

Die Pythagoreer sagten: „Welches Ding ist am weisesten? Die Zahl. Und welches Ding ist am schönsten? Die Harmonie." Am Anfang der Zeiten herrschte natürlich das Chaos, dann hatte

1 Unter „Zuschauer" (theorós) ist hier der Philosoph zu verstehen, der in der Haltung reiner Betrachtung (theoría) über allen praktisch-nützlichen Tätigkeiten steht und die höchste Lebensform verkörpert.

2 Alkmeon (Alkmeion): Schüler des Pythagoras, um 500 v. Chr.

3 Philolaos: Hauptvertreter der so genannten jüngeren Pythagoreer, etwa um 400 v. Chr. Die Echtheit der ihm zugeschriebenen Fragmente ist umstritten.

4 ἀρχή (archā́): Ursprung

5 Speusippos: Er ist nur bedingt den Pythagoreern zuzurechnen. Er war ein Neffe Platons und dessen Nachfolger in der Leitung der Akademie (gest. 340/339 v. Chr.).

6 Eurytos: Pythagoreer um 500 v. Chr.

die Monade (die Zahl Eins) die Zahlen hervorgebracht, aus denen Punkte und Linien entstanden, schließlich kam die Harmonie hinzu und schuf das richtige Verhältnis zwischen den Dingen: so entstand der Kosmos oder die Weltordnung.

Gesundheit, Tugend, Freundschaft, Kunst, Musik waren nichts anderes als eine Form der Harmonie. Gesundheit war Alkmeon zufolge das richtige Gleichgewicht zwischen Warm und Kalt in einem Lebewesen, Tugend die Kontrolle der Leidenschaften usw. Sogar soziale Gerechtigkeit, sagte Archytas[7], war nur ein Problem der Harmonie. (...)

Aber zurück zu Pythagoras und seiner Leidenschaft für die Mathematik. Offenbar gab es auch bei den Zahlen aristokratische und plebejische. Neben der Zahl Zehn, der tetraktys, die für die Pythagoreer eine göttliche Einheit darstellte, waren die Eins, die Zwei, die Drei und die Vier die edelsten unter allen Zahlen; ihre Summe war gleich zehn, und alle gemeinsam bildeten das göttliche Dreieick[8]:

```
   *
  * *
 * * *
* * * *
```

„Alles, was man erkennen kann, lässt sich auf eine Zahl zurückführen." Und jede Zahl hat ihre besondere Bedeutung. Liest man die Texte von Speusippos, Archytas und Philolaos aufmerksam, lässt sich aus ihnen eine Art pythagoreisches Traumbuch ableiten, in dem die Eins für Intelligenz steht, die Zwei für die Meinung (die immer doppelseitig ist), die Vier für Gerechtigkeit, die Fünf für die Ehe, die Sieben für die kritische Zeit (vielleicht weil die Wochentage sieben an der Zahl sind). (...)

All diese verschiedenen Wechselbeziehungen sowohl zwischen den Zahlen als auch bei den Naturphänomenen versetzten Pythagoras gewiss in wahre Freudentaumel. Wir können uns daher vorstellen, welche Enttäuschung es für unseren Philosophen bedeutete, als er eines Tages das Verhältnis zwischen der Diagonale und der Seite eines Quadrates berechnete und entdeckte, dass das Ergebnis keineswegs eine ganze oder eine Dezimalzahl ergab. Wie war das möglich? Wenn bisher alles den Gesetzen der Harmonie zu gehorchen schien, wie konnten da nun plötzlich so unverständliche Zahlen zum Vorschein kommen! Dabei hatte er doch in Bezug auf die Diagonale selbst entdeckt, dass das Quadrat über der Hypotenuse gleich der Summe der beiden Kathetenquadrate ist[9]. Und nun sträubte sich ausgerechnet diese Hypotenuse, sich durch eine ihrer Seiten teilen zu lassen! Die Entdeckung der irrationalen Zahlen war ein schwerer Schlag für die Pythagoreer: ihr ganzes Theoriengebäude brach zusammen. Und um das Unglück voll zu

7 Archytas: Zeitgenosse des Philolaos und führender Kopf der jüngeren Pythagoreergruppe

8 Die Tetraktys wurde aus zehn Steinchen gelegt und verkörperte damit die Proportionen, die den Intervallen einer angezupften Saite entsprechen (von der ganzen Saite, dem Grundton, bis zu drei von vier Teilen der Saite, der Quarte).

Zur pythagoreischen Harmonielehre:
Eine volle Saite ergibt den Grundton:
Eine halbe Saite ergibt die Oktave:
Zwei Drittel einer Saite ergeben die Quinte:
Drei Viertel einer Saite ergeben die Quarte:

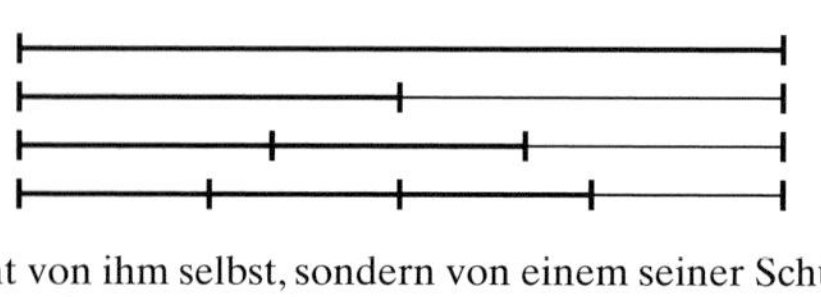

9 Lehrsatz des Pythagoras, der aber vermutlich gar nicht von ihm selbst, sondern von einem seiner Schüler gefunden wurde. Während alle von den Pythagoreern untersuchten Proportionen sich als Verhältnisse ganzer Zahlen darstellen ließen, ist das nicht möglich, wenn man in einem Quadrat von der Seitenlänge „eins" die Diagonale bestimmt; sie ergibt die irrationale Quadratwurzel aus zwei.

machen, erzählte einer der Schüler, der Verräter Hippasos, die Nachricht überall herum, nur um der Schule zu schaden[10].

Schließen wir unsere Ausführungen über Pythagoras mit einem kurzen Blick auf seine Kosmologie. Zum ersten Mal in der Philosophiegeschichte befinden wir uns nicht mehr im Mittelpunkt des Universums, an der Stelle brennt nun ein nicht näher definiertes Feuer, das die Pythagoreer

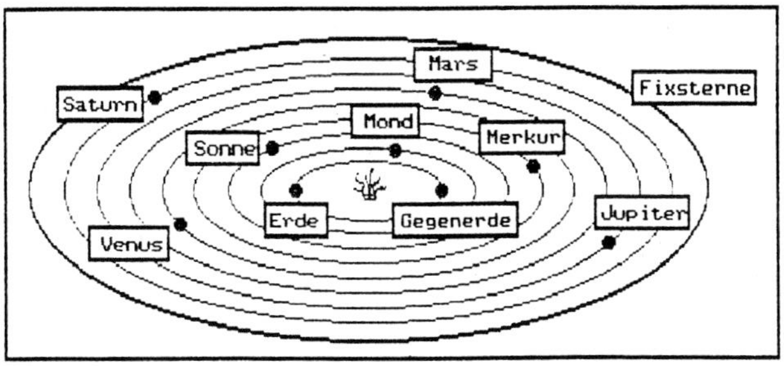

die Mutter der Götter nannten. Um dieses Feuer drehen sich zehn Himmelskörper: Erde, Mond, Sonne, die fünf damals bekannten Planeten, der Himmel der Fixsterne, und um auf die hoch heilige Zahl Zehn zu kommen, die den Pythagoreern so wichtig war – ein ‚Gegenwelt' genannter Planet, der der Erde vollkommen gleicht und sich auch auf der gleichen Umlaufbahn bewegt, ihr nur im Verhältnis zum zentralen Feuer diametral entgegengesetzt ist, sodass er für uns unsichtbar bleibt. Die zehn Himmelskörper folgen einer kreisförmigen Umlaufbahn und senden dabei süße Klänge aus, die so genannte Sphärenharmonie. Leider aber können wir diese wunderbaren Klänge nicht vernehmen, da sie fortgesetzt auf uns einwirken und unser Ohr Geräusche nur wahrnehmen kann, wenn sie sich von der Stille abheben. (…)*

10 Der Verräter Hippasos, der die Geheimnisse der Pythagoreerschule ausgeplaudert hatte, soll von den Göttern gestraft worden sein: Bei einem Unwetter wurde er über Bord seines Schiffes gespült und ertrank.

Anmerkungen und Belegstellen, die De Crescenzo anführt, sind vom Herausgeber weggelassen worden. Im Kommentarband werden die entsprechenden Belegstellen im vollständigen Wortlaut angegeben.

2.3.2 Philosophie und Mathematik – Max Bense

Der Philosoph und Informatiker Max Bense *hat in einem Werk zur Geistesgeschichte der Mathematik die Wechselwirkungen zwischen Mathematik und Philosophie bei den Griechen dargestellt. Schon* Thales *hat offenbar versucht, geometrische Sätze zu* beweisen *(was in anderen Kulturen trotz hohen mathematischen Könnens nie für nötig gehalten wurde), und zwischen den Pythagoreern und* Platon *hat es enge Beziehungen gegeben.*

In der Antike laufen die philosophische und mathematische Arbeit vielfach schwer trennbar nebeneinander her. Denkt man unter den Vorsokratikern an Thales, so zeigt sich, dass bei ihm sowohl Naturlehre, Mathematik und Philosophie vorhanden ist. Die Auffassung, dass alles aus Wasser entstanden sei, kann sowohl als naturwissenschaftlicher wie auch als philosophischer Satz interpretiert werden. Nimmt man hinzu, dass die auf des Aristoteles Schüler Eudemos[1] zurückgehende Überlieferung in Thales einen Geometer sieht, der schon mit Proportionen ge-

1 Eudemos: Seine Lebenszeit ist nicht bekannt, etwa um 300 v. Chr. Er kommentierte die Schriften des Aristoteles und berichtete über die Geschichte der griechischen Mathematik.

* Luciano De Crescenzo: Geschichte der griechischen Philosophie, Bd. I. Die Vorsokratiker. Aus dem Italienischen von Linde Birk; Diogenes, Zürich 1985, S. 70–76

rechnet habe, dann wird die Mischung mathematischer, naturwissenschaftlicher und philosophischer Denkweise sichtbar. Die philosophische im systematischen Sinne darin, dass die Versuche der Vorsokratiker, insbesondere Thales', eine Kosmologie zu schaffen, auch als systematische Tendenz verstanden werden kann. Ich bin jedenfalls tief davon überzeugt, dass die Idee des philosophischen Systems aus der Idee der Kosmologie hervorgegangen ist. Während die alten Ionier Philosophie aber durchweg im Zusammenhang mit Naturlehre trieben, eigentlich also Naturphilosophen waren, und neben der Philosophie in erster Linie die Physik als gleichrangig ansahen, haben die Pythagoreer das Verdienst, die Mathematik nachdrücklich ins menschliche Denken gerückt zu haben. Sie erkennen das Prinzip der Welt nicht im Stoff, sondern in der Zahl. Sie treiben Philosophie aus mathematischem Geiste, wenn freilich auch nicht Philosophie nach mathematischer Methode, aber nunmehr wird der Zusammenhang zwischen Mathematik und Philosophie in sachlicher Hinsicht, d. h. hinsichtlich einer Kosmologie nicht mehr zerrissen. Aber dieser Kosmos wird stark entstofflicht, er wird abstrakter, weil er mathematischer wird. Und so bauen die Pythagoreer mit ihrer Lehre, dass die mathematische Zahl das gestaltende Prinzip der Welt sei, nicht einen Kosmos, sondern ein Seinssystem aus. Das Seiende ist Zahl – diese Meinung ist die metaphysische Figur, wie wir sagen können, ihres Systems. Und wir sehen daher gerade in der Wirkung der Pythagoreer einen Übergang von der Idee der Kosmologie zur Idee des Systems, d. h. einen Übergang von einer Philosophie im Anschluss an die Physik zu einer Philosophie im Anschluss an die Mathematik. Herakleitos[2] erreicht dann den Zusammenschluss dieses Philosophierens, indem er weder Physiker noch Mathematiker ist, sondern reiner Metaphysiker; er konstituiert ein Prinzip, das sowohl die Physik als auch die Mathematik durchdringt; er trennt damit eigentlich die philosophische Arbeit wirklich von der speziellen physikalischen wie auch der speziellen mathematischen ab; seine Lehre vom Logos als der Weltvernunft oder als dem Weltgesetz ist eine echte metaphysische Lehre, weil sie eine systematische Aussage, eine echte metaphysische Figur ist, auf der ein System begründet werden kann. Bei ihm ist daher die Philosophie erstmalig wirklich bei sich selbst, und wenn dieser Mann gelegentlich tatsächlich gegen Pythagoras polemisiert haben soll, dann bedeutet dies die Vorsicht des Philosophen, die Philosophie nicht ganz in Mathematik aufgehen zu lassen.*

2 Herakleitos: vollständige Form des Namens „Heraklit"

Arbeitsaufträge

1. Worin bestehen für die Pythagoreer die Zusammenhänge zwischen Mathematik, Musik und Kosmologie? (2.3.1)
2. Welchen Sinn würden Sie der Behauptung geben, alle Dinge bestünden letztlich aus Zahlen? Denken Sie dabei an die Rolle, die Computer für unser heutiges Leben spielen! (2.3.1)
3. Platon ließ über den Eingang seiner Akademie schreiben, nur der dürfe dort eintreten, der etwas von Mathematik verstehe. Meinen Sie, auch ein heutiger Denker müsse erst einmal Mathematik studieren, ehe er mit dem Philosophieren beginne? (2.3.1)
4. In welchem Sinn war für Bense Heraklit „mehr" Philosoph als die Pythagoreer? (2.3.2)

* Max Bense, Konturen einer Geistesgeschichte der Mathematik. Claassen & Goverts, Hamburg 1948, S. 50–51

2.4 Werden und Sein

Mit Heraklit *und* Parmenides *erreicht die vorsokratische Philosophie ihren Höhepunkt. Man hat* Heraklit *häufig als den Philosophen des Werdens und Vergehens,* Parmenides *als den des ewigen Seins verstanden. Diese Gegenüberstellung ist nur bedingt richtig. Die folgenden Fragmente sollen einen Eindruck von den Grundpositionen der beiden Denker geben. Zunächst eine Auswahl aus den Fragmenten* Heraklits:

2.4.1 Aus Heraklits Fragmenten

a) Man muss dem Gemeinsamen folgen:
Viele verstehen die Dinge nicht, die ihnen begegnen; und wenn man ihnen etwas beibringt, begreifen sie es nicht, sondern bleiben bei ihren eigenen Meinungen.
(Diels 17; Mansf. 5)

Man muss dem Gemeinsamen folgen. Obwohl aber der Logos etwas Allgemeines ist, leben die meisten so, als hätten sie eine eigene Einsicht.
(Diels 2; Mansf. 3)

Haben sie nicht mich, sondern den Logos vernommen, so ist es weise, zuzustimmen, dass alles eins ist.
(Diels 50; Mansf. 41)

b) Gegensätze bilden eine dynamische Einheit:
Der Weg hinauf und hinab ein und derselbe.
(Diels 60; Mansf. 58)

Des Bogens Name (biós) ist Leben (bíos), sein Werk aber Tod.
(Diels 48; Mansf. 53)

Das Widerstreitende zusammentretend und aus dem sich Absondernden die schönste Harmonie.
(Diels 8; Mansf. 47)

Kaltes wird warm, Warmes wird kalt, Feuchtes wird trocken, Trockenes wird feucht.
(Diels 126; Mansf. 65)

Krieg ist aller Dinge Vater, aller Dinge König; die einen macht er zu Göttern, die anderen zu Menschen, die einen zu Sklaven, die anderen zu Freien.
(Diels 53; Mansf. 50)

In dieselben Flüsse steigen wir und steigen wir nicht; wir sind und wir sind nicht.
(Diels 49a; Mansf. 95)

Diese schöne Weltordnung (Kosmos), dieselbe in allen Dingen, schuf weder einer der Götter noch der Menschen, sondern sie war immer und wird sein: ein ewig lebendes Feuer, nach Maßen entflammend und nach Maßen erlöschend.
(Diels 30; Mansf. 62)

Das Allein Weise (sophón) will nicht und will doch mit dem Namen des Zeus benannt werden.
(Diels 32; Mansf. 44)

Alles steuert der Blitz.
(Diels 64; Mansf. 75)

c) Die großen Proportionen des Logos:
Der Mann gilt vor Gott als kindisch, wie der Knabe vor dem Mann. (Diels 79; Mansf. 59)

Der schönste Affe ist hässlich, mit dem Menschengeschlecht verglichen. (Diels 82; Mansf. 61)

Wenn man mit Vernunft reden will, muss man Kraft schöpfen aus dem, was allen gemeinsam ist, wie eine Stadt aus ihrem Gesetz, und noch viel stärker. Nähren sich doch alle menschlichen Gesetze von dem einen göttlichen; denn dieses gebietet, soweit es nur will, und es reicht aus für sie alle und reicht noch über sie hinaus.
(Diels 114; Mansf. 110)*

In diesen Fragmenten steckt ein bestimmtes Denkschema, das der gesamten Philosophie Heraklits *zugrunde liegt und von* H. Fränkel *herausgearbeitet wurde.* Fränkel *gehört zu den bedeutendsten Gräzisten der Gegenwart und hat sich besonders um die Interpretation von Texten aus der griechischen Archaik bemüht.*

2.4.2 Eine heraklitische Denkform – Hermann Fränkel

Fränkel *geht von der Beobachtung aus, dass in vielen Fragmenten Heraklits ein ganz bestimmtes Muster der Begriffsanordnung erscheint. Dieses Muster (Denkfigur!) untersucht er genauer.*

(...) Weit davon entfernt eine bloß äußerliche Form zu sein, hat die Denkfigur eine Schlüsselstellung im heraklitischen System inne. Sie liefert uns die richtige Methode zur Erschließung der heraklitischen Lehre, und zwar darum weil sich der Schöpfer dieser Lehre beim Aufbau seines Systems von ihr hat leiten lassen. Das Schema ist so bedeutsam, dass es von nun an unsere ungeteilte Aufmerksamkeit beanspruchen darf (...) Das Schema liegt klar zutage in dem folgenden Ausspruch:

D 79: Der Mann gilt vor Gott als kindisch, wie der Knabe vor dem Mann.

Aus praktischen Gründen wollen wir dieses Schema mit dem Namen des geometrischen Mittels bezeichnen und es mit Formeln wie *Gott : Mann = Mann : Knabe,* oder auch $a : b = b : c$, umschreiben. Wir lehnen uns also an die Sprache der Mathematik an, obwohl Heraklit nicht genau das im Sinne hatte, was die algebraische Formel für den Mathematiker besagt. Um die eigentliche Bedeutung und Funtion der Denkfigur zu ermitteln, wollen wir die Fälle genauer betrachten, in denen Heraklit das Schema anwendet. Wir beginnen mit Frg. 79.[1]
Drei Ebenen werden angesetzt: die Ebene Gottes *(a)*, des Mannes *(b)* und des Kindes *(c)*. Der Grad der Vollkommenheit nimmt ab, und der Grad der Unvollkommenheit nimmt zu beim Übergang von *a* zu *b* und von *b* zu *c.* Oder (und diese Umschreibung trifft genauer das, was Heraklit meint) wir sprechen von Kontrasten und sagen, dass der Kontrast von Vollkommenheit und Unvollkommenheit in beiden Fällen der gleiche ist. So kann der Mann, als die mittlere Proportionale, weise genannt werden im Vergleich mit einem Kind und kindisch im Vergleich mit Gott. Er vereinigt in sich entgegengesetzte Eigenschaften, je nach dem Maßstab, der an ihn gelegt wird. (...)**

1 Die Zählung der Fragmente erfolgt bei Fränkel nach H. Diels.

* zu den Quellen vgl. die Fußnote zu Abschnitt 2.1.1
** Hermann Fränkel, Wege und Formen frühgriechischen Denkens. C.H. Beck, München 1960, S. 258–259

Entsprechend deutet Fränkel das Fragment D 114:

Vernunft ist nach Heraklit nicht eine Leistung des Individuums, sondern eine überpersönliche Macht; sie ist gemeinsam und universal (Frg. 2 usf.). So bemerkt Heraklit zunächst, dass Staatswesen stark sind, solange sie in Übereinstimmung mit ihrem verfassungsmäßigen Gesetz handeln, und dass entsprechend der Geist des Einzelnen stark ist, wenn er sich nach dem allgemeinen Vernunftgesetz richtet. Aber dann wird, gleichsam nachträglich, eine neue Stufenfolge im Schema des geometrischen Mittels angefügt: die einzelnen Bürger: das gemeinsame Gesetz ihrer Organisation zum Staat = alle einzelnen Staatsverfassungen: das Gesetz der Gesetze, das eine göttliche Gesetz.[a]
Unsre Analysen haben ergeben, dass Heraklit oft das Denkschema des geometrischen Mittels angewandt hat und dass dies methodische Prinzip mit seiner Aufstellung von drei Seins- und Erkenntnisstufen zusammenhängt, deren gegenseitige Beziehungen in der Formel klargestellt sind. Dieselbe Idee lag gleichmäßig vielen Textstellen zugrunde, aber die sprachliche Ausdrucksweise war wechselnd und mannigfaltig. Eine äußere Gleichförmigkeit fehlt. Heraklit verwendet auch keine stereotypen[2] Redefiguren, obwohl die Denkfigur ihren Gebrauch geradezu herauszufordern scheint. Ebensowenig kleidet er seine Gedanken in die markante, aber steife und einförmige Livree[3] einer Fachsprache. Infolge des Fehlens von termini technici[4] haben wir keinen Anhalt für die Identifizierung des Fachgebiets, von dem Heraklit die Idee des geometrischen Mittels entlehnt haben mag, um sie nunmehr auf die Metaphysik zu übertragen. Vielleicht lernte er von den Pythagoreern etwas über die harmonischen Kontraste innerhalb einer Tonfolge mit gleichen Intervallen (d. h. gleichem Verhältnis der Saitenlängen) und über entsprechende geometrische Reihen.*

a Diese Gleichung unterscheidet sich von allen bisher betrachteten. Hier ist keine herabsetzende Kritik am Werk, denn Heraklit hatte nicht die Absicht, die menschlichen Gesetze zu entwerten. Diesmal wird ein positiver und direkter Rat gegeben, und das Transzendente[5] wird nicht durch den Kontrast allein, sondern überdies noch ausdrücklich und direkt erhoben.*

Auch das Fragment D 53 vom Krieg als dem Vater aller Dinge wird von Fränkel *im Sinne des Denkschemas vom geometrischen Mittel gedeutet:*

Wieder sind hier drei Stufen genannt, und wieder lautet das *a*-Glied „Gott“, oder vielmehr „die Götter“, und das *b*-Glied „die Menschen“. Das dritte Glied ist diesmal „Sklaven“, woraus sich ergibt, dass in der gesamten Reihe die Herrschaft der Götter über die Menschen mit derjenigen der Menschen über ihre Sklaven in Parallele gestellt wird. Aber die Fragestellung ist diesmal von anderer Art als sonst. Es geht nicht um die Schärfe des Gegensatzes zwischen Herrschaft und Knechtschaft im einen Falle (*a:b*), verglichen mit der Schärfe dieses Gegensatzes im andern Falle (*b:c*), sondern vielmehr um die eine und selbe Kraft, die in beiden Fällen den Gegensatz erzeugt und verordnet hat als „Vater“ und „König“. Die Kraft führt hier den Namen „Krieg“; aber das emphatische[6] pánton (aller) zeigt an, dass damit die Macht gemeint ist, die nach dem Kernsatz der heraklitischen Lehre *alles* erzeugt und verordnet, d.i. die Gegensätzlichkeit an sich. Für die „Gegensätzlichkeit an sich“ hat freilich Heraklits Sprache kein Wort. (…)**

2 stereotyp (griech.): immer gleich bleibend
3 Livree (frz.): Bekleidung; Anzug eines Dieners
4 termini technici (lat.): Fachausdrücke
5 das Transzendente (lat.): das über etwas Hinausgehende; hier: das, was außerhalb der unmittelbaren menschlichen Erfahrungswelt liegt
6 emphatisch (griech.): mit kräftigem Ausdruck gesprochen
Die eigenwillige Zeichensetzung Fränkels im Originaltext wurde vom Herausgeber behutsam korrigiert.

* H. Fränkel, a. a. O., S. 264–265
** H. Fränkel, a. a. O. S. 279

2.4.3 Prooimion – Parmenides

Nach Heraklit *soll nun* Parmenides *vorgestellt werden, der in vieler Hinsicht wie ein Gegenpol zum heraklitischen Denken wirkt. Grundthema ist bei ihm das unveränderliche Sein und er stellt seine Lehre in einem Gedicht vor, das ursprünglich in Hexametern wie bei* Homer *und* Hesiod *abgefasst war. Die Einleitung dieses oft schwer verständlichen Gedichtes, das „Prooimion", schildert eine seltsame Reise des* Parmenides *zur Göttin der Gerechtigkeit (Díke).*

Die Rosse, die mich bringen, soweit nur mein Mut reicht, geleiten mich, seit sie mich führend auf den viel besungenen Weg der Göttin gebracht haben, der den wissenden Mann unversehrt (?) zum Ziel bringt. (*Der Wortlaut des Textes ist hier unsicher.*) Auf dem ließ ich mich fahren, denn auf ihm trugen mich die viel verständigen Rosse dahin, die den Wagen zogen mit gewaltiger Kraft; die Mädchen aber wiesen den Weg.
Die Achse in den Naben begann zu glühen und ließ einen pfeifenden Ton hören – denn sie wurde beidseitig durch herumwirbelnde Räder getrieben –, immer wenn die Heliadenmädchen[1], die das Haus der Nacht zum Licht hin verlassen und mit der Hand den Schleier vom Haupt zurückgeschlagen hatten, sich zum Geleit beeilten.
Dort ist das Tor der Pfade von Nacht und Tag[2]; Türsturz und steinerne Schwelle umfassen es. Es selbst, das ätherische, ist von mächtigen Türflügeln ausgefüllt, zu denen Dike, die viel strafende, die wechselnden Schlüssel verwahrt. Ihr nun redeten die Mädchen mit besänftigenden Worten zu und bewogen sie klug, ihnen rasch den versperrenden Riegel vom Tore zu stoßen. Das aber öffnete sich und ließ seine Flügel weit auseinanderklaffen, nachdem sich die ehernen Pfosten, mit Zapfen und Dornen eingefügt, wechselweise in ihren Pfannen gedreht hatten. Da nun mitten durch das Tor lenkten die Mädchen geraden Weges Wagen und Rosse.
Und mich empfing huldvoll die Göttin, nahm mit ihrer Hand meine Rechte, begrüßte mich und sprach die folgenden Worte: „Jüngling, Gefährte unsterblicher Wagenlenkerinnen, der du mit den Rossen, die dich hierhertrugen, in unser Haus gelangst, sei gegrüßt! Denn dich hat kein böses Geschick diesen Weg geleitet – liegt er doch weitab vom Pfade der Menschen –, sondern Gesetz (thémis) und Recht (díke). So ist notwendig, dass du alles erfährst: sowohl der überzeugenden Wahrheit (alätheia) unerschütterliches Herz als auch die Meinungen der Sterblichen, denen keine wahre Zuverlässigkeit innewohnt. (…)*

1 Heliadenmädchen: Töchter des Sonnengottes Helios
2 Die Reise des Parmenides führt ihn also zu einem überirdischen (ätherischen!) Tor, das die Bereiche von Tag und Nacht trennt. Parmenides kommt aus der dunklen Nacht, aber indem ihn Díke eintreten lässt, wird es hell um ihn. Tag und Nacht sind symbolisch zu verstehen: Parmenides gelangt aus der dunklen Unwissenheit zur klaren Erkenntnis, und dass gerade Díke ihm das Tor öffnet, deutet auf die innere Rechtmäßigkeit dieser Erkenntnis hin.

Ehe die Kernstelle des Lehrgedichtes von Parmenides *folgt, soll hier ein Abschnitt von* G. Krüger *eingeschoben werden, in dem es um den griechischen Begriff der Wahrheit geht. Díke hatte Parmenides versprochen, ihm überzeugende Wahrheit mitzuteilen, und dabei muss man mithören, was für den Griechen „Wahrheit" war.* – G. Krüger *wurde bereits mit einem Abschnitt über die Geschichtlichkeit des Menschen zitiert (vgl. 1.3.2).*

* Parmenides, Prooimion. Frag. 4 bei Mansfeld, B1 bei Diels

2.4.4 Das griechische Verhältnis zur Welt – Gerhard Krüger

Das Problem der Wahrheit ist sehr alt; es bewegt schon die Philosophie der Griechen, und zwar primär in der Gestalt, in der wir es schon mit dem griechischen Wort *alätheia*[1], Unverborgenheit, bezeichnet haben. Wir erinnern uns: alle Wahrheit unseres Denkens, Meinens und Sprechens, alle Übereinstimmung unserer Intention[2] mit der Sache setzt voraus, dass uns die Sache gegeben werden kann, dass sie sich uns zeigt, sich uns öffnet, sich uns enthüllt oder entbirgt. Wir haben diese Offenheit oder Zugänglichkeit der Sache für uns als die ontische[3] Wahrheit bezeichnet, weil sie ein Charakter des Seienden selbst, des *on*[4] ist. Das Wahre ist in diesem Sinn das Wirkliche selbst, sofern es für uns da ist. Um diese ontische Wahrheit drehte sich das Denken der Alten zuerst: Sie gingen nicht, wie wir es getan haben, von der Wahrheit bei uns, der Sachgemäßheit, auf die Wahrheit der Sachen, die *alätheia ton onton*[5] zurück; sie waren von vornherein ganz bei der Sache: Weltbetrachter, nicht Selbstbetrachter. Sie waren es so sehr, dass es ihnen die größte Mühe gemacht hat, sich überhaupt darauf zu besinnen, dass Wahrheit eine Offenheit der Sachen für uns ist und dass es also bei der Wahrheit, auch bei der ontischen, sehr wesentlich ist, wie wir zu den Sachen stehen. Wenn die Dinge sich uns eröffnen und darbieten, dann müssen wir ja von der Offenheit den rechten Gebrauch machen, dürfen vor ihr nicht „die Augen verschließen"; wenn sie uns Eindruck macht, so müssen wir dafür empfänglich sein. Und in der Art, wie sie uns entgegentreten und wie wir ihnen begegnen, also in dem Verhältnis zwischen den Dingen und uns, liegt offenbar die Quelle für alles Fragwürdige und Strittige an der Wahrheit.

Wir Heutigen fragen uns, was Wahrheit unseres Denkens überhaupt sei: ob sie wirklich in der Sachgemäßheit bestehe und also auf ontische Wahrheit gegründet werden könne, oder ob sie nur die einleuchtende Menschen- und Zeitgemäßheit sei, mit der wir uns im Denken die Wirklichkeit zurechtlegen, ohne dass uns das Wirkliche selbst dazu durch sein eigenes Auftreten eindeutig nötigt. Wir neigen also dazu, in dem Verhältnis zwischen uns und dem Wirklichen uns selbst den Vorrang, eine maßgebende Initiative zuzuschreiben: auf uns, auf unseren Standpunkt, unsere „Sicht" kommt es an, wie uns die Dinge „erscheinen". Die Griechen aber erweisen sich als höchst lehrreich für uns, weil sie im Wesentlichen und von Haus aus ganz entgegengesetzt denken: In ihren Augen ist das Wirkliche, das sie das „Seiende" nennen, so unausweichlich, so mächtig und eindringlich gegeben, dass es im Verhältnis zu uns eindeutig den Vorrang der Initiative hat: Die Sache zeigt sich uns und wir müssen, von dem Sichzeigenden genötigt, versuchen, alles wegzuräumen, was sich zwischen den Anblick der Sache und unsere Empfänglichkeit stellt. Wir müssen nur darauf achten, dass wir das scheinbar Wirkliche, das sich anders gibt als es ist, das Trügerische (*pseúdos*)[6], vom wahrhaft Wirklichen, dem *aläthés*[7], unterscheiden. Die Griechen fühlen sich gegenüber den Dingen von Haus aus nicht beherrschend, sondern empfangend. So ist ihnen die ontische Wahrheit der sichere Ausgangspunkt, und aller Streit dreht sich bei ihnen im Wesentlichen nur darum, welches die uns Menschen wirklich zukommende, die uns wirklich gegebene, wahre Empfänglichkeit sei. Sie kennen zwar auch schon Relativismus und Skepsis, aber das ist kein Zweifel an ontischer Wahrheit, also am Ansichseienden, sondern nur an unserer Fähigkeit, sie zu erfassen. Und während wir uns heute offenbar vorsehen müssen, damit wir nicht im Übermaße der eigenen Aktivität

1 ἀλήθεια (alắtheia): Wahrheit, Unverborgenheit
2 Intention (lat.): Absicht, Zielsetzung
3 ontisch (griech.): auf Seiendes bezogen
4 ὂν (on): seiend, das Seiende
5 ἀλήθήεια τῶν ὀντῶν (alắtheia ton ontṓn): Wahrheit des Seins
6 ψεῦδος (pseúdos): scheinbar
7 ἀληϑής (aläthắs): wahr, wahrhaft

den Glauben an das Ansichsein der uns entgegenstehenden Wirklichkeit verlieren, hatten die Griechen es schwer, sich von der reinen Ergriffenheit durch den Eindruck des Wirklichen zu der Besinnung auf sich selbst freizumachen.*

Von hier aus gewinnt nun die eigentliche „Lehre“ des Parmenides *ihren bestimmenden Hintergrund. Sie zielt genau auf das „on“ der ontischen, d. h. der auf das Sein selbst bezogenen und es freilegenden Wahrheit.*
Nach dem Prooimion (Einleitung) trägt die Göttin (Dike) ihre eigentliche Lehre vor:

2.4.5 Seiendes und Nicht-Seiendes – Parmenides

Wohlan, ich werde dir sagen, welche Wege der Untersuchung allein denkbar sind; du aber höre mein Wort und trage es weiter. Der eine (*Weg*): dass es ist (*nämlich Seiendes*) und dass es unmöglich ist, dass es nicht ist. Das ist der Weg der Überzeugung, denn sie folgt der Wahrheit. Der andere (Weg): dass es nicht ist und dass es dieses Nichtsein mit Notwendigkeit geben müsse. Dieser Weg ist, das sage ich dir, völlig unbefahrbar, denn das Nichtseiende kannst du weder erkennen – das ist ja unmöglich – noch aussprechen. (Diels frg. 2)

Notwendig ist, zu sagen und zu denken, dass (nur) das Seiende ist. Denn SEIN ist, NICHTSEIN ist nicht. (Diels frg. 6)
(…) Wie könnte Seiendes erst später sein, wie könnte es entstehen? Denn es IST nicht, wäre es entstanden oder würde es erst in Zukunft sein. So ist das Werden ausgelöscht und das Vergehen unerfahrbar.
Auch ist es (*das Seiende*) unteilbar, da es ganz gleichartig ist. Und nirgends gibt es ein Mehr, das seinen Zusammenhalt hinderte, noch ein Weniger; alles ist voll von Seiendem. Es ist ein im Ganzen Zusammenhängendes, denn Seiendes schließt sich an Seiendes an.
Aber auch unbeweglich ruht es in den Grenzen gewaltiger Bande, ohne Anfang, ohne Ende; sind doch Entstehen und Vergehen in weite Ferne verschlagen. Denn feste Überzeugung hat sie verjagt. Als dasselbe verharrt es im selben und ruht in sich selbst, bleibt es doch fest an seinem Platz. Denn die mächtige Notwendigkeit hält es in den Fesseln der Grenze, die es ringsum einschließt, darf doch das Seiende nicht ohne Abschluss sein. Es ist ohne Mangel; wäre es nicht so, dann fehlte ihm alles. (…)
Da nun das Seiende eine feste Grenze hat, ist es nach allen Seiten hin vollendet, vergleichbar mit der Geschlossenheit einer mächtigen, wohlgerundeten Kugel, von der Mitte her überall gleich … (Diels frg. 8)**

Besondere Probleme gibt Fragment 3 auf. In wörtlicher Übersetzung heißt es: „Denn dasselbe ist Denken und Sein“ (Diels). Dagegen stehen andere, interpretierende Übertragungen:

Denn dass man es erkennt, ist dasselbe, wie dass es ist. (Mansf. 7)

Denn (nur) ein und dasselbe kann gedacht werden und sein. (Capelle 5)

Denn es ist dasselbe, was gedacht werden kann und was sein kann. (Burnet)

Dasselbe ist Denken und der Gedanke, dass IST ist. (Kranz)

Das nämlich Selbe In-die-Acht-Nehmen ist so auch Anwesen des Anwesenden. (Heidegger)

* Gerhard Krüger, Grundfragen der Philosophie. Vittorio Klostermann, Frankf. a. M. 1958, ^{2}1965, S. 73–74
** Parmenides, Seiendes und Nicht-Seiendes. Frag. 2, 6, 8 bei Diels, 6, 9, 11 bei Mansfeld

Eine Entscheidung, welche dieser Übersetzungen „die richtige" ist, kann hier nicht getroffen werden. Heidegger *versteht das Denken (noeín) bei* Parmenides *als „Vernehmen" und „In-die-Acht-Nehmen", das Sein (eínai) als „Anwesen des Anwesenden". Das sich dem Seienden öffnende Denken erfährt das, was ist, in dessen sachhaltiger Wirklichkeit (vgl. 2.4.4).*
Mit der enthüllenden Wahrheit, dass nur das Seiende ist, hat Parmenides *eine neue Denkrichtung eingeschlagen. Sie führt zur so genannten* „Ontologie" *(Seinslehre), dem Kernstück aller späteren Metaphysik. Zugleich aber hat er dem Philosophieren auch erhebliche Probleme bereitet.*

Arbeitsaufträge

1. Vergleichen Sie die Heraklit-Fragmente in Absatz a (also D 17, D 2 und D 50) mit dem Fragment D 1 (2.1.1)! Was ist das „Gemeinsame", dem man folgen soll? (2.4.1)
2. Die Ähnlichkeit der griechischen Wörter biós (Bogen) und bíos (Leben) benutzt Heraklit, um den Gedanken auszudrücken, den er in Fragment D 60 formuliert hat. Worin liegt der Zusammenhang? (2.4.1)
3. Was hat Heraklit wohl gemeint, als er den Krieg den „Vater aller Dinge" nannte? Denken Sie an Fragment D 8! (2.4.1)
4. Welche Fragmente Heraklits zeigen ihn als einen Philosophen des ständigen Werdens und Vergehens? Gibt es Fragmente, die aber auch auf etwas Bleibendes hinweisen? (2.4.1)
5. Schreiben Sie die von H. Fränkel interpretierten Fragmente als Proportionsgleichungen hin! (2.4.2)
6. Vergleichen Sie die in sich ruhende „Seinskugel" des Parmenides mit dem „Philosophengott" des Xenophanes! (2.2.2./2.4.5)
7. Wie würden Sie definieren, was „Wahrheit" ist? (2.4.4)

2.5 Die Paradoxe Zenons

Das Seiende, von dem Parmenides *gesprochen hatte, war für ihn eine zusammenhängende, in sich ruhende Einheit des Wirklichen. Ein unmittelbares, bezwingendes Grunderlebnis hatte ihn zu dem Satz geführt, dass nur dieses Seiende ist.*
Sein Schüler Zenon *geht bereits mit einer raffinierten Logik daran, die Begrifflichkeit des Seienden zu untersuchen. Dabei stößt er auf eine Reihe von Widersprüchen (Paradoxien), die ihn berühmt gemacht haben.*

2.5.1 Paradoxien der Vielheit

1. Wenn es viele Dinge gibt, so müssen sie notwendig so viele sein, wie sie sind, weder mehr noch weniger. Wenn sie aber so viele sind, wie sie sind, dann wären sie begrenzt.
Wenn es viele Dinge gibt, dann sind die Dinge unbegrenzt. Denn stets sind zwischen den Dingen andere, und zwischen diesen wieder andere. Also sind die Dinge unbegrenzt.*

2. Wenn das Eine als solches unteilbar wäre, wäre es nach dem Grundsatz Zenons nichts. Etwas, das weder beim Hinzufügen noch beim Wegnehmen größer bzw. kleiner macht, das gehört, wie er sagt, nicht zu den seienden Dingen.**

* Simplikios; zitiert bei Mansfeld als frg. 10
** Aristoteles, Metaph. B 4, 1000 b 7 ff.

Zu 1.: Schon wenn man nur zwei Dinge annimmt, muss es etwas geben, das sie voneinander trennt und zwischen ihnen liegt. Ein Zwischenraum lässt sich aber als eine Spanne ansehen, die man beliebig oft unterteilen kann, und wenn eine solche Spanne ist (ein Seiendes ist), muss sie unendlich viel weiteres Seiendes (unendlich viele weitere Spannen) enthalten.

Zu 2.: Wirklich unteilbar ist eigentlich nur ein Punkt, aber da ein Punkt keine Ausdehnung besitzt, kann man ihn einer Strecke hinzufügen, ohne dass diese Strecke länger wird, und wenn man ihn von der Strecke abzieht, wird sie nicht kürzer. Also hat man nichts *hinzugefügt bzw. abgezogen, und die Einheit (der Punkt!) war* nichts.

2.5.2 Paradoxien der Bewegung

1. Eine Bewegung kann es nicht geben, weil das Bewegende, ehe es sein Ziel erreicht, zuvor die Hälfte (des Weges) erreichen muss. (…) Wenn man immer wieder zuerst jeweils die Hälfte durchlaufen muss und diese (Hälften) unendlich viele sind und man die unendliche Mannigfaltigkeit unmöglich bis ans Ziel durchlaufen kann (…), dann ist die Folge, dass man eine unendliche Zahl durchgezählt hat. Das ist zugegebenermaßen unmöglich.*

2. Das zweite (Argument) ist unter dem Namen „Achilleus" bekannt. Es lautet: Das Langsamste (die Schildkröte) wird in seinem Lauf nie vom Schnellsten eingeholt werden. Denn es ist notwendig, dass das Verfolgende vorher dort ankommt, von wo das Fliehende eben weggegangen ist, sodass notwendig das Langsamste immer wieder einen gewissen Vorsprung hat.**

3. Das dritte Argument ist, dass der sich schnell bewegende Pfeil stillsteht. Dies folgt aus der Annahme, die Zeit bestehe aus Jetztpunkten, denn wenn das nicht zugegeben wird, ist der Schluss unzulässig.***

Zu 1.: Wenn ein Läufer, ehe er ans Ziel kommt, erst die Hälfte des Weges, zuvor die Hälfte der Hälfte usw. zurücklegen muss, gerät er in einen unendlichen Prozess, der niemals in einer endlichen Zeit beendet werden kann.

Zu 2.: Achilleus unternimmt einen Wettlauf mit einer Schildkröte und als fairer Sportsmann gibt er ihr einen Vorsprung. Aber das ist sein Verderben, denn nun kann er sie nie mehr einholen. Hat er den ersten Vorsprung aufgeholt, ist sie ein Stückchen weitergekrochen; hat er diesen neuen Vorsprung ebenfalls aufgeholt, ist sie abermals ein neues Stückchen vorangekommen usw. Ihr Vorsprung wird zwar immer kleiner, aber nie gleich Null.

Zu 3.: Ein abgeschossener Pfeil soll sich auf einer Bahn durch die Luft bewegen. Zu jedem Punkt dieser Bahn gehört auch ein Jetzt-Punkt, aber da im Jetzt keine Zeit verstreicht, andererseits zu jeder Bewegung eine Zeit gehört, muss der fliegende Pfeil in jedem Punkt seiner Bahn stillstehen.

Arbeitsaufträge

1. Was ist unter einem Paradox zu verstehen?
2. Wie ist das erste Paradox der Vielheit (2.5.1.1) gegliedert? Wie verhalten sich seine beiden Aussagen in logischer Hinsicht zueinander?
3. Versuchen Sie, die drei Argumente gegen die Bewegung zu widerlegen! Können Sie das, ohne sich auf den bloßen Augenschein zu berufen? Natürlich lassen sich überall Bewe-

* Aristoteles, Physik, VI, 239 b 11 f. und VIII, 263 a 5 ff.
** Aristoteles, Physik VI, 239 b 14 ff.
*** Aristoteles, Physik Z VI, 239 b 30 f.

gungen beobachten, aber was man sieht, könnte eine (optische) Täuschung sein: Es reicht nicht aus, um darauf schlüssige Argumente zu gründen!

4. Zum „stehenden Pfeil“: Bekanntlich wird die Geschwindigkeit durch das Verhältnis von zurückgelegter Strecke zur gebrauchten Zeit angegeben (v = s/t). Wenn für einen Punkt der Bewegungsbahn s = 0 und t = 0 ist, wird v = 0/0. Welchen Wert hat dieser Bruch?

2.6 Die Lehre von den Atomen

Zenons Paradoxe *hatten den Griechen Denkprobleme aufgegeben; Demokrit versuchte, diese Probleme auf eine Weise zu lösen, die dem Begriff des Unteilbaren einen neuen Inhalt geben sollte. Daraus ist die Lehre von den Atomen entstanden. Wieviel dabei Demokrit seinem Lehrer* Leukipp *verdankte, ist unklar, da die Nachrichten über* Leukippos *sehr dürftig sind.*

2.6.1 Demokrits Atomlehre – Aristoteles

Leukipp und sein Schüler Demokrit sagen, die Elemente (stoicheía) seien das Volle und das Leere, wobei sie das eine als seiend, das andere als nichtseiend bezeichnen, und zwar von diesen (Elementen) das Volle und Harte als das Seiende, das Leere und Dünne als das Nichtseiende. Deswegen behaupten sie, das Seiende sei nicht mehr als das Nichtseiende; auch der Körper sei nicht mehr als das Leere. Diese (Elemente) bilden als Stofflichkeit die Ursache der seienden Dinge. Und genau wie diejenigen, die nur eine einzige zugrunde liegende Substanz ansetzen, alles weitere aus deren Veränderungen hervorgehen lassen, indem sie das Dünne und das Feste als Prinzipien der Veränderungen bestimmen, so behaupten auch diese (*die Atomisten*), dass die Unterschiede die Ursachen von allem übrigen sind. Sie reden von drei solchen Unterschieden: Form und Anordnung und Lage; denn sie sagen, dass das Seiende sich nur durch Gestaltung und Berührung und Wendung (Drehung) unterscheide. Hiervor bedeutet Gestaltung *Form*, die Berührung *Anordnung* und die Wendung *Lage*. (Es unterscheidet sich nämlich *A* von *N* durch die Form, *AN* von *NA* durch die Anordnung und *Z* von *N* durch die Lage.)*

2.6.2 Was sagt Demokrit? – Galen

„Nur scheinbar hat ein Ding eine Farbe, nur scheinbar ist es süß oder bitter; in Wirklichkeit gibt es nur Atome und den leeren Raum.“ So sagt Demokrit, der meint, dass aus dem Zusammentreffen der Atome sämtliche durch unsere Sinne wahrnehmbaren Eigenschaften der Dinge entständen, d. h. nur für uns Menschen, die wir sie wahrnehmen; in Wirklichkeit aber sei kein Ding weiß oder schwarz oder gelb oder rot oder bitter oder süß. Denn sein Ausdruck „dem Herkommen nach“ meint dasselbe wie „nach der Meinung“ und „nur subjektiv“ und „nicht entsprechend dem Wesen der Dinge selber“, wofür er „in Wirklichkeit“ sagt. (…) Danach wäre also die Quintessenz seiner Meinung diese: Bei den Menschen gilt zwar etwas als weiß oder schwarz oder süß oder bitter und dergleichen; in Wahrheit aber ist alles „Ichts“ und „Nichts“. Er sagt das ja auch selber, wenn er die Atome das „Ichts“ nennt, den leeren Raum dagegen das „Nichts“. Die Atome nun, die sämtlich kleine Körper sind, haben keine Eigenschaften; das Leere aber ist ein Raum, in dem sich diese Körper samt und sonders in alle Ewigkeit auf und nieder bewegen und sich entweder irgendwie miteinander verflechten oder aufeinanderstoßen und dann voneinander abprallen. So lässt er sie sich trennen und wieder miteinander vereinigen, entsprechend solchen Begegnungen, und daraus lässt er auch alle anderen Zusammenbal-

* Aristoteles, Metaph. I, 4, 985 b 4 ff.

lungen entstehen, so auch unsere Körper und ihre Veränderungen und unsere Sinneswahrnehmung. Als unveränderlich nehmen sie die Urkörper an (einige halten sie für nicht zertrümmerbar infolge ihrer Härte; so Epikur und seine Anhänger; andere halten sie für unteilbar infolge ihrer Kleinheit; so Leukippos und seine Schüler); sie seien auch in keiner Weise Veränderungen unterworfen, die alle Menschen unter dem Eindruck ihrer sinnlichen Wahrnehmungen für wirklich halten …*

In dem Bericht des griechischen Arztes und Naturphilosophen Galen *wird ein Wortspiel gebraucht, das vielleicht sogar bis auf* Demokrit *selbst zurückgeht: Das Leere ist ein* Nichts, *die Atome sind dann* „Ichts"*! Im Griechischen hat dieses Wortspiel eine etwas andere Form. Für „nichts" gibt es das Wort „mädén" mit der verneinenden Vorsilbe mä-; wird sie weggelassen, so wäre das bloße „-dén" ein „-ichts" ohne n davor.*
Demokrit *konnte nun eine brauchbare Theorie der Bewegung entwickeln, ohne auf die von* Parmenides *gelegte Grundlage verzichten zu müssen. Die Atome entsprechen dem wahrhaft Seienden und sind unveränderlich. Aber sie können sich im Leeren bewegen, sich miteinander verbinden oder wieder trennen und dadurch all die Dinge hervorbringen, die zur wahrnehmbaren Wirklichkeit gehören.*
Mit Demokrit *ist die Epoche der Vorsokratiker abgeschlossen. Es beginnt eine neue Phase griechischen Denkens, die durch die drei „klassischen" Philosophen* Sokrates, Platon *und* Aristoteles *geformt wird.*

Arbeitsaufträge

1. Welche Eigenschaften kennzeichnen nach dem Bericht des Aristoteles die Atome? (2.6.1)
2. Galens Darstellung der Atomlehre setzt andere Akzente als Aristoteles. Wo liegen die Unterschiede? (2.6.1/2.6.2)
3. In der modernen Chemie spricht man von Gewicht und Masse der Atome. Gibt es in den Texten von Aristoteles und Galen entsprechende Begriffe? (2.6.1/2.6.2)

* Nach Wilhelm Capelle, a. a. O., Frag. 7

3 Philosophie und christlicher Glaube

3.1 Vom Griechentum zum Christentum

Die Philosophie beansprucht, ihre Fragen auf alles richten zu dürfen, was den Menschen angeht und bedrängt. Es geht ihr „ums Ganze". Aber gilt das nicht auch für die Religion, die ebenfalls den Menschen in all seinen Lebensverhältnissen anruft und zu Gott führen will? Gilt es nicht vor allem für das Christentum, das für viele Menschen als Erstes in den Blick tritt, wenn von Religion die Rede ist?
Es scheint, als stünden Philosophie und Religion in einem Konkurrenzverhältnis zueinander. Aber das scheint nur so. Tatsächlich reden Philosophie und Religion in verschiedener Weise von verschiedenen Dingen. Das wurde bereits deutlich, als Xenophanes die Idee von einem Gott entwickelte, der zwar gedacht werden kann, zu dem aber ein inniges Verhältnis des Glaubens oder gar ein Gebet nicht möglich ist (der „Gott der Philosophen"; vgl. 2.2.1 und 2.2.2). Die Philosophie versteht sich als ständiges Fragen, das auf Erkenntnis aus ist. Der religiöse Glaube bewegt sich auf einer anderen Ebene.
Es kann hier nicht der volle Inhalt des Begriffs „Religion" entwickelt werden, genauso wenig wie der Inhalt des christlichen Glaubens. Darüber Genaueres zu sagen, wäre Aufgabe der Religionslehre, allenfalls der Religionsphilosophie. Hier soll es um die grundlegende Wende gehen, die das beginnende Christentum auch für die Philosophie bedeutete, und dazu gibt der folgende Text einige Leitlinien vor.

3.1.1 Nur Gott und Seele – José Ortega y Gasset

In der Geschichtswissenschaft und vor allem in der Philosophiegeschichte war in den letzten Jahren als größter Fortschritt zu verbuchen, dass wir uns den Luxus gestattet haben, aufrichtig zu sein, dass wir so aufrichtig waren, uns einzugestehen, dass wir die antiken Denker nicht verstehen. Diese innere Aufrichtigkeit hat denn auch, wie es bei solcher Aufrichtigkeit stets der Fall ist, ipso facto[1] ihren Lohn gefunden; indem wir zugaben, dass wir sie nicht verstehen, haben wir zum ersten Mal und in Wahrheit angefangen, sie zu verstehen, das heißt, darauf aufmerksam zu werden, dass sie in anderer Form dachten als wir, und folglich nach der aufschließenden Formel dieses Denkmodus zu suchen. Entscheidend ist mithin nicht, dass ihre Lehren von unseren mehr oder minder abweichen, sondern dass ihre geistige Haltung eine von Grund auf andere ist.
Der antike Mensch behält die Verhaltensstruktur des primitiven Menschen im Wesentlichen bei. Wie dieser lebt er ausgehend von den Dingen und ist allein für den körperlichen Kosmos, die Körperwelt, da. Er mag zufällig einen flüchtigen Widerschein des Inneren auffangen, doch handelt es sich eben nur um ein unbeständiges Aufleuchten, das in der Tat zufällig ist. Der griechische Geist ist also in seiner Haltung primitiv – im strikten Sinne des Wortes – mit dem einzigen Unterschied jedoch, dass sich der Grieche nicht damit begnügt, aus Lebensinstinkt auf die äußere Welt zu achten, sondern dass er über sie philosophiert, Begriffe bildet, die in rein theoretischer Form diese vorgefundene Wirklichkeit abbilden. Die griechischen Ideen sind in Anpassung an die Realität geprägt, die sich aus körperlichen und äußeren Dingen zusammensetzt. Sogar das Wort „Idee" und die ihm nahe stehenden Wörter bedeuten soviel wie „sichtbare Gestalt", „Ansicht". Da es außer den Körpern in der Natur die Bewegung und die Veränderung

1 ipso facto (lat.): von selbst, durch die Tat selbst

von Körpern gibt, muss der Grieche andere unsichtbare und unstoffliche Dinge erdenken, von denen körperliche Bewegung und Veränderung herstammen. Diese nichtstofflichen Dinge werden nachträglich als Dinge von stofflich bis zur Geisterhaftigkeit verdünnter Beschaffenheit hinzugedacht. So besteht das Tier aus einer organisierten Materie, die von etwas bewegt wird, was verborgen in der Materie drinnen steckt: der Seele. Aber diese Seele ist nichts Innerliches: Sie ist drinnen nur insofern, als sie im Körper verborgen ist, eingetaucht in ihn und darum unsichtbar.

Sie ist ein Hauch, ein leichter Wind – psychä[2] – „spiritus" – oder aber eine Flüssigkeit wie bei Thales oder ein Feuer wie bei Heraklit. Obwohl der moderne Mensch das Wort „spiritus" beibehalten hat und mit ihm die Entdeckung seiner Innerlichkeit bezeichnet, muss man sich darüber klar sein, dass der Grieche und der Lateiner unter „spiritus" eine Wirklichkeit nicht weniger äußerlicher Art verstanden, als sie die Körper haben, eine Wirklichkeit, die den Körpern anhaftete, eine Macht, die im kosmischen Raum angesiedelt war. Gewiss ist bei Aristoteles die menschliche Seele im Besitz von Kräften, die die Tierseele nicht hat, genauso wie diese Fähigkeiten besitzt, die der Pflanzenseele abgehen; jedoch auf die Seele hin gesehen ist es die menschliche nicht in ausgesprochenerem Sinne als die Pflanzenseele. So ist die menschliche Seele zugleich und „pro indiviso"[3] Vernunftfähigkeit und vegetative Fähigkeit. Es braucht also nicht wunderzunehmen, dass Aristoteles die Wissenschaft von der Seele, die Psychologie, der Biologie zuordnet. Aristoteles spricht in seiner Psychologie von der Pflanze so gut wie vom Menschen, weil für ihn die Seele nicht Prinzip der Innerlichkeit, sondern kosmisches Prinzip der leiblichen Lebenskraft ist, auf mehr oder minder ausgesprochene Art auch Prinzip der Bewegung und Veränderung, denn nach griechischer Auffassung gibt es sogar eine Gesteinsseele – sowie eine Seele jedes einzelnen Gestirns. Am nächsten kommt dem griechischen Seelenbegriff die verborgene, aber nach außen hin sichtbare Kraft, die wir naiverweise beim Magneten voraussetzen, um uns die Bewegung, die sein sichtbarer Körper hervorruft, begreiflich zu machen. Dass man heute noch immer im Hinblick auf Aristoteles vom „Spiritualismus" im modernen Sinne des Wortes spricht, könnte man geschichtliche Ahnungslosigkeit nennen, wenn es nicht vielmehr Unaufrichtigkeit wäre. Denn vergewaltigt man die Texte durch Einführung unseres modernen Begriffs „Bewusstsein" in den Geist des aristotelischen Denkens, so rächt sich diese Unaufrichtigkeit rückwirkend und kommt darin zum Ausdruck, dass man sich nicht eingesteht, wie unverständlich es doch ist, dass bei Aristoteles die Sterne eine Seele haben, das heißt Bewusstsein, wie aber das Bewusstsein, wenn es lediglich im Innewerden seiner selbst besteht, die schwere Masse eines Himmelskörpers bewegen soll. Der Grieche hat nicht ausgehend von der inneren Anschauung seiner selbst die Seele entdeckt, sondern er findet sie draußen vor als eine nahezu körperliche Wesenheit. Deshalb interpretiert er die sinnliche Wahrnehmung und insgleichen das gesamte geistige Leben als einen Zusammenstoß von Körpern: Die Körperdinge treffen auf das Seelending und hinterlassen in ihm den Abdruck ihrer Figuren. Vor diesen Zusammenstößen enthielt die Seele nichts Eigenes; sie war ein noch unberührtes Wachstäfelchen. So weit ist die griechische Seele von jeder Innerlichkeit, von jedem Für-sich-Sein entfernt, dass sie auch leer existieren kann und keinen Schlupfwinkel hat – sondern wie eine fotografische Platte nach außen gekehrt ist und wie diese nichts enthalten kann, was nicht von außen her kommt, nämlich was die Natur auf ihr ablädt und ablagert.

(...) Wie kommt es dazu, dass die von Natur aus zentrifugale Aufmerksamkeit ihre Richtung umkehrt und nach einer Schwenkung um 180 Grad nicht mehr nach außen geht, sondern sich auf das Subjekt selber richtet? Was ist passiert, dass sich die Augen der Menschen plötzlich her-

2 ψυχή (psychá): Seele (vgl. „Psychologie")

3 pro indiviso (lat.): für Unteilbarkeit, in unteilbarer Weise

umgedreht haben, wie die Augen jener ausgeleierten Puppe, die in ihren Kopf aus Papiermaché hineinsehen? Lautlos zwar, unblutig, ohne ankündigenden Trommelschlag und ohne Fanfarenstoß, von keinem Dichter gefeiert und in Verse gebracht, ist dies gleichwohl ohne Zweifel eine der größten Umwälzungen, die unser Planet je erlebt hat. Der antike Mensch lebte noch als Brudergeschöpf an der Seite des Tiers und war wie das Tier außerhalb seiner selbst. Der moderne Mensch hat sich in sein Inneres versetzt, ist zu sich gekommen, ist aus seiner kosmischen Unbewusstheit erwacht, hat die Schläfrigkeit, die ihm noch von dem Gewächs, der Alge, dem Säugetier anhing, abgeschüttelt und sich selber in Besitz genommen; er hat sich entdeckt. Eines Tages macht er einen seiner gewohnten Schritte und bemerkt, dass er auf etwas Seltsames, Unbekanntes stößt: Noch sieht er nicht genau, was das ist, aber er nimmt es fest in den Griff, und da er es presst, wird er gewahr, dass es ihm wehtut, dass er der Pressende und der Gepresste zugleich ist, dass er auf sich selber gestoßen ist. „Es tut mir weh – also bin ich." Cogito – sum![4] Verteufeltes Abenteuer? Verteufelt? Sollte es nicht vielmehr göttlicher Herkunft sein? Spricht die Wahrscheinlichkeit nicht eher dafür, dass bei einem so außerordentlichen Vorfall Gott sich eigens bemüßigt gefühlt hat einzugreifen? Aber welcher Gott – der christliche Gott? Jawohl, der Gott der Christen, einzig und allein der Gott der Christen. Aber wie soll denn bei dieser ausgesprochen modernen Entdeckung, der wie einem Samenkorn das gesamte antichristliche Zeitalter entsprossen ist, ausgerechnet der christliche Gott die Hand im Spiel gehabt haben? Diese Möglichkeit beunruhigt die Christen und ärgert die Antichristen, die Modernen. Der Christ ist antimodern: er hat sich bequemerweise ein für allemal der Moderne gegenüber- und entgegengestellt. Er nimmt sie nicht hin. Sie ist eine Tochter des Satans. Und jetzt erklärt man ihm, die Moderne sei eine reife Frucht des Gottesgedankens. Der Moderne hinwiederum ist antichristlich; er ist der Überzeugung, dass die Moderne im Unterschied und im Gegensatz zur religiösen Idee zur Welt gekommen sei. Jetzt mutet man ihm zu, er solle sich gerade als Moderner zur Gotteskindschaft bekennen. Das ärgert ihn. Das heißt ja, die festen Standpunkte der Geschichte umkehren, heißt, auf einen Überzeugungswechsel antragen. (...) Die Entdeckung der Subjektivität hat zwei tief reichende geschichtliche Wurzeln: die eine von ihnen ist negativ, die andere positiv. Die negative ist der Skeptizismus, die positive ist das Christentum. Weder hätte jene ohne diese noch diese ohne jene ein solches Ergebnis zeitigen können.

Der Zweifel oder die Skepsis – *sképsis*[5] – ist, wie wir festzustellen Gelegenheit hatten, die Grundvoraussetzung wissenschaftlicher Erkenntnis; sie macht die Öffnung, die der Beweis ausfüllt. Die Griechen als unschlagbare Meister im Theoretisieren übten sich auf vorbildliche Art und mit äußerster Konsequenz in dieser Zweifelkunst. Vor allem die ausgesprochen so genannten Skeptiker und ihre Schulen ließen den späteren Zeiten auf diesem Gebiet nichts mehr zu tun übrig. Weiter als die Philosophen der Akademie[6] den Zweifel trieben, lässt er sich überhaupt nicht treiben; weder Descartes noch Hume noch Kant waren ihnen an Skepsis überlegen. In aktiver sowohl als auch in passiver Hinsicht stellten sie den illusorischen Charakter der Erkenntnis unter Beweis. Wir sind außerstande zu wissen, was die Dinge sind. Höchstenfalls können wir sagen, was sie uns zu sein scheinen. Aber natürlich sind die griechischen Skeptiker eben (...) Griechen, und da Erkenntnis die Erkenntnis des Seins ist und es für den Griechen kein Sein außer dem der Außenwelt gibt, bezieht sich der gesamte griechische Skeptizismus auf unsere Erkenntnis der kosmischen Realität. Sie kommen dabei zu Formulierungen, die wörtlich bei den Modernen stehen könnten und bewundernswert zum Ausdruck bringen, was ein Moderner

4 cogito – sum (lat.): ich denke – ich bin. Grundsatz des Descartes, auf den Ortega am Schluss dieses Textes noch einmal zurückkommt

5 σκέψις (sképsis): wörtl. Denken; im erweiterten Sinne eine Einstellung, für die alles fraglich ist

6 Philosophen der Akademie: die Schüler Platons, der seine Schule in Athen „Akademie" genannt hatte

nicht besser sagen könnte. So heißt es bei den Cyrenaikern[7], dass wir das Wirkliche nicht erkennen können, weil die Seele nicht herausgehen kann, sondern in ihre Zustände eingeschlossen ist *eis ta páthä katékleisan*[8] und wie in einer belagerten Stadt lebt *hósper en poliorkía*[9]. Heißt das nicht soviel wie die Innerlichkeit entdeckt haben? Der Grieche, der das gedacht hat, hat nicht das Positive darin gesehen. Er meint mit diesen Worten, dass wir nicht aus dem Wirklichen entweichen können – aber es kommt ihm nicht in den Sinn, dass in diesem Nicht-entweichen-Können, in diesem Eingeschlossen- und Für-sich-Sein eine neue Wirklichkeit steckt, die fester und grundlegender ist als die äußere. Es gibt in der Geschichte nicht viele Beispiele, an denen man so deutlich erkennt, dass geistiger Scharfsinn zur Entdeckung von etwas Neuem nicht ausreicht. (...)

Wir sahen, dass der Skeptizismus den Menschen lehrt, nicht an die Wirklichkeit der äußeren Welt zu glauben und ihr folglich kein Gewicht beizulegen. Jedoch mit diesem ersten Akt bleibt er vor der Schwelle des inneren Menschen blinden Auges stehen.

Wie Herbart[10] sagt: „Jeder gute Anfänger ist ein Skeptiker, aber jeder Skeptiker ist nur ein Anfänger."

Noch fehlt das positive Motiv, das Interesse an der Subjektivität, das bewirkt, dass sie die Aufmerksamkeit auf sich zieht und an die erste Stelle tritt. Und dies ist es, was wir dem Christentum verdanken. Die griechischen Götter sind nichts anderes als höchste Weltkräfte, Gipfel der äußeren Realität, erhabene Naturgewalten. Bei einer Pyramide beherrscht die Spitze die gesamte Pyramide, gehört ihr aber zugleich an. So befinden sich die Götter der griechischen Religion zwar über der Welt, bilden jedoch zugleich einen Teil von ihr und sind ihre geläuterte Essenz. Der Flussgott und der Waldgott, der Gott des Getreides und der Gott des Blitzes sind der göttliche Schaum dieser innerweltlichen Realitäten. Sogar der hebräische Gott erscheint in Blitz und Donner. Dagegen hat der Gott des Christentums weder mit dem Blitz noch mit dem Donner etwas zu schaffen. Er ist ein Gott transzendenter und außerweltlicher Wahrheit, dessen Seinsart mit keiner Seinsart der kosmischen Wirklichkeit vergleichbar ist. Nichts an ihm, nicht einmal die Spitze seines Fußes, haftet in der diesseitigen Welt, ja er berührt die Welt nicht einmal als Tangente. Aus diesem Grunde ist für den Christen das tiefste Mysterium die Inkarnation[11]. Dass sich ein Gott, der mit der Welt streng genommen inkommensurabel[12] ist, in einem bestimmten Augenblick in sie einprägt – „und unter uns wohnet" –, ist das größte Paradox. Derselbe Fall aber, der für das Christentum logisch gedacht ein Mysterium ist, war für die griechische Mythologie die alltäglichste Sache von der Welt. Die olympischen Götter nahmen jeden Augenblick irdische, manchmal sogar untermenschliche Gestalt an: Sie waren der Schwan, der über Leda seine Schwingen breitete, oder der Stier, der mit Europa auf dem Rücken davonstürmte.

Der christliche Gott jedoch ist transzendent, er ist „deus exsuperantissimus"[13]. Das Christentum mutet dem Menschen zu, mit einem derartigen Sein Umgang zu pflegen. Wie ist ein solcher Umgang möglich? Er ist unmöglich nicht nur mittels der Welt und der weltlichen Dinge und durch sie hindurch; vielmehr ist alles, was der Welt angehört, umgekehrt Hindernis und Sperre für den Umgang mit Gott. Das Zusammensein mit Gott verlangt, dass man zuvor alles, was kosmisch und irdisch ist, der Möglichkeit nach vernichtet, dass man es als nicht vorhanden ansieht, da es

7 Cyrenaiker: eine griechische Philosophengruppe um Aristippos von Kyrene (Nordafrika), die davon ausging, dass man kein Ding erkennen könne, weil die Dinge etwas anderes sind als die erkennende Seele
8 εἰς τὰ πάθη κατέκλεισαν (gr.): in dem Seelenzustand eingeschlossen
9 ὥσπερ ἐν πολιορκία (gr.): wie in einer belagerten Stadt
10 Herbart, Johann Friedrich: deutscher Philosoph und Pädagoge (1776–1841)
11 Inkarnation (lat.): Fleischwerdung; die Menschwerdung Gottes in Jesus Christus
12 inkommensurabel (lat.): unvergleichbar, ohne gemeinsames Maß
13 Deus exsuperantissimus (lat.): der alles überragende Gott

ja in der Tat vor Gott nichts ist. Und hier sehen wir, dass der Christ in seinem innigen Streben nach der Gottheit und um seiner Erlösung willen dasselbe tut wie der Skeptiker mit seinem methodischen Zweifel. Er verneint die Realität der Welt, der übrigen Geschöpfe, des Staates, der Gesellschaft, seines eigenen Körpers. Und erst wenn er all dies getilgt hat, erst dann fängt er an, sich wahrhaft am Leben und seiend zu fühlen. Warum? Eben weil die Seele als Einziges geblieben ist, allein mit Gott. Das Christentum ist die Entdeckerin der Einsamkeit als der eigentlichen Substanz der Seele. (...)

Die Seele ist das, was in Wahrheit ist, wenn sie ohne Welt, befreit von der Welt zurückgeblieben und insofern – wenn sie allein ist. Und zwar gibt es keine andere Form, mit Gott zu verkehren als durch die Einsamkeit, weil einzig und allein im Zeichen der Einsamkeit die Seele mit ihrem eigentlichen Sein zusammentrifft. Gott – und ihm im Angesicht die einsame Seele; außerdem gibt es vom christlichen Gesichtspunkt aus keine wahrhafte Wirklichkeit; das heißt, unterm Gesichtspunkt der christlichen Religion, nicht jedoch der so genannten „christlichen Philosophie" (die, wie wir sehen werden, eine trübselige und unfruchtbare Kette ist, die das Christentum hinter sich herschleift). Es gibt nichts außer dieser doppelten Wirklichkeit: Gott und die Seele, und da für den Christen Erkenntnis stets Erkenntnis des Wirklichen ist, muss die vorbildliche Erkenntnis Gottes- und Seelenerkenntnis sein. So heißt es auch bei dem heiligen Augustinus: „Deum et animam scire cupido. Nihilne plus? Nihil omnino."[14] Es ist kein Zufall, dass Augustinus der erste Denker ist, dem aufging, was es mit dem Bewusstsein und dem Sein als Innerlichkeit auf sich hat, und ebensowenig, dass er als Erster darauf gekommen ist, dass sich am Zweifeln nicht zweifeln lässt. Es ist merkwürdig, dass der Begründer der christlichen Ideenlehre und der Begründer der modernen Philosophie in ihrem ursprünglichen Ansatz genau übereinstimmen. Auch für Augustin ist das Ich nur insoweit, als es sich weiß – das Sein des Ich ist sein Um-sich-Wissen –, und diese Realität des Denkens figuriert in der Klasse der theoretischen Wahrheiten an erster Stelle. Auf diese Realität muss man sich gründen, nicht aber auf die problematische Realität des Kosmos und der Außenwelt. „Noli foras ire, in te ipsum redi: in interiore homine habitat veritas."[15] Auch hier erscheint der Mensch als absolutes Innenwesen, als Innerlichkeit. Und begegnet wie Descartes im tiefsten Grund dieser Innerlichkeit Gott. Es ist seltsam, dass alle religiösen Menschen übereinstimmend von dem sprechen, was auch die heilige Teresa[16] „den Seelengrund" nennt, und dass sie ausgerechnet in diesem Seelengrund, ohne aus der Seele herauszugehen, Gott begegnen. Der christliche Gott ist offensichtlich im Verhältnis zur Welt transzendent, aber immanent im Verhältnis zum „Seelengrund". Verbirgt sich unter dieser bröckligen Metapher irgend etwas an Wirklichkeit? Aber stellen wir im Augenblick keine Fragen, auf die wir jetzt noch nicht antworten können.*

14 Ich bin begierig, Gott und die Seele zu erkennen. Nichts weiter? – Überhaupt nichts.
15 Gehe nicht nach außen, kehre in dich selbst zurück: im Inneren des Menschen wohnt die Wahrheit.
16 Teresa: spanische Mystikerin (1515–1582), gehörte zum Karmeliterorden in Avila und gilt als Schutzpatronin Spaniens

* José Ortega y Gasset, Was ist Philosophie? In: Gesammelte Werke Bd. V, Deutsche Verlagsanstalt Stuttgart 1978, S. 441. Aus dem Spanischen übersetzt von Karl August Horst. Originalausgabe Madrid 1958 u. 1969

3.1.2 Die Seele im Gespräch mit Gott – Aurelius Augustinus

Ortega y Gasset *hatte sich bei seiner Gegenüberstellung griechischen und christlichen Denkens auf* Augustinus *berufen. In den „Bekenntnissen" (Confessiones) dieses Kirchenvaters wird zwar auch nach Erkenntnis gesucht, aber ganz anders als bei den griechischen Philosophen.* Augustin *beginnt nicht mit der Entwicklung von Thesen und Theorien, sondern ruft Gott an, seiner suchenden Seele zu helfen. Dabei ist „Gott" kein philosophischer Begriff, der definiert werden könnte, sondern der im Gebet erreichbare personale Partner des Menschen.*

„Groß bist Du, Herr, und hoch zu preisen", „und groß ist Deine Macht und Deine Weisheit unermesslich."[1]

Und preisen will Dich der Mensch, ein kümmerlicher Abriss Deiner Schöpfung, ja der Mensch, der herumschleppt sein Sterbewesen, herumschleppt das Zeugnis seiner Sünde und das Zeugnis, dass Du „den Hochfahrenden widerstehst".

Und dennoch preisen will Dich der Mensch, ein kümmerlicher Abriss Deiner Schöpfung.

Du selber reizest an, dass Dich zu preisen Freude ist; denn geschaffen hast Du uns zu Dir, und ruhelos ist unser Herz, bis dass es seine Ruhe hat in Dir.

Lass mich, Herr, es wissen und erkennen (scire et intellegere), was denn früher sei: ob Dich anrufen oder Dich preisen; ob Dich kennen oder Dich anrufen früher sei! Aber wer riefe Dich, ohne von Dir zu wissen? Er möchte ja, so ohne Wissen, ein andres statt des Rechten rufen. Oder ruft man zu Dir, auf dass man Dich wisse? Aber „wie sollen sie ihn anrufen, an den sie nicht glauben? Oder wie sollen sie glauben, wenn keiner ihn verkündigt?" „Und preisen werden den Herrn, die ihn auch nur suchen." Denn wer ihn sucht, wird ihn finden, und wer ihn findet, wird ihn preisen.

Ich will Dich suchen, Herr, mit meinem Rufen, und ich will Dich rufen, indem ich an Dich glaube; denn verkündigt worden bist Du uns. Herr, es ruft Dich mein Glaube, der Glaube, den Du mir gegeben, den Du mir eingegeben hast durch das Menschsein Deines Sohnes, durch das Amt Deines Predigers.

Wie aber soll ich meinen Gott anrufen, meinen Gott und meinen Herrn, da ich doch, wenn ich ihn rufe, in mich hinein ihn rufe? Und welches ist der Ort in mir, wohin er kommen soll, mein Gott? Wohin soll Gott in mir denn kommen, Gott, der „den Himmel gemacht hat und die Erde"? Ja ist denn, Herr, mein Gott, etwas in mir, das Dich fassen könnte? Aber Himmel und Erde, die Du gemacht, in denen Du mich gemacht hast, fassen die Dich denn? Oder – weil ohne Dich nicht wäre, was da immer nur ist: steht es so, dass alles, was ist, Dich fasst? Nun aber bin auch ich, was bitte ich also noch, dass Du kommest in mich, der ich nicht wäre, wenn Du nicht wärest in mir? Denn – noch hat mich nicht die Unterwelt, und wärs, Du bist auch dort. Denn „ob ich fahre auch zur Unterwelt, Du bist da".

Nicht also wäre ich, mein Gott, ja gar nicht wäre ich, wenn Du nicht wärest in mir. Oder vielmehr, ich wäre nicht, wenn ich nicht wäre in Dir, „aus dem alles, durch den alles, in dem alles"? Auch so ist's, Herr, auch so. Wohin soll ich dich rufen, da ich in Dir doch bin? Oder von woher kämest Du in mich? Wohin sollte ich entwandern, hinaus über Himmel und Erde, dass von dorther mein Gott in mich käme, der da gesprochen hat: „Himmel und Erde erfülle ich"?*

1 Augustinus verwendet in seinen Bekenntnissen häufig Bibelzitate, vor allem aus den Psalmen. Sie sind durch Anführungsstriche kenntlich gemacht.

* Aurelius Augustinus, Confessiones/Bekenntnisse. Lat./Dt.; eingeleitet, übers. u. erl. v. Joseph Bernhart, Kösel, München 1980; Wissenschaftliche Buchgesellschaft, Darmstadt 1984, I. Buch, S. 13–15

Arbeitsaufträge

1. Ortega betrachtet die Geschichte nicht nur als eine Abfolge von Ereignissen. Was ist für ihn kennzeichnend bei einem Epochenwandel wie dem Übergang vom Griechen- zum Christentum? (3.1.1)
2. Versuchen Sie stichwortartig alles das zusammenzustellen, was Ihrer Meinung nach die Eigenarten der Seele kennzeichnet! (3.1.1)
3. Aristoteles nennt in seiner „Psychologie" (De Anima, I. Buch) zwei Grundbestimmungen der Seele: Sie ist das „Prinzip der belebten Wesen", und ihre Natur liegt darin, „sich selbst zu bewegen". Wie passen diese Angaben zu dem, was Ortega über den griechischen Seelenbegriff sagt? (3.1.1)
4. Wann würden Sie sagen, dass jemand „skeptisch" ist?
5. In welchem Sinne zeigt der biblische Schöpfungsbericht, dass Gott nicht zu dieser Welt gehört wie z. B. der griechische Zeus, sondern ihr gegenüber „transzendent" ist? Lesen Sie dazu I. Mose, Kapitel 1 und 2! – Erklären Sie den Begriff „transzendent"!
6. Wie lässt sich das, was Ortega über den christlichen Seelenbegriff sagt (3.1.1), durch die Anfangsabschnitte aus Augustins „Bekenntnissen" (3.1.2) belegen?
7. Ortega behauptet, der moderne Mensch solle sich „gerade als Moderner zur Gotteskindschaft bekennen". Erläutern Sie den Sinn dieser Äußerung aus dem Gesamtzusammenhang von 3.1.1!

3.2 Philosophie und Religion

Bei Ortega y Gasset *wird historisch gedacht, d. h. Antike und Christentum erscheinen im Rahmen eines weltgeschichtlichen Prozesses. Damit werden natürlich auch Philosophie und (christlicher) Glaube in einen historischen Rahmen gestellt, aber es lässt sich fragen, wie sie sich heute gegenüberstehen und zueinander verhalten. Dieser Frage gehen die beiden folgenden Texte nach.*

3.2.1 Religion aus philosophischer Perspektive – Karl Jaspers

Durch die Jahrtausende stehen Philosophie und Religion im Bunde mit- oder in Feindschaft gegeneinander.

Sie gehen zusammen, ursprünglich in den Mythen und in den Weltbildern – später in der Theologie, sofern hier Philosophie im Kleide der Theologie auftritt, so wie Philosophie sonst wohl im Kleide der Dichtung und zumeist im Kleide der Wissenschaft erscheint.

Dann aber, in der Trennung beider, wird Religion für Philosophie das große Geheimnis, das sie nicht begreifen kann. Sie macht zum Gegenstand der Untersuchung: den Kultus, den Anspruch auf Offenbarung, den Anspruch der Macht einer religiös begründeten Gemeinschaft, ihrer Organisation und ihrer Politik, und die Sinngebung, die die Religion sich selbst verleiht.

In diesem untersuchenden Verhalten liegt schon der Keim des Kampfes. Von philosophischer Seite ist der Kampf nur möglich als Ringen um Wahrheit allein mit geistigen Mitteln.

Religion und Philosophie sind beide nicht eindeutige Gebilde, von denen wir bei vergleichender Betrachtung ausgehen können wie von zwei festen Punkten. Sie sind vielmehr beide in geschichtlicher Verwandlung, verstehen sich aber beide jederzeit in Bezug auf ewige Wahrheit, deren geschichtliches Kleid die Wahrheit zugleich verbirgt und überliefert. Von der einen ewigen religiösen Wahrheit vermag ich nicht zu reden. Die philosophische Wahrheit ist die philosophia perennis[1], die niemand für sich in Anspruch nehmen kann und um die es doch jedem Philosophierenden zu tun ist und die überall, wo wirklich philosophiert wird, auch gegenwärtig ist.

Es gibt keinen Standpunkt außerhalb des Gegensatzes von Philosophie und Religion. Jeder von uns steht in der Polarität schon auf der einen Seite und spricht von der anderen in einem entscheidenden Punkte ohne eigene Erfahrung. Daher können Sie auch von mir erwarten, dass ich irgendwo blind bin und missverstehe. Ich zögere und darf es doch nicht lassen. Dieses Sprechen über Religion, ohne selber mit dem eigenen Wesen darin zu sein, ist fragwürdig, aber es ist auch unerlässlich als Ausdruck des eigenen klaren Mangels, als Suchen der Wahrheit und auch als Bewährung des religiösen Glaubens selber unter den so entstehenden Fragen. Für Philosophie ist Religion nicht der Feind, sondern etwas, das sie wesentlich angeht und in Unruhe hält.

Hier aber sind wir heute in einer Situation, die ich durch ein persönlich klingendes Wort charakterisiere. Weil die Religion so wesentlich ist, machte mich das Bewusstsein des Mangels begierig zu hören, was vom religiösen Glauben her gesagt wird. Zu den Schmerzen meines um Wahrheit bemühten Lebens gehört, dass in der Diskussion mit Theologen es an entscheidenden Punkten aufhört, sie verstummen, sprechen einen unverständlichen Satz, reden von etwas anderem, behaupten etwas bedingungslos, reden freundlich und gut zu, ohne wirklich vergegenwärtigt zu haben, was man vorher gesagt hat – und haben wohl am Ende kein eigentliches Interesse. Denn einerseits fühlen sie sich in ihrer Wahrheit gewiss, erschreckend gewiss, andererseits scheint es sich für sie nicht zu lohnen um uns ihnen verstockt scheinende Menschen. Miteinander sprechen aber fordert Zuhören und wirkliche Antwort, verbietet das Schweigen oder das Ausweichen auf Fragen, fordert vor allem jede Glaubensaussage, die doch in menschlicher Sprache vollzogen, auf Gegenstände gerichtet, eine Erschließung in der Welt ist, auch wieder in Frage stellen und prüfen zu lassen, nicht nur äußerlich, sondern innerlich. Wer im endgültigen Besitz der Wahrheit ist, kann nicht mehr mit dem andern richtig reden – er bricht die echte Kommunikation ab zugunsten seines geglaubten Inhalts.

Das große Problem kann ich nur nach einigen Gesichtspunkten und nur unzureichend berühren. Mir kommt es darauf an, den ursprünglichen philosophischen Glauben dadurch fühlbar werden zu lassen.

Eine Charakteristik der Religion im Unterschied von der Philosophie findet folgende Züge: Religion kennt den Kultus, ist gebunden an eine eigentümliche dem Kultus entspringende Gemeinschaft der Menschen und untrennbar vom Mythus. Immer gehört zur Religion die reale Beziehung des Menschen zur Transzendenz in Gestalt eines in der Welt vorkommenden Heiligen als eines vom Profanen oder Unheiligen Abgegrenzten. Wo dies nicht mehr da ist oder verworfen wird, da ist das Eigentümliche der Religion verschwunden. Fast die gesamte Menschheit lebt, soweit historische Erinnerung reicht, religiös, ein nicht zu überhörender Hinweis auf Wahrheit und Wesentlichkeit in der Religion.

Philosophie dagegen kennt als solche keinen Kultus, keine priesterlich geführte Gemeinschaft, keine vom anderen Weltdasein ausgenommene Heiligkeit in der Welt. Ihr kann überall und jederzeit gegenwärtig sein, was die Religion irgendwo lokalisiert. Sie ist dem Einzelnen erwachsen in freien, nicht soziologisch realen Beziehungen, ohne Garantie einer Gemeinschaft. Philosophie ist ohne Riten und ohne ursprünglich reale Mythen. Sie wird in freier Überlieferung jeweils verwandelnd angeeignet. Sie bleibt, obgleich dem Menschen als Menschen zugehörig, Sache Einzelner.

Religion drängt vorwiegend zur Leibhaftigkeit, Philosophie nur zur wirkenden Gewissheit. – Der Religion erscheint der Gott der Philosophen arm, blass, leer, sie nennt die philosophische

1 philosophia perennis (lat.): die ewig andauernde Philosophie

Haltung abschätzig „Deismus“[2]; der Philosophie erscheinen die religiösen Leibhaftigkeiten wie eine trügerische Verschleierung und falsche Annäherung. – Die Religion schilt den Gott der Philosophen als bloße Abstraktion, die Philosophie misstraut den religiösen Gottesbildern als Verführung zu wenn auch noch so großartigen Götzen.*

2 Deismus: eine religionsphilosophische Position, für die Gott in einem einmaligen Schöpfungsakt die Welt geschaffen hat, um sie dann sich selbst und ihren Gesetzen zu überlassen

Für Jaspers *bleibt die Erfahrungswelt des Religiösen etwas, das der Philosoph nur von außen sehen kann: mit Kritik, aber auch mit Respekt. Für den im christlichen Glauben Stehenden ist solch eine äußerliche Betrachtungsweise unmöglich, es sei denn, er gebe seinen Glauben auf oder versetze sich in religiöse Indifferenz. Der Christ muss die Philosophie nicht ablehnen. Aber sie wird für ihn etwas Unvollständiges bleiben, das letztlich nur dann gerechtfertigt ist, wenn es über sich hinausweist und den Schritt zum Glauben ermöglicht. In diesem Sinne fragt* Karl Rahner, *was Philosophie dem Christen sagen kann.*

3.2.2 Philosophie aus christlichem Interesse – Karl Rahner

Wir meinen die Frage nach der Möglichkeit einer *christlichen* Philosophie, wobei man üblicherweise fragt, ob es trotz der relativen Eigenständigkeit einer nur mit den menschlichen Mitteln der „natürlichen“ Vernunft arbeitenden Philosophie so etwas wie eine christliche Philosophie gebe und in welchem Sinn es diese gebe. Wenn diese eine Zeitlang viel verhandelte Frage trotz des dabei entfalteten Eifers nicht schließlich ein Streit um Worte sein soll in einer Sache, in der sich alle im Grunde einig sind, so muss gesagt werden, dass die „Christlichkeit“ einer Philosophie sich auch darin zeigen muss, dass sie gerade als echte, als „bloße“ Philosophie über sich hinausweist und den Menschen einweist in die Haltung des Achtens auf eine möglicherweise ergehende Offenbarung, dass sie zur praeparatio evangelii[1] wird, indem sie den Menschen von sich aus begreift als „naturaliter christianus“, als den für eine Offenbarung Aufnahmebereiten, sodass diese Bestimmung nicht nachträglich zum begriffenen Wesen des Menschen hinzutritt, bloß weil tatsächlich eine Offenbarung ergangen ist, sondern der Mensch damit allererst in seinem Wesen ursprünglich und endgültig metaphysisch begriffen ist. Eine solche so verstandene metaphysische Anthropologie ist aber gerade die Aufgabe, die wir uns gesetzt haben. Wir können also unsere Aufgabe bezeichnen als die grundsätzliche Begründung der Metaphysik als einer in dem gesagten Sinne christlichen.

Das ist gewiss ein bedeutsamer Wesenszug der christlichen Philosophie. Er bedeutet keine Grenzverwischung zwischen einer in Ziel und angewandten Methoden relativ eigenständigen Philosophie und einer ebenso eigenständigen Theologie. Denn in unserem Fall soll die Philosophie nichts treiben als eben Philosophie. Dass sie gerade so zu einer praeparatio evangelii wird, dass sie von sich aus über sich hinaus den Menschen in die Geschichte und vor die Frage einer geschichtlichen Begegnung mit Gott stellt, das kann sich natürlich erst aus ihrer Durchführung selbst ergeben. Aber die Philosophie bleibt, auch wenn sie dies tut, reine Philosophie, wenn anders man nicht annehmen will, etwas verliere seine Eigenständigkeit dadurch, dass es sich aus seinem Wesen heraus in ein höheres Ganzes dienend einordnet. (…)

Christlich ist aber dann die Philosophie im eigentlichen und ursprünglichen Sinn, wenn sie sich und so den Menschen selbst mit eigenen Mitteln als „tauf*bar*“ konstituiert, wenn sie von sich

1 praeparatio evangelii (lat.): Vorbereitung auf das Evangelium

* Karl Jaspers, Der philosophische Glaube. Piper, München 1948, S. 60–62

selbst her in die Bereitschaftshaltung kommt, in die möglicherweise von Gott her gestiftete Theologie aufgehoben zu werden, „aufgehoben" in dem dreifachen Sinn, den dieses Wort etwa bei Hegel hat: Die Philosophie hebt sich auf, das heißt, sie schafft sich selber ab, indem sie sich in ihrem eigenen Geschäft abarbeitet und verzehrt in ihrem Anspruch, die letzte existentielle Begründung des menschlichen Daseins zu sein. Gerade indem sie diese Aufgabe zu leisten sich unterfängt und unterfangen *muss*, stellt sie den Menschen in das Horchen auf eine Botschaft Gottes und hebt sich so als Existenzbegründung totaler Art selber auf. – Sie hebt sich auf, das heißt, sie hebt sich selbst hinauf auf eine höhere Ebene; sie kommt auf eine höhere Ebene, indem sie als die Konstitution der Möglichkeit eines Offenbarungsempfangs im Menschen auf der höheren Ebene einer wirklich ergangenen Offenbarung ihre Erfüllung findet. – Sie wird aufgehoben, das heißt sie wird bewahrt, weil die Möglichkeit des Hörens einer Offenbarung in ihrem wirklichen Hören in der Theologie bewahrt bleibt, so erst voll zu sich kommt und darin immer wieder neu gesetzt werden muss.*

Diese Deutung von Philosophie aus der Sicht christlicher (katholischer) Theologie sieht den Schwerpunkt philosophischer Arbeit im Bemühen um die Erhellung menschlicher Existenz, also im Bereich der Anthropologie. *Von der Philosophie aus wird versucht, die Welt religiösen Glaubens durch denkende Bemühung auf Begriffe und in argumentative Zusammenhänge – auch kritischer Art – zu bringen: das Themenfeld der* Religionsphilosophie.

Arbeitsaufträge

1. Vergleichen Sie das, was K. Jaspers in 3.2.1 über Philosophie sagt, mit seiner Darstellung in 1.2.1! Versuchen Sie, die entscheidenden Punkte thesenartig zusammenzufassen!
2. Könnte man das, was Jaspers sagt, als „Atheismus" verstehen? (3.2.1)
3. Auch Jaspers erwähnt den „Gott der Philosophen". Ziehen Sie zur Erläuterung dieses Begriffs den Abschnitt 2.4 heran! – Ist auch der Partner Augustins (3.1.2) ein solcher Philosophengott?
4. Stellen Sie sich vor, Jaspers und Rahner würden zu einem Gespräch zusammentreffen: Wie könnte Ihrer Meinung nach dieses Gespräch verlaufen? Sehen Sie eine Einigungsmöglichkeit? (3.2.1/3.2.2)
5. Thomas von Aquino (1225–1274), einer der wichtigsten Kirchenlehrer des Mittelalters, hat einmal gesagt:
   Es findet sich aber, dass der Mensch eine dreifache Erkenntnis der göttlichen Dinge habe. Die erste entspricht dem, dass der Mensch mit dem natürlichen Licht der Vernunft durch die Schöpfung hin zur Erkenntnis Gottes aufsteigt. In der zweiten steigt die göttliche Wahrheit, welche die Erkenntniskraft des Menschen überschreitet, in der Weise der Offenbarung zu uns herab, jedoch nicht als erweisbar zu schauende, sondern als auf Verkündigung hin zu glaubende. Die dritte ist darin gegeben, dass des Menschen Geist dazu erhoben wird, das Offenbarte vollkommen zu schauen. (Summa contra Gentes 4,1)
   Vergleichen Sie diese Auffassung mit derjenigen Rahners! (3.2.2)
6. Im Mittelalter wurde die Philosophie als „Magd der Theologie" (ancilla theologiae) verstanden. Wie passt das zum Philosophiebegriff bei Jaspers bzw. Rahner? (3.2.1/3.2.2)

* Karl Rahner, Hörer des Wortes – Zur Grundlegung einer Religionsphilosophie. Herder-TB 403, Kösel, München 1963, S. 35–37

4 Grundformen philosophischen Denkens

4.1 Sokrates

Mit Sokrates *beginnt ein neuer Abschnitt in der Entwicklung der griechischen Philosophie. Dabei ist er nicht einmal durch besondere Lehren hervorgetreten, sondern wirkte in erster Linie durch das Beispiel seiner Persönlichkeit. Es gibt von ihm keine Bücher; aufgeschrieben hat er nichts. Aber wie er im Gespräch mit Freunden und Andersdenkenden argumentierte und wie er für das, was er sagte, einstand, hat sich seinen Zeitgenossen tief eingeprägt.*
Von Sokrates wissen wir nur durch Zeugnisse anderer. Am wichtigsten sind dabei die frühen Dialoge seines Schülers Platon, *ferner die Erinnerungen des Historikers* Xenophon *(um 430–355 v. Chr.), die Komödie „Wolkenkuckucksheim" des* Aristophanes *(450–385 v. Chr.) und weitere Berichte von* Aristoteles *bis* Diogenes Laertios. *Nicht immer stimmen diese Quellen völlig überein, aber sie zeigen, dass mit Sokrates ein Typ des Philosophen aufgetreten war, der maßgebend für das gesamte Selbstverständnis der abendländischen Philosophie wurde.*

4.1.1 Sokratische Fragen im Dialog „Charmides"

Einen unmittelbaren Zugang zur Eigenart sokratischen Philosophierens bietet u. a. der Dialog „Charmides" von Platon. *Sokrates ist gerade aus der Schlacht bei Potidaia (Beginn des Peloponnesischen Krieges, 432 v. Chr.) zurückgekehrt und trifft nun in Athen einige Freunde. Es entwickelt sich ein Gespräch über die athenischen Jünglinge und ihre Weisheitsliebe; dabei wird besonders auf den schönen Charmides hingewiesen, der kurz darauf zu der Gruppe tritt und alle in seinen Bann schlägt: so makellos wirkt seine Erscheinung. Sokrates gesteht allerdings, dass er in ästhetischen Dingen nicht sehr bewandert sei:*

Mit mir, o Freunde, kann man nun freilich nicht rechnen, denn ich bin – wie Kreide auf einer weißen Wand – unbrauchbar, wenn es darum geht, schöne Menschen einzuschätzen. Für mich sind nämlich so gut wie alle schön, die in Jünglingsblüte stehen. So erschien mir damals auch jener bewunderungswürdig an Wuchs und Schönheit. Aber auch alle anderen waren in ihn verliebt, wie ich fand; sie gerieten prompt in Verzückung und Verwirrung, sobald er nur hereinkam, und unter denen, die ihm nachstiegen, waren auch viele weitere Verliebte. Dass es uns alten Herren so erging, war weniger erstaunlich; ich achtete aber besonders auf die Knaben, wie keiner von ihnen woanders hinsah, auch nicht der Kleinste, sondern alle betrachteten wie ein Götterbild nur ihn. Da rief mich Chairephon an und sagte: „Nun, Sokrates, wie findest du den Jüngling? Ein wunderbares Gesicht, nicht wahr?"
Über alle Maßen, antwortete ich.
Und doch, meinte er: Wenn er sich entkleiden wollte, würde sein Gesicht für dich verblassen, so rundum schön ist er am ganzen Leibe.
Auch alle anderen stimmten Chairephon zu.
Beim Herakles, rief ich, wie unwiderstehlich rühmt ihr den Mann – wenn sich nur noch eine Kleinigkeit bei ihm findet.
Welche denn? fragte Kritias.
Wenn seine Seele auch wohlgebildet ist, antwortete ich. Es passt aber zu ihm, so zu sein, wie er ist, weil er aus eurem Hause stammt.
Nun, erwiderte er, er ist sehr schön und gut auch hierin.

Warum also, meinte ich, entkleiden wir ihm nicht diese Seele und betrachten sie mehr noch als die Gestalt? Da er schon im richtigen Alter ist, wird er mit sich reden lassen.
Aber gewiss doch, sagte Kritias, denn er ist nachdenklich und, wie er selbst und andere meinen, auch sehr poetisch.*

Nun leidet dieser Charmides unter häufigen Kopfschmerzen und Sokrates wird gefragt, ob er nicht ein Mittel dagegen wüsste. In der Tat kann er auf eine Heilmethode verweisen, die er von einem thrakischen Kriegskameraden gelernt hat: Danach muss jede Krankheit ganzheitlich behandelt werden, der Kopf nicht ohne den Leib und der Leib nicht ohne die Seele. Sokrates schlägt also vor, Charmides zu „besprechen", d. h. ein philosophisches Gespräch mit ihm zu führen; dadurch würden ihm seine Kopfschmerzen schon vergehen. Da vorhin die Nachdenklichkeit des Charmides erwähnt wurde, wählt Sokrates als Thema die Besonnenheit und fordert Charmides auf, ihr Wesen zu erklären.

Auf folgende Weise, sagte ich, scheint mir nun die Untersuchung der Sache am besten voranzukommen. Es ist klar: Wenn Besonnenheit in dir steckt, kannst du auch deine Meinung über sie sagen. Denn wenn du sie besitzt, muss dieser Besitz irgendeine Empfindung hervorrufen, aus der dir dann eine Vorstellung von der Besonnenheit erwächst, was sie ist und worin sie besteht. Oder meinst du nicht?
Das meine ich, antwortete er.
Und von dem, fuhr ich fort, was du meinst, wirst du sicherlich sagen können, wie es dir erscheint, da du ja griechisch sprichst.
Vielleicht kann ich's, sagte er.
Damit wir nun herauskriegen, ob du sie besitzt oder nicht, forderte ich ihn auf: Was behauptest du, ist deiner Meinung nach die Besonnenheit? Zunächst zögerte er und wollte nicht recht antworten; dann aber sagte er, seiner Meinung nach läge Besonnenheit darin, alles mit Anstand und Bedacht auszuführen, wie auf der Straße zu gehen und zu sprechen, und überhaupt alles auf solche Weise zu tun. Und mir scheint, sagte er, eine gewisse Bedächtigkeit ist das, wonach du fragst.
Hast du auch, wandte ich ein, gut erklärt? Man sagt freilich, o Charmides, die Bedächtigen seien besonnen; lass uns doch sehen, ob damit etwas gesagt ist. Erkläre mir also: Ist die Besonnenheit etwas Schönes?
Sehr sogar, erwiderte er.
Was ist nun schöner: beim Schriftlehrer die Buchstaben (in gleicher Qualität!) schnell oder bedächtig zu schreiben?
Schnell.
Und wie beim Lesen: rasch oder langsam?
Rasch.
Und wohl auch geschwind die Gitarre spielen und zupackend ringen ist viel schöner als mit Bedacht und langsam?
Ja.
Wie beim Boxen und beim Faust- und Ringkampf? Nicht ebenso?
Gewiss.
Und beim Laufen und Springen und allen anderen Leibesübungen, ist da nicht das Schönere, was behend und rasch geschieht; was aber mühselig, langsam und bedächtig, das Hässlichere?

* Platon, Charmides. Übersetzung durch den Herausgeber, 154 b 8–155 a 1, 158 e 6–160 d 4, 162 a 10–162 b 11, 164 d 3–165 a 1, 165 c 4–165 e 5, 166 b 7–166 d 6, 166 e 5–167 a 8, 167 c 4–168 b, 169 a 7–169 b 3, 170 b 6–170 c 11, 174 e 2–175 a 8, 175 c 8–176 a 5. Diese Quelle gilt auch für die folgenden Sokrates-Zitate.

So scheint es.

Uns zeigt sich also, sagte ich, dass beim Körperlichen nicht das Bedächtige, sondern das Schnelle und Behende schöner ist. Etwa nicht?

Allerdings.

Die Besonnenheit aber war etwas Schönes?

Ja.

Wenn es nun also um den Leib geht, wäre nicht die Bedächtigkeit, sondern die Schnelligkeit besonnener, sofern die Besonnenheit etwas Schönes ist.

So sieht es aus, gab er zu.

Sokrates

Wie nun, fuhr ich fort: Ist Gelehrigkeit schöner oder Dumpfheit?

Gelehrigkeit.

Die Gelehrigkeit, sagte ich, besteht doch darin, dass man schnell lernt; die Dumpfheit darin, dass man es bedächtig und träge tut.

Ja.

Und einen anderen unterrichten, ist das nicht auch schöner, wenn es schnell und eindringlich geschieht, als bedächtig und langsam?

Ja.

Ferner: Sich erinnern und etwas im Gedächtnis behalten, ist das schöner bedächtig und langsam oder fix und flott?

Fix, sagte er, und flott.

Und die Geistesgegenwart, ist die nicht eine Behendigkeit der Seele, die Bedächtigkeit aber nicht?

Wahrlich.

Nun denn: Die Lektionen beim Sprach- oder Musiklehrer oder wo sonst noch begreifen, ist das nicht am schönsten auf die schnelle statt auf die bedächtige Weise?

Ja.

Bestimmt aber wird, wenn die Seele etwas erforscht und man eine Entscheidung sucht, nicht der Bedächtigste, wie ich meine – wer also nur mühsam zu einem Entschluss kommt und ein Ende findet – mit Beifall bedacht, sondern wer das am leichtesten und schnellsten kann.

So ist es, sagte er.

Immer, o Charmides, fasste ich zusammen, gilt uns – ob es nun um die Seele oder den Leib geht – das, worin sich Schnelligkeit und Gewandtheit offenbaren, schöner als das, was Trägheit und Bedächtigkeit zeigt.

Da geraten wir hin, gab er zu.

Folglich wäre die Besonnenheit keine Bedächtigkeit, das besonnene Leben kein bedächtiges; so folgt es aus diesem Logos, da ja, was besonnen ist, auch schön sein muss. Es gibt zwei Möglichkeiten: Entweder nirgendwo oder nur in sehr wenigen Fällen erschienen uns die bedächtigen Handlungen im Leben schöner als die raschen und kraftvollen. Und selbst wenn es noch so sehr zuträfe, mein Freund, dass die bedächtigen Handlungen um nichts weniger schön wären als die ungestümen und schnellen, so enthielte trotzdem das bedächtige Handeln nicht mehr Beson-

nenheit als das zupackende und schnelle, weder beim Gehen noch in der Art zu reden noch sonst irgendwo, und auch das geruhsame Leben wäre nicht besonnener als das ruhelose, denn wir haben bei unserem Logos vorausgesetzt, die Besonnenheit gehöre unter das Schöne, und das Schnelle hat sich uns nicht minder schön gezeigt als das Bedächtige.
Mir scheint, du hast richtig untersucht, o Sokrates, sagte er.

Sokrates *hat nun durch seine Einwände den ersten Versuch, die Besonnenheit zu definieren, scheitern lassen. Auch der nächste Ansatz des Charmides, Besonnenheit als eine Art von Scheu zu bestimmen, scheitert in ähnlicher Weise. Dann aber zitiert Charmides einen Ausspruch, nach dem das Wesen der Besonnenheit darin liegt, dass man das Seinige tut. Diesen Punkt nimmt Sokrates besonders ernst, weil es da Verständnisschwierigkeiten gibt.*

Also hat der in Rätseln gesprochen – wie es scheint und ich vorhin schon sagte –, der da behauptet, das Seine zu tun sei Besonnenheit; denn einfältig war er doch wohl nicht. Oder hast du einen Dummkopf so etwas sagen gehört, o Charmides?
Keineswegs, sagte er, vielmehr schien er tatsächlich sehr klug zu sein.
Ganz bestimmt hat er, wie mich dünkt, dies als Rätsel hingeworfen, denn es ist schwierig zu erkennen, was das heißt: das Seine zu tun.
Vielleicht, meinte er.
Was also mag es denn bedeuten, das Seine zu tun? Kannst du das sagen?
Ich, beim Zeuss, kann es nicht, antwortete er. Aber vielleicht hindert nichts anzunehmen, dass der, der es sagte, auch nicht wusste, was er eigentlich meinte. – Und indem er das sagte, lächelte er und sah zu Kritias hinüber.

Damit zieht sich Charmides aus dem Gespräch zurück und überlässt Kritias den weiteren Wortwechsel mit Sokrates. Kritias hat einen neuen Vorschlag. Er meint, Besonnenheit müsse etwas mit dem zu tun haben, was jemand von sich selbst wisse (nur dann kann sie auf das führen, was man für das Seinige hält).
Sehr vorsichtig fährt Kritias fort:

Fast würde ich sagen, die Besonnenheit sei eben dieses, sich selbst zu erkennen, und ich stimme dem zu, der in Delphi diesen Spruch angebracht hat. (*Hier wird der Spruch über dem Eingang zum Apollo-Tempel in Delphi zitiert:* „Erkenne dich selbst!“.) Denn mir scheint, in solchem Sinne wurde der Spruch aufgestellt, als Mahnung des Gottes an die Eintretenden – statt des: „Freue dich!“, als sei nämlich der Begrüßungswunsch, sich zu freuen, nicht recht; dazu muss man sich nicht gegenseitig aufmuntern, wohl aber zum Besonnensein. Auf diese Weise also begrüßt der Gott die Eintretenden in seinem Tempel – anders als Menschen einander grüßen; so hat meiner Meinung nach jener es aufgefasst, der diese Tafel weihte. Und er sagt zu allen Eintretenden nichts anderes als: „Sei besonnen!“; so heißt es. Gewiss etwas rätselhaft, wie ein Wahrsager, drückt er sich aus. Aber das „Erkenne dich selbst“ und das „Sei besonnen“ bedeuten dasselbe, wie der Spruch sagt und auch ich. (…)

Seiner Art nach ist der delphische Spruch eine Aufforderung, vergleichbar mit der üblichen griechischen Grußformel „chaíre!“ (Freue dich!). Aber der delphische Gott begrüßt seine Besucher nicht auf konventionelle Art, sondern verlangt Selbsterkenntnis. Hier setzt nun das Weiterfragen des Sokrates *ein: Was für eine Art von Erkenntnis ist die Selbsterkenntnis und wie verhält sie sich zu anderen Erkenntnissen?*

Wenn die Besonnenheit darin besteht, dass man etwas kennt, dann wäre sie doch Erkenntnis, und zwar von etwas. Oder nicht?

So ist es, sagte er, nämlich seiner selbst.

Wie nun, fuhr ich fort: Ist die Heilkunst Erkenntnis des Gesunden?

Gewiss.

Da sagte ich: Wenn du mich nun fragtest: „Was nützt uns die Heilkunst, sofern sie Erkenntnis des Gesunden ist, und was bewirkt sie?" – so würde ich antworten: Sie schafft uns keinen geringen Gewinn; die Gesundheit nämlich, ein vortreffliches Gut. Würdest du dem beistimmen?

Ich stimme zu.

Und wenn du mich nach der Baukunst fragtest, als der Erkenntnis, die zum Bauen gehört: was ich als das Werk bezeichne, das sie schafft – so würde ich antworten: Wohnungen. Und so geht es weiter mit den übrigen Künsten. Wenn du gefragt wirst, musst du Entsprechendes nun auch von der Besonnenheit sagen können, denn du behauptest ja, sie sei Selbsterkenntnis. O Kritias: Die Besonnenheit – als Erkenntnis seiner selbst –: Was für ein schönes und ihres Namens würdiges Werk verschafft sie uns? Wohlan denn, sprich!

Aber Sokrates, sagte er, du untersuchst nicht richtig. Diese Erkenntnis ist nämlich ihrer Natur nach den anderen nicht ähnlich, wie auch die übrigen einander nicht gleichen. Du aber führst deine Untersuchung, also stimmten sie überein …

Diese Stelle hebt sich im Gespräch markant hervor. Kritias *begnügt sich nicht mit der Rolle des bloßen Jasagers, sondern wirft* Sokrates *vor, die Eigenart der Selbsterkenntnis falsch einzuschätzen, bloß um ihn, Kritias, widerlegen zu können. Aber Sokrates ist nicht etwa beleidigt, sondern weist darauf hin, dass auch er ständig bereit sei, sich selbst infrage zu stellen.*

Das ist eben der Punkt, Sokrates, sagte er *(Kritias)*: Du hast aufgespürt, wodurch sich die Besonnenheit von allen Erkenntnissen unterscheidet; trotzdem suchst du ihre Ähnlichkeit mit den übrigen. Das geht aber nicht: Alle übrigen sind vielmehr Erkenntnisse von etwas anderem, nicht ihrer selbst; sie allein ist Erkenntnis der übrigen Erkenntnisse und ihrer selbst. Kaum glaubhaft, dass dir das sollte entgangen sein. Aber ich meine, du tust genau das, was du eben erst zu tun geleugnet hattest. Du versuchst nämlich nur, mich zu widerlegen, und scherst dich wenig um das, wovon die Rede ist.

Ich erwiderte: Was richtest du mit deiner Meinung an, wenn ich dich tatsächlich widerlegte, täte ich es aus einem anderen Grunde als dem, weswegen ich auch für mich selbst erforschen würde, was immer ich sage! Denn ich bin besorgt, dass ich unvermerkt meinen könnte, etwas zu wissen, obwohl ich es nicht weiß. Und auch jetzt behaupte ich, nur dieses zu tun: den mich besonders verpflichtenden Logos zu prüfen, vielleicht auch den der übrigen Gefährten. Oder meinst du nicht, dass es ein gemeinsames Gut fast aller Menschen ist, wenn alle Dinge sich in dem offenbaren, was sie sind?

Nach diesem klärenden Einschub über seine Methode des ständigen Fragens gibt Sokrates wieder Kritias das Wort, und der wiederholt seine gerade geäußerte These:

Ich behaupte also, sagte er, dass sie allein (*die Besonnenheit*) unter allen Erkenntnissen sich erkennend auf sich selbst und auch auf die anderen Erkenntnisse richtet.

Müsste sie dann nicht, fragte ich, genauso Erkenntnis der Unkenntnis wie der Erkenntnis sein?

Aber gewiss, antwortete er.

Nur der Besonnene wird sich demnach selbst erkennen und herausfinden können, was er wirklich weiß und was nicht, und ebenso wird er imstande sein, bei anderen zu beurteilen, was jemand weiß oder zu wissen glaubt, wenn er es weiß; ferner, was jemand zu wissen glaubt, ohne es

zu wissen, wie auch niemand sonst. Dies also ist das Besonnensein, die Besonnenheit und die Selbsterkenntnis: die Einsicht, was jemand weiß und was nicht. – Ist es das, was du meinst?
Genau das, sagte er.

Was hier herausgearbeitet wurde, ist der reflexive Charakter der Besonnenheit: Sie erscheint als „Erkenntnis von der Erkenntnis". Doch damit gibt sich Sokrates *nicht zufrieden, denn eine auf sich selbst bezogene Erkenntnis ist für ihn „a-topon" (wörtlich: ohne einen festen Ort, d. h. verrückt).*

Sieh, mein Freund, wie wir anfangen, verrücktes Zeug zu reden! Wenn du nämlich in anderen Zusammenhängen dasselbe betrachtest, wird dir, wie ich vermute, klarwerden, dass es unmöglich ist.
Was denn und wo?
In Folgendem: Überlege einmal, ob du dir ein Sehen vorstellen kannst, das kein Sehen der Dinge ist wie bei anderen Sehweisen, sondern das nur sich selber sieht und sonstiges Sehen (und ebenso das Nichtsehen); das also keine Farbe sieht, obwohl es eine Sehweise ist, die sich selbst und anderes Sehen sieht. Glaubst du, dass es so etwas gibt?
Beim Zeus, ich nicht!
Und was ist mit einem Hören, das keine Stimme hört, sondern nur sich selbst und anderes Hören bzw. Nichthören?
Auch das geht nicht.
Und überlege dir ganz allgemein hinsichtlich aller Wahrnehmungen, ob du dir eine Empfindung vorstellen kannst, die sich selbst und andere Wahrnehmungen wahrnimmt, die aber von dem, was andere Wahrnehmungen auffassen, nichts wahrnimmt.
Kann ich nicht.
Aber meinst du etwa, es gebe eine Begierde, die nicht Begierde nach irgendeiner Lust ist, sondern nur nach sich selbst und nach anderen Begierden?
Bestimmt nicht.
Auch kein Wollen, meine ich, das nicht irgendein Gut will, sondern nur sich selbst und anderes Wollen.
Auch nicht.
Oder möchtest du behaupten, es gebe eine Liebe, die sich nicht auf irgendetwas Schönes richtet, sondern nur auf sich selbst und andere Liebesarten?
Nein, sagte er.
Hast du schon eine Furcht kennengelernt, die nur sich selbst und andere Furcht fürchtet, Furchtbares aber nicht?
So etwas kenne ich nicht, antwortete er.
Oder eine auf sich selbst und andere Vorstellungen gerichtete Vorstellung, die aber von dem, was andere Vorstellungen vorstellen, nichts vorstellt?
Niemals.
Aber offenbar wollen wir behaupten, es gebe eine Erkenntnis, die nicht Erkenntnis irgendeiner Sache ist, sondern Erkenntnis ihrer selbst und anderer Erkenntnisse.
Tatsächlich, so reden wir.
Ist es nicht widersinnig, wenn es so ist? Doch lass uns noch nicht fest behaupten, es könne diese Erkenntnis nicht geben, sondern nur untersuchen, ob sie existiert.
Gut gesagt.

Die Reflexivität der Selbsterkenntnis muss nach den aufgeführten Beispielen rätselhaft erscheinen. Sokrates gesteht ein, dass er nicht recht weiter weiß:

Ich traue mir nicht die Fähigkeit zu, dies zu entscheiden; deshalb kann ich auch nicht sicher behaupten, ob es möglich ist, dass es eine Erkenntnis der Erkenntnis gebe, noch auch, sollte wirklich dergleichen vorkommen, ob dieses die Besonnenheit sei. Erst einmal muss ich herausbekommen haben, ob sie uns, wenn sie es ist, nützt oder nicht. Ich ahne wohl, dass die Besonnenheit etwas Nützliches und Gutes sein muss …

Mit dem Hinweis auf den eventuellen Nutzen der Selbsterkenntnis ergibt sich ein neues Problem. Mit bloßer Selbsterkenntnis allein kann nämlich niemand etwas ausrichten, weder in der Medizin noch in der Politik noch in irgendeinem Handwerk:

Also, wenn jemand nicht auch über das Gesunde und das Gerechte Bescheid weiß, sondern nur die Erkenntnis kennt, indem er nur von ihr allein weiß, so wird er vermutlich wissen, dass er etwas weiß und irgendeine Erkenntnis besitzt, die sich auf ihn selbst und andere Erkenntnisse bezieht; nicht wahr?

Ja.

Aber wie soll er mittels dieser Erkenntnis wissen, was er weiß? Das Gesunde erkennt er mit Hilfe der Heilkunst, nicht durch Besonnenheit; das Harmonische mit Hilfe der Musiklehre, nicht durch Besonnenheit; das zum Bauen Nötige mit Hilfe der Baukunst, nicht durch Besonnenheit, und so steht es mit allem. Oder nicht?

So scheint es.

Durch die Besonnenheit – wenn sie nur Erkenntnis der Erkenntnisse ist –: Wie soll er durch sie wissen, dass er das Gesunde kennt oder das zum Bauen Erforderliche?

Niemals.

Wer folglich dies nicht weiß, wird auch nicht wissen, was er weiß, sondern nur, dass er weiß.

Die Besonnenheit scheint also überhaupt keinen Erkenntnisgegenstand zu haben und ins Leere zu laufen. Außerdem schafft sie keinen Nutzen wie die Medizin oder die Baukunst:

Macht etwa sie uns gesund, fragte ich, oder nicht die Heilkunst? Und bei allen übrigen Künsten: Löst sie deren Aufgaben oder nicht vielmehr jede einzelne ihre eigene für sich? Und haben wir uns nicht längst dafür entschieden, dass sie nur Erkenntnis der Erkenntnis und der Unkenntnis ist, nichts außerdem? War es nicht so?

Offensichtlich.

Sie wird uns also nicht gesund machen?

Wohl kaum.

Die Gesundheit ist nämlich Sache einer anderen Kunst, oder nicht?

Ja, einer anderen.

Also, mein Freund, wird sie uns keinen Nutzen schaffen, denn solch eine Wirkung haben wir soeben einer anderen Kunst zugesprochen. Oder nicht?

Gewiss.

Wie kann demnach die Besonnenheit nützlich sein, wenn sie überhaupt keinen Nutzen hervorbringt?

In keiner Weise, o Sokrates, wie es scheint.

Durch bloße Selbsterkenntnis wird ein schlechter Arzt kein guter Arzt, ein fauler Schüler kein fleißiger. Der delphische Spruch „Erkenne dich selbst“ scheint genauso sinnlos zu sein wie die viel gerühmte Besonnenheit. Aber natürlich ist Sokrates klar, dass es eben nur so scheint; die Art der bisherigen Untersuchung hat kein überzeugendes Ergebnis hervorbringen können, weil die Untersuchenden ihrem Thema nicht gewachsen waren:

Aber leider hat die Untersuchung, wie wohlwollend und keinesfalls streng wir sie auch geführt haben, die Wahrheit nicht finden können, sondern sie dermaßen verhöhnt, dass sie uns, was wir durch dauerndes Zugeben und Zudichten als Wesen der Besonnenheit ansetzten, frech als etwas völlig Unnützes vorgeführt hat. Ich für meinen Teil bin weniger enttäuscht, sagte ich, aber für dich, o Charmides, verdrießt es mich sehr, dass du – mit solch einem Aussehen und mit einer so besonnenen Seele – keinen Nutzen von dieser Besonnenheit haben sollst und dass sie dir in deinem Leben nicht helfen wird. (…) Aber ich bin gar nicht überzeugt, dass es sich so verhält, sondern halte mich lediglich für einen unfähigen Forscher. Dennoch ist Besonnenheit ein großes Gut, und wenn du sie besitzt, wird sie dich glücklich machen. Sieh also zu, ob du sie schon hast und eine Besprechung gar nicht brauchst. Wenn du sie aber hast, so würde ich dir lieber raten, mich für einen Schwätzer zu halten, der unfähig ist, etwas im Gespräch sachgemäß zu klären; dich selbst aber halte, je besonnener du bist, für desto glücklicher.

So bleibt am Schluss des Dialoges alles offen. Das Fragen endet nicht in einer bündigen Antwort, sondern weist über sich hinaus auf neue Fragestellungen. Charmides und Kritias sind sich deshalb einig, nicht von Sokrates lassen zu wollen, der wie kein anderer ihr Verlangen nach Einsicht und Erkenntnis immer wieder anzustacheln weiß.

4.1.2 Sokrates – der Zitterrochen

In einem anderen Dialog (dem „Menon") versucht Sokrates *herauszufinden, was eigentlich die Tugend (aretá) sei. Sein Gesprächspartner macht etliche Vorschläge: Tugend sei die Gerechtigkeit, die Frömmigkeit, die Besonnenheit usw., aber Sokrates wendet ein, das seien zwar alles Tugenden, aber nicht die Tugend als solche:*

Sagten wir nicht vorhin, die Gerechtigkeit, die Besonnenheit und dergleichen seien Teile der Tugend?
Ja.
Na, Menon, spielst du mit mir?
Wieso, Sokrates?
Ich habe dich gerade gebeten, mir die Tugend weder zu zerbrechen noch zu zerbröseln, und dir Beispiele gegeben, wie du definieren sollst. Du aber kümmerst dich nicht darum, sondern sagst mir, die Tugend läge darin, etwas Gutes durch Gerechtigkeit zu bewirken; das sei ein Teil der Tugend.
Das behaupte ich.
Also folgt aus deiner Erklärung, es sei Tugend, alles, was man tut, mit einem Teil der Tugend zu tun. Denn du sagst, die Gerechtigkeit sei ein Teil der Tugend, und Entsprechendes gelte für andere Teile.
Ist es nicht so?
Ich erinnere dich an meine Bitte, die Tugend im Ganzen zu bestimmen. Aber du bist weit davon entfernt, anzugeben, was sie ist, sondern sagst, jede Handlung sei Tugend, wenn sie mit einem Teil der Tugend vollbracht wird, als hättest du schon erklärt, was die Tugend im Ganzen ist, und als würde ich sie schon erkennen, auch wenn du sie in lauter Teile zerstückelst. Also muss man, wie ich meine, noch einmal ganz von vorn mit dieser Frage anfangen, o Menon: Was ist die Tugend, wenn jede Handlung, in der ein Teil der Tugend steckt, Tugend sein soll? Denn das behauptet jemand, der sagt, jede mit Gerechtigkeit vollzogene Handlung sei Tugend. Oder meinst du nicht, man müsse noch einmal nach ihr fragen, sondern glaubst du, jemand begreife einen Teil der Tugend in dem, was dieser für sich ist, ohne sie selbst zu kennen?
Das glaube ich nicht.

Antworte also nochmals von Anfang an (…): Was, sagst du, sei die Tugend?

O Sokrates, schon bevor ich mit dir zusammengekommen bin, habe ich bereits gehört, dass du nie anders als selbst verworren bist und andere in Verwirrung bringst. Auch jetzt kommt es mir so vor, als ob du mich bezauberst und mit künstlichen Mitteln gänzlich in den Bann schlägst, so dass ich in totale Ausweglosigkeit geraten bin. Und überhaupt scheinst du mir, wenn ich etwas scherzen darf, an Gestalt und im Ganzen jenem breiten Seefisch zu gleichen: dem Zitterrochen. Denn auch der lässt jeden, der ihm nahekommt und ihn berührt, erstarren. Und jetzt hast du, wie ich spüre, auch mir so etwas angetan, dass ich erstarre. Tatsächlich, an Leib und Seele bin ich starr geworden und weiß dir nicht zu antworten, obwohl ich schon tausendmal vielerlei Reden über die Tugend gehalten habe, vor vielen Leuten, und zwar sehr gute, wie ich meine. Jetzt aber kann ich überhaupt nicht mehr sagen, was sie ist. Und ich glaube, es ist wohl ratsam, dass du nicht von hier wegfährst, auch nicht absegelst. Denn tätest du als Fremdling in einer anderen Stadt dergleichen wie hier, man würde dich wohl als Zauberer abführen.

Schlau bist du, o Menon, und hättest mich beinahe überlistet.

Wieso, Sokrates?

Ich weiß, warum du mich so dargestellt hast.

Weshalb? Was meinst du?

Damit auch ich ein Bild von dir entwerfen soll. Ich weiß das von allen Schönen: sie lieben es, abgebildet zu werden. Denn es ehrt sie; meiner Meinung nach sind nämlich auch die Bilder von Schönen schön. Ich aber werde kein Bild von dir entwerfen. Wenn nun dein Zitterrochen selbst erstarrt, sobald er andere in Erstarrung bringt, dann gleiche ich ihm; wenn aber nicht, dann nicht. Keineswegs bin ich selbst problemlos, wenn ich andere in Aporien (*Erläuterung s. u.*) stürze; vielmehr stecke auch ich völlig in Verwirrung und ziehe andere mit in den Strudel. So eben jetzt, wo es um die Tugend geht. Ich weiß nicht, was sie ist. Du hast es vielleicht früher gewusst, ehe du mich berührtest; nun aber bist du einem Unwissenden ganz ähnlich. Trotzdem will ich mit dir nachdenken und prüfen, was sie wohl ist.

Aber auf welche Weise willst du etwas suchen, Sokrates, wovon du überhaupt nicht weißt, was es ist? Als was für ein Etwas willst du es dir vornehmen und untersuchen, wenn du es gar nicht kennst? Und wenn du es noch so gut träfest, wie willst du erkennen, ob es das ist, was du nicht wusstest?

Ich verstehe, was du sagen willst, Menon! Siehst du, was für einen streiterfüllten Gedanken du herbringst? Dass es nämlich einem Menschen unmöglich ist, etwas zu suchen: weder was er kennt, noch was er nicht kennt. Was er schon kennt, braucht er nicht mehr zu suchen. Kennt er etwas nicht, so weiß er ja nicht einmal, was er suchen soll.*

Für das Wort „Verwirrung", das Sokrates *hier braucht, steht im griechischen Text „aporía". Das vorangestellte a entspricht der deutschen Verneinungssilbe „un"; „poria" bedeutet einen Durchgang (vgl. „Poren", z. B. bei der Haut), einen Weg, eine Hilfe oder Hilfsquelle, sogar einen Erwerb. Aporien sind also Sackgassen, Ausweglosigkeiten, in denen es keine Hilfe gibt, Nöte und Ratlosigkeit. Sokrates ist einer, der durch sein Fragen solche Aporien erzeugt und dadurch seine Gesprächspartner in Verlegenheit bringt. Schließlich führt auch die Frage nach dem Sinn des Suchens in eine Aporie.*

Dennoch erzeugt Sokrates nicht nur Verwirrung und Verlegenheit. Sein fragendes Suchen ist auf eigentümliche Weise produktiv.

* Platon, Menon. Übersetzung durch den Herausgeber, 79 a–80 e

4.1.3 Die sokratische Hebammenkunst

Im Dialog „Theaitetos" lässt Platon *seinen Gesprächsführer* Sokrates *die Frage nach dem Wesen der Erkenntnis stellen. Auch dabei gerät der Gesprächspartner Theaítetos in eine Krise, in der er nicht recht weiter weiß. Doch Sokrates bringt ihn dazu, aus dieser Krise einen neuen Denkansatz zu entwickeln:*

Du leidest Geburtsschmerzen, teurer Theaitetos, weil du nicht leer bist, sondern schwanger.
Das ist mir neu, Sokrates. Aber ich habe dir gesagt, was in mir vorgeht.
Nun denn, du Komödiant, hast du nie gehört, dass ich der Sohn einer Hebamme bin, einer sehr tüchtigen und energischen, der Phainaréte?
Das habe ich schon gehört.
Hast du etwa auch gehört, dass ich dieselbe Kunst betreibe?
Das noch nie.
So wisse denn, dass dem so ist. Aber verrate mich bloß nicht vor anderen! Es ist nämlich verborgen geblieben, mein Freund, dass ich diese Kunst besitze. Da es nun die Leute nicht wissen, sagen sie es mir auch nicht nach, wohl aber, dass ich der wunderlichste aller Menschen bin und alle in Verwirrung bringe. Das hast du bestimmt gehört?
Hab ich.*

Sokrates *erläutert nun, dass meistens solche Frauen als Hebammen genommen werden, die nicht mehr selbst Kinder gebären, weil sie zu alt sind, aber ihre Erfahrungen können für die Geburtshilfe sehr nützlich sein. Er fährt fort:*

Von meiner Hebammenkunst gilt im Übrigen dasselbe wie von der ihrigen; sie unterscheidet sich aber dadurch, dass sie Männern Geburtshilfe leistet und nicht Frauen, und dass sie für deren gebärende Seelen sorgt, nicht aber für Leiber. Das Größte an unserer Kunst ist jedoch dieses, dass sie genau prüfen kann, ob der Geist eines Jünglings ein Trugbild und Falsches gebiert oder etwas Fruchtbares und Wahres. Auch darin geht es mir wie den Hebammen: Ich gebäre keine Weisheit; und schon viele haben mir vorgeworfen, dass ich zwar andere frage, selbst aber zu nichts eine Antwort weiß, weil ich nichts Gescheites anbieten kann; darin haben sie Recht. Die Ursache davon ist: Geburtshilfe zu leisten, zwingt mich der Gott; zu gebären aber hat er mir versagt. Daher bin ich selbst überhaupt nicht weise (sophós) und habe keinerlei Funde als Ausgeburt meiner Seele vorzuweisen. Die aber mit mir zusammenkommen, zeigen sich zwar zunächst teilweise als sehr ungelehrig, dann aber, nach längerem Umgang und wenn es ihnen der Gott vergönnt, kommen sie wunderbar voran, wie es ihnen selbst und anderen scheint. Und dies geschieht offenbar, ohne dass sie je etwas von mir lernen, sondern sie entdecken von sich aus viel Schönes und halten es fest. Die Geburtshilfe aber leisten der Gott und ich.**

Wenn Sokrates *am Anfang dieses Gesprächs erwähnt, er gelte als der „wunderlichste aller Menschen", so ist das die Übersetzung eines griechischen Ausdrucks, der wörtlich bedeutet: „der, der am meisten keinen Ort hat" (atapótatos; gebildet aus dem verneinenden „a" und dem Wort tópos = Ort). Was damit gemeint ist, hat Sokrates in der Rede erklärt, die er zu seiner Verteidigung vor dem Gericht der Athener gehalten hat: in der berühmten „Apologie".*

* Platon, Theaitetos. Übersetzung durch den Herausgeber, 148 e–149 b
** Ebd. 150 b–150 d

4.1.4 Aus der Verteidigungsrede

Sokrates *war von Neidern und Gegnern wegen Jugendverführung und Gotteslästerung angeklagt worden. Er geht diesen Vorwürfen nach und versucht zu zeigen, was er tatsächlich getrieben hat.*

Vielleicht möchte nun jemand von euch einwenden: „Aber Sokrates, was für Dinge treibst du eigentlich? Woher stammen die gegen dich gerichteten Anschuldigungen? Zweifellos würde nicht soviel Gerede und Gerücht über dich entstanden sein, wenn du nicht etwas von anderen Abstechendes getrieben hättest, wenn du nicht etwas anderes tätest als die meisten. Sag uns also, was es ist, damit wir nicht leichtfertig über dich urteilen." Völlig zu Recht scheint mir das zu sagen, wer es sagt, und ich will versuchen euch zu erklären, was es ist, das mir Ruf und Verleumdung eingetragen hat. Hört also! Vielleicht mag es einigen von euch scheinen, ich scherzte: Wisst aber, dass ich euch die lautere Wahrheit sage. Ich habe nämlich, ihr Athener, diesen Ruf durch nichts anderes als durch eine gewisse Weisheit erlangt. Durch was für eine Weisheit? Durch eine, die vermutlich die eigentlich menschliche Weisheit ist. (...) Und lärmt mir bitte nicht, ihr Männer von Athen, selbst wenn ich euch etwas Außerordentliches zu sagen scheine. Denn ich sage nicht als mein Wort, was ich sage, sondern ich will mich auf jemand berufen, den ihr wohl als zuverlässigen Sprecher gelten lasst. Über meine Weisheit – was sie ist und worin sie liegen mag – biete ich euch den Gott von Delphi[1] als Zeugen an. Ihr kennt den Chairephon; er war mein Freund von Jugend auf und er war auch Freund von vielen unter euch. (...) Ihr wisst doch, wie Chairephon war, wie konsequent in allem, was er anpackte. Einst, als er nach Delphi kam, wagte er folgenden Wahrheitsspruch zu begehren – aber bitte keinen Lärm, ihr Männer –: Er fragte also, ob jemand weiser sei als ich. Da leugnete die Pythia[2] und sagte, niemand sei weiser. Und dies kann sein Bruder hier bezeugen, da jener bereits verstorben ist.

Bedenkt nun, warum ich das erzähle; ich will euch nämlich klarmachen, wie die gegen mich gerichtete Verleumdung entstanden ist. Nachdem ich das gehört hatte, dachte ich bei mir: „Was meint der Gott? Was deutet er an? Ich bin mir doch dessen bewusst, dass ich weder viel noch wenig weiß. Was meint er mit der Behauptung, ich sei der Weiseste? Lügen wird er wohl nicht; das ist nicht sein Stil." Lange Zeit war ich unsicher, was er meine; schließlich nahm ich, wenn auch mit Zagen, die Sache auf folgende Art in Angriff: Ich wandte mich an einen, der als weise galt, um bei ihm, wenn irgendwo, den Spruch zu widerlegen und dem Orakel nachzuweisen: „Hier ist jemand weiser als ich, obwohl du auf mich gedeutet hast." Als ich mir nun den Mann genauer anschaute – sein Name tut nichts zur Sache, er war aber ein Politiker –, als ich den nun ins Auge fasste, erging es mir wie folgt, ihr Athener: Es schien mir, er halte sich selbst für besonders weise und werde auch von vielen anderen Menschen so eingeschätzt, aber im Gespräch war er es nicht. Nun versuchte ich ihm zu zeigen, er glaube nur, weise zu sein, sei es aber nicht; dadurch machte ich ihn und viele der Anwesenden wütend. Im Weggehen dachte ich bei mir selbst: Weiser als dieser Mensch bist du wohl. Denn es mag zwar sein, dass keiner von uns beiden etwas Schönes und Gutes weiß, aber der da glaubt in seiner Verblendung, etwas zu wissen, ich dagegen maße mir kein Wissen an, wenn ich nichts weiß. Ich bin also um eine Kleinigkeit weiser als er, weil ich das, was ich nicht weiß, auch nicht zu wissen glaube. Danach ging ich dann zu einem, der für noch weiser als jener gehalten wurde, und mir schien es wieder dieselbe Sache zu sein. Auch ihn habe ich, wie viele andere, in Wut gebracht.*

1 Der Gott von Delphi: Apollon; Verkörperung geistiger Klarheit und Besonnenheit; vgl. auch 4.1.1
2 Pythia: Die weissagende Priesterin in Delphi. Sie soll über einer Felsspalte auf einem Dreifuß gesessen und dort in orakelhafter Form die Zukunft gedeutet haben.

* Platon, Apologie des Sokrates. Übersetzung durch den Herausgeber, 20 c–23 c

Nachdem ihn die Politiker enttäuscht haben, versucht Sokrates *sein Glück bei den Dichtern. Aber auch bei ihnen kann er nur feststellen, dass sie sich Weisheit mehr einbilden, als sie tatsächlich zu besitzen.*

Zum Schluss ging ich nun zu den Handwerkern. Von mir selbst wusste ich, dass ich sozusagen nichts weiß, von diesen aber war mir bekannt, dass ich dort Leute finden würde, die viele und nützliche Dinge wissen. Und in ihnen täuschte ich mich nicht; sie kannten tatsächlich Sachen, von denen ich keine Ahnung hatte, und darin waren sie weiser als ich. Aber, o ihr Athener, denselben Fehler wie die Dichter schienen mir auch diese guten Werkmeister zu haben. Jeder, der in seiner Kunst Vortreffliches leistete, wollte auch in den wichtigsten anderen Dingen sehr weise sein, und dieser Unsinn überdeckte jene Kenntnisse. So fragte ich mich hinsichtlich des Orakels, was ich wohl lieber wolle: bleiben, wie ich bin, und weder an ihrer Weisheit noch an ihrem Unverstand teilhaben, oder aber in beidem so sein wie sie. Und ich antwortete mir selbst sowie dem Orakel, dass es mir besser anstünde, zu bleiben, wie ich bin.
Durch diese Untersuchungen, ihr Athener, habe ich mir viele Feindschaften zugezogen, sehr schlimme und bittere, und es hat viele Verleumdungen gegeben; auch wurde mir angedichtet, ein Weiser zu sein. Denn alle, die zuhörten, glaubten immer wieder, ich müsse in alledem weise sein, worüber ich einen anderen ausfragte. Tatsächlich, ihr Männer, scheint nur der Gott weise zu sein und will mit seinem Spruch sagen, dass die menschliche Weisheit wenig oder gar nichts wert ist. Und offenbar braucht er einen Sokrates und benutzt meinen Namen, um mich zum Beispiel zu machen, als wolle er sagen: „Der unter euch, ihr Menschen, ist der Weiseste, der wie Sokrates einsieht, dass er in Sachen Weisheit wahrhaftig nichts wert ist." Und nun laufe ich herum und suche dies im Auftrag des Gottes zu erforschen und herauszufinden, wo immer ich bei Einheimischen oder Fremden den Verdacht habe, es könne einer von ihnen weise sein. Doch wenn ich dann merke, er ist es nicht, helfe ich dem Gott und bringe es an den Tag, dass der nicht weise ist. Und wegen dieser Arbeit habe ich keine Zeit gefunden, mich in nennenswerter Weise um öffentliche Angelegenheiten der Stadt oder um meine privaten Geschäfte zu kümmern; vielmehr lebe ich in größter Armut, weil ich nur dem Gott zu dienen suche.*

Durch diesen Text aus der Apologie wird deutlich, in welchem Sinne Sokrates *sich als einen Menschen verstand, „der am meisten keinen Ort hat". Die Erkenntnis: „Ich weiß, daß ich nichts weiß" ist Ergebnis der Aporien, in die er seine Gesprächspartner und sich selbst geführt hatte. Sich solchen Aporien immer wieder bewusst auszusetzen, war seine „sokratische" Lebensform geworden.*

4.1.5 Sokrates wird imitiert

Die Anklage gegen Sokrates *stützte sich auf zwei Punkte: er habe die Jugend verführt und die Götter geleugnet. Wie es um die Jugendverführung stand, soll ein Beispiel erläutern, das sich bei* Xenophon *in seinen „Erinnerungen an Sokrates" findet. Da berichtet Xenophon, wie der junge Alkibiades sich die Gesprächsführung des Sokrates einprägte, um sie dann an seinem Vormund Perikles auszuprobieren.*

So erzählt man denn, Alkibiades habe, noch nicht zwanzig Jahre alt, mit seinem Vormunde Perikles, dem Leiter des Staates, folgendes Gespräch über die Gesetze geführt. Sage mir, Perikles, so habe er gesprochen, würdest du mich wohl darüber belehren, was ein Gesetz ist? Recht gern, habe Perikles erwidert. Bei den Göttern, so belehre mich also, habe Alkibiades gebeten; wenn

* Ebd.

ich höre, dass manche Männer als gesetzestreu gepriesen werden, so kann jemand nach meiner Meinung dieses Lob doch nicht mit Recht erhalten, wenn er nicht weiß, was ein Gesetz ist. Da verlangst du nichts Schwieriges, Alkibiades, so habe Perikles geantwortet, wenn du wissen willst, was ein Gesetz ist. Denn alles das ist ein Gesetz, was das versammelte Volk nach vorheriger Prüfung schriftlich festlegt, um zu bestimmen, was man tun soll und was nicht. – In der Meinung, dass man das Gute tun soll oder das Schlechte? – Das Gute, junger Mann, beim Zeus, und nicht das Schlechte, habe jener entgegnet. – Wenn nun aber nicht das Volk, sondern wie dort, wo eine Oligarchie[1] besteht, die Wenigen zusammenkommen und schriftlich festlegen, was man tun muss, was ist das? – Alles, so habe jener geäußert, was die herrschende Staatsgewalt an Geboten für das Handeln schriftlich festlegt, das gilt als Gesetz. – Und wenn nun ein Tyrann über den Staat herrscht und für die Bürger schriftlich festlegt, was man tun muss, ist auch das ein Gesetz? – Auch was ein herrschender Tyrann schriftlich festlegt, so habe jener gesagt, das gilt als Gesetz. – Gewalt jedoch und Gesetzlosigkeit, habe er gefragt, was ist das, Perikles? Nicht wahr, wenn der Stärkere den Schwächeren nicht überzeugt hat, sondern ihn vielmehr mit Gewalt zwingt, das zu tun, was ihm gut dünkt? – Das scheint mir so zu sein, habe Perikles geäußert. – Soweit demnach ein Tyrann die Bürger nicht überzeugt hat und ihnen zwangsweise Vorschriften macht für ihr Tun, ist das Gesetzlosigkeit? – So scheint es mir zu sein, habe Perikles geantwortet; denn ich nehme es zurück, dass das Gesetz ist, was ein Tyrann vorschreibt, ohne überzeugt zu haben. – Was aber die Wenigen vorschreiben, ohne das Volk überzeugt zu haben, sondern weil sie eben die Herrschaft ausüben, sollen wir das Gewalt nennen oder nicht? – Alles, so habe Perikles entgegnet, was jemand einen anderen zu tun zwingt, ohne ihn überzeugt zu haben, mag er es nun schriftlich festlegen oder nicht, scheint mir mehr Gewalt als Gesetz zu sein. – Und was wohl das gesamte Volk, wenn es die Begüterten beherrscht, vorschreibt, ohne überzeugt zu haben, sollte das denn mehr Gewalt oder Gesetz sein? – Gar sehr, Alkibiades, habe Perikles geantwortet, waren wir auch damals in deinem Alter groß in solchen Spitzfindigkeiten; denn auch wir sannen nach und grübelten über das, worum auch du dich jetzt bemühst, wie mir scheint. – Da habe Alkibiades erwidert: Wäre ich doch damals mit dir zusammengewesen, Perikles, als du in diesen Fragen deiner besonders sicher warst.
Sofort als sie (Kritias und Alkibiades) nun glaubten, den Staatsmännern überlegen zu sein, waren sie nicht mehr mit Sokrates zusammen. Denn er gefiel ihnen sonst gar nicht, und im Übrigen ärgerten sie sich, wenn sie zu ihm kamen, wegen ihrer Fehler zurechtgewiesen zu werden.*

1 Oligarchie: Herrschaft der Wenigen (von griech. olígos, wenig). In der Tyrannei herrscht dagegen ein Einzelner.

Xenophon *berichtet anschließend, dass sich viele Jugendliche, die bei* Sokrates *gelernt hatten, ihren Eltern gegenüber aufsässig benahmen, und so kam der Vorwurf zustande, Sokrates verführe die Jugend.*
Der zweite Anklagepunkt, Sokrates habe die Götter gelästert, stützt sich vielleicht auf Äußerungen des Philosophen, nach denen ihm gelegentlich eine innere Stimme, das „Daimonion", abgeraten habe, etwas zu tun. Dieses Daimonion war der griechischen Mythologie unbekannt, und so schien es, als habe Sokrates neue Götter einführen wollen.

* Xenophon, Erinnerungen an Sokrates. In: Xenophon, herausgegeben von Walter Müri, Vollmer, Wiesbaden o. J., S. 639 f.

4.1.6 Sokrates und die Gesetze

Sokrates *wurde verurteilt; er sollte sich selbst den Tod geben und einen Giftbecher (Schierling) leeren. Bis zum Termin dieser „Hinrichtung" hatte er noch einige Tage Zeit, sich im Gefängnis mit seinen Freunden zu unterhalten und neue philosophische Gespräche zu führen. Dabei legte ihm* Kriton *nahe, eine günstige Gelegenheit zu nutzen und zu fliehen. Aber Sokrates lehnte das aus sittlichen Gründen ab: Flucht sei Gesetzesverletzung. Da Kriton diese Einstellung nicht versteht, macht Sokrates ihm durch ein Bild deutlich, was er meint:*

Sieh es einmal so: Wir wollen von hier ausrücken, oder wie man das sonst nennen soll; da kommen die Gesetze und der Gemeinsinn dieser Polis[1], treten uns in den Weg und fragen: „Sprich, Sokrates, was hast du vor? Durch die Tat, zu der du dich anschickst, geschieht da etwas anderes, als dass du uns, die Gesetze, und damit die gesamte Stadt, zugrunde richtest, soviel an dir liegt? Oder glaubst du, dass eine Stadt noch bestehen könne und nicht zerrüttet würde, in der einmal ergangene Urteile nicht mehr gelten, sondern von einzelnen Leuten aufgehoben und zunichte gemacht werden?" Was sollen wir auf solche und dergleichen Fragen antworten, Kriton? Vieles könnte jemand, zumal ein guter Anwalt, zugunsten des bedrohten Gesetzes vorbringen, das gebietet, rechtskräftige Urteile hätten bindend zu sein. Oder sollen wir ihnen entgegnen: „Die Stadt hat uns doch unrecht getan und ein Fehlurteil gefällt"? Sollen wir das antworten, oder was sonst?*

1 Polis: griechischer Stadtstaat, Gemeinwesen (vgl. Politik)

Kriton *stimmt zunächst zu: Die Stadt hat* Sokrates *unrecht getan, als sie ihn zum Tode verurteilte. Aber Sokrates lässt die Gesetze der Polis weiterreden und darstellen, wie er sein ganzes Leben nur im Rahmen ihrer Ordnungen habe führen können und ihnen sogar seine Existenz verdanke, denn ohne Gesetze hätte die Ehe seiner Eltern nicht bestehen und er nicht als ehelicher Sohn aufgezogen werden können*

Überlege nun, Sokrates, würden die Gesetze vielleicht weiter sagen, ob wir das Folgende wahrheitsgemäß behaupten: Du behandelst uns ungerecht, wenn du das ausführst, was du jetzt vorhast. Wir haben dich zur Welt gebracht, ernährt und erzogen, haben dich, so gut wir konnten, an allem Schönen teilnehmen lassen, dich und alle anderen Bürger; dennoch verkünden wir öffentlich, dass es jedem Athener, der Bürgerrecht besitzt, die Verhältnisse der Stadt und uns, die Gesetze, kennengelernt hat, freigestellt sein soll, wenn er nur will, fortzuziehen mitsamt seiner Habe, wohin es ihm beliebt, sofern wir ihm nicht gefallen. (...) Wer aber von euch dageblieben ist, nachdem er gesehen hat, wie wir Recht sprechen und sonst die Stadt verwalten, von dem behaupten wir, er habe durch seinen Entschluss sich uns gegenüber verpflichtet, alles zu tun, was wir verlangen. Und wer dann nicht gehorcht, sagen wir, der tut dreifach Unrecht: Er ist ungehorsam gegen uns als seine Erzeuger, als seine Erzieher und schließlich, weil er trotz seiner Zusage, uns zu gehorchen, uns weder gehorcht noch davon überzeugt, dass wir etwas nicht gut machen. Wir stellen anheim; was wir anordnen, gebieten wir nicht mit herrischer Strenge, sondern lassen die Wahl zwischen zwei Möglichkeiten: entweder uns zu überzeugen oder uns zu folgen. Er aber tut keines von beiden.**

Hier muss Kriton *zugeben, dass man Gesetzen, die einem Gutes erwiesen haben, nicht davonlaufen dürfe, wenn sie sich gegen einen richten.* Sokrates *bleibt in seinem Gefängnis und leert zur festgesetzten Zeit den Schierlingsbecher, heiter und ohne den Tod zu fürchten.*

* Platon, Kriton. Übersetzung durch den Herausgeber, 50 a–50 c
** Ebd. 51 c–52 a

Arbeitsaufträge

1. Fertigen Sie eine Gliederung zum Charmides-Dialog (4.1.1) an, und formulieren Sie kurze Zusammenfassungen zu den einzelnen Gesprächsabschnitten!
2. Was verstehen Sie unter „Selbsterkenntnis"? – Was halten Sie von dem Spruch, Selbsterkenntnis sei der erste Schritt zur Besserung?
3. Können Sie sagen, wozu Besonnenheit gut ist? Woran lag es wohl, dass Sokrates sein Gespräch mit Charmides und Kritias (4.1.1) nicht zu einem befriedigenden Abschluss führen konnte?
4. Jemand soll definieren, was „Obst" ist, und antwortet: „Äpfel sind Obst." Was ist von dieser Antwort zu halten? Vergleichen Sie mit der Anfangssituation im Menon-Dialog (4.1.2), als die Tugend definiert werden sollte!
5. Was hat die „Hebammenkunst" des Sokrates in den Dialogen 4.1.1 und 4.1.2 eigentlich hervorgebracht?
6. Worin stimmen die Untersuchungen, die Sokrates in der „Apologie" schildert, mit den Gesprächen aus dem „Charmides" und dem „Menon" überein? (4.1.1/4.1.2/4.1.4)
7. Weshalb bricht Perikles das Gespräch mit Alkibiades ab? (4.1.5) – Versuchen Sie, das Verhalten des Alkibiades zu charakterisieren!
8. Würden Sie sich auch so verhalten wie Sokrates im Gefängnis (Kriton-Dialog, 4.1.7)? Ist Sokrates dort immer noch der Unwissende (der skeptisch Fragende), wo es um eine sittliche Entscheidung geht?
9. Vergleichen Sie die Position des Sokrates mit den in Kap. 2 vorgestellten „Vorsokratikern"! Was ist bei Sokrates neu?

4.2 René Descartes

Am Anfang der neueren Philosophie, d. h. der Philosophie nach dem Mittelalter, steht neben anderen wichtigen Denkern René Descartes. *Er ist ein völlig anderer Typ als* Sokrates. *Nach einem bewegten Leben zog er sich nach Holland zurück, um sich ganz den Wissenschaften zu widmen, und dieser Rückzug ist bezeichnend.* Descartes *suchte Abstand von der „großen Welt" barocker Fürstenhöfe; abgesehen von einer umfangreichen Korrespondenz hielt er sich vom öffentlichen Leben fern, um in aller Stille an seinem Werk einer grundlegenden Neuorientierung der Philosophie zu arbeiten. Aus Amsterdam schrieb er an einen Freund, der seinen Besuch angekündigt hatte:*

4.2.1 Brief an einen Freund

Mein Herr, Amsterdam, 5. Mai 1631

ich habe mir die Hand vor Augen gehalten, um zu sehen, ob ich nicht schliefe, als ich Ihren Brief las, dass Sie die Absicht hätten, hierher zu kommen; und noch jetzt wage ich nicht, mich anders über diese Nachricht zu freuen, als wenn ich sie nur geträumt hätte. Ich finde es keineswegs seltsam, dass ein großer und edler Geist wie der Ihre sich nicht an diesen sklavischen Zwang gewöhnen kann, zu dem man bei Hofe verpflichtet ist; und da Sie mir ernsthaft versichern, dass Gott Ihnen eingegeben hat, die Welt zu verlassen, würde ich gegen den Heiligen Geist zu sündigen glauben, wenn ich Sie von einem so heiligen Entschluss abzubringen versuchte. Sie müssen es sogar meinem Eifer verzeihen, wenn ich Sie dazu auffordere, Amsterdam zu Ihrem Zufluchtsort zu wählen und es, möchte ich sagen, nicht nur allen Kapuziner- und Kartäuser-Klöstern vorzuziehen, wohin sich sehr viele rechtschaffene Leute zurückziehen, sondern auch allen schönsten Sitzen Frankreichs und Italiens, selbst jener berühmten Einsiedelei, in der Sie im vergangenen Jahr waren. Wie vollkommen auch ein Landsitz sein kann, es fehlt dort immer eine Unzahl von Bequemlichkeiten, die sich nur in den Städten finden; und selbst die Einsamkeit, die man davon erhofft, trifft man dort niemals ganz vollständig an. Ich möchte wohl, dass Sie ein Flüsschen fänden, das die größten Schwätzer zum Träumen veranlasst, und ein derart einsames Tal, dass es Ihnen Entzücken und Freude einflößen kann; misslicherweise kann es aber geschehen, dass Sie ebenso eine Menge kleiner Nachbarn haben, die Sie zuweilen belästigen werden, und deren Besuche noch unbequemer sind als die, die Sie in Paris empfangen; stattdessen ist in dieser großen Stadt, in der ich mich befinde, da es in ihr außer mir keinen Menschen gibt, der nicht Handel triebe, jeder derart auf seinen Nutzen bedacht, dass ich mein ganzes Leben hier bleiben könnte, ohne je von jemandem aufgesucht zu werden. Ich gehe jeden Tag mitten im Wirrwarr einer großen Bevölkerung mit ebenso viel Freiheit und Ruhe spazieren, wie Sie es in Ihren Alleen tun würden, und betrachte die Menschen, die ich dabei sehe, nicht anders als die Bäume, auf die man in Ihren Wäldern trifft, oder die Tiere, die dort grasen. Selbst das Geräusch ihres Gewerbes unterbricht meine Träumereien nicht mehr, als es das irgendeines Baches tun würde. Wenn ich zuweilen Überlegungen über ihre Tätigkeit anstelle, ziehe ich daraus dasselbe Vergnügen wie Sie bei dem Anblick von Bauern, die Ihre Felder bebauen; denn ich sehe, dass ihre Arbeit dazu dient, die Stätte meines Wohnsitzes zu verschönern und zu bewirken, dass mir dort nichts fehlt. Wenn es Vergnügen bereitet, die Früchte in Ihren Obstgärten wachsen zu sehen und bis zu den Augen im Überfluss zu stehen, so glauben Sie mir, dass es wohl ebenso viel bedeutet, Schiffe hier ankommen zu sehen, die uns reichlich verschaffen, was Indien hervorbringt und was es an Seltenem in Europa gibt. Welchen anderen Ort in der übrigen Welt könnte man wählen, wo alle Bequemlichkeiten des Lebens und alle Merkwürdigkeiten, die man sich zu wünschen vermöchte, so leicht zu finden sind wie an diesem hier? In welchem anderen Land kann man eine so vollständige Freiheit genießen und mit weniger Unruhe schlafen, wo gibt es stets stehende Heere ausdrücklich um uns zu behüten, wo sind Vergiftungen, Verrat, Verleumdungen weniger bekannt, und wo ist mehr von der Unschuld unserer Vorfahren erhalten geblieben? Ich verstehe nicht, wie Sie die Luft Italiens so sehr lieben können, mit der man so häufig die Pest einatmet, wo die Hitze des Tages immer unerträglich und die Frische des Abends ungesund ist und wo die Dunkelheit der Nacht Raub und Mord bedeckt. Wenn Sie die Winter des Nordens fürchten, so sagen Sie mir, welche Schatten, welcher Fächer, welche Brunnen Sie in Rom so gut vor den Unbequemlichkeiten der Hitze bewahren können, wie ein Ofen und ein starkes Feuer Sie hier davon befreien, es kalt zu haben. Im Übrigen sage ich Ihnen, dass ich Sie mit einer kleinen Sammlung von Träumereien erwarte, die Ihnen viel-

Karl Jaspers schreibt zu dem Porträt des Philosophen Descartes: „Welch großartig verschlossenes Angesicht! Eine mächtige Kraft, doch ohne Liebe, ohne innere Schönheit, ohne den Blick des Träumers, der glauben kann, Chiffren der Transzendenz zu lesen!"

leicht nicht unangenehm sein werden, und Sie mögen kommen oder nicht, ich werde immer leidenschaftlich bleiben (...)*

Ganz anders als Sokrates *sucht* Descartes *also nicht im Gespräch zu philosophieren, sondern braucht die Einsamkeit, um in Ruhe seine Gedanken entwickeln zu können. Dabei geht es ihm in erster Linie darum, einen zuverlässigen Ausgangspunkt zu finden.*

4.2.2 Was ist sicher?

In seinem „Discours de la méthode" *(Untersuchung über die Methode; Leyden 1637) beschreibt* Descartes *seinen langen Weg zu einem sicheren Ansatzpunkt des Denkens. Er sucht nach dem, was gewiss (certum) ist; in den wissenschaftlichen Werken der Tradition und seiner Zeitgenossen kann er nichts finden, das ihn zufrieden stellen könnte.*

Ich bin von Kindheit an für die Wissenschaften erzogen worden und da man mich glauben machte, dass durch sie eine klare und sichere Erkenntnis alles dessen, was dem Leben frommt, zu erreichen sei, so hatte ich eine außerordentliche Begierde, sie mir anzueignen. Doch wie ich den ganzen Studiengang durchlaufen hatte, an dessen Ende man gewöhnlich in die Reihe der Gelehrten aufgenommen wird, änderte ich vollständig meine Ansicht. Denn ich befand mich in einem Gedränge so vieler Zweifel und Irrtümer, dass ich von meiner Lernbegierde keinen anderen Nutzen zu haben schien, als dass ich mehr und mehr meine Unwissenheit einsah. Und ich war doch in einer der berühmtesten Schulen Europas[1], so es nach meiner Meinung, wenn irgendwo auf der Erde, gelehrte Männer geben musste. Ich hatte dort alles gelernt, was die Übrigen dort lernten, und da mein Wissensdurst weiter ging als die Wissenschaften, die man uns vortrug, so las ich außerdem alle Bücher, so viel ich deren habhaft werden konnte, die von den anerkannt merkwürdigsten und seltensten Wissenschaften handelten. Dabei wusste ich, wie die anderen über mich urteilten, und ich sah, dass man mich nicht geringer einschätzte als meine Mitschüler, obwohl unter diesen einige dazu bestimmt waren, an die Stelle unserer Lehrer zu treten. Schließlich schien mir unser Jahrhundert ebenso reich und fruchtbar an guten Köpfen als irgendein früheres. Also nahm ich mir die Freiheit, alle andern nach mir zu beurteilen – und so meinte ich, dass es keine Wissenschaft in der Welt gebe, die so wäre, wie man mich ehedem hatte hoffen lassen.**

1 Es handelt sich um das Jesuitenkolleg in La Flèche.

Die Enttäuschung, die Descartes *erlebte, wird verständlich, wenn man sich den Zuschnitt des zu seiner Zeit üblichen Wissenschaftsbetriebes klarmacht. Maßgebend waren überall die anerkannten Autoritäten, denn das an den Universitäten und theologischen Schulen gelehrte Wissen stützte sich einerseits auf die biblische Offenbarung, andererseits auf die Schriften antiker Philosophen, die sich mit den theologischen Ansichten in Einklang zu befinden schienen, vor allem auf* Aristoteles, *dessen Werke immer wieder kommentiert und zitiert wurden. Der Satz:* „Philosophus dixit" *(der Philosoph hat es gesagt) konnte eine Lehrmeinung genauso rechtfertigen wie ein passendes Bibelzitat. Aber Descartes musste feststellen, dass sich auch Autoritäten widersprechen können, zumal in den zentralen Fragen der Wissenschaft:*

* René Descartes, Briefe, herausgegeben von Max Bense, übersetzt von Fritz Baumgart, Staufen, 1949, S. 57–59
** René Descartes, Abhandlung über die Methode des richtigen Vernunftgebrauchs; übers. v. Kuno Fischer, Reclam, Stuttgart 1961, S. 5–6

Von der Philosophie will ich nichts weiter sagen, als dass ich sah, sie sei von den vorzüglichsten Geistern einer Reihe von Jahrhunderten gepflegt worden, und dennoch gebe es in ihr nicht eine Sache, die nicht umstritten und mithin zweifelhaft sei; ich war nicht eingebildet genug, um zu hoffen, es werde mir damit besser gehen als den anderen. Bedachte ich, wie viele verschiedene Ansichten von einer und derselben Sache möglich seien, die alle von gelehrten Leuten verteidigt werden, während doch stets nur eine einzige Ansicht wahr sein kann, so hielt ich alles bloß Wahrscheinliche schon beinahe für falsch.*

Auch der Versuch, im „großen Buche der Welt" Antworten auf seine drängenden Fragen zu finden, befriedigte Descartes *nicht; nach vielen Reisen und Kriegserlebnissen ging er schließlich nach Holland, um dort in aller Stille an einem Neuanfang der Wissenschaften zu arbeiten:*

Nachdem ich aber einige Jahre darauf gewendet hatte, so in dem Buche der Welt zu studieren und bemüht zu sein, mir einige Erfahrung zu erwerben, entschloss ich mich eines Tages, ebenso in mir selbst zu studieren und alle Kräfte meines Geistes aufzubieten, um die Wege zu wählen, die ich hier einschlagen musste. Und dies gelang mir, wie ich glaube, weit besser, als wenn ich mich nie von meinem Vaterland und meinen Büchern entfernt hätte.**

4.2.3 Woran man zweifeln kann

Eines der wichtigsten Werke Descartes' *sind seine* „Meditationes de prima philosophia" *(Paris, 1641). Der Begriff* „Meditation" *hat dabei nicht den heutigen Sinn, sondern meint einfach Gedankengänge; hier über die* „Erste Philosophie", *die Metaphysik. Descartes beginnt dieses Werk mit einer Situationsschilderung, die noch einmal deutlich macht, wie wichtig für ihn das einsame Nachdenken in völliger geistiger Freiheit war.*

Schon vor einer Reihe von Jahren habe ich bemerkt, wieviel Falsches ich in meiner Jugend habe gelten lassen und wie zweifelhaft alles ist, was ich hernach darauf aufgebaut, dass ich daher einmal im Leben alles von Grund aus umstoßen und von den ersten Grundlagen an neu beginnen müsse, wenn ich jemals für etwas Unerschütterliches und Bleibendes in den Wissenschaften festen Halt schaffen wollte. Indessen schien mir dies ein gewaltiges Unternehmen zu sein und ich wartete daher dasjenige reifere Alter ab, dem keines mehr folgen würde, das geeigneter wäre, sich der Wissenschaften gründlich anzunehmen. Daher habe ich so lange gezögert, dass ich mich fernerhin schuldig machte, wenn ich die zur Ausführung noch übrige Zeit mit weiteren Bedenken vergeuden wollte. So habe ich denn heute zur rechten Zeit meine Gedanken aller Sorgen entledigt, mir ungestörte Muße in einsamer Zurückgezogenheit verschafft und werde endlich ernsthaft und unbeschwert zu diesem allgemeinen Umsturz meiner Meinungen schreiten.***

Dieser allgemeine Umsturz geht Hand in Hand mit der vorhin schon angedeuteten Erforschung des eigenen Ichs; nur in ihm kann für Descartes *die Richtschnur für einen sicheren Weg des Denkens liegen, nicht in irgendwelchen Autoritäten, Descartes diskutiert daher keine Philosophenmeinungen, sondern beginnt mit der Frage, wie sicher die unmittelbaren Quellen eigener Erfahrung sein können.*

* Ebd. S. 9
** Ebd. S. 11
*** René Descartes, Meditationen über die Grundlagen der Philosophie; hrsg. v. Lüder Gäbe, übers. v. Arthur Buchenau, I. Med. 1, F. Meiner-Verlag, Hamburg 1960

Alles nämlich, was ich bisher am ehesten für wahr gehalten habe, verdanke ich den Sinnen oder der Vermittlung der Sinne. Nun aber bin ich dahintergekommen, dass diese uns bisweilen täuschen, und es ist ein Gebot der Klugheit, denen niemals ganz zu trauen, die uns auch nur einmal getäuscht haben.
Indessen – mögen uns auch die Sinne mit Bezug auf zu kleine und entfernte Gegenstände bisweilen täuschen, so gibt es doch am Ende sehr vieles andere, woran man gar nicht zweifeln kann, wenngleich es aus denselben Quellen geschöpft ist: so z. B. dass ich jetzt hier bin, dass ich, mit meinem Winterrock angetan, am Kamin sitze, dass ich dieses Papier mit den Händen betaste und ähnliches; vollends, dass diese Hände selbst, dass überhaupt mein ganzer Körper da ist, wie könnte man mir dies abstreiten? Ich müsste mich denn mit ich weiß nicht welchen Wahnsinnigen vergleichen, deren ohnehin kleines Gehirn durch widerliche Dünste aus ihrer schwarzen Galle so geschwächt ist, daß sie hartnäckig behaupten, sie seien Könige, während sie bettelarm sind, oder in Purpur gekleidet, während sie nackt sind, oder sie hätten einen tönernen Kopf, oder sie seien gar Kürbisse oder aus Glas – aber das sind eben Wahnsinnige, und ich würde ebenso wie sie von Sinnen zu sein scheinen, wenn ich mir sie zum Beispiel nehmen wollte.
Vortrefflich! – Als ob ich nicht ein Mensch wäre, der des Nachts zu schlafen pflegt und dem dann genau dieselben, ja bisweilen noch weniger wahrscheinliche Dinge im Traume begegnen, als jenen im Wachen! Wie oft doch kommt es vor, dass ich mir all diese gewöhnlichen Umstände während der Nachtruhe einbilde, etwa dass ich hier bin, dass ich, mit meinem Rock bekleidet, am Kamin sitze, während ich doch entkleidet im Bette liege! Jetzt aber schaue ich doch sicher mit wachen Augen auf dieses Papier, dies Haupt, das ich hin und her bewege, schläft doch nicht, mit Vorbedacht und Bewusstsein strecke ich meine Hand aus und fühle sie. So deutlich geschieht mir dies doch nicht im Schlaf. – Als wenn ich mich nicht entsänne, dass ich sonst auch schon im Traume durch ähnliche Gedankengänge genarrt worden bin! Denke ich einmal aufmerksamer hierüber nach, so sehe ich ganz klar, dass Wachsein und Träumen niemals durch sichere Kennzeichen unterschieden werden können – sodass ich ganz betroffen bin und gerade diese Betroffenheit mich beinahe in der Meinung bestärkt, ich träumte.*

Descartes *weist nun aber nach, dass auch im Traum gewisse Grundeigenarten der Wirklichkeit erhalten bleiben, z. B. dass Dinge eine Farbe haben, dass sie räumlich ausgedehnt sind, dass man sie zählen kann usw. Auch Maler sind beim Entwerfen der fantastischsten Bilder darauf angewiesen, Elemente der Realität zu verwenden; ein gemalter Drachen mag zwar in keinem Zoo vorkommen, aber er hat doch einen Kopf, Beine, einen Schwanz – wie Tiere, die es tatsächlich gibt. Traum und Einbildungskraft können nicht ohne Anleihen bei Tatsächlichem auskommen und vor allem gibt es manches, was von der Frage „Traum oder Wirklichkeit?" ganz unberührt bleibt.*

Von dieser Art scheinen die Natur der Körper im Allgemeinen und ihre Ausdehnung zu sein, ferner die Gestalten der ausgedehnten Dinge, ebenso die Quantität, d. i. ihre Größe und Zahl, ebenso der Ort, an dem sie existieren, die Zeit, während der sie dauern, und dergleichen.
Man darf wohl mit Recht hieraus schließen, dass zwar die Physik, die Astronomie, die Medizin und alle anderen Wissenschaften, die von der Betrachtung der zusammengesetzten Dinge ausgehen, zweifelhaft sind, dass dagegen die Arithmetik, die Geometrie und andere Wissenschaften dieser Art, die nur von den allereinfachsten und allgemeinsten Gegenständen handeln und sich wenig darum kümmern, ob diese in der Wirklichkeit vorhanden sind oder nicht, etwas von zweifelloser Gewissheit enthalten. Denn ich mag wachen oder schlafen, so sind doch stets 2+3=5, das

* Ebd. S. 3–5

Quadrat hat nie mehr als vier Seiten, und es scheint unmöglich, dass so augenscheinliche Wahrheiten in den Verdacht der Falschheit geraten können.
Es ist indessen in meinem Denken eine alte Überzeugung verwurzelt, dass es einen Gott gebe, der alles vermag, und von dem ich so, wie ich bin, geschaffen wurde. Woher weiß ich aber, ob er nicht bewirkt hat, dass es überhaupt keine Erde, keinen Himmel, kein ausgedehntes Ding, keine Gestalt, keine Größe, keinen Ort gibt und dass dennoch dies alles genau so, wie es mir jetzt vorkommt, bloß da zu sein scheint; ja sogar auch so, wie ich überzeugt bin, dass andere sich bisweilen in dem irren, was sie vollkommen zu wissen meinen, ebenso könnte auch ich mich täuschen, sooft ich 2 und 3 addiere oder die Seiten des Quadrats zähle, oder was man sich noch Leichteres denken mag (...)*

Die Vorstellung, Gott könne den Menschen so geschaffen haben, dass dieser sich ständig täuscht, lässt sich etwa in dem Sinne verstehen, dass Gott wie ein böswilliger Informatiker den Computer „Mensch" falsch programmiert haben könnte: wenn in den Menschen systematische Fehler eingebaut wären, so müsste er sich ständig irren, ohne das jemals zu merken!
Descartes *ist bei diesem Gedanken nicht ganz wohl, denn ein derart dämonischer Gott wäre gewiss nicht „allgütig" wie der Gott christlicher Theologie, aber um der Konsequenz willen führt Descartes seine Überlegung trotzdem weiter:*

So will ich denn annehmen, nicht der allgütige Gott, die Quelle der Wahrheit, sondern irgendein böser Geist, der zugleich allmächtig und verschlagen ist, habe all seinen Fleiß daran gewandt, mich zu täuschen; ich will glauben, Himmel, Luft, Erde, Farben, Gestalten, Töne und alle Außendinge seien nichts als das täuschende Spiel von Träumen, durch die er meiner Leichtgläubigkeit Fallen stellt; mich selbst will ich so ansehen, als hätte ich keine Hände, keine Augen, kein Fleisch, kein Blut, überhaupt keine Sinne, sondern glaubte nur fälschlich das alles zu besitzen. Und ich werde hartnäckig an diesem Gedanken festhalten und werde so – wenn ich auch nicht imstande sein sollte, irgendetwas Wahres zu erkennen – mich doch entschlossenen Sinnes in Acht nehmen, soviel an mir liegt, nichts Falschem zuzustimmen, noch von jenem Betrüger mich hintergehen zu lassen, so mächtig und so verschlagen er auch sein mag.**

4.2.4 Cogito, ergo sum!

Der radikale Zweifelsversuch des Descartes *lässt also scheinbar überhaupt nichts Sicheres übrig. Natürlich meint Descartes nicht ernstlich, er träume oder werde ständig durch einen bösen Dämon getäuscht; die bisherigen Überlegungen waren für ihn ein Gedankenexperiment, in dem die Reichweite des methodischen Zweifels geprüft werden sollte. Aber in der nun erreichten Nullpunktsituation macht Descartes eine entscheidende Entdeckung.*

Alsbald aber machte ich die Beobachtung, dass, während ich so denken wollte, alles sei falsch, doch notwendig *ich*, der das dachte, irgendetwas sein müsse, und da ich bemerkte, dass diese Wahrheit *„ich denke, also bin ich"* (je pense, donc je suis; Ego cogito, ergo sum, sive existo) so fest und sicher wäre, dass auch die überspanntesten Annahmen der Skeptiker sie nicht zu erschüttern vermöchten, so konnte ich sie meinem Dafürhalten nach als das erste Prinzip der Philosophie, die ich suchte, annehmen.***

* Ebd. S. 7–9
** Ebd. S. 12
*** René Descartes, Abhandlung über die Methode des richtigen Vernunftgebrauchs. A. a. O., S. 31

So formuliert Descartes *seinen neuen Grundsatz in dem* „Discours de la méthode“. *In den* „Meditationen“ *wird der gleiche Gedanke etwas anders eingeführt:*

Ich habe mir eingeredet, dass es schlechterdings nichts in der Welt gibt: keinen Himmel, keine Erde, keine denkenden Wesen, keine Körper, also auch wohl mich selbst nicht? Keineswegs; sicherlich war ich, wenn ich mir etwas eingeredet habe. – Aber es gibt einen, ich weiß nicht welchen, allmächtigen und höchst verschlagenen Betrüger, der mich geflissentlich stets täuscht. – Nun, wenn er mich täuscht, so ist es also unzweifelhaft, dass ich bin. Er täusche mich, soviel er kann, niemals wird er doch fertigbringen, dass ich nichts bin, solange ich denke, dass ich etwas sei. Und so komme ich, nachdem ich nun alles mehr als genug hin und her erwogen habe, schließlich zu der Feststellung, dass dieser Satz: „Ich denke, ich existiere“, sooft ich ihn ausspreche oder in Gedanken fasse, notwendig wahr ist.*

Auch wenn man an allem zweifeln kann, so bleibt doch eben dies, dass man zweifelt, sicher. Das Zweifeln aber ist ein Denken (dubito, ich zweifle – cogito, ich denke), und das Denken setzt die Existenz eines Denkenden voraus (ergo sum, also bin ich).
Die Selbstgewissheit des denkenden Ichs ist die Frucht des universalen Zweifelsversuchs. Descartes war sich dessen durchaus bewusst, dass er mit seiner Entdeckung einen Neuansatz der Philosophie erreicht hatte. Seit Descartes ist das Ich der Angelpunkt philosophischer Arbeit geblieben und dadurch unterscheidet sich die neuzeitliche Philosophie grundsätzlich vom Denken der Antike, die einen entsprechenden Ich-Begriff nie entwickelt hat.

4.2.5 Klares und bestimmtes Erkennen

Im „Discours de la méthode“ *fragt sich* Descartes *nun, worin eigentlich die Überzeugungskraft seines neuen Grundsatzes bestehe. Damit verlagert sich das Interesse vom Inhaltlichen auf die formal-methodische Seite seiner Philosophie. Zum ersten Mal in der Geschichte der Philosophie wird die Methodenfrage zu einem eigenen Thema des Nachdenkens.*

Darauf erwog ich im Allgemeinen, was zur Wahrheit und Gewissheit eines Satzes gehört. Denn weil ich soeben einen gefunden hatte, den ich für wahr und gewiss erkannt, so meinte ich, müsse ich auch wissen, worin jene Gewissheit bestehe. Nun hatte ich bemerkt, dass in dem Satze: *„Ich denke, also bin ich“* nichts weiter liegt, was mich von seiner Wahrheit überzeugt, als dass ich ganz klar (très clairement; manifestissime) einsehe, dass, um zu denken, man sein müsse. Darum meinte ich, als allgemeine Regel den Satz annehmen zu können: *dass die Dinge, welche wir sehr klar und sehr deutlich* (fort clairement et fort distinctement) *begreifen, alle wahr sind;* aber dass allein darin einige Schwierigkeit liege, wohl zu bemerken, welches die Dinge sind, die wir deutlich begreifen.**

Das hier angesprochene Problem ist die Frage der Evidenz von Aussagen. Descartes *hat sie an verschiedenen Stellen in seinen Werken diskutiert, so z. B. in seinen* „Prinzipien der Philosophie“ *(Amsterdam 1644).*

Klar (clara) nenne ich die Erkenntnis, welche dem aufmerkenden Geiste gegenwärtig und offenkundig ist, wie man das klar gesehen nennt, was dem schauenden Auge gegenwärtig ist und dasselbe hinreichend kräftig und offenkundig erregt. *Deutlich* (distincta) nenne ich aber die Erkenntnis, welche, bei Voraussetzung der Stufe der Klarheit, von allen übrigen so getrennt und

* René Descartes, Meditationen über die Grundlagen der Philosophie. A. a. O., II. Med. 3
** René Descartes, Abhandlungen über die Methode des richtigen Vernunftgebrauchs. A. a. O., S. 32

unterschieden (sejuncta et praecisa) ist, dass sie gar keine anderen als klare Merkmale in sich enthält.*

Der Begriff „klar" enthält also den Begriff „deutlich", hat aber einen größeren Umfang. Für Descartes *zählen nur solche Erkenntnisse, die beides sind: klar und deutlich.*
Zu derartigen Erkenntnissen führen nach Descartes zwei Wege: Intuition und Deduktion. Wie das zu verstehen ist, erklärt er in seinen „Regeln zur Leitung des Geistes" *(sie erschienen erst ein halbes Jahrhundert nach seinem Tode, 1701; entstanden sind sie aber schon 1628–29).*

Unter Intuition verstehe ich nicht das mannigfach wechselnde Zeugnis der Sinne oder das trügerische Urteil, das sich auf die verworrenen Bilder der sinnlichen Anschauung stützt, sondern ein so einfaches und instinktives Begreifen des reinen und aufmerksamen Geistes, dass über das Erkannte weiterhin kein Zweifel übrigbleibt, oder, was dasselbe ist, das über jeden Zweifel erhabene Begreifen eines reinen und aufmerksamen Geistes, das allein dem Lichte der Vernunft entspringt. Und zwar ist die Intuition gewisser, weil einfacher selbst als die Deduktion, die ja ebenfalls (...) von uns unmöglich fehlerhaft angestellt werden kann. So kann jeder durch Intuition mit dem Geiste erfassen, dass er existiert, dass er Bewusstsein hat, dass das Dreieck bloß durch drei Seiten begrenzt wird, die Kugel aber durch eine einzige Oberfläche und dergleichen; welcher Sätze es bei weitem mehr gibt, als man gemeinhin denkt, weil man es verschmäht, seinen Geist auf derart Einfaches zu richten. (...)
Nun ist aber diese Evidenz und Gewissheit der Intuition nicht nur bei den einfachen Aussagen, sondern auch bei jeder beliebigen Erörterung erforderlich. Denn es sei z. B. die Folgerung gegeben, dass 2+2 gleich 3+1 ist, so muss man nicht nur durch Intuition einsehen, dass 2+2 vier und 3+1 ebenfalls vier gibt, sondern außerdem, dass aus diesen beiden Sätzen der ersterwähnte dritte sich notwendig ergibt.**

Intuition ist also für Descartes *nicht irgendeine plötzliche Eingebung, sondern ein klares Einsehen durch die Vernunft. Die Intuition wird erkenntnistheoretisch bestimmt als natürliche, im Menschen liegende Fähigkeit: als „lumen naturale" (natürliches Licht).*
Descartes fährt fort:

Man könnte nun im Zweifel darüber sein, weshalb wir außer der Intuition hier noch eine andere Art der Erkenntnis hinzugefügt haben, die vermöge der Deduktion zu Stande kommt. Darunter verstehen wir all das, was sich aus bestimmten anderen, sicher erkannten Dingen mit Notwendigkeit ableiten lässt. Dies muss nun deshalb geschehen, weil man von den meisten Dingen, wenngleich sie nicht von sich aus evident sind, doch ein sicheres Wissen hat, wenn sie nur von wahren und klar erkannten Prinzipien aus durch eine kontinuierliche und nirgendwo unterbrochene Bewegung des intuitiv jeden Einzelschritt hervorbringenden Denkens abgeleitet werden. Es ist das genau so, wie wenn wir erkennen, dass der letzte Ring einer langen Kette mit dem ersten verknüpft ist, wenngleich wir nicht mit einem einzigen Blick unserer Augen alle Zwischenringe, von denen jene Verknüpfung abhängt, umfassen können. Wenn wir aber die einzelnen Glieder successiv[1] durchlaufen haben, so werden wir uns erinnern, dass sie durch die Nachbarglieder vom ersten bis zum letzten aneinander hängen. Hier unterscheiden wir also die Intuition des Geistes von der Deduktion wenigstens insofern, als man in dieser eine bestimmte

1 successiv (lat.): schrittweise vorgehend

* René Descartes, Die Prinzipien der Philosophie. I. Teil, §§ 45/46, übers. u. erl. v. Arthur Buchenau, F. Meiner, Hamburg 1955

** René Descartes, Die Regeln zur Leitung des Geistes. Reg. III, 5, 7, 8, übers. u. erl. v. Arthur Buchenau, F. Meiner, Leipzig 1948

Bewegung oder Folge sich zu Bewusstsein bringt, in jener nicht ebenso; außerdem aber insofern, als bei dieser nicht, wie bei der Intuition, eine gegenwärtige Evidenz erforderlich ist, da sie vielmehr in gewisser Weise ihre Sicherheit vom Gedächtnis entlehnt. Man kann demnach behaupten, dass zwar die unmittelbar aus den ersten Prinzipien erschlossenen Sätze, je nach der verschiedenen Betrachtung, bald durch Intuition, bald durch Deduktion, die ersten Prinzipien selbst dagegen allein durch Intuition, hingegen die entfernteren Folgerungen allein durch Deduktion erkannt werden.*

Die Deduktion ist für Descartes *also ein logisches Folgerungsverfahren. Sie entspricht dem, was in einem mathematischen Beweis geschieht. Descartes war Mathematiker gewesen, ehe er sich der Philosophie zuwandte, und in all seinen philosophischen Überlegungen ist der Geist mathematischen Denkens spürbar.*
Die folgenden Regeln aus dem „Discours de la méthode“ *sind im engeren Sinne methodische Anweisungen, gehören also weder zur Erkenntnistheorie noch zur Logik.*

Die *erste* war: niemals eine Sache als wahr anzunehmen, die ich nicht als solche sicher und einleuchtend erkennen (évidemment connaître; certo et evidenter cognoscere) würde, das heißt sorgfältig die Übereilung und das Vorurteil zu vermeiden und in meinen Urteilen nur so viel zu begreifen, wie sich meinem Geist so klar und deutlich (clairement et distinctement; clare et distincte) darstellen würde, dass ich gar keine Möglichkeit hätte, daran zu zweifeln.
Die *zweite:* jede der Schwierigkeiten, die ich untersuchen würde, in so viele Teile zu zerlegen (diviser) als möglich und zur besseren Lösung wünschenswert wäre.
Die *dritte:* meine Gedanken zu ordnen; zu beginnen mit den einfachsten und fasslichsten Objekten und aufzusteigen allmählich und gleichsam stufenweise bis zur Erkenntnis der kompliziertesten, und selbst solche Dinge irgendwie für geordnet zu halten, von denen natürlicherweise nicht die einen den anderen vorausgehen.
Und die *letzte:* überall so vollständige Aufzählungen und so umfassende Übersichten zu machen, dass ich sicher wäre, nichts auszulassen.**

Dieses methodische Programm zusammen mit seinen erkenntnistheoretischen und logischen Voraussetzungen hat die Philosophie Descartes' *zu einem Musterbeispiel des präzisen, durchsichtigen Denkstils im französischen Rationalismus gemacht. Descartes versprach sich von seiner Methodik den Aufbau einer* „Mathesis universalis“*, d. h. einer in mathematischer Weise entwickelten Universalwissenschaft, die alle Bereiche der Philosophie umfassen sollte. Tatsächlich zeigt aber die Durchführung dieses anspruchsvollen Programms viele Einseitigkeiten und Schwächen, die man Descartes immer wieder vorgeworfen hat. Sie hängen mit der Art zusammen, wie Descartes von der Gewissheit des „Ich denke, also bin ich“ aus ein philosophisches System zu entwickeln suchte.*

4.2.6 Ein Gottesbeweis

Ich will jetzt meine Augen schließen, meine Ohren verstopfen und alle meine Sinne ablenken, auch die Bilder der körperlichen Dinge sämtlich aus meinem Bewusstsein tilgen, oder doch, da sich dies wohl kaum tun lässt, sie als eitel und falsch gleich nichts achten; ich will mich nur mit mir selbst unterreden, tiefer in mich hineinblicken und so versuchen, mich mir selbst nach und nach bekannter und vertrauter zu machen.
Ich bin ein denkendes Ding, d. h. ein solches, das zweifelt, bejaht, verneint, wenig versteht, vieles

* Ebd.
** René Descartes, Abhandlung über die Methode des richtigen Vernunftgebrauchs. A. a. O., S. 18/19

nicht weiß, das will, nicht will, auch Einbildung und Empfindung hat. Denn – wie schon oben bemerkt – wenngleich das, was ich in der Empfindung oder in der Einbildung habe, außer mir vielleicht nichts ist, so bin ich doch dessen gewiss, dass jene Weisen des Bewusstseins, die ich Empfindungen und Einbildungen nenne, insofern als sie nur gewisse Weisen des Bewusstseins sind, in mir vorhanden sind.

Und in diesen wenigen Worten habe ich alles aufgezählt, was ich wahrhaft weiß, oder zum mindesten alles, von dem ich bisher bemerkt habe, dass ich es weiß. Nun will ich noch sorgfältiger Umschau halten, ob nicht vielleicht doch noch etwas anderes in mir ist, was ich bis jetzt nicht berücksichtigt habe.*

Indem Descartes *sich als ein* „denkendes Ding" *(res cogitans) versteht, stellt sich für ihn natürlich die Frage, ob es außerhalb der reinen Bewusstseinswelt auch noch andere Dinge gebe. Er hat zwar Ideen (Vorstellungen) von körperlichen Gegenständen, z. B. seinem eigenen Leib, aber bisher blieb offen, ob diesen Vorstellungen eine eigene Realität außerhalb des Bewusstseins entspricht. Um diese Frage zu beantworten, muss Descartes einen eigentümlichen Umweg einschlagen. Er führt über den Beweis, dass Gott existiert und kein böswilliger Betrüger ist. Unter allen Ideen des Bewusstseins findet sich nämlich auch die Idee Gottes, zunächst als reiner Begriff, aber Descartes glaubt beweisen zu können, dass es Gott auch tatsächlich geben muss. Zunächst definiert Descartes, was für ihn „Gott" ist:*

Unter dem Namen Gottes verstehe ich eine Substanz[1], die unendlich, unabhängig, von höchster Einsicht und Macht ist, und von der ich selbst geschaffen worden bin, ebenso wie alles andere Existierende, falls es nämlich existiert. Und wahrlich! Dies alles ist solcher Art, dass, je sorgfältiger ich es erwäge, es um so unmöglicher scheint, dass es von mir selbst hervorgegangen wäre. (…) Das erste Attribut Gottes, das hier in Betracht kommt, ist, dass er im höchsten Grade wahrhaft und Geber allen Lichtes ist. Er kann uns deshalb nicht betrügen noch auch im eigentlichen oder positiven Sinne die Ursache der Irrtümer sein, denen wir uns ausgesetzt sehen. Denn wenn auch die Macht zu täuschen bei den Menschen als ein Beweis von Verstand gelten möchte, so geht doch der Wille zu täuschen nur aus Bosheit, Furcht oder Schwäche hervor und kann daher Gott nicht zugeschrieben werden. (…)**

1 Substanz: ein Begriff aus der Metaphysik des Mittelalters, der dasjenige bezeichnet, was aus sich selbst heraus ist, z. B. als Träger von Merkmalen. Gemeint sind nicht die Stoffe (Substanzen) im Sinne der Chemie. Gegenbegriff wäre „Akzidenz", d. h. etwas, das nur an einem anderen vorkommen kann (z. B. Eigenschaften).

Nun kommt der eigentliche „Gottesbeweis" (nach dem Text des „Discours"*). Descartes geht von dem – mittelalterlichen – Satz aus, jede Wirkung müsse ihrer Ursache entsprechen; kleine Ursachen – kleine Wirkungen, große Ursachen – große Wirkungen. Er selbst als Mensch ist ein unvollkommenes Wesen; wenn er in sich die Idee eines vollkommenen Wesens hat, so kann diese Idee nicht aus ihm selber stammen:*

Da ich nun weiter bedachte, dass ich zweifelte und also mein Wesen nicht ganz vollkommen wäre, denn ich sah klar, dass es vollkommner sei, zu erkennen als zu zweifeln, so verfiel ich auf die Untersuchung, woher mir der Gedanke an ein vollkommneres Wesen als ich selbst gekommen, und ich sah ohne weiteres ein (je connus évidemment), dass er von einem Wesen herrühren müsse, das in der Tat vollkommner sei. Was jene Gedanken betrifft, die ich von einer Menge außer mir befindlicher Wesen hatte, wie vom Himmel, der Erde, dem Licht, der Wärme und tausend anderen Dingen, so war ich über deren Ursprung nicht so sehr in Verlegenheit; denn da ich

* René Descartes, Meditationen über die Grundlagen der Philosophie. A. a. O., III. Med. 1–3; 27

** René Descartes, Die Prinzipien der Philosophie. I. Teil, § 29

in ihnen nichts bemerkte, was mir überlegen war, so konnte ich glauben, wenn sie wahr wären, dass sie einen Zubehör meiner Natur bildeten, sofern diese eine gewisse Vollkommenheit hätte, und wenn sie nicht wahr wären, dass sie für Ausgeburten des Nichts zu halten, das heißt, dass sie in mir wären wegen der Mangelhaftigkeit meines Wesens. Aber das konnte sich nicht ebenso verhalten mit der Idee eines vollkommneren Wesens als das meinige, denn offenbar war es unmöglich, diese Idee aus dem Nichts zu ziehen. Dass das vollkommenste Wesen Folge und Zubehör des weniger vollkommnen sein solle, ist kein geringerer Widerspruch, als dass aus nichts etwas hervorgehe. Darum konnte ich jene Idee auch nicht für ein Geschöpf meiner selbst halten. Und so blieb nur übrig, dass sie in mich gesetzt war durch ein in Wahrheit vollkommneres Wesen als ich, welches alle Vollkommenheiten, von denen ich eine Idee haben konnte, in sich enthielt, das heißt, um es mit einem Worte zu sagen, durch *Gott.**

Nachdem Descartes *„bewiesen“ hat, dass Gott existiert und kein böswilliger Betrüger ist, kann er die Kette seiner Zweifelsschritte wieder rückwärts durchlaufen und auflösen (vgl. 4.2.3). Gott täuscht uns nicht, wenn wir etwas klar und deutlich erkennen:*

Daraus folgt, dass das natürliche Licht (lumen naturae) oder das von Gott uns verliehene Erkenntnisvermögen niemals einen Gegenstand erfassen kann, der nicht, soweit er erfasst wird, d. h. soweit er klar und deutlich erkannt ist, wahr wäre. Denn Gott müsste mit Recht ein Betrüger genannt werden, wenn er uns jenes Vermögen derart gegeben hätte, dass wir, wenn wir uns seiner richtig bedienen, das Falsche für das Wahre hielten. Damit ist jener äußerste Zweifel beseitigt, wonach wir nicht wüssten, ob wir nicht vielleicht eine Natur hätten, die auch in dem, was am offenbarsten erscheint, getäuscht werde.**

Für Descartes *kann daher klares, logisches Denken echte, unerschütterliche Erkenntnis liefern. Dieser „rationalistische“ Standpunkt (ratio = Vernunft) mit seinem Vertrauen auf die inneren Fähigkeiten der Vernunft hat die Philosophie nach Descartes entscheidend geprägt.*

Arbeitsaufträge

1. Informieren Sie sich über den Wissenschaftsbetrieb der Scholastik im Mittelalter (im Lexikon nachsehen!)
2. Kann man seinen Sinnen wirklich nicht trauen? – Prüfen Sie als Beispiel die Aussage: „Der Himmel ist blau.“ – Ist er das wirklich? (4.2.3)
3. Prüfen Sie das Argument, man könne träumen, während man doch zu wachen glaubt (4.2.3)! – Vergleichen Sie mit dem Schmetterlingstraum Tschuang-tses (1.1.2)!
4. Descartes zweifelt an der Geltung mathematischer Sätze, indem er einen Betrüger-Gott einführt. Ginge es nicht einfacher? Im dualen Zahlensystem wird aus 2+3=5 die Formel 10+11=101; Gibt es demnach in der Mathematik überhaupt eindeutig sichere Sätze, oder ist nicht alles in ihr Sache der Verabredung (Konvention)? – Was meinen Sie? (4.2.3)
5. In der Folgerung: „Paul ist größer als Fritz, und Fritz ist größer als Emil; also ist Paul größer als Emil“ taucht das Wörtchen „also“ (ergo) auf. Hat es die gleiche Bedeutung wie das „also“ in: „Ich denke, also bin ich“? (vgl. 4.2.4)

* René Descartes, Abhandlung über die Methode des richtigen Vernunftgebrauchs. A. a. O., S. 33
** René Descartes, Meditationen über die Grundlagen der Philosophie. A. a. O., III. Med 37

6. Hat der Begriff „Intuition“ (Evidenz, 4.2.5) bei Descartes die gleiche Bedeutung wie in dem Satz: „Inge hat intuitiv das Richtige getan.“? Begründen Sie Ihre Meinung!
7. Nennen Sie Beispiele für Deduktionen, etwa aus der Mathematik!
8. Wie beurteilen Sie die Gleichsetzung: „Kleine Ursachen – kleine Wirkungen; große Ursachen – große Wirkungen“? (vgl. 4.2.6)
9. Was meinen Sie: Könnte nicht die „Schlüssigkeit“ seines Gottesbeweises darauf beruhen, dass Descartes von einem bösen Dämon in dem Gefühl getäuscht wird, der Beweis sei „evident“? (4.2.6)
10. Blättern Sie noch einmal zurück und vergleichen Sie das, was Ortega y Gasset im letzten Absatz seines Textes (3.1.1) über Descartes gesagt hatte, mit dem Inhalt von 4.2.6!

4.3 Sören Kierkegaard

Kierkegaard *wurde zu seiner Zeit wenig beachtet, aber in unserem Jahrhundert stellte sich heraus, dass er durch sein Werk einen Typus des Philosophierens entwickelt hatte, der den individuellen Einzelnen ansprechen konnte: Philosophieren als Vollzugsform persönlicher Existenz. Existenzphilosophie im Sinne Kierkegaards kann so als eine Gegenbewegung gegen die nivellierenden Tendenzen des „Massenzeitalters“ verstanden werden, das den Einzelnen bedroht, wenn es ihn zum bloßen „Fall“ allgemeiner Erscheinungen macht.*

4.3.1 Die Ironie des Sokrates

Kierkegaard *hatte sein Studium mit einer Doktorarbeit beendet, die den Titel trug: „Der Begriff der Ironie mit ständiger Beziehung auf Sokrates“ (1841). Kierkegaard sieht dort* Sokrates *als einen Menschen, der an einer entscheidenden Umbruchstelle der Weltgeschichte steht. Das durch Homer und die archaischen Denker (die „Vorsokratiker“) geprägte Griechentum hort auf, etwas Neues kündigt sich an, und Sokrates, der zwischen den Zeiten steht, wird beides: Sieger, indem er das Alte erfolgreich infrage stellt, und Opfer, weil er das Kommende noch nicht kennen kann. „Er muss dadurch siegen, dass er ein Opfer wird.“*

An einem solchen Wendepunkt der Geschichte sind zwei Bewegungen da, die beachtet werden müssen. Einerseits soll das Neue an den Tag, andererseits soll das Alte verdrängt werden. Sofern das Neue an den Tag soll, begegnen wir hier dem prophetischen Individuum, welches das Neue in der Ferne erschaut, in dunklen und unbestimmten Umrissen. Der prophetische Mensch hat das Künftige nicht zu eigen, er erahnt es bloß. Er vermag es nicht geltend zu machen, aber der Wirklichkeit, der er zugehört, ist er ebenfalls verloren. Sein Verhältnis zu dieser ist indes ein friedliches Verhältnis; denn die gegebene Wirklichkeit empfindet keine Entgegensetzung. Darauf folgt der eigentlich tragische Held. Er kämpft für das Neue, er müht sich, dasjenige zu vernichten, das für ihn ein im Schwinden Begriffenes ist, seine Aufgabe ist jedoch nicht so sehr das Vernichten, er soll vielmehr das Neue geltend machen und dadurch mittelbar das Vergangene vernichten. Auf der anderen Seite aber soll das Alte verdrängt werden, das Alte muss in seiner ganzen Unvollkommenheit gesehen werden. Hier begegnen wir dem ironischen Subjekt. Für den Ironiker hat die gegebene Wirklichkeit ihre Gültigkeit ganz und gar verloren, sie ist ihm eine unvollkommene Form geworden, die allenthalben lästig wirkt. Das Neue anderseits hat der Ironiker nicht zu eigen. Er weiß lediglich das Eine, dass das Gegenwärtige nicht der Idee entspricht. Er ist derjenige, der da Gericht halten soll. In gewissem Sinne freilich ist der Ironiker prophetisch, denn er weist fort und fort hin auf etwas im Kommen Begriffenes, aber er weiß nicht, was es ist. Er ist prophetisch, aber seine Stellung und Lage ist das Gegenteil der des Propheten. Der Prophet geht mit seiner eigenen Zeit Hand in Hand, und von diesem Standort her erschaut er das im Kommen Begriffene. Der Prophet ist, wie oben bemerkt, für sein eigenes Zeitalter verloren, aber er ist dies eigentlich nur deshalb, weil er in seine Geschichte versinkt. Der Ironiker hingegen ist aus den Reihen seiner eigenen Zeit herausgetreten, hat wider diese Stellung bezogen. Was da kommen wird, ist ihm verborgen, liegt hinter seinem Rücken; die Wirklichkeit jedoch, der er feindlich gegenübergetreten ist, ist das, was er vernichten soll, wider sie kehrt sich sein verzehrender Blick, auf sein Verhältnis zu seiner eigenen Zeit darf man das Bibelwort anwenden: „Siehe die Füße derer, die dich forttragen werden, sind vor der Tür." Auch der Ironiker ist ein von der Weltentwicklung gefordertes Opfer, nicht etwa, als ob der Ironiker stets im strengeren Sinne als ein Opfer fallen müsste, sondern Eifer in des Weltgeists Dienst verzehrt ihn.

Sören Kierkegaard

Hier haben wir somit die Ironie als die unendliche absolute Negativität. Sie ist Negativität, denn sie tut nichts als verneinen; sie ist unendlich, denn sie verneint nicht diese oder jene Erscheinung; sie ist absolut, denn dasjenige, kraft dessen sie verneint, ist ein Höheres, das jedoch nicht ist. Die Ironie richtet nichts auf; denn dasjenige, das errichtet werden soll, liegt hinter ihrem Rücken. Sie ist ein göttlicher Wahnsinn, der gleich einem Tamerlan[1] wütet und keinen Stein auf dem andern lässt. Hier haben wir mithin die Ironie. (...)

Indes, ist die Ironie eine Bestimmung der Subjektivität, so muss sie sich auch da zeigen, wo die Subjektivität zum ersten Male weltgeschichtlich in Erscheinung tritt. Die Ironie ist nämlich die erste und abstrakteste Bestimmung der Subjektivität. Dies weist hin auf jenen geschichtlichen Wendepunkt, an dem die Subjektivität zum ersten Mal in Erscheinung trat, und damit sind wir denn zu Sokrates gekommen.

Wie es nun mit der Ironie des Sokrates beschaffen gewesen ist, das ist in dem früheren Teil dieser Untersuchung zur Genüge geklärt worden. Die gesamte gegebene Wirklichkeit hatte für ihn ihre Gültigkeit verloren, er war der gesamten Wirklichkeit der Substantialität[2] fremd geworden. Dies ist die eine Seite der Ironie; auf der andern Seite brauchte Sokrates die Ironie, indem er das Griechentum vernichtete; sein Verhalten gegen dieses war ständig ironisch; er war unwissend und wusste nichts, sondern suchte stets bei andern Aufklärung; indem er aber auf diese Art das Bestehende bestehen ließ, verfiel es dem Untergang. Diese Taktik führte er bis zum Äußersten durch, und das zeigte sich besonders, als er angeklagt worden war. Aber der Eifer in diesem Dienst hatte ihn verzehrt und zuletzt packte die Ironie ihn, es schwindelte ihm, alles verliert seine Wirklichkeit. Diese Anschauung von Sokrates und der weltgeschichtlichen Bedeutung seines Standpunkts rundet sich meines Bedünkens so natürlich in sich selber ab, dass sie sich (so hoffe ich) bei dem einen oder andern Leser Eingang verschaffen wird. (...)

1 Tamerlan: ursprünglich „Timur-leng" (Timur, der Lange); durch seine Grausamkeit berüchtigter mongolischer Eroberer, um 1400 n. Chr.

2 Wirklichkeit der Substantialität: gemeint ist, was die wesentlichen (substantiellen) Eigenarten der vorsokratischen Zeit ausmachte

Im Vorhergehenden hat sich Folgendes gezeigt: Sokrates ist, wenn er erklärte, nichts zu wissen, gleichwohl wissend gewesen, da er von seiner Unwissenheit ein Wissen hatte, obwohl auf der andern Seite dies Wissen doch kein Wissen von „etwas“ war, das will heißen, keinerlei positiven Inhalt hatte, und insofern also ist seine Unwissenheit ironisch gewesen. (...) Wäre sein Wissen ein Wissen von „etwas“ gewesen, so wäre seine Unwissenheit lediglich eine Form der Gesprächsführung gewesen. Jetzt hingegen ist seine Ironie vollendet in sich selbst. Insofern ist es mithin zu gleicher Zeit mit der Unwissenheit des Sokrates ein Ernst und doch hinwiederum kein Ernst, und auf dieser Spitze muss man Sokrates festhalten. Dass man von seiner Unwissenheit weiß, ist der Anfang zum Wissendwerden; weiß man jedoch nicht mehr, so ist es eben bloß ein Anfang. Dies Wissen ist es, welches den Sokrates ironisch aufrechterhält. (...) Für die Ironie gibt es kein Beständiges, sie schaltet und waltet mit allem nach Belieben (ad libitum); will sie dies aber zu einer Aussage machen, so sagt sie etwas Positives, womit denn ihre Selbstherrlichkeit insoweit ein Ende hat. (...) Die hier begegnende Schwierigkeit ist eigentlich die, dass die Ironie in strengerem Sinne nie einen Satz aufstellen kann, weil die Ironie eine Bestimmung des für sich seienden Subjekts ist, welches in lauter Agilität[3] nichts bestehen lässt und aufgrund dieser Agilität sich nicht zu sammeln vermag in der Gesamtanschauung, dass sie nichts bestehen lässt. (...)

Ebenso verhält es sich auch mit der Unwissenheit des Sokrates, seine Unwissenheit ist das Nichts, mit dem er jedes Wissen vernichtet. Dies kann man am besten sehen an seiner Auffassung des Todes. Er hat kein Wissen von dem, was der Tod ist, und von dem, was nach dem Tode ist, ob da etwas ist oder schlechterdings nichts, er ist mithin unwissend; aber er nimmt sich diese Unwissenheit nicht weiter zu Herzen, im Gegenteil, er fühlt sich in dieser Unwissenheit recht eigentlich frei, es ist ihm also mit dieser Unwissenheit kein Ernst, und dennoch ist es sein blanker Ernst, dass er unwissend ist. (...)

Wir fassen zusammen. Es ist im ersten Teil dieser Abhandlung als das Eigentümliche des Standpunkts des Sokrates hervorgehoben worden, dass das gesamte substantielle Leben des Griechentums für ihn seine Gültigkeit verloren hatte, dass also (das heißt dies doch) die bestehende Wirklichkeit für ihn unwirklich war, und dies nicht etwa in dieser oder jener einzelnen Richtung, sondern in ihrer umfassenden Ganzheit als solcher, dass er hinsichtlich dieser ungültigen Wirklichkeit das Bestehende nur unernsthaft bestehen ließ und es dadurch dem Untergang entgegenführte, dass er bei alledem ständig leichter und leichter ward, ständig in immer noch höherem Maße negativ frei ward; daraus aber ersehen wir ja, dass dieser Standpunkt des Sokrates zufolge der jetzt gegebenen Erörterung, als die unendliche absolute Negativität, Ironie gewesen ist. Indes, nicht die Wirklichkeit überhaupt ist von ihm verneint worden, sondern die zu einer gewissen Zeit gegebene Wirklichkeit, die der Substantialität so wie diese in Griechenland war, und das, was seine Ironie heischte, war die Wirklichkeit der Subjektivität, der Idealität. Hierüber hat die Geschichte nun das Urteil gefällt, dass Sokrates weltgeschichtlich berechtigt gewesen ist. Er ist ein Opfer geworden. Dies ist nun gewiss ein tragisches Schicksal, gleichwohl aber ist der Tod des Sokrates nicht eigentlich tragisch; im Grunde kommt der griechische Staat mit seinem Todesurteil hintennach und hat auf der anderen Seite an dem Vollzug der Todesstrafe auch nicht eben viel Erbauung, denn für Sokrates hat der Tod nicht Wirklichkeit. (...) Sokrates (...) weiß schlechthin nichts und insofern ist es Ironie über den Staat, dass er ihn zum Tode verurteilt und deshalb wähnt, über ihn eine Strafe verhängt zu haben.*

3 Agilität: Umtriebigkeit, rastlose Tätigkeit

* Sören Kierkegaard, Weltgeschichtliche Gültigkeit der Ironie, die Ironie des Sokrates. In: Auswahl aus dem Gesamtwerk, herausgegeben von Emanuel Hirsch im Verlag Fourier u. Fertig nach der Werkausgabe bei Eugen Diederichs, Düsseldorf/Köln 1964, S. 67–69, 71–72, 76–79

4.3.2 Der verführte Verführer

Sokrates *war für* Kierkegaard *ein Mensch in der Schwebe zwischen zwei Zeiten; daraus ergab sich für ihn die Eigenart der sokratischen Ironie. Ihr Hintergrund – das Wissen des Nichtwissens – kann aber dort, wo nichts feststeht, Verirrung erzeugen; die Schwebe wird dann zu einem Balanceakt, wobei nur die Frage ist, ob man nach links oder rechts abstürzt. In seinem Buch* „Entweder – Oder“ *ist Kierkegaard dieser Frage nachgegangen und schildert die Situation eines Menschen, der an sich selbst irre wird, weil er zu raffiniert – oder zu ironisch – sein wollte.*

Es liegt etwas Empörendes darin, wenn ein Mensch einen Wanderer, der sich unschlüssig ist über den Weg, auf falsche Pfade führt und ihn dann in seiner Verirrung allein lässt, und doch, was ist das im Vergleich dazu, einen Menschen dahin zu bringen, an sich selbst irre zu werden. Der Wanderer, der sich verirrt, hat doch den Trost, dass die Gegend um ihn herum sich ständig verändert, und jede Veränderung birgt die Hoffnung in sich, einen Weg heraus zu finden. Wer in sich selbst in die Irre geht, dem steht kein so großes Gebiet zur Verfügung, in dem er sich bewegen kann; er erkennt bald, dass es ein Kreislauf ist, aus dem er nicht herauskommen kann. So wird es, glaube ich, ihm selbst ergehen nach einem noch weit schrecklicheren Maßstab gemessen. Ich kann mir nichts Qualvolleres vorstellen als einen ränkesüchtigen Kopf, der den Faden verliert und der jetzt seinen ganzen Scharfsinn auf sich selbst anwendet, da sein Gewissen erwacht und es darum geht, sich selbst aus dieser Verirrung zu retten. Umsonst hat sein Fuchsbau viele Ausgänge, in dem Augenblick, da seine verängstigte Seele schon glaubt, das hereinfallende Tageslicht zu sehen, zeigt es sich, dass es ein weiterer Eingang ist, und so sucht er wie ein aufgescheuchtes Wild, von Verzweiflung gepackt, ständig einen Ausgang und findet immer nur einen Eingang, von dem er in sich selbst zurückkehrt. Ein solcher Mensch ist nicht immer das, was man einen Verbrecher nennen könnte, er wird oft selbst getäuscht von seinen Ränken, und doch trifft ihn furchtbarere Strafe als den Verbrecher; denn was ist selbst der Reue Schmerz im Vergleich zu diesem bewussten Wahnwitz. Seine Strafe hat einen rein ästhetischen Charakter; denn selbst das Erwachen des Gewissens ist auf ihn angewandt ein zu ethischer Ausdruck; das Gewissen bedeutet für ihn nur ein stärkeres Bewusstsein, das sich als Unruhe äußert, das ihn nicht einmal im tieferen Sinne anklagt, sondern ihn wach hält, ihm keine Ruhe gönnt in seiner unfruchtbaren Rastlosigkeit. Auch wahnsinnig ist er nicht; denn der endlichen Gedanken Mannigfaltigkeit ist nicht in der Ewigkeit des Wahnsinns versteinert.*

4.3.3 Das verlorene Ich

Ein an sich selbst irre werdender Mensch ist zwar ein „Subjekt“, aber nicht in dem Sinne, den dieser Begriff bei Descartes *gehabt hatte. Das kartesianische Subjekt war ein Ich ohne private Lebensgeschichte, ein abstrakter, allgemeiner Nullpunkt im Denkprozess gewesen, doch was* Kierkegaard *meint, ist weder abstrakt noch allgemein. Es ist der jeweils Einzelne, der an sich selbst erfährt, wie schwer es ist, sich selbst auszuhalten.*

Jeder Ernstere, der ein wenig Auge hat für die Verhältnisse gegenwärtiger Zeit, wird leicht sehen, wie wichtig es ist, von Grund auf und keiner Folge sich entziehend, unter der Last einer ungeheuerlichen Verantwortung, aber auch bis in jede wahre Zuspitzung hinein, freimütig einer unsittlichen Verwirrung entgegenzuarbeiten, welche philosophisch und gesellschaftlich „die Einzelnen“ vermittelst der „Menschheit“ oder fantastischer Gesellschaftsbestimmungen demoralisieren will; einer Verwirrung, welche unfromme Verachtung für das lehren will, was die erste

* Sören Kierkegaard, Tagebuch des Verführers. Aus dem Dänischen von Helene Ritzerfeld, Insel-TB 405, Frankfurt a. M. 1983, S. 16–18

Voraussetzung aller Religiosität ist, für das Ein-einzelner-Mensch-Sein. Dieser Verwirrung kann man nur entgegen arbeiten, indem man die Menschen einzeln fasst – aber jeder Mensch ist doch wohl ein einzelner Mensch!*

Kierkegaard *sieht die Bedeutung des Einzelnen in doppelter Hinsicht. Erstens kommt es ihm darauf an, den Einzelnen aus der Einebnung in gesellschaftliche Formen (Massengesellschaft!) zu retten; zum anderen ist für ihn der Einzelne derjenige, der vom religiösen Glauben getroffen wird. In einer „Literarischen Anzeige“ von 1846 rechnet Kierkegaard mit dem Sozialismus ab, der ihm als eine gesellschaftliche Theorie erschien, die den Menschen um seine Individualität bringt, indem sie ihn unter abstrakte Gleichheitsvorstellungen zwingt. Alle Ausgezeichneten, Hervorragenden werden unkenntlich gemacht, ihre bisherigen Vollmachten und Autoritäten werden unterdrückt, um angeblich „Freiheit“ zu schaffen:*

Und wenn dann die Generation, welche ja selber hat nivellieren wollen, sich hat emanzipieren wollen und revoltieren wollen, welche die Vollmacht hat einebnen wollen und damit selber, in der Skepsis der gesellschaftlichen Verbindung[1], den trostlosen Waldbrand der Abstraktion bewerkstelligt hat, wenn die Generation mittels der Nivellierung durch die Skepsis der gesellschaftlichen Verbindung hindurch die Individualitäten überseit geschafft hat samt allen konkreten organischen Gebilden und stattdessen die Menschheit bekommen hat und die Gleichmäßigkeit des Zahlenverhältnisses zwischen Mensch und Mensch; wenn dann die Generation einen Augenblick lang sich vergnügt an der weiten Aussicht der abstrakten Unendlichkeit[2], die von nichts Hervorragendem, auch nicht dem kleinsten, begrenzt und gestört wird, sondern da ist nichts denn „eitel Luft und Meer“: dann hebt die Arbeit an, da die Individuen, ein jeder im Besonderen, sich selber helfen müssen. Denn es wird nicht sein wie voreinst, da die Individuen, wenn es anfing ihnen vor den Augen ein wenig zu schwindeln, zu dem am nächsten stehenden Ausgezeichneten hinsahen, um sich zurechtzufinden. Dies ist nun vorbei; sie sollen entweder verloren sein in der abstrakten Unendlichkeit Schwindel oder unendlich erlöst werden in der Wesentlichkeit der Religiosität. Viele viele werden vielleicht schreien in der Verzweiflung, aber es wird nichts helfen, es ist jetzt zu spät.**

1 Skepsis der gesellschaftlichen Verbindung: negative Einschätzung des Einzelnen; er soll in der gesellschaftlichen Ordnung aufgehen
2 abstrakte Unendlichkeit: „Die Menschheit“ ist eine nicht begrenzte, nirgendwo direkt greifbare Menge, für die das Individuum nicht zählt.

4.3.4 Der Sprung in den Glauben

Wenige Zeilen später gibt Kierkegaard *den entscheidenden Hinweis, was einzig und allein das in der Vermassung verlorene Ich noch retten kann: der Sprung in den Glauben.*

Da wird es heißen: „Siehe, es ist alles bereit, siehe, der Abstraktion Grausamkeit macht die Endlichkeit offenbar in ihrem Trug als solche, siehe, des Unendlichen Abgrund tut sich auf, siehe, der Nivellierung scharfe Sense läßt alle, jeden besonders, über die Klinge springen – siehe, Gott wartet! So spring denn zu in Gottes Arme.“***

* Sören Kierkegaard, Die Kategorie des Einzelnen. In: Auswahl aus dem Gesamtwerk, a. a. O., S. 56
** Sören Kierkegaard, Das Zeitalter der Nivellierung, a. a. O., S. 87–88
*** Ebd. S. 89

Für Kierkegaard *ist der christliche Glaube zunächst immer Sache des Einzelnen, obwohl sich im Laufe der Geschichte das Christentum als eine allgemeine Religion gebildet hatte. Gegen das zur bloßen Institution (Kirche!) gewordene Christentum richtet sich Kierkegaards Rückgriff auf den Einzelnen:*

„Der Einzelne"; das ist die christlich entscheidende Kategorie, und sie wird auch entscheidend werden für die Zukunft des Christentums. Die Grundverwirrung, das, was man den Sündenfall der Christenheit nennen könnte, ist: Jahr um Jahr, Jahrzehnt um Jahrzent, Jahrhundert um Jahrhundert, schleicherisch – halb beinahe von sich nicht wissend was sie wollte, und wesentlich von sich nicht wissend was sie tat – darauf aus gewesen zu sein, Gott das Eigentumsrecht am Christentum zu entwenden, und sich in den Kopf zu setzen, dass das Geschlecht, das Menschengeschlecht selbst das Christentum erfunden oder doch so ungefähr beinahe selbst erfunden habe. So wie im Staate, wenn ein Vermögen eine gewisse Anzahl von Jahren angestanden und kein Eigentümer sich gemeldet hat, das Vermögen dem Staate heimfällt – so hat das Geschlecht, dadurch verwöhnt, im platten Sinne zu wissen, dass das Christentum nun einmal da ist, etwa so gedacht: Es ist nun schon so lange her, dass Gott als Eigentümer und Herr etwas hat von sich hören lassen, somit ist das Christentum uns heimgefallen, mögen wir es nun ganz und gar abschaffen, oder es nach Belieben zurechtstutzen wollen, als etwas das so ungefähr unser Eigentum und unsre Erfindung ist; und so behandelt es das Christentum, nicht als das, was in der gehorsamen Unterwerfung unter Gottes Majestät geglaubt werden soll, sondern als etwas, das um angenommen zu werden, zusehen muss vermittelst von „Gründen", „die Zeit", „das Publikum", „diese geehrte Versammlung" usf. zufriedenzustellen.*

Auch die Christen haben also – im Interesse, eine allgemeine Religion zu entwickeln – ihren Glauben nivelliert und so eingeebnet, dass er sich in verfügbare Institutionen bringen ließ. Für Kierkegaard *ist der Glaube aber niemals verfügbar, auch nicht begründbar, sondern verlangt vom Einzelnen geradezu einen Sprung ins Ungewisse: Er kann nie sicher sein, durch den Glauben festen Boden unter die Füße zu bekommen.*
Das zeigt sich am klarsten an der Gestalt Jesu Christi, *die in ihrer Menschlichkeit so verständlich und in ihrer Gottessohnschaft doch unbegreifbar ist:*

Da lebt denn ein einzelner Mensch, er sieht ganz so aus wie andre Menschen, wächst auf ganz wie andre Menschen, verheiratet sich, hat einen Lebenserwerb, ist bedacht auf sein Auskommen für den morgigen Tag, wie das sich für einen Menschen gehört; denn es mag ja recht schön sein, leben zu wollen wie die Vögel unter dem Himmel, aber es ist unzulässig und kann ja auf das Traurigste enden, entweder, wenn man Ausdauer dabei hat, so, dass man umkommt vor Hunger, oder so, dass man von dem Gut und Geld andrer lebt. Dieser Mensch ist zugleich der Gott. Woher weiß ich das? Ja, wissen kann ich es nicht, denn dann müsste ich den Gott und die Verschiedenheit[1] kennen; und die Verschiedenheit kenne ich nicht, dieweil der Verstand sie dem gleich gemacht hat, davon sie verschieden ist. Dergestalt ist der Gott der entsetzlichste Betrüger geworden, dadurch, dass der Verstand sich selbst betrogen hat. Der Verstand hat den Gott so nahe als es möglich ist bekommen, und doch so fern.**

1 Verschiedenheit: Gott ist für Kierkegaard das schlechthin Unbekannte und dadurch unterscheidet sich Gott von allem, was der Verstand je erreichen kann. Gott rational begreifen oder gar beweisen zu wollen, würde diese Verschiedenheit übersehen und einebnen, so wie das bei Descartes geschehen war.

* Sören Kierkegaard, Der Einzelne, a. a. O., S. 60
** Sören Kierkegaard, Das schlechthinnige Paradox, a. a. O., S. 111

Der Glaube muss für den Verstand als etwas unbegreifbar Paradoxes erscheinen, aber damit ist nicht gesagt, dass solch ein Glaube den Philosophen nicht zu interessieren brauche.

Doch soll man vom Paradox nichts Übles denken; denn das Paradox ist des Gedankens Leidenschaft, und der Denker, der ohne das Paradox ist, er ist dem Liebenden gleich, welcher ohne Leidenschaft ist: ein mäßiger Patron. Aber die höchste Potenz jeder Leidenschaft ist stets, ihren eignen Untergang zu wollen, und so ist es auch des Verstandes höchste Leidenschaft, den Anstoß zu wollen, ganz gleich, dass der Anstoß auf die eine oder andre Weise sein Untergang werden muss. Das ist denn des Denkers höchstes Paradox: etwas entdecken wollen, das es selbst nicht denken kann. Diese Leidenschaft des Denkens ist im Grunde überall im Denken vorhanden, auch in dem des Einzelnen, insofern er denkend ja nicht bloß er selber ist. Aber aufgrund der Gewohnheit entdeckt man dies nicht.*

Schließlich liegt aber für Kierkegaard *ein besonderes Paradox des Glaubens darin, dass sich die Forderungen des Glaubens nicht mit denen der Moral zu decken brauchen. Wer meint, Gott sei einfach ein „lieber" Gott, kann furchtbar enttäuscht werden. Für Kierkegaard war das einprägsamste Beispiel solcher Enttäuschung die Geschichte Abrahams, der von Gott aufgefordert wurde, seinen Sohn Isaak zu opfern. Das Paradox dieses Opfers liegt für Kierkegaard in der Unvereinbarkeit von Tötungsverbot und Gehorsam gegenüber Gott. Kierkegaard notiert dazu:*

Das Furchtbare der Kollision ist nämlich, dass es kein Zusammenstoß ist zwischen Gottesgebot und Menschengebot, sondern Gottesgebot und Gottesgebot.**

Diesem Zusammenstoß nicht gewachsen zu sein, ist die Verzweiflung nicht nur Abrahams, sondern jedes um den Glauben ringenden Menschen. Solche Verzweiflung wird für Kierkegaard *zum Grundkriterium menschlicher Existenz.*

4.3.5 Verzweiflung

In seinem vielleicht wichtigsten Werk „Die Krankheit zum Tode" *(1849) hat* Kierkegaard *eine vielschichtige Analyse des verzweifelten Selbst gegeben; Verzweiflung ist die Krankheit zum Tode, aber sie ist zugleich die wesentlichste Form des Lebens.*

Verzweiflung ist eine Krankheit im Geist, im Selbst, und kann somit ein Dreifaches sein: verzweifelt sich nicht bewusst sein ein Selbst zu haben (uneigentliche Verzweiflung); verzweifelt nicht man selbst sein wollen; verzweifelt man selbst sein wollen.***

Mit diesen Einleitungssätzen gibt Kierkegaard *seinem Werk eine Gliederung vorweg. Hier sollen nur einige der wesentlichsten Punkte aufgegriffen werden. Zunächst eine eigentümliche Frage:*

Ist Verzweiflung ein Vorzug oder ein Mangel? Rein dialektisch[1] ist sie alles beides. Hielte man den abstrakten Gedanken der Verzweiflung fest, ohne irgendeinen Verzweifelten zu denken, so müsste man sagen: sie ist ein ungeheurer Vorzug. Die Möglichkeit dieser Krankheit ist des Menschen Vorzug vorm Tiere, und dieser Vorzug zeichnet ihn auf ganz andre Weise aus als der auf-

1 dialektisch: eine Betrachtungsweise, die ein Thema von verschiedenen Positionen aus angeht und eventuelle Widersprüche wie zwei Seiten derselben Münze behandelt

* Ebd. S. 60–61

** Ebd.

*** Dieses und die folgenden Zitate: Sören Kierkegaard, Die Krankheit zum Tode ist Verzweiflung. In: Ders., Die Krankheit zum Tode; übers. v. Emanuel Hirsch, Gütersloher TB 620 (Siebenstern), Verlag G. Mohn, 1985, S. 8, 10, 13–14, 42, 74

rechte Gang; denn sie deutet hin auf das unendliche Aufgerichtetsein oder die unendliche Erhabenheit, dass er Geist ist. Die Möglichkeit dieser Krankheit ist des Menschen Vorzug vorm Tiere; auf diese Krankheit aufmerksam sein ist des Christen Vorzug vor dem natürlichen Menschen; von dieser Krankheit geheilt sein des Christen Seligkeit.

Mithin, es ist ein unendlicher Vorzug verzweifeln zu können; und dennoch ist es nicht nur das größte Unglück und Elend, es zu sein, nein, es ist Verlorenheit (...)

Wer konkret verzweifelt, kann nicht mehr neutral über Verzweiflung reden, er ist der „Krankheit zum Tode" verfallen, und auch für einen Kranken ist seine Krankheit nicht bloß ein medizinisches Phänomen.

Dieser Begriff: die Krankheit zum Tode muss jedoch auf eine eigene Art genommen werden. Unmittelbar bedeutet er eine Krankheit, deren Ende, deren Ausgang der Tod ist. Dergestalt spricht man in gleicher Bedeutung von einer tödlichen Krankheit und einer Krankheit zum Tode. In diesem Sinne kann Verzweiflung nicht die Krankheit zum Tode heißen. Christlich verstanden aber ist der Tod selber ein Durchgang zum Leben. Insofern ist, christlich, keine irdische, leibliche Krankheit zum Tode. Denn der Tod freilich ist das Letzte der Krankheit, aber der Tod ist nicht das Letzte. Soll im strengesten Sinne von einer Krankheit zum Tode die Rede sein, so muss es eine sein, bei der das Letzte der Tod ist und der Tod das Letzte ist. Und dies eben ist Verzweiflung.

Indes in einem andern Sinne ist Verzweiflung noch bestimmter die Krankheit zum Tode. Es ist nämlich so weit wie möglich davon, dass man, unmittelbar verstanden, an dieser Krankheit stirbt, oder dass diese Krankheit mit dem leiblichen Tode endet. Im Gegenteil, der Verzweiflung Qual ist gerade, dass man nicht sterben kann. Sie hat dergestalt mehr gemeinsam mit dem Zustand des Todkranken, wenn er daliegt und mit dem Tode ringt und nicht sterben kann. Solchermaßen heißt zum Tode krank sein nicht sterben können, jedoch nicht so, als ob da Hoffnung für das Leben wäre, nein, die Hoffnungslosigkeit ist, dass selbst die letzte Hoffnung, der Tod, nicht ist. Wenn der Tod die größte Gefahr ist, hofft man auf das Leben; wenn man aber die noch entsetzlichere Gefahr kennen lernt, hofft man auf den Tod. Wenn also die Gefahr so groß ist, dass der Tod die Hoffnung geworden, so ist Verzweiflung die Hoffnungslosigkeit, noch nicht einmal sterben zu können.

In dieser letzten Bedeutung ist denn Verzweiflung die Krankheit zum Tode, dieser qualvolle Widerspruch, diese Krankheit im Selbst, ewig zu sterben, zu sterben und doch nicht zu sterben, den Tod zu sterben. (...)

Für den Einzelnen, der verzweifelt „er selbst" sein will, ergibt sich der Zustand einer widersprüchlichen, gebrochenen Existenz. Kierkegaard *zeigt hier, dass der Mensch kein in sich gerundetes, fertiges Leben hat wie das Tier, sondern dort, wo er um jeden Preis zu sich selbst kommen will, in eine Situation gespaltenen, fragwürdigen Daseins gerät. Aber auch wer dem auszuweichen sucht, sich in Gleichgültigkeit und Indifferenz flüchten will, um sich nicht den Widersprüchen des Selbstseins aussetzen zu müssen, wird das schließlich auf verzweifelte Weise tun und damit nur bestätigen, wie auch ihn die „Krankheit zum Tode" im Griff hat.*

In der Unwissenheit darüber, dass er verzweifelt ist, ist der Mensch dem am allerfernsten, seiner als Geist sich bewusst zu sein. Eben dies aber, dass man sich seiner als Geist nicht bewusst ist, ist Verzweiflung, welche Geistlosigkeit ist, möge der Zustand im Übrigen eine völlige Erstorbenheit sein, ein rein vegetatives Leben, oder ein potenziertes Leben[2], dessen Geheimnis jedoch

2 vegetatives – potenziertes Leben: das rein biologische Leben (dahinvegetieren wie ein Tier) und ein sich in gesteigerter Weise nach außen wendendes Leben, z. B. zum Erwerb von materiellen Gütern

Verzweiflung ist. In letzterem Falle geht es dem Verzweifelten so, wie es dem ergeht, der an Auszehrung leidet: er befindet sich wohl, hält sich für durchaus gesund, scheint andern vielleicht gar vor Gesundheit zu blühn, gerade dann wenn die Krankheit am gefährlichsten ist.

Der tatsächlich Verzweifelte, der verzweifelt er selbst sein und seine Widersprüche (seine Krankheit) aushalten will, wird sich ganz anders verhalten. Ihm geht es darum, nichts von außen zu erhalten; er lehnt alle Hilfe ab, weil er dann sein Selbst anderen verdanken müsste. Am Ende erhält sein verzweifelter Versuch, er selbst sein zu wollen, sogar etwas Dämonisches. Nicht einmal Gott soll ihm helfen.

Die dämonische Verzweiflung ist die am höchsten potenzierte Form jener Verzweiflung, welche verzweifelt sie selbst sein will. Diese Verzweiflung will auch nicht mit stoischer[3] Vergafftheit in sich selber und in Selbstvergötterung sie selbst sein, will nicht wie die stoische, freilich lügnerisch, aber doch in gewissem Sinne in Gemäßheit zu ihrer Vollkommenheit sie selbst sein; nein, sie will sie selbst sein in Hass wider das Dasein, will sie selbst sein in Gemäßheit zu ihrem Elend; sie will auch nicht in Trotz oder trotzig, sondern zum Trotz sie selbst sein; sie will auch nicht im Trotz ihr Selbst losreißen von der Macht, welche es gesetzt hat, sie will zum Trotz ihr sich aufnötigen, ihr sich auftrotzen, will aus Bosheit sich an sie halten – und, versteht sich, ein boshafter Einwand muss ja auch vor allem darauf bedacht sein, sich an das zu heften, gegen welches er der Einwand ist. Sie meint, wider das ganze Dasein sich empörend, einen Beweis wider es, wider dessen Gutheit erhalten zu haben. Dieser Beweis meint der Verzweifelte selber zu sein, und das ist es, was er sein will, darum will er er selbst sein, er selbst in seiner Qual, um mit dieser Qual das ganze Dasein abzuweisen. Derweilen der in Schwachheit Verzweifelnde nichts davon hören will, welchen Trost die Ewigkeit für ihn hat, will ein solcher Verzweifelter ebenfalls nichts davon hören, jedoch aus einem anderen Grunde: eben dieser Trost wäre ja sein Untergang – als eines Einwandes wider das ganze Dasein. Es ist, um es im Bilde zu beschreiben, wie wenn einem Schriftsteller ein Schreibfehler unterliefe, und dieser würde sich seiner als eines solchen bewusst – vielleicht war es eigentlich doch kein Fehler, sondern in einem weit höheren Sinne etwas, was zur ganzen Darstellung wesentlich mit dazu gehörte – es ist, wie wenn nun dieser Schreibfehler gegen den Verfasser Aufruhr machen wollte, aus Hass wider ihn ihn zurechtweisen wollte, und in wahnwitzigem Trotz zu ihm sprechen: Nein, ich will nicht ausgestrichen werden, ich will stehen bleiben als Zeugnis wider dich, ein Zeugnis davon, dass du ein mäßiger Schriftsteller bist.

3 stoisch: Haltung der Stoiker. Griechisch-hellenistische Philosophenschule (Stoa), die lehrte, man müsse den Wendungen des Lebens unbeeindruckt gegenüberstehen und dürfe sich weder durch Leid noch durch Freude um sein seelisches Gleichgewicht bringen lassen

Dieses Gleichnis vom Schreibfehler, der sich gegen seinen Urheber empört und nicht verbessert werden will, gibt dem Gedanken Descartes', *Gott könne als böser Betrüger den Menschen falsch programmiert haben, eine ganz neue Wendung.* Kierkegaard *ist kein Philosoph, dem es auf letzte Gewissheiten ankommt, sondern er akzeptiert das Scheitern als Lebensprinzip. Sein (christlicher) Glaube liefert ihm weder Sicherheit noch Erlösung aus der Verzweiflung, sondern bleibt ein ständiges Risiko. Gerade diese ungesicherte Form der geistigen Existenz hat die Philosophie Kierkegaards in unserem Jahrhundert zum Anknüpfpunkt moderner Existenzphilosophie werden lassen.*

Arbeitsaufträge

1. Kierkegaard unterscheidet in 4.3.1 drei geschichtlich wirksame Menschentypen: den Propheten, den tragischen Helden und den Ironiker. Worin liegt das ihnen Gemeinsame, wo liegen die Unterschiede?
2. Versuchen Sie die Deutung, die Kierkegaard für die Wirkung des Sokrates gibt, durch konkrete Beispiele aus 4.1 zu erläutern! Wie kann es gemeint sein, wenn Kierkegaard sagt, Sokrates habe die (griechische) Wirklichkeit vernichtet?
3. Was verstehen Sie selbst unter „Ironie"? Ziehen Sie notfalls einen Lexikon-Artikel zu Rate!
4. Wie könnten Sie den Hinweis auf den „Verführer", der jemand in Verwirrung bringt und dann allein lässt, auf Sokrates beziehen? (4.3.2)
5. Unter welchen Umständen kann jemand an sich selbst irre werden? Was geschieht dabei mit ihm? (4.3.2)
6. Kierkegaard verwendet am Schluss von 4.3.2 die Begriffe „ästhetisch" und „ethisch". Was bedeuten sie? Wie werden sie bei Kierkegaard gegenübergestellt?
7. Die Menge der Ameisen in einem Haufen lässt sich abzählen. Wie steht es in dieser Hinsicht mit der Menge der Menschen in der „Menschheit"? (4.3.3)
8. Worin liegt nach Kierkegaard das Paradox des Glaubens? (4.3.4) – Vergleichen Sie, was er über Gott als den „entsetzlichsten Betrüger" sagt, mit der entsprechenden Stelle bei Descartes (4.2.3)!
9. Heute ist viel von „Selbstverwirklichung" die Rede. Was wird darunter verstanden? Wie verhält es sich damit im Vergleich zu Kierkegaards Vorstellung von dem, was es heißt, verzweifelt man selbst sein zu wollen (vgl. 4.3.5)?
10. Inwiefern kann jemand verzweifelt darum bemüht sein, nicht er selbst sein zu wollen? (4.3.5)

TEIL B:
PHILOSOPHISCHE ANTHROPOLOGIE

Einleitung

Jeder weiß natürlich, was ein Mensch ist. Jeder von uns sieht sich selbst als einen Menschen an. Da gibt es offenbar gar keine Probleme. Wozu also eigens über den Menschen philosophieren? Da will jemand eine Reise ins Ausland unternehmen; an der Grenze muss er sich ausweisen und seinen Pass vorlegen. Im Pass steht, wer er ist: Name, Geburtstag, Wohnsitz usw. Aber ist das, was ich bin, zureichend durch die Angaben in meinem Ausweis beschrieben? Der Ausweis wird gelegentlich als Identitätskarte bezeichnet. Worin liegt meine Identität? Wer bin ich als „ich selbst"?
Natürlich kann man über die Daten im Pass hinausgehen und etwas ausführlicher werden; denn zu dem, was jemand ist, gehört sicherlich mehr als das, was die Behörden interessiert. Zu mir gehören nicht nur meine Haarfarbe und die Farbe meiner Augen, sondern vielerlei Dinge, die mein Leben bestimmen und mich kennzeichnen.
Vor allem: jeder Mensch ändert sich, nicht nur in seinem Äußeren; er lernt hinzu, macht neue Erfahrungen, wechselt seine Meinungen. Bin ich immer noch derselbe, der ich vor einem Jahr, vor einem Jahrzehnt war? Schon seit gestern hat sich manches für mich geändert! In seinen „Kalendergeschichten" schildert der Dichter Bertolt Brecht *ein Wiedersehen:*

Ein Mann, der Herrn K. lange nicht gesehen hatte, begrüßte ihn mit den Worten: „Sie haben sich gar nicht verändert." „Oh!" sagte Herr K. und erbleichte.

Schlimm, wenn sich jemand in seinem Leben niemals verändern würde. Sollte der Faule immer faul, der Halunke immer ein Halunke bleiben? Doch wenn der Mensch sich ändert, wo bleibt dann seine Identität? Die Frage ist nicht mit dem Hinweis auf die Daten in einem Pass zu beantworten. Gehört vielleicht das, was ich werden kann, auch schon zu dem, was ich jetzt bin? Aber was erst später einmal sein wird, wie kann das bereits heute mit mir zu tun haben? – In solchen Fragen zeichnet sich ab, dass es einen Sinn haben kann, über den Menschen nachzudenken. Und nicht nur über den einzelnen Menschen: über das, was „ich" bin und was zu meinem Leben gehört. Man kann den Blick auf die Menschen überhaupt, auf die Menschheit *richten. Wodurch begann sie im Dunkel der Vorzeit, sich von den Tieren zu unterscheiden? Was wird aus ihr werden, wenn sie sich diesen Planeten Erde in rücksichtsloser Weise unterwirft und ausbeutet? Stellt sie ihre eigene Existenz aufs Spiel? Wer sind wir, dass wir uns selbstbewusst über andere Wesen erheben? – Da wird „der Mensch" zu einem allgemeinen Problem. Und über dieses Problem nachzudenken ist die Aufgabe der* philosophischen Anthropologie.

5 Biologische Anthropologie

5.1 Was ist der Mensch?

Als Einstimmung auf das Thema soll hier ein Chorlied aus der Tragödie „Antigone“ des griechischen Dichters Sophokles *stehen. Das ist zwar nicht Philosophie im eigentlichen Sinne, aber wenn man genau hinschaut, wird man erkennen, dass auch diese Strophen einen sehr philosophischen Kern haben.*

5.1.1 Chorlied aus „Antigone“ – Sophokles

Ungeheuer ist viel. Doch nichts
Ungeheuerer, als der Mensch.
Denn der, über die Nacht
Des Meers, wenn gegen den Winter wehet
Der Südwind, fähret er aus
In geflügelten sausenden Häusern[1].
Und der Himmlischen erhabene Erde
Die unverderbliche, unermüdete
Reibet er auf; mit dem strebenden Pfluge,
Von Jahr zu Jahr,
Treibt sein Verkehr er, mit dem Rossegeschlecht.
Und leicht träumender Vögel Welt
Bestrickt er, und jagt sie;
Und wilder Tiere Zug,
Und des Pontos[2] salzbelebte Natur
Mit gesponnenen Netzen,
Der kundige Mann.
Und fängt mit Künsten das Wild,
Das auf den Bergen übernachtet und schweift.
Und dem raumähnigen Rosse wirft er um
Den Nacken das Joch, und dem Berge
Bewandelnden unbezähmten Stier.

Und die Red und den luftigen
Gedanken und städtebeherrschenden Stolz
Hat erlernet er, und übelwohnender
Hügel feuchte Lüfte, und
Die unglücklichen zu fliehen, die Pfeile. Allbewandert,
Unbewandert. Zu nichts kommt er.
Der Toten künftigen Ort nur
Zu fliehen weiß er nicht,
Und die Flucht unbeholfener Seuchen
Zu überdenken.

1 Gemeint sind natürlich die Segelschiffe.
2 Pontos: So nannten die Griechen das weite, offene und gefährliche Meer, auf das sie sich nur ungern hinauswagten.

Von Weisem etwas, und das Geschicke der Kunst
Mehr, als er hoffen kann, besitzend,
Kommt einmal er auf Schlimmes, das andre zu Gutem.
Die Gesetze kränkt er, der Erd und Naturgewaltger
Beschwornes Gewissen[3];
Hochstädtisch kommt, unstädtisch
Zu nichts er, wo das Schöne
Mit ihm ist und mit Frechheit.
Nicht sei am Herde mit mir,
Noch gleichgesinnet,
Wer solches tut.*

3 wörtlich: Die Gesetze des Landes befolgt er, das beschworene Recht der Götter.

Dieses Chorlied des Sophokles zeichnet ein grundsätzliches Bild des Menschen und hebt den tiefen Zwiespalt hervor, der die menschliche Wesensart bestimmt. Die mahnende Stimme des antiken Dichters macht deutlich, dass die Frage nach dem, was der Mensch ist, zu den wichtigsten und beunruhigendsten Fragen nachdenklicher Besinnung gehört. Sie führt dazu, Wesensbestimmungen der menschlichen Daseinsweise zu versuchen, d. h. „Anthropologie" (Menschenkunde) zu treiben, obwohl dabei keine endgültigen Antworten zu erwarten sind. Wer zu schnell und voreilig meint, einen klaren Begriff vom Menschen zu haben, kann sich furchtbar irren, und Platon *hat in einem seiner Dialoge (dem „Politikos") ein ironisch gemeintes Beispiel für eine leichtfertige Definition des Menschen gegeben.*

5.1.2 Der ungefiederte Zweibeiner – Platon

Sokrates *bemüht sich im Gespräch mit einem Fremden, die Stellung des Menschen innerhalb des Tierreiches zu bestimmen. Dabei verfolgt er die Methode der Zweiteilung (dihairesis) und stellt z. B. die gehörnten Tiere den ungehörnten gegenüber. Bei den ungehörnten Tieren unterscheidet er zweifüßige und vierfüßige, und schließlich meint sein Gesprächspartner, den Standort des Menschen in der Tierwelt gefunden zu haben:*

Ich behaupte nun, man muss die Landtiere in zweifüßige und vierfüßige einteilen, und da wir dann bei den Zweibeinern nur noch die menschliche Gattung und das Federvieh finden, muss man wiederum einen Schnitt zwischen den nackten und den Federn bildenden Teil legen. Haben wir das getrennt, dann ist klar, wo die Kunst, Menschen zu führen, hingehört, und wir hätten dem Staatsmann und König seinen Platz zugewiesen ...**

Herrscher regieren also über „ungefiederte Zweibeiner" und damit scheint klar, was der Mensch ist. Diese „Definition" kann natürlich nicht ganz ernst gemeint sein. Sie weist vielmehr auf eine über den „Politikos" hinausgehende Aufgabe hin: die Eigenart menschlichen Daseins in ihrer ganzen Fülle und Vielschichtigkeit herauszuarbeiten.
Um diese Aufgabe geht es in der Anthropologie und es gibt für sie unterschiedliche Ansätze. Wenn Platon den Menschen mit anderen Lebewesen vergleicht, so kann man diesem Gesichtspunkt zunächst einmal folgen und die Betrachtung des Menschen im Rahmen der Biologie vornehmen.

* Sophokles, Tragödien. Vollmer, Wiesbaden o. J., S. 66. Übersetzung von Friedrich Hölderlin.
** Platon, Politikos 267 e

5.2 Die Sonderstellung des Menschen in der Natur

Wenn man darüber nachdenken will, was der Mensch ist, kommt man nicht darum herum, bei der Biologie nachzufragen. Die Biologen haben in ihrer Wissenschaft einen besonderen Forschungsbereich „Menschenkunde" vorgesehen: die biologische Anthropologie. Aber im Folgenden geht es nicht um einen erweiterten Biologieunterricht. Das, was die Biologie über den Menschen zu sagen weiß, wird hier unter philosophischen Gesichtspunkten betrachtet.

5.2.1 Der Mensch als biologisches Sonderproblem – Arnold Gehlen

Offenbar nimmt der Mensch im Bereich des Lebendigen eine Sonderstellung ein. Er ist nicht ein Lebewesen unter anderen, sondern zeigt Eigenarten, die ihn von den Tieren unterscheiden. Diesem Gedanken geht der folgende Text nach.

Das von nachdenkenden Menschen empfundene Bedürfnis nach einer Deutung des eigenen menschlichen Daseins ist kein bloß theoretisches Bedürfnis. Je nach den Entscheidungen, die eine solche Deutung enthält, werden Aufgaben sichtbar oder verdeckt. Ob sich der Mensch als Geschöpf Gottes versteht oder als arrivierten Affen[1], wird einen deutlichen Unterschied in seinem Verhalten zu wirklichen Tatsachen ausmachen; man wird in beiden Fällen auch in sich sehr verschiedene Befehle hören.

Die Religionen, die Weltanschauungen, die Wissenschaften gehen in der Beantwortung dieser Frage nach dem Wesen des Menschen natürlich nicht auf. Aber sie pflegen eine Antwort anzubieten oder doch wenigstens Gesichtspunkte, von denen man eine solche ableiten kann. Hierbei ist keinerlei Übereinstimmung gewährleistet, denn die Antworten können sich – wie im eben genannten Beispiel – ausschließen.

Man sollte versuchen, gerade diese Umstände zur Bestimmung des Wesens des Menschen heranzuziehen; das würde bedeuten: Es gibt ein lebendiges Wesen, zu dessen wichtigsten Eigenschaften es gehört, zu sich selbst Stellung nehmen zu müssen, wozu eben ein „Bild", eine Deutungsformel notwendig ist. Zu sich selbst heißt: zu den eigenen wahrgenommenen Antrieben und Eigenschaften – aber auch zu seinesgleichen, zu anderen Menschen, denn auch deren Behandlung wird davon abhängen, für was man sie hält und für was man sich hält. Was es aber heißt: der Mensch *muss* sein Wesen deuten und von daher sich selbst und anderen gegenüber tätig und Stellung nehmend sich verhalten – das ist nicht so leicht gesagt. Jedoch eine Antwort ist notwendig, denn sonst bleibt es bei der Vermutung, man könne in dieser Frage „neutral" bleiben und brauche sich nicht für eine der sehr streitenden Formeln zu entscheiden. (...) Dieses wäre sofort verstanden, wenn der Mensch ein Wesen wäre, welches in sich oder mit sich eine *Aufgabe* vorfände, die er sich in seiner Selbstdeutung fasslich machen und „verdeutlichen" muss. Alles wird darauf ankommen, ob es möglich ist, in einer wissenschaftlichen, d.h. empirischen Analyse[2] des Menschen diesen Gesichtspunkt zu entwickeln. Der Mensch wäre nicht nur ein notwendig aus irgendwelchen, aber sehr besonderen Gründen *Stellung nehmendes* Wesen, sondern auch ein in gewisser Weise „unfertiges", d.h. ein solches, welches mit sich oder gegeneinander vor Aufgaben gestellt wäre, die mit dem bloßen Dasein gegeben wären, aber nicht gelöst. Steht die Sache so, dann ist allerdings eine „Selbstanschauung" von innen her notwendig, wenn nämlich der Mensch „sich zu etwas zu machen" hat und dies nur angesichts eines Bildes

1 arrivierter Affe: ein „hochgekommener" Affe; ein Affe, der sich über die üblichen äffischen Lebensbedingungen erhoben hat

2 empirische Analyse: Untersuchung auf Grundlage von Erfahrungen (Empirie = Erfahrung)

von sich möglich ist. Aber die Aufgabe, die ihm gestellt ist, die müsste mit seinem bloßen Dasein schon gegeben sein, also eben in seiner Bestimmtheit als „Mensch“ liegen. Genau dies hat Nietzsche einmal gesehen, als er den Menschen „das noch nicht festgestellte Tier“ nannte. Dieses Wort ist richtig und exakt doppelsinnig. Es meint erstens: Es gibt noch keine Feststellung dessen, was eigentlich der Mensch ist, und zweitens: Das Wesen Mensch ist irgendwie „unfertig“, nicht „festgerückt“. Beide Aussagen sind zutreffend und können übernommen werden. (…) Wenn es um den Menschen geht, darf also eine biologische Betrachtung nicht bloß auf das Somatische, auf das Körperliche gehen. Worin besteht denn dann die anthropo-biologische Fragestellung? Sie besteht allein in der Fragestellung nach den *Existenzbedingungen* des Menschen. Man sehe dieses sonderbare und unvergleichliche Wesen an, dem alle tierischen Lebensbedingungen fehlen, und frage sich: Vor welchen Aufgaben steht ein solches Wesen, wenn es einfach sein Leben erhalten, sein Dasein fristen, wenn es seine bare Existenz durchhalten will? Und es wird sich zeigen – in langen und schwierigen Untersuchungen, aber unter einem einzigen Grundgedanken –, dass dazu einsichtig und notwendig nichts weniger gehört als die ganze Breite der elementaren menschlichen Innerlichkeit; die Gedanken und die Sprache, die Fantasie, die sonderbaren bebilderten Antriebe, die kein Tier hat, die einzigartige Motorik und Beweglichkeit – alle diese Merkmale werden wir jedes für sich einfach daraufhin ansehen, was man darin bemerken kann, und sie werden sich dann alle gegenseitig erläutern und aufeinander hinweisen. Es ist ein höchst komplizierter, ein wunderbarer Aufbau von Leistungen erfordert, damit ein Wesen von *gerade dieser leiblichen Verfassung* morgen und nächste Woche und nächstes Jahr noch leben kann. So sieht die biologische Betrachtung aus, wenn es sich um den Menschen handelt.

Oben war gesagt worden: Der Mensch ist das noch nicht festgestellte Tier, er ist irgendwie nicht „festgerückt“. Er ist, wie wir auch sagten, ein Wesen, welches in sich eine *Aufgabe* vorfindet – und gerade deshalb braucht er eine Deutung seiner selbst, um die es immer gegangen ist und auch hier geht. Wir können diese Sätze jetzt etwas erweitern: Die Natur hat dem Menschen eine Sonderstellung angewiesen, oder anders gesagt, sie hat im Menschen eine sonst nicht vorhandene, noch nie ausprobierte Richtung der Entwicklung eingeschlagen, sie hat ein neues Organisationsprinzip zu erschaffen beliebt. Zu diesem gehört, dass der Mensch in seinem bloßen Dasein eine Aufgabe vorfindet, dass sein Dasein seine eigene Aufgabe und Leistung wird, ganz elementar: Es ist schon für ihn eine beträchtliche Leistung, nächstes Jahr noch zu leben, und zu dieser Leistung müssen die gesamten Fähigkeiten des Menschen von ihm selbst gebraucht werden. Er ist nicht „festgerückt“ heißt: Er *verfügt* noch über seine eigenen Anlagen und Gaben, um zu existieren, er *verhält sich zu sich selbst,* lebensnotwendig, wie dies kein Tier tut; er lebt nicht, wie ich zu sagen pflege, er *führt* sein Leben. Nicht aus Spaß und nicht zum Luxus des Nachdenkens, sondern aus ernster Not: Wenn die Natur ein Wesen allen Gefahren der Störbarkeit und Abirrung auslieferte, die in diesem „Nichtfestgestelltsein“, in diesem Zwang, sich selbst festzustellen und über sich zu verfügen, bestehen, so musste ein ernster Grund vorliegen. Und er liegt vor in dem Risiko einer Physis[3], die aller beim Tier wohlbewährten organischen Gesetzlichkeit geradezu widerspricht. Wenn irgendeine Betrachtungsweise biologisch genannt werden darf, so dürfte es diese sein: Ein Wesen unter die Frage zu stellen, mit welchen Mitteln es eigentlich existiert. Wenn man dies tut, so gewahrt man einen außerordentlichen Bereich einer ganz neuen Wissenschaft: einer Gesamtwissenschaft vom Menschen. Man kann zeigen, warum diese besondere biologische, ja anatomische Leiblichkeit des Menschen seine Intelligenz notwendig macht, und eine gerade so funktionierende. Man kann zeigen, wie die Sprache ein System tieferliegender Bewegungs- und Empfindungszusammenhänge fortsetzt, wie das Denken, Vorstellen sich

3 Physis (griech.): Natur

aufbauen, wie die unvergleichliche Wahrnehmungswelt des Menschen mit all dem zusammenstimmt. Die ganz untierische und einmalige Antriebsstruktur desselben gehört einsichtig zu einem solchen Wesen, und es gibt *einen* Systemgedanken, der das reiche Material, das wir an tatsächlichem Wissen haben, zu organisieren erlaubt. Wir wollen also ein System einleuchtender, wechselseitiger Beziehungen *aller* wesentlichen Merkmale des Menschen herstellen, vom aufrechten Gang bis zur Moral, sozusagen, denn alle diese Merkmale bilden ein System, in dem sie sich *gegenseitig* voraussetzen: Ein Fehler, eine Abweichung an einer Stelle würde das Ganze lebensunfähig machen.*

Arnold Gehlens *Hinweise stammen aus der Einleitung zu seinem Buch „Der Mensch" (1950), das als Standardwerk der modernen Anthropologie gilt. Daher wird hier ein Untersuchungsprogramm nur entworfen; die Durchführung dieses Programms füllt das ganze Buch. Aber einige Grundgedanken, die sich aus Gehlens Ansatz entwickeln lassen, sollen im Folgenden näher betrachtet werden.*

5.2.2 Der neugeborene Mensch – Adolf Portmann

Biologische Unterschiede zwischen Mensch und Tier lassen sich nicht nur in der äußeren Gestalt feststellen. Der Zoologe Adolf Portmann *ist von einer Gegenüberstellung der Jugendperiode bei höheren Säugetieren und beim Menschen ausgegangen und hat dabei eine Sonderstellung des Menschen gefunden, die zunächst gar nichts mit Denkvermögen, Vernunft usw. zu tun zu haben scheint.*

Der hilflose neugeborene Mensch mahnt uns an ähnliche Entwicklungszustände bei Säugern und Vögeln; ein inniges Band des Verstehens lässt uns die Tiermutter menschlicher erscheinen, verwandter und näher, als uns sonst das Tier vorkommen mag. So tief geht dieser Eindruck der Übereinstimmung, dass wenig beachtet wird, wie ungewöhnlich die Art des kleinen Menschenkindes eigentlich ist, wie sehr sie abweicht von der Regel, die für höhere Säugetiere gilt. Das allen Säugetieren Gemeinsame, die liebevolle Jungenpflege, das Milchtrinken, hat den Blick abgelenkt von den Unterschieden in der Entwicklungsweise der verschiedenen Gruppen. Darum müssen wir zuerst das Besondere des menschlichen Neugeborenen deutlicher vor Augen bringen.
Die extrem verschiedenen Geburtszustände, wie wir sie im blinden Kätzchen oder im munteren Füllen vor uns haben, sind nicht beliebig auf die einzelnen Säugetiergruppen verteilt. Es lassen sich vielmehr konstante Zusammenhänge nachweisen zwischen dem Grade der Organisation und der Entwicklungsweise einer Säugergruppe. Solche von wenig spezialisiertem Körperbau und geringer Entwicklung des Gehirns sind meist auch ausgezeichnet durch kurze Tragzeiten, durch hohe Nachkommenzahl in jedem Wurfe und durch den hilflosen Zustand des Jungtieres im Geburtsmomente. Diese Jugendstadien sind unbehaart, ihre Sinnesorgane sind noch verschlossen, und die Temperatur ihres Körpers ist noch von äußerer Wärme völlig abhängig (Insektenfresser, viele Nager, Kleinraubtiere, besonders die Marder). Auch bei Vögeln kennt man solche nackten Jugendstadien mit geschlossenen Augen, so bei Singvögeln und Spechten, und man hat die bei Vögeln übliche Benennung als „Nesthocker" auf alle ähnlichen Entwicklungszustände, auch auf die der Säuger übertragen. Ein ganz anderes Bild der Entwicklung zeigen die höheren Organisationsstufen der Säuger, deren Körperbau spezialisierter ist und deren Gehirn

* Arnold Gehlen, Der Mensch. Athenäum, Bonn ^{4}1950, S. 9–10, 16–18

eine reichere Ausbildung aufweist (Huftiere, Robben, Wale, Halbaffen und Affen). Bei ihnen dauert die Entwicklung im Mutterleibe sehr lange, die Nachkommenzahl bei einem Wurf ist meist auf zwei oder eins reduziert, und die Neugeborenen sind weit entwickelt, den Alten in Gestalt und Gebaren schon recht ähnlich. Bei Hühnern, Enten, Schnepfen und anderen Vögeln kommen ähnliche, sehr weit entwickelte Jugendformen vor; man hat darum auch den für Jungvögel ähnlichen Namen „Nestflüchter" auf die entsprechenden Entwicklungszustände der Säuger ausgedehnt, wo nun allerdings kein Nest vorkommt. (...)

Die neugeborenen Primaten[1] sind Nestflüchter. Sie werden alle mit offenen Augen und weit entwickelten Sinnesorganen geboren und sind vom ersten Lebenstage an zu vielerlei Bewegungen fähig. Die frühe Selbstständigkeit der kleinen Halbaffen, der Lemuren und Makis, ist sehr auffällig, aber auch die der Meerkatzen, Makaken und Paviane ist so groß, dass niemand, der diese Tiere um die Zeit der Geburt hat beobachten können, zögern wird, sie als Nestflüchter zu bezeichnen. Der Name ist freilich etwas irreführend, denn sie flüchten ja gerade nicht vom „Nest", sondern sie stehen von der Geburt an unter einem besonderen Zwang, der sie nötigt, sich mit kräftigem Griff der Hände und Füße im Pelz der Mutter festzuhalten. Wenn auch zuweilen der Arm der Mutter sich schützend um das Kind legt, wenn es auch manchmal von der Mutter mit einer Hand gehalten wird, so sichert das Junge seinen Halt doch selber und verliert ihn auch dann nicht, wenn das Alttier sich in kühnem Sprung durch das Geäst schwingt. In ruhigen Momenten klettert das Kleine ein wenig an der Mutter herum; sie ist der „erste Baum" dieses neuen Affenlebens, und noch lange reißt sie energisch den Sprössling am Schwanze zurück, wenn er allzusehr vom Mutterkörper wegstrebt. Der Klammerinstinkt des Jungaffen ist eine sinnvolle Schutzeinrichtung gegen die Gefahren des Baumlebens; er beherrscht das Verhalten der Jungen in der Frühzeit vollständig und verdeckt so die hohe Fähigkeit zu selbstständiger Bewegung, die dem neugeborenen Primaten eigentlich innewohnt.

Vergegenwärtigt man sich den starken Zwang eines solchen Triebes, der Hände und Füße fast ausschließlich für die einzige Leistung des Festhaltens beansprucht, so erscheint die Freiheit, mit der ein neugeborenes Menschenkind über seine Händchen und Füßchen verfügen kann, als ein Kontrast, und dies um so mehr, als unser Kind im Übrigen ja so viel hilfloser ist als das Affenjunge. Das freie Spiel der Gliedmaßen, das unserem Säugling so viel reichere Möglichkeiten gibt, als sie dem neugeborenen Affen zu Gebote stehen, es mahnt uns bereits daran, dass unser Geburtszustand nicht einfach „hilflos" ist, sondern auch bedeutungsvolle Freiheiten für sich hat.*

1 Primaten: Bezeichnung für die dem Menschen am nächsten stehenden höheren Säugetiere, z. B. Affen

Portmann *stellt nun die embryonale Entwicklung der Sinnesorgane bei Nesthockern und Nestflüchtern gegenüber. Bei Nesthockern sind z. B. die Augen nach der Geburt noch geschlossen, während bei Nestflüchtern der Lidverschluss nur für die Zeit vor der Geburt besteht:*

Die Primaten durchlaufen im Mutterleibe ein Stadium, das dem Geburtszustande eines Nesthockers gestaltlich entspricht. Ihre Ausbildung hat also im Augenblicke der Geburt eine weiter fortgeschrittene Entwicklungsstufe erreicht. (...)

Auch der Mensch macht im Mutterschoße die für Nesthocker kennzeichnenden Veränderungen der Sinnesorgane durch. Am meisten ist der Verschluss der Augenlider beachtet worden, die im 3. Fötalmonat verwachsen und sich am Ende des 5. Monats wieder öffnen. Zur gleichen Zeit

* Adolf Portmann, Zoologie und das neue Bild vom Menschen. Rowohlt, Hamburg 1956, S. 29–34

sind auch die Nasenöffnungen vorübergehend geschlossen. Würde der Mensch als einfacher Nesthocker geboren, so wie etwa die hilflosen Jungen eines Eichhörnchens oder Marders, so müsste er auf dieser Entwicklungsstufe des fünften Monats etwa zur Welt kommen. In Wirklichkeit reift er aber im Mutterleibe weiter heran zur Stufe des Nestflüchters, des Füllens oder des Kälbchens mit den offenen Sinnesorganen und ausgebildeten Bewegungssystemen; er erreicht eine Stufe der Ausformung, die für alle höheren Säuger kennzeichnend ist.

Die Einsicht, dass der hilflose neugeborene Mensch ganz heimlich eigentlich eine Art Nestflüchter ist, gibt manchen Tatsachen den rechten Ort im Gefüge unseres Wissens, die bisher als paradoxe Kuriositäten im Körperbau eines Nesthockers erscheinen mussten. (…)

Ein hilfloser Nestflüchter – so erscheint der neugeborene Mensch dem Zoologen. Ist es uns bewusst, dass diese Tatsache die Regel der Säugetiere durchbricht? Suchen wir einmal in Gedanken den Geburtszustand zu erfinden, wie er sein müsste, wäre der Mensch wirklich dem Bildungsgesetze seiner Gestaltverwandten unterworfen. Ein solcher Versuch ist nicht nur müßige Konstruktion; er dient der Feststellung einer Möglichkeit, an der erst das Seltsame unserer wirklichen Entwicklung gemessen werden kann. Unsere Überlegung sucht nur nach einer Vergleichsbasis, sie will nicht etwa den Entwicklungszustand irgendeiner Ahnenform darstellen.

Das Neugeborene aller hochorganisierten Säugergruppen ist ein Nestflüchter mit weit ausgebildeten leistungsfähigen Sinnesorganen. Seine Gestalt ist, von geringen Proportionsverschiebungen, besonders der Kopfgröße, abgesehen, ein verkleinertes Abbild der Reifeform, und sein Verhalten wie seine Bewegungsweise entsprechen weitgehend dem Gebaren der Eltern. Auch verfügt es über die Elemente der für die Art kennzeichnenden sozialen Kommunikationsformen[2]. So ist der Geburtszustand bei den Huftieren, den Robben und Walen, ebenso bei den Affen. Auch manche spezialisierten Nager mit reduzierter Jungenzahl und langer Tragzeit (im Verwandtenkreis der Stachelschweine) sowie die extrem spezialisierten Ameisenbären und Faultiere Südamerikas, die nur ein Junges werfen, folgen demselben Gesetz.

Für ein echtes Säugetier vom Menschentypus müssen wir im Sinne dieser Definition ein Neugeborenes fordern, das in den Proportionen seines Körpers dem Erwachsenen ähnlich ist, das die artgemäße aufrechte Körperhaltung einnehmen kann und das wenigstens über die ersten Elemente unseres Beziehungsmittels, der Wortsprache (und Gebärdensprache) verfügt. Es gibt dieses theoretisch geforderte Stadium in der Tat in unserer Entwicklung: Etwa ein Jahr nach der Geburt wird diese Stufe erreicht. *Nach einem Jahr erlangt der Mensch den Ausbildungsgrad, den ein seiner Art entsprechendes echtes Säugetier zur Zeit seiner Geburt verwirklichen müsste. Würde also dieser Zustand beim Menschen auf echte Säugerweise gebildet, so müsste unsere Schwangerschaft etwa um ein Jahr länger sein als sie tatsächlich ist;* sie müsste etwa 21 Monate betragen. Dieser Zahl von 21 Monaten darf natürlich nicht ein allzu absoluter Wert zugesprochen werden. Es kommt doch sehr darauf an, welchen Grad der Annäherung an die Reifeform man in unserer Konstruktion fordert: je nachdem wird man ein paar Monate mehr oder weniger „verlangen" müssen. Entscheidend für unsere weitere Untersuchung ist die Notwendigkeit der Forderung einer um ungefähr ein Jahr verlängerten Tragzeit für ein menschenähnliches Säugetier.*

2 Soziale Kommunikationsformen: Weisen der Verständigung in der Gemeinschaft (Sprache, Gebärden usw.)

* Ebd. S. 37—38, 49–50

Portmann *bezeichnet den Menschen als „physiologische Frühgeburt" und wirft damit zwei Fragen auf: Wie ist es zu dieser Sonderstellung des Menschen im Tierreich gekommen und welche Möglichkeiten hat die seltsame Zwischensituation zwischen Nesthockern und Nestflüchtern dem Menschen eröffnet?*
Nach der von den meisten Anthropologen vertretenen Auffassung gehört die Aufrichtung (aufrechter Gang!) zu den entscheidenden Prozessen, die den Menschen anders werden ließen als das Tier. Wann der Mensch lernte, auf zwei Beinen zu laufen, und ob das etwas mit der Veränderung seiner Lebensbedingungen zu tun hatte, ist umstritten. Häufig wird gelehrt, unsere Vorfahren hätten wie Affen ursprünglich in Bäumen gelebt und Arme wie Beine zu gleichen Zwecken gebraucht. Als aber die Urwälder zurückgingen, mussten die Vor- bzw. Urmenschen lernen, sich in Savannen zu behaupten, also sich aufrichten, um einen weiten Gesichtskreis zu gewinnen; auf zwei Beinen kamen sie schneller voran als auf allen Vieren und außerdem wurden die Hände frei. Reste von Vormenschen mit aufrechtem Gang wurden in Ostafrika gefunden (Ramapithecinen); sie sind etwa 3,5 Millionen Jahre alt. Allerdings hat der australische Urmensch schon immer in einer Steppenlandschaft gelebt, sodass für ihn das „Herabsteigen von den Bäumen" gar nicht erst nötig wurde.
Auf jeden Fall brachte die Aufrichtung des Körpers wichtige anatomische Veränderungen mit sich. Der Kopf musste nicht mehr durch eine besonders starke Nackenmuskulatur gehalten werden, sondern konnte auf der Wirbelsäule balancieren; diese „Entlastung" förderte eine zunehmende Auswölbung der Hirnschale und damit ein gesteigertes Wachstum des Gehirns (es ist 3–4 mal so schwer wie das eines Menschenaffen). Außerdem senkte sich der Kehlkopf, sodass ein größerer Rachen-Resonanzraum entstand und die Zunge sich freier bewegen konnte (wichtige Voraussetzungen für die Sprechfähigkeiten), und schließlich veränderten sich auch die Verhältnisse im Unterleib. Dazu der Zoologe Joachim Illies:

5.2.3 Schritte zur Menschwerdung – Joachim Illies

Betrachten wir also zunächst das Merkmal des aufrechten Ganges, an dem man ja von alters her den Zweibeiner von den Vierfüßern unterschied. Wir haben gehört, dass sich diese Umstellung in der Entwicklung der Ramapithecinen[1] vollzogen hat. Gelegentlich wird diese Körperhaltung zwar auch von den baumbewohnenden Menschenaffen schon eingenommen, aber erst als unsere tierischen Ahnen zu bodenbewohnenden Läufern in Steppen und Savannen wurden, hat sich der aufrechte Gang als Normalhaltung durchgesetzt. Damit aber waren für die Organe eines Vierfüßer-Körpers gewisse Lageverschiebungen und Umstellungen verbunden, wie sie schon vor zweihundert Jahren der Anatom Moscati[2] richtig geschildert hat. Wir können diese Veränderungen heute genauer übersehen, vor allem die Konsequenzen für die Schwangerschaft sind dabei wichtig. Die neue Rolle, die das Becken als Tragkorb für unsere Eingeweide beim aufgerichteten Körper übernehmen muss, setzte der Ausdehnung des durchs weibliche Becken hindurchführenden Geburtskanals eine enge Grenze und damit zugleich auch dem möglichen Kopfumfang des Neugeborenen. Andererseits war gerade eine Vergrößerung des Gehirns, und damit des Kopfumfangs, bei dem abgestützten Sitz des Schädels an der Spitze der Wirbelsäule anatomisch möglich geworden und die mit dem Wachstum des Kopfumfanges zunehmende Leistung des Zentralnervensystems, vor allem der Sprachregion des Vorderhirns, war sogar die anatomische Grundlage der Menschwerdung. Das hatte also zur Folge, dass beim aufrecht gehenden Menschen die Schwangerschaft einerseits verkürzt werden musste, obwohl

1 Ramapithecinen: Bezeichnung der in Nordindien und Ostafrika gefundenen Vormenschen
2 Moscati, Petro: italienischer Anatom im 18. Jahrhundert, der bereits auf die Organverlagerungen beim aufrechten Gang hingewiesen hatte.

es andererseits eigentlich nötig war, sie zu verlängern. Unsere Natur schließt einen Kompromiss: Der Mensch wird noch unreif, sozusagen als Embryo, geboren, wobei die nicht mehr zur Fortbewegung notwendigen Hände der Mutter das hilflose Neugeborene auffangen und tragen müssen. So zwingend diese funktionale Logik sein mag, wir wollen doch nicht übersehen, dass uns in diesen Vorgängen der Kopfvergrößerung und der Schwangerschaftsverkürzung keine klaren Einblicke in Ursache und Wirkung möglich sind. Welches war der Anlass, welches die Folge? Hat die verfrühte Geburt unser nachträgliches Kopfwachstum beschleunigt oder hat unser wachsendes Gehirnvolumen eine Schwangerschaftsverkürzung bewirkt? Oder sind vielleicht beide Vorgänge nur der gemeinsame Ausdruck einer dahinterstehenden Ursache, die auf ein Ziel hindrängt? Wir können diese Frage heute noch nicht beantworten, aber es ist gut, wenn sie gestellt bleibt und uns daran erinnert, dass die Menschwerdung in ihrer Tiefe Geheimnisse birgt, die von der Naturwissenschaft unserer Tage zwar aufgedeckt, aber noch nicht enträtselt worden sind.

Soviel aber steht fest: Der Mensch ist bei seiner Geburt in einem Zustand embryonaler Unfertigkeit, den wir bei den neugeborenen Affen nicht kennen. Der Baseler Zoologe Adolf Portmann hat die Wachstumsvorgänge in der Säuglingszeit vergleichend untersucht und ist dabei auf so viele deutliche Abweichungen beim Menschen gestoßen, dass in dieser Sicht von einer *nahen* Nachbarschaft zu den Menschenaffen keine Rede mehr sein kann, wir vielmehr gerade in diesen Tatsachen die Gründe für den eigentlichen und wesentlichen Unterschied zwischen uns und unseren heutigen Vettern aus dem Tierreich finden können.*

Die „Unfertigkeit" des menschlichen Neugeborenen ist nicht einfach Mangel, sondern zugleich Chance. Da seine Sinne schon weitgehend aktiv, also zu Wahrnehmungen bereit sind, kann das Baby Kontakt zu seiner Umwelt aufnehmen, ohne sogleich den unmittelbaren Erfordernissen des Lebens ausgesetzt zu sein. Das Tier muss sehr bald nach seiner Geburt Nahrung suchen, sich vor Feinden schützen können, seinen Lebensraum sichern. Es hat dazu eine fertige Instinktausstattung, die es leitet. Der neugeborene Mensch dagegen beginnt im Rahmen seiner sozialen Gemeinschaft (Familie) zu lernen und kann so ein Verhältnis zu seiner Umgebung gewinnen, das nicht einfach vorgegeben ist.

5.2.4 Der Wachstumsrhythmus – Michael Landmann

Aus dem Bisherigen geht zweierlei hervor. Einmal: Schon die Körperlichkeit des Menschen ist spezifisch menschliche Körperlichkeit. Das scheint unbefangenem Denken freilich evident[1]. Aber die Vernunftanthropologie[2] und von ihr abhängig noch die ältere Abstammungslehre hatte eine Tendenz, das vitale Substrat des Menschen quasi tierisch sein zu lassen[3]. Erst mit dem sich darüber bauenden Geistigen sollte das eigentlich Menschliche beginnen. Vertiefte Einsicht dagegen weiß wieder: Bereits das Biologische an uns ist durch und durch menschlich. Der Mensch unterscheidet sich vom Tier von vornherein durch ein ganzheitliches Aufbaugesetz, das

1 evident (lat.): unmittelbar einleuchtend, gewiss

2 Vernunftanthropologie: Damit ist die Lehre vom Menschen gemeint, die das Wesen des Menschen in der Vernunft sieht. Der Mensch wird dann als „animal rationale" (vernunftbegabtes Lebewesen) definiert; seine körperliche Verfassung einschließlich der Triebe, Begierden, Instinkte ist rein tierhaft, seine geistigen Fähigkeiten liegen auf einer anderen höheren Ebene, und erst, wo er „vernünftig" ist, ist er im vollen Sinne Mensch. Diese „Vernunftanthropologie" hat in der Aufklärungszeit des 18. Jahrhunderts ihre höchste Blüte erlebt.

3 vitales Substrat: die biologischen Voraussetzungen bzw. Grundlagen des menschlichen Lebens, z. B. alle leiblichen Formen und Vorgänge. Sie erscheinen als „quasi" tierisch, d. h. als vergleichbar mit den Organen des Tieres.

* Joachim Illies, Zoologie des Menschen – Entwurf einer Anthropologie. Piper, München 1971; dtv, München 1976, S. 50–52

auch sein Physisches einbegreift, auch an ihm schon das Menschliche ausprägt. Er hat „weder Kern noch Schale“.
Sodann: Körperliche und geistige Eigenschaften des Menschen sind nicht ohne Bezug zueinander. Sie sind nicht zwei getrennte Sphären oder Schichten, die sich bloß übereinander türmen. Beide sind aufeinander hingeordnet und bedingen sich gegenseitig. Gerade diese Körperlichkeit bedarf zu ihrer Ergänzung gerade dieser Geistigkeit und umgekehrt. (...)*

Landmann wendet sich nun den konkreten Ergebnissen aus den Arbeiten Portmanns und anderer Anthropologen zu:

Das Tier wird in seinem Verhalten durch Naturinstinkte gesteuert. Darum kann es lange Zeit abgekapselt im Mutterleib zubringen, wo die Instinktorganisation rein biologisch zur Reife kommt. Nachdem es geboren ist, bedarf es keiner langen Jugend: Die Instinkte brechen von selbst in ihm durch. „Die Ordnung ihrer Handlungen ist in die ganze Gattung gewebt, nicht aber das Eigentum eines einzelnen dieser Tiergeschöpfe“ (Buffon)[4]. Der Mensch dagegen ist geistgesteuert. Er ist es sowohl vom subjektiven Geist seiner eigenen Person wie – was zunächst noch schwerer wiegt – vom objektiven Geist der sozialen Gruppe, in der er groß wird, von der von Gruppe zu Gruppe variierenden Kultur, die den verfestigten Niederschlag früheren subjektiven Geistes darstellt. Kultur ist des Menschen „zweite Natur“. In diese Kultur aber muss jeder erst hineinwachsen, er muss sie lernend in sich aufnehmen. Kulturelle Gepflogenheiten, Sprache, Sitte, technische Handhabungen usf., liegen nicht als präformierte Anlagen, die sich wie Instinkte bloß entfalten müssten, schon in ihm bereit. Nur *eine* Anlage hat er: dies alles zu lernen; nur *einen* Instinkt: den des Nachahmens. In dieser Hinsicht ist er äffischer als der Affe. Er muss das kulturelle Traditionsgut seiner Gruppe erst in einem eigenen Aneignungsprozess für sich übernehmen und einüben.
Daher die frühe Geburt des Menschen: Sobald es irgend angeht, solange er noch so plastisch wie möglich ist, soll er bereits in Kontakt mit seinen Sozialgenossen stehen, sollen die kulturellen Normen, die er übernehmen muss, auf ihn wirken. Selbst so Elementares wie die aufrechte Haltung und der Gang beruht nicht nur auf erblich angeborener Anlage, sondern ebenfalls auf dem Einfluss des an das Kind herangetragenen Vorbildes der Erwachsenen und ist daher auch keineswegs von Anfang an vorhanden (während junge Säugetiere von Geburt oder fast von Geburt an die Haltung und Bewegungsweise ihrer Art aufweisen). Das erste Lebensalter des Menschen ist kein „Schimpansenalter“, er muss nicht erst den Affen in sich überwinden! Von allem Anfang an wächst, reift er und bewegt er sich nach eigenen Gesetzen. (Auch das Verhältnis von Alt- und Neuhirn[5] ist schon beim Neugeborenen ein anderes als beim Tier.)
Daher auch seine lange Jugend: Die Aneignung der Kultur ist etwas derart Schwieriges, dass er damit nicht nur früh beginnen muss, sondern auch dann noch außerordentlich lange Zeit dazu benötigt. Es genügt nicht, die kulturellen Einrichtungen und Gewohnheiten rein als solche zu kennen. Man muss sich gleichsam nicht nur mit dem kulturellen Vokabular, sondern auch mit der kulturellen Syntax[6] vertraut machen. Es gehört sehr viel dazu, diesen komplexen Apparat innerlich zu durchdringen und sinngemäß zu bedienen. Man wird von ihm nicht wie von Instinkten ohne eigenes Zutun getragen.

4 Buffon, George Louis Leclerc (1707–88): französischer Biologe

5 Verhältnis von Alt- und Neuhirn: Das Gehirn höherer Tiere ist keine Einheit, sondern setzt sich aus verschiedenen Partien zusammen, die zu unterschiedlichen stammesgeschichtlichen Entwicklungsstufen gehören (vgl. 5.3.1).

6 Syntax: Lehre vom Satzbau. Elemente der Kultur sind nicht gegeneinander isoliert, sondern verbinden sich zu vielfältig geordneten (komplexen) Zusammenhängen.

* Michael Landmann, Philosophische Anthropologie. de Gruyter, Berlin 1982, S. 156

Schon allein zur Beherrschung der Kultur muss der Mensch auch seinen subjektiven Geist ausbilden. Er muß es aber auch deshalb, weil das Leben ihn immer wieder vor unvorhergesehene Situationen stellt, für die keine passenden kulturellen Verhaltensnormen vorliegen und in denen er daher das Vorhandene selbstständig abändern oder von sich aus völlig Neues ersinnen muss. Und hierfür wiederum muss er auch Überschau über die Welt der Dinge haben, er muss sie in einem viel umfänglicheren Sinne verarbeiten als das Tier. Eindringen in die Kultur und in die Welt und dabei zugleich die Selbstständigkeit des eigenen Geistes entfalten: Dies muss also parallel gehen, dies alles muss der Mensch zu einer gewissen Vollkommenheit gebracht haben, ehe er der Obhut seiner Eltern entwächst. Und auch im Erwachsenenstadium benötigt er nach wie vor etwas von kindlicher Lern- und Sich-Vervollkommnungsgabe, die daher nicht nur wie eine rasch verwelkende Blüte aus ihm emporsprießen darf, sondern nur dadurch, dass er lange Jahre ganz auf sie gestellt ist, bis zuletzt in seinem Leben verankert bleibt. Deshalb ist seine späte Reifung nicht etwa zufällige Anomalie – aufgrund deren dann erst, aus Spieltrieb, die Kultur entstand –; sie hängt umgekehrt schon von der menschlichen Bestimmung zur Kultur ab. Beides ist harmonisch aufeinander hin komponiert. Biologische und kulturphilosophische Anthropologie greifen ineinander.*

Die Sonderstellung des Menschen im Bereich des Lebendigen beruht also nicht darauf, dass sich über seine (animalische) Körperlichkeit noch eine Ebene des Geistigen (der Vernunft) schichtet, sondern dass er von Grund auf anders ist als jedes Tier. Das zeigt sich auch, wenn man das jeweilige Verhältnis zur Welt betrachtet: Das Tier lebt eingebunden in seine Umwelt; der Mensch ist von solchen Bindungen weitgehend frei. Zusammenfassend hat Thure v. Uexküll *diesen Standpunkt moderner Anthropologie formuliert:*

5.2.5 Die menschliche Welt – Thure von Uexküll

Sobald wir nach unserer menschlichen Welt fragen, steht uns immer wieder die Geschlossenheit und Sicherheit der tierischen Welten vor Augen, die wir bewundern und nach denen uns eine vergebliche Sehnsucht ergreift.

Das Tier ist in den Entwürfen seines Erlebens eingeschlossen. Sie zeigen ihm seine Welt, in der es sich ernähren, schützen und fortpflanzen kann. Diese Welt ist die Welt seiner Art, mit der es geboren wird und die jedes seiner Artgenossen nach den gleichen Schemata aufbaut. Die Tiere leben, wie J. von Uexküll[1] uns gezeigt hat, in ihren artgemäßen Umwelten.

Der Mensch aber muss sich seine Welt aufgrund von Entwürfen aufbauen, die er selber erfindet. Darum hat der Mensch keine Umwelt. Doch was hat er dann? Hat er Welt? Die einzige Welt, die er besitzt, ist aus seinen Entwürfen gebaut. Diese Entwürfe sind jedoch, wie wir gesehen haben, nicht etwa auf Erfahrung gegründet, sondern sie dienen der Erfahrung und werden mit jedem Erfahren von neuem infrage gestellt; denn ihr letzter Sinn besteht ja darin, sich ihr eigenes Gelingen oder Versagen widerfahren zu lassen. Sie bleiben Hypothesen, die in jedem Augenblick durch andere Hypothesen ersetzt werden können. Nur so ist der Mensch für den Zugriff des Objektiven gerüstet, nur so ist er „offen". Verschließt er sich aber in seine Hypothesen, indem er sich mit ihnen identifiziert, so wird sein Leben bei der nächsten Gelegenheit zerschlagen.

1 Jakob von Uexküll (1864–1944) gilt als Begründer der biologischen Umweltforschung. Seine Arbeiten zu den in sich geschlossenen Lebenswelten der Tiere haben gezeigt, dass jedes Tier nur soviel von seiner Umgebung wahrnimmt, wie es zum Leben braucht, und dass seine Verhaltensweisen genau auf diese Umweltausschnitte abgestimmt sind. Thure von Uexküll ist Sohn Jakob von Uexkülls.

* Ebd. S. 158–160

Wenn wir das bedenken, dann zeigt sich auch, dass der eigentliche Zustand des Menschen weder die Geborgenheit in einer Umwelt, noch das Teilhaben an „der“ Welt ist, sondern die *„Weltlosigkeit“*, die er ständig durch neue Welt-Entwürfe zudecken muss, welche aber wie Kartenhäuser immer wieder von neuem zusammenfallen[a].
Weltlosigkeit und der Zwang zu Welt-Entwürfen sind also das Schicksal des heutigen Menschen. Diese Welt-Entwürfe sind nicht nur eine theoretische und gelehrte Angelegenheit, über die man in wissenschaftlichen und philosophischen Abhandlungen diskutiert, – sie sind auch eine Angelegenheit von Leben und Tod; denn der Mensch kann nur leben, wenn seine Welt-Entwürfe gelingen und sich verwirklichen lassen. (…)

Der Begriff der „Weltlosigkeit“, wie Thure v. Uexküll *ihn vorschlägt, hat sich zwar nicht durchsetzen können, obwohl hinsichtlich dessen, was* Uexküll *damit meint, allgemeine Übereinstimmung besteht. Üblich geworden ist, den Menschen als ein „weltoffenes“ Wesen zu bezeichnen, um ihn so von den in ihren jeweiligen Umwelten eingeschlossenen Tieren abzuheben.*

Arbeitsaufträge

1. Versuchen Sie eine Zusammenfassung: Worin sieht Sophokles die Leistungen des Menschen? Wodurch wird für ihn der Mensch fragwürdig? (5.1.1)
2. Worin sieht A. Gehlen den Hauptunterschied zwischen Mensch und Tier? (5.2.1)
3. Was heißt es im Sinne Gehlens, sein Leben zu „führen“? Kann man diese Ausdrucksweise auch auf ein Tier übertragen? (5.2.1)
4. Welche Aufgabe stellt Gehlen der Anthropologie? (5.2.1)
5. A. Portmann bezeichnet den Menschen gelegentlich als einen „sekundären Nesthocker“. Warum wohl? (5.2.2)
6. Warum wird nach Portmann der Mensch eigentlich fast ein Jahr zu früh geboren? (5.2.2)
7. Welche anatomischen Folgen hat nach J. Illies die Aufrichtung des Menschen (aufrechter Gang) gehabt? (5.2.3)
8. In welchem Sinne greifen nach M. Landmann biologische und kulturphilosophische Anthropologie ineinander? (5.2.4)
9. Vergleichen Sie die Begriffe „Umwelt“ und „Welt“! Wie werden sie von Th. v. Uexküll gebraucht? (5.2.5)
10. Nach Th. v. Uexküll ist der Mensch „weltlos“. Wie ist das zu verstehen? (5.2.5)

* Thure von Uexküll, Der Mensch und die Natur. Francke, Bern 1953, S. 245–247

5.3 Der Mensch als Gehirnwesen

Zwar ist der Mensch, wie in 5.2 gezeigt wurde, im ganzen Mensch, aber dennoch scheint das, was ihn besonders kennzeichnet, sein geistiges Leben zu sein, und dieses Leben ist an die Funktionsfähigkeit des Gehirns *gebunden. Eine biologische Anthropologie wäre unvollständig, wollte sie nicht auf die besonderen Eigenarten des menschlichen Gehirns eingehen.*

Das menschliche Gehirn ist nichts Einheitliches. Es besteht aus mehreren Einzelpartien, zwischen denen es vielfältige Verbindungen gibt und die außerdem in entwicklungsgeschichtlicher Hinsicht verschieden alt sind.

Aus dem Rückenmark steigt als ältester Hirnteil der so genannte Hirnstamm *empor, der für die Regelung von Herztätigkeit, Atmung und anderen lebenswichtigen Organfunktionen zuständig ist; mit psychischen oder gar bewusstseinsmäßigen Vorgängen hat er noch gar nichts zu tun. Das gilt auch für das* Kleinhirn. *In ihm werden Bewegungsabläufe gesteuert und aufeinander abgestimmt, z. B. die Körperhaltungen beim Gehen, Laufen, Springen usw.* Das Zwischenhirn *hat verschiedene Aufgaben. Auch in ihm werden Bewegungsabläufe gesteuert, allerdings angeborene, und ebenfalls die angeborenen Verhaltensweisen, Gefühle und Triebe. Die* Hirnanhangsdrüse, *auch noch zum Zwischenhirn gehörig, ist oberste Instanz für den Hormonhaushalt des Körpers.*

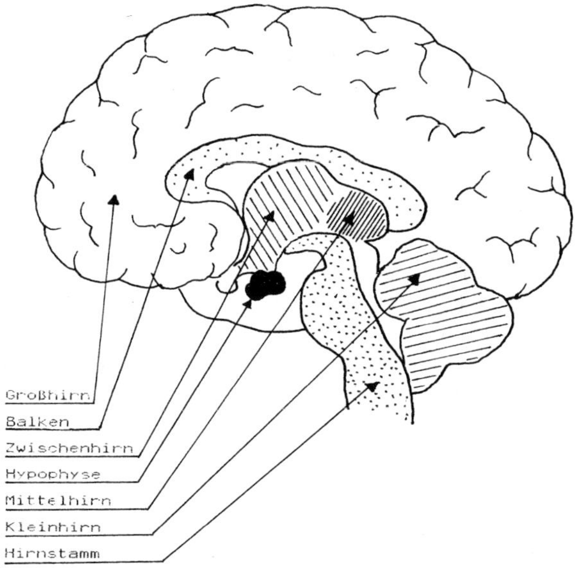

Das menschliche Gehirn

Über dem Zwischenhirn liegt der entwicklungsgeschichtlich jüngste Teil des Gehirns, das Großhirn. *Es besteht aus zwei symmetrischen Hälften (Hirnlappen) mit einer deutlichen Furchung zwischen rechter und linker Seite, ist wie ein Blumenkohl aus vielen Windungen einer grauen Masse strukturiert und enthält an die 100 Milliarden einzelne Nervenzellen, die durch zahlreiche Verbindungswege miteinander zu einem Netzwerk verflochten sind. Erst im Zusammenspiel von Zwischenhirn und Großhirn entstehen die psychischen Vorgänge unseres Lebens, die Empfindungen, Erlebnisse und Denkprozesse, die ins Bewusstsein aufsteigen. Auch höhere Tiere haben ein Großhirn, aber offenbar zeigt das menschliche Großhirn eine besonders ausgeprägte Vernetzung seiner Zellen.*

5.3.1 Ein Wiesel im Gehirn des Hahns – Hoimar von Ditfurth

Wie sich das psychische Geschehen in einem Lebewesen abspielt, das nur über ein Zwischenhirn verfügt, lässt sich aus Versuchen erschließen, die der Verhaltensforscher Erich v. Holst *um 1960 unternommen hatte. Er setzte kleine Elektroden an die Stelle im Zwischenhirn eines Hahnes, die für die Auslösung von Aggressionsverhalten maßgeblich ist. Durch ein auf Knopfdruck hin ausgelöstes elektrisches Signal konnte dann dieses Zentrum gereizt werden.*
H. v. Ditfurth *erweitert die Ergebnisse dieses Experiments durch die Frage, welche Rückschlüsse sich auf das Verhalten des Menschen ziehen lassen.*

Beim Einsetzen des elektrischen Reizes begann der Hahn auf dem Versuchstisch plötzlich zu sichern. Er blieb stehen, machte einen „langen Hals" und sah sich ängstlich um. Dann senkte er langsam den Kopf, als ob er irgend etwas mit seinen Blicken verfolgte, das sich langsam näherte, bis er schließlich wie gebannt auf einen Punkt der Tischplatte neben sich starrte. Das Gefieder sträubte sich, der Hahn fing an, laute Alarmschreie von sich zu geben, wobei er langsam um den Punkt herumstelzte, der seine Aufmerksamkeit so sehr fesselte, obwohl es dort für die um den Tisch versammelten Wissenschaftler gar nichts zu sehen gab.
Von einem Augenblick zum anderen ging das Tier dann zum Angriff über. Mit Sporen und Schnabelhieben attackierte es die leere Stelle der Tischplatte, die es in kurzen Sprüngen immer wieder anflog. Wenn der Versuchsleiter in diesem Stadium den bewussten Knopf nicht losließ, geriet der Hahn wenige Sekunden später in blinde Panik. Mit lautem Angstgeschrei erhob er sich in die Luft und flatterte ziellos vom Tisch, womit er den Versuch dann jedesmal selbst dadurch beendete, dass er die Drähte aus seinem Kopf herausriss.
Gab der Experimentator, um das zu verhindern, den Knopf rechtzeitig frei, dann beruhigte sich der Hahn sehr schnell. Er blickte verblüfft auf und sah sich um, als sei plötzlich etwas verschwunden, was ihn eben noch in Angst versetzt hatte. Er schüttelte sich erleichtert, glättete sein Gefieder und gab dann, gewissermaßen als Abschluss der ganzen Sequenz[1], mit gerecktem Hals einen lauten Siegesruf von sich.
Kein Zweifel, der Hahn spielte bei diesem Versuch eine Szene durch, die der Verteidigung gegen einen Bodenfeind unter natürlichen Umständen entsprach. Auch die Wissenschaftler waren verblüfft, dass selbst eine so komplizierte Abfolge noch als festes Programm im Gehirn des Tieres gespeichert war. Daran aber gab es keinen Zweifel. Jeder erneute Knopfdruck produzierte eine Wiederholung des gleichen Ablaufs: Sichern, Beobachtung, Warnung der Artgenossen, schließlich Attacke und, wenn der „Feind" auch dann nicht weichen wollte, blinde Flucht.
Wie groß muss die Bedrohung der Art über Hunderttausende von Jahren hinweg gewesen sein, wie tief muss die Angst sitzen, bis sich das Verhalten und die typische Angriffsweise des „Erbfeindes" in allen seinen Einzelheiten in die ererbten Strukturen individueller Hirne eingraben konnte! Denn um nichts anderes handelt es sich hier. Das vom Hahn bei diesem Versuch vorgeführte „Programm" ist nichts anderes als das Spiegelbild dessen, was er bei einem Angriff durch einen Bodenfeind erlebt. (…)
Man muss sich einmal klarmachen, was es heißt, dass das alles angeboren ist. Es bedeutet unter anderem, dass auch ein Hahn, der von seiner natürlichen Umgebung und allen Artgenossen getrennt von einem Brutautomaten ausgebrütet und aufgezogen worden ist, das Repertoire in allen Einzelheiten beherrscht.
Es bedeutet, dass ein Hahn, der in seinem Leben erstmals einer Ratte, einem Iltis oder einem Wiesel begegnet, nicht vor einer unbekannten Situation steht. Er erkennt den Feind, den er nie gesehen hat, sofort wieder. Nicht nur das: Er weiß, was der Feind tun wird, und er beginnt so-

1 Sequenz (lat.): abgeschlossene Folge

fort und im Voraus darauf zu reagieren, was dieser erst im nächsten Augenblick unternehmen wird.

Zu dieser totalen und scheinbar paradoxen Umkehrung der zeitlichen Relation zwischen Ursache und Wirkung – oder Reiz und Reaktion – kommt es deshalb, weil der Feind im Gehirn des Hahns schon vorhanden ist, bevor noch der eine dem anderen zum ersten Mal in seinem Leben begegnet. Das reale Wiesel ist deshalb schon bei dieser ersten Begegnung keine neue Erfahrung, sondern sozusagen nur die Bestätigung einer Erwartung, die der Hahn mit dem Schlüpfen aus dem Ei mit sich herumgetragen hat.

Das reale Wiesel hat in der Zwischenhirn-Welt des Hahns nur die Funktion eines spezifischen Auslösers. Sein konkretes Erscheinen ruft in der Umwelt des Hahns die Signale hervor, welche die Auslösungsschwelle für das Programm „Abwehr eines Bodenfeindes“ herabsetzen. Mit der Spezifität[2] eines Schlüssels, der unter vielen verschiedenen Fächern nur ein ganz bestimmtes aufschließt, löst die vom Wiesel in der Welt des Hahns hervorgerufene Signal-Konstellation[3] das zur Abwehr eines sich am Boden anschleichenden Feindes bereit liegende Verhaltensprogramm aus.

Für alle anderen Zwischenhirnprogramme gilt das in genau der gleichen Weise. Und da das Verhalten eines Organismus sich auf diesem Entwicklungsniveau so gut wie ausschließlich aus derartigen Programmen zusammensetzt, ist die gewiss ungewohnte Feststellung zulässig, dass ein „Zwischenhirnwesen“ die Welt, in der es lebt, nicht etwa mit seinen Sinnesorganen erst entdeckt. Jedes von ihnen trägt ein Abbild dieser Welt von Anfang an in seinem Gehirn mit sich herum.

Da auch ein Hahn auf eine Zwischenhirn-Existenz beschränkt ist – mit den unwesentlichen Ausnahmen, wie sie in der Realität immer einzuräumen sind – gilt diese Feststellung auch für ihn. Nun ist die Welt, die ein solcher Hühnervogel in seinem Kopf mit sich herumträgt, gewiss sehr viel ärmer als die vom Menschen erlebte Welt. Dennoch sind beide Sphären nicht absolut unvergleichbar.

Archaische Erinnerungen

Aus den uns schon bekannten Gründen – Unentbehrlichkeit der Weiterexistenz von untergeordneten Hirnteilen auch nach der Entstehung fortschrittlicherer Hirnabschnitte, Abhängigkeit der oberen Instanzen von der unteren Ebene – gibt es gewisse Überschneidungen zwischen unserer Welt und der des Hahns. Auch unter unserem Großhirn liegt ein immer noch funktionierendes Zwischenhirn. Deshalb ist uns nicht alles fremd, was dem Hahn widerfährt.

Erinnern wir uns doch einmal daran, wie uns zumute ist, wenn wir gezwungen sind, einen unbekannten Weg nachts zu Fuß allein zurückzulegen. Unser führender Sinn ist der Gesichtssinn. Dieser fällt in der Dunkelheit weitgehend aus. Deshalb ist unsere Angstbereitschaft in dieser Situation erhöht. Das gilt ausnahmslos für jeden geistesgesunden Menschen, ob Kind oder Erwachsener. Wer bestreitet, dass er im dunklen Wald angstbereiter ist als am helllichten Tage, der ist nicht mutiger, sondern nur unehrlicher als seine Mitmenschen.

Im Zustand dieser erhöhten Angstbereitschaft machen wir nun eine sehr interessante Erfahrung: Wir beginnen, „Gespenster“ zu sehen. Mal ist es ein Busch, dessen schwach erkennbarer Umriss uns wie der Schatten eines lauernden Menschen erscheinen will. Dann glauben wir, ein Knacken von Zweigen zu hören, das eine sich uns nähernde Gestalt ankündigt. Aber auch dann, wenn weder Schatten noch Gesträuch uns einen Anlass liefern, wittern wir in unserer Lage hinter jedem Baum und in jedem möglichen Versteck eine Bedrohung.

2 Spezifität (lat.): Besonderheit
3 Signal-Konstellation: Signal-Anordnung

Da helfen kritische Einsicht und Besonnenheit nur in Grenzen. In dieser Lage erfahren wir am eigenen Leibe, was es bedeutet, wenn ein untergeordnetes Zentrum sich durchzusetzen versucht. Denn was mit uns da geschieht, ist einfach Folgendes: Unsere Abhängigkeit vom Gesichtssinn ist so groß, dass die Dunkelheit unsere Auslöseschwellen für ängstliche Reaktionen herabsetzt. Unsere Angstbereitschaft ist im Dunklen erhöht. Interessanterweise aber enthält die geschilderte Situation – unbekannte Umgebung nachts unter freiem Himmel – darüber hinaus auch für uns ganz offensichtlich noch wirksame spezifische „Auslöser" für ein auf diese besondere Lage gemünztes uraltes Programm.

Dieses mag ein wenig abgeblasst sein und im Kopfe eines Großhirnbesitzers zu wirklich freier Entfaltung auch nicht mehr imstande. Aber wie anders als durch die Auslösung eines solchen spezifischen Programms soll man unsere „Gespensterseherei" in der geschilderten Situation eigentlich erklären? Wie anders als durch die Annahme, dass im Verlaufe unzähliger Generationen auch bei unserer Art die urzeitliche Erfahrung ihren erblichen Niederschlag gefunden hat, dass es Feinde gibt, die uns vor allem nachts gefährlich werden können, weil sie, anders als wir selbst, im Dunklen ausgezeichnet sehen? „Das Gespenst ist die Projektion des nächtlich jagenden Raubtiers", hat Konrad Lorenz[4] gesagt.

So ist es. Ich zweifle nicht daran, dass die Phantome, die wir in unserer Dunkelangst in den Schatten nächtlicher Büsche projizieren, aus unserem Zwischenhirn stammen. Dass auch sie die Signale, die eine real aus dem Dunkel auf uns zukommende Bedrohung anzeigen würden, vorwegnehmen und insofern dem Wieselphantom analog sind, mit dem der Hahn in dem Labor von Erich von Holst auf der leeren Tischplatte kämpft. Und ist es nicht auch so, dass wir dann, wenn plötzlich ein wirklicher Räuber aus einem Schatten auftauchte und uns bedrohte, zwar ganz sicher erschrecken würden, dennoch aber zugeben müssten, dass sein reales Auftreten uns keineswegs überrascht, sondern ganz im Gegenteil nur bestätigt habe, womit wir im Voraus schon gerechnet hätten?

4 Konrad Lorenz: deutscher Verhaltensforscher (1903–1988)

5.3.2 Gehirnexplosion – Arthur Koestler

Die Entwicklungsgeschichte des menschlichen Gehirns zeigt, dass seine älteren Schichten (Hirnstamm, Zwischenhirn) nach dem Wachsen des Großhirns (Neokortex) nicht wirkungslos wurden, sondern weiterhin das Verhalten des Menschen beeinflussen. Die Frage ist, welche Fähigkeiten der Mensch durch sein Großhirn überhaupt hinzugewonnen hat und wie weit ihm solche Fähigkeiten nützen. Dieser Frage geht der folgende Text von Arthur Koestler *nach. Koestler hat in seinem Buch „Der Mensch – Irrläufer der Evolution" (ursprünglicher Titel der englischen Ausgabe: „Janus"[1]) zunächst einen Überblick über Probleme gegeben, die aus der Doppelheit Zwischenhirn/Großhirn für den Menschen entstanden, und schließt dann mit einem „Blick durchs Schlüsselloch", der sich auf die heutigen Überlebenschancen der Menschheit richtet.*

Ehe wir unsere Reise beenden, sollten wir vielleicht noch einmal zum Prolog zurückschauen, wo ich den plötzlichen Aufstieg des menschlichen Neokortex und sein schnelles Anwachsen besprach, das in der Geschichte der Evolution ohnegleichen ist. Wir haben gesehen, dass dieser Prozess unter anderem zu dem chronischen Konflikt zwischen dem neuen Gehirn, dem Sitz der menschlichen Vernunft, und dem archaischen alten Gehirn führte, das von Instinkten und Emo-

1 Janus: Göttergestalt aus der römischen Mythologie. Ein Januskopf hat zwei Gesichter; das eine blickt in die Vergangenheit, das andere in die Zukunft.

* Hoimar v. Ditfurth, Der Geist fiel nicht vom Himmel. Hoffmann u. Campe, Hamburg 1976, S. 164–169

tionen beherrscht wird. Das Ergebnis war eine geistig unausgeglichene Spezies[2] mit einem eingebauten paranoiden[3] Zug, der sich im Verlauf ihrer Geschichte gnadenlos äußerte.
Die Gehirnexplosion im späten Pleistozän[4] hatte allerdings noch andere – weniger dramatische, aber ebenso weitreichende – Folgen, über die wir noch sprechen müssen.
Der springende Punkt liegt darin, dass die Evolution bei der Entwicklung des menschlichen Gehirns hemmungslos über das Ziel hinausschoss: „Es wurde ein Instrument geschaffen, das den Bedürfnissen seines Besitzers weit voraus ist … Die natürliche Zuchtwahl hätte dem Wilden ein Gehirn schenken können, das dem des Affen ein wenig überlegen ist, während er eines bekam, das dem eines durchschnittlichen Angehörigen unserer gebildeten Gesellschaft nur sehr wenig unterlegen ist." Das wurde von keinem geringeren als Alfred Russell Wallace geschrieben, der zusammen mit Darwin[5] die Theorie der Evolution durch natürliche Auslese zeugte (wenn der Ausdruck erlaubt ist). Darwin begriff die Brisanz dieses Arguments sofort und schrieb Wallace: „Hoffentlich haben Sie Ihrem und meinem Kind nicht endgültig den Garaus gemacht." Er hatte jedoch keine befriedigende Antwort auf die kritische Äußerung seines Kollegen, und seine Jünger kehrten die Kritik einfach unter den Teppich.
Warum war jene Kritik so wichtig? Aus zwei Gründen. Der erste ist lediglich von historischem Interesse, denn Wallaces Einwand unterminierte einen Eckpfeiler des darwinistischen Bauwerks. Nach der darwinistischen und neodarwinistischen Theorie muss die Evolution in sehr kleinen Schritten voranschreiten, die dem mutierten Organismus[6] jeweils einen winzigen, auf Auslese beruhenden Vorteil verschaffen – sonst ergibt die ganze Konstruktion keinen Sinn, wie Darwin selbst immer wieder betonte. Die rapide Entwicklung des menschlichen Großhirns, das einige Anthropologen mit einer „tumorartigen Wucherung"[7] verglichen haben, ließ sich jedoch beim besten Willen nicht mit dieser Theorie vereinbaren. So erklärt sich Darwins furchtsame Antwort – und die darauf folgende Verschwörung des Schweigens.
Der zweite und viel bedeutsamere Aspekt der Kritik scheint Wallace gar nicht richtig aufgegangen zu sein. Er betonte, das „Instrument" sei „den Bedürfnissen seines Besitzers weit voraus" gewesen. Aber die Evolution des menschlichen Gehirns ging nicht nur über die Bedürfnisse des vorgeschichtlichen Menschen hinaus, sondern ist auch das einzige Beispiel dafür, *dass die Evolution eine Spezies mit einem Organ ausstattete, das sie nicht zu gebrauchen weiß,* mit einem Luxusorgan, für dessen richtige Benutzung der Besitzer Tausende von Jahren trainieren muss, wenn er es überhaupt jemals schafft.
Das archäologische Beweismaterial lässt erkennen, dass der früheste Vertreter des Homo sapiens – der Cro-Magnon-Mensch, der den Schauplatz vor hunderttausend Jahren oder noch eher betrat – bereits ein Gehirn hatte, das in Größe und Form nicht von dem unseren zu unterscheiden ist. Doch er machte, so paradox das klingen mag, fast nie Gebrauch von diesem Luxusorgan. Er blieb ein analphabetischer Höhlenbewohner und fuhr jahrtausendelang fort, Speere, Pfeile und Bogen der gleichen primitiven Art zu fertigen, obgleich das Organ, das den Menschen zum Mond bringen sollte, bereits ausgeformt in seinem Schädel lag. Die Evolution des

2 Spezies (lat.): Art
3 paranoid (griech.): seelisch gestört
4 Pleistozän: Bezeichnung für diejenige Epoche der Erdgeschichte, in der die meisten Gattungen heutiger Lebewesen bereits vorhanden waren (griech. pleistos = Superlativ von „viel")
5 Darwin, Charles (1809–1882): entwickelte eine Abstammungslehre, nach der sich durch Veränderungen von Erbeigenschaften neue Arten bilden. Lebewesen, die so entstanden sind, haben dann Chancen ihre neue Art zu erhalten und auszubreiten, wenn sie an ihre Umgebung angepasst sind. Darwin und Wallace legten gemeinsam die neue Theorie in einer Mitteilung an die Linné-Gesellschaft der Öffentlichkeit vor.
6 mutierte Organismen: Lebewesen, die durch Mutationen, d. h. plötzliche Veränderungen im Erbgut, entstanden sind.
7 tumorartige Wucherung: Krebsgeschwulst. Das explosive Wachstum des menschlichen Großhirns (Neokortex) wurde von dem Biologen Herrick mit dem Wuchern eines Krebsgeschwürs verglichen (1961).

Gehirns schoss also um einen Zeitfaktor von astronomischer Größe über das Ziel hinaus. Das Paradoxon ist schwer zu fassen. In *Das Gespenst in der Maschine*[8] habe ich versucht, diese Tatsache mit einem Gleichnis zu veranschaulichen, das von der Science-fiction inspiriert ist. Ich nannte es *Die Parabel von der unerbetenen Gabe:*

„In einem arabischen Basar lebte einmal ein Ladenbesitzer namens Ali; er konnte nicht sehr gut rechnen und wurde daher von seinen Kunden ständig bemogelt – anstatt dass er sie bemogelte, wie sich das gehört. Also betete er jeden Abend zu Allah, er möge ihm einen Abakus[9] schenken, jenen altehrwürdigen Apparat, mit dem man addiert und subtrahiert, indem man kleine Kugeln an Drahtstäben entlangschiebt. Aber ein boshafter Dschinn[10] leitete sein Gebet an die falsche Dienststelle der himmlischen Postversandabteilung, und als Ali eines Morgens im Basar eintraf, musste er zu seinem Erstaunen feststellen, dass sein Laden sich in ein vielstöckiges, modernes Bürogebäude verwandelt hatte, in welchem das jüngste Computermodell installiert war: Schalttafeln und Armaturenbretter bedeckten alle Wände, mit Tausenden von fluoreszierenden Oszillatoren, Schaltern, Hebeln, Skalenscheiben und dergleichen; es gab auch ein mehrere hundert Seiten starkes Handbuch mit Bedienungsanweisungen, das Ali, der Analphabet war, natürlich nicht lesen konnte. Nachdem er mehrere Tage lang vergeblich an diesem oder jenem Knopf herumgefummelt hatte, geriet er schließlich in Wut und gab einem der glitzernden, eleganten Armaturenbretter einen Fußtritt. Der Schock setzte eines der Millionen elektronischen Schaltsysteme der Maschine in Aktion und nach einer Weile entdeckte Ali zu seinem freudigen Erstaunen, dass, wenn er zunächst dreimal und hernach noch fünfmal gegen das Armaturenbrett trat, eine der Skalenscheiben tatsächlich die Zahl 8 anzeigte. Er dankte Allah auf den Knien für den prächtigen Abakus und benutzte die Maschine bis an sein Lebensende, um drei plus zwei oder vier plus fünf zu addieren – ohne zu ahnen, dass der Computer fähig war, Einsteins Gleichungen im Handumdrehen abzuleiten oder die Bahnen von Planeten für Tausende von Jahren vorauszuberechnen.
Alis Kinder und Enkelkinder erbten die Maschine und auch das Geheimnis, wie man immer nach demselben Armaturenbrett tritt; aber es brauchte Hunderte von Generationen, ehe sie endlich darauf kamen, wie man die Maschine wenigstens für einfache Multiplikationsaufgaben benutzen konnte. Wir selbst sind Alis Nachkommen: Zwar haben wir inzwischen noch eine Reihe anderer Verwendungsarten für die Maschine erlernt, aber trotzdem sind wir nur fähig, einen winzigen Bruchteil des Potentials ihrer schätzungsweise hundert Millionen Stromkreise zu benutzen. Denn mit der unerbetenen Gabe ist natürlich das menschliche Gehirn gemeint. Was das Handbuch mit den Bedienungsanweisungen betrifft, so ging es verloren – falls es überhaupt jemals existierte. Platon behauptet zwar, es habe einmal existiert, aber das ist offenbar nur ein Gerücht."

Wenn Biologen von der „geistigen Evolution" sprechen, die die biologische Evolution beim Menschen – im Gegensatz zum Tier – überlagert habe, ignorieren sie gewöhnlich den Kern des Problems. Das Lernpotential der Tiere wird nämlich zwangsläufig dadurch begrenzt, dass sie im Gegensatz zum Menschen vollen – oder beinahe vollen – Gebrauch von Organen machen, die sie mitbekommen haben, einschließlich des Gehirns. Die Kapazität des Computers im Schädel eines Reptils oder niederen Säugetiers wird beinahe hundertprozentig ausgenutzt, lässt also keinen Raum für kumulatives Lernen[11] und „geistige Evolution". Nur beim Homo sapiens hat

8 Buchtitel von A. Koestler (Wien/München 1968)

9 Abakus: Rechengerät, das bereits die Römer benutzten und das noch heute in manchen östlichen Ländern verwendet wird. Rein mechanisch werden dabei Kugeln auf Drähten verschoben, um Grundrechenarten auszuführen.

10 Dschinn: orientalische Bezeichnung für Geister bzw. Dämonen

11 kumulatives Lernen: Lernen durch Anhäufen von Kenntnissen

die Evolution die Bedürfnisse der Spezies um eine Zeitspanne von solchem Ausmaß vorweggenommen, dass wir jetzt gerade erst beginnen, einige der bisher ungenutzten, unerforschten Möglichkeiten der schätzungsweise zehntausend Millionen Neuronen und ihrer praktisch unerschöpflichen synaptischen Querverbindungen[13] zu nutzen. So gesehen, ist die Geschichte der Wissenschaft, Philosophie und Kunst der langsame Prozess, das Potential des Gehirns zu aktivieren. Die neuen Territorien, die auf ihre Eroberung warten, liegen in den Windungen der Großhirnrinde.

Die Gründe, weshalb dieser Prozess, *den Gebrauch unseres Gehirns zu lernen,* so langsam, sprunghaft und so voller Rückschläge war, lassen sich auf einen gemeinsamen Nenner bringen: Das alte Gehirn kam dem neuen in die Quere oder bremste es (…)*

12 synaptische Querverbindungen: die einzelnen Nervenzellen im Gehirn (Neuronen) werden durch Fasern miteinander verknüpft, in denen elektrochemische Signale geleitet werden. Die Verknüpfungsstellen zwischen solchen Fasern heißen „Synapsen“.

5.3.3 Das verwirrte Tier –Lewis Mumford

Die Frage, in welchem seelischen Zustand sich der aus dem Tierhaften hervortretende frühe Mensch befand, wird sich nie mit letzter Sicherheit beantworten lassen. Aber es gibt Hinweise und sie lassen sich mit dem Gedanken verbinden, das zu übermäßigem Wachstum gekommene und nicht ausgelastete Großhirn des Urmenschen habe vielleicht mit sich gespielt, in zunächst unkontrollierter Weise, wie wir es z. B. aus dem Zustand des Träumens annäherungsweise kennen.

Diesen Gedanken entwickelt der amerikanische Soziologe Lewis Mumford *in seiner Darstellung menschlicher Vorgeschichte.*

Die Erforschung der menschlichen Psyche im letzten halben Jahrhundert hat zu Ergebnissen geführt, die eine komplexere, aber zwangsläufig auch gewagtere Interpretation der frühen Entwicklung des Menschen als die bisher übliche nahelegen. Die Annahme, alle Aktivitäten des Menschen seien aus seinen physischen Bedürfnissen zu erklären, muss in Frage gestellt werden. Zweifellos hatte der Frühmensch genug zu tun, um nicht zu verhungern. Aber zumindest für die letzten fünfzigtausend Jahre gibt es hinreichende Beweise dafür, dass er mit seinen Gedanken nicht ausschließlich bei seiner Arbeit war. War er vielleicht eher bei den sonderbaren Dingen, die ihm durch den Kopf gingen? Der Frühmensch war jenes Lebewesen, dessen äußere Tätigkeit, wie wir heute wieder zu sehen beginnen, nicht vollständig erklärt werden kann ohne Bezugnahme auf eine ganz besondere innere Tätigkeit: den Traum.

Ehe der Mensch aus der Unbewusstheit heraustrat, muss er unartikuliert und ausdrucksarm gewesen sein, wie man es heute nur bei Idioten findet, denn ihm fehlten die symbolischen Instrumente des Bewusstseins: Vorstellungen und Worte. Wir gehen wohl nicht weit fehl, wenn wir uns diesen Proto-Menschen als ein von Träumen geplagtes und gequältes Wesen vorstellen, das allzu leicht die Eindrücke der Finsternis und des Schlafes mit denen des wachen Erlebens vermengte und irreführenden Halluzinationen, ungeordneten Erinnerungen und unerklärlichen Impulsen unterworfen war, vielleicht aber gelegentlich auch von vorwegnehmenden Vorstellungen lustvoller Möglichkeiten angeregt wurde. (…)

Es ist anzunehmen, dass der Mensch von Anfang an ein träumendes Tier war: und möglicherweise war es die Fülle seiner Träume, die ihn befähigte, sich von den Beschränkungen einer rein tierischen Laufbahn zu lösen. Wenngleich auch Hunde träumen mögen, so hat doch kein Traum

* Arthur Koestler, Der Mensch – Irrläufer der Evolution. Engl. Ausgabe unter dem Titel „Janus“, London 1978. Dt. Ausgabe übers. v. Jürgen Abel, Scherz, Bern/München 1978; Goldmann, München 1981, S. 317–320

einen Hund gelehrt, einen Vogel nachzuahmen oder sich wie ein Gott zu verhalten. Nur beim Menschen finden wir eine Fülle positiver Beweise, dass Traumbilder fortwährend sein Wachbewusstsein durchdringen und beleben; nur bei ihm verdrängen sie manchmal die Realität, zu seinem Nutzen oder Schaden. (…)

Obwohl die Entwicklung der Sprache und des abstrakten Denkens die reichen unbewussten Traumbilder bis zu einem gewissen Grad ersetzt oder unterdrückt, spielen diese Bilder doch eine große Rolle und gewinnen oft mit erschreckender Zwanghaftigkeit die Oberhand; so verlieren Neurotiker ihre Beziehung zur Realität und werden auf die chaotischen Inhalte ihres Unbewussten zurückgeworfen. Solche Entwicklungen, ob sie sich nun als gut oder schlecht herausstellen, sind bloß Sublimierungen[1] und Erweiterungen der ursprünglichen Traumfunktionen: ein Überfließen neuraler Aktivität, die seltsam befreiende Fähigkeit des Gehirns.

Natürlich haben wir keine Beweise dafür, dass der prähistorische Mensch träumte, in dem Sinne, wie wir Beweise haben, dass er Feuer verwendete oder Werkzeuge herstellte. Aber das Vorhandensein von Träumen, Visionen, Halluzinationen und Projektionen ist bei allen Völkern zu allen Zeiten gesichert; und da Träume, im Gegensatz zu anderen Kulturkomponenten, unwillkürliche Reaktionen sind, über die der Träumer wenig oder gar keine effektive Kontrolle besitzt, wäre es absurd anzunehmen, sie seien erst später hinzugekommen. Wahrscheinlich ist vielmehr, dass Träume üppiger, intensiver und zwingender waren, ehe der Mensch lernte, ihre Rolle durch innere Zensur und steuernde Intelligenz einzuschränken, in Verbindung mit der Disziplinierung seiner praktischen Aktivitäten.

Es erscheint also begründet anzunehmen, dass Träume stets einen gewissen Einfluss auf das menschliche Verhalten hatten; und es ist wahrscheinlich, wenn auch nicht wissenschaftlich nachweisbar, dass sie, zusammen mit der Entwicklung der Sprechorgane, dazu beitrugen, die gesamte Struktur der menschlichen Kultur zu ermöglichen. Kreativität beginnt im Unbewussten; und ihre erste menschliche Manifestation[2] ist der Traum. (…)

Durch den Traum gelangte der Mensch zum Bewusstsein einer stets gegenwärtigen „übernatürlichen“ Umwelt – einer Umwelt, der kein anderes Tier Beachtung schenkte. In diesem Bereich lebten die Ahnen weiter, die geheimnisvoll in unerwarteten Momenten eingriffen, um den Menschen mit ihrer Weisheit zu helfen oder sie für Abweichungen von altbewährten Gepflogenheiten zu bestrafen. Diese archetypischen[3] Ahnenvorstellungen – Gespenster, Dämonen, Geister und Götter – stammten ebenfalls aus derselben Quelle und mochten oft der erlebten Realität des Menschen näher stehen als seiner unmittelbaren Umwelt, um so mehr, als er bei ihrer Erschaffung selbst mitgewirkt hatte. Durch seinen Umgang mit dieser „anderen Welt“ wurde der Mensch vielleicht veranlasst, sich selbst aus seiner tierischen Fügsamkeit und Fixierung zu befreien. (…)

Zu allen Zeiten wurde der Mensch von seinen Träumen belehrt und auch erschreckt. Und für beide Reaktionen hatte er gute Gründe: Seine Innenwelt muss oft viel bedrohlicher und unverständlicher gewesen sein als seine Außenwelt, wie es tatsächlich auch heute noch der Fall ist; und seine erste Aufgabe war nicht, Werkzeuge zur Kontrolle der Umwelt zu formen, sondern noch mächtigere und wirksamere Instrumente zu dem Zweck, sich selbst und vor allem sein Unbewusstes zu kontrollieren. Die Erfindung und Vervollkommnung dieser Instrumente – Rituale, Symbole, Worte, Bilder, Verhaltensnormen (Sitten) – war, wie ich zu beweisen hoffe, die

1 Sublimierung (lat.): Vergeistigung; Fachausdruck der Psychoanalyse bei Freud, mit der eine Verwandlung unbewusster Triebe in geistige Tätigkeit bezeichnet wird

2 Manifestation (lat.): Verwirklichung, Übertragung ins Handgreifliche (lat. manus = Hand!)

3 archetypisch (griech.): Begriff der Psychoanalyse bei C. G. Jung; Archetypen sind Urformen bzw. Urbilder der Seele, z. B. Grundgestalten der Märchen

Hauptbeschäftigung des Frühmenschen, die für sein Überleben und besonders für seine spätere Entwicklung weit notwendiger war als die Werkzeugherstellung. (…)
„Selbst in guten Menschen steckt eine gesetzlose, wilde, bestialische Natur, die im Schlaf hervorspäht“[4]. In unserer Hypothese wird die breite Strähne der Irrationalität, die durch die ganze Menschheitsgeschichte hindurchgeht, wenigstens zum Teil erklärbar. Wenn der Mensch ursprünglich ein träumendes Tier war, so ist ziemlich wahrscheinlich, dass er auch ein verwirrtes Tier war; und die Quelle seiner schlimmsten Ängste war seine eigene überaktive Psyche (…).*

4 Zitat aus Platons Dialog „Politeia“ (Der Staat)

5.3.4 Als die Götter noch sprachen – Julian Jaynes

Bei Lewis Mumford wird der Gedanke, das frühmenschliche Gehirn habe mit sich selbst gespielt, indem es aus der Überfülle innerer Möglichkeiten Phantome produzierte, einseitig auf die Welt der Träume bezogen. Julian Jaynes *geht einen Schritt weiter, indem er die Doppelheit der beiden Gehirnhälften zur Erklärung frühmenschlicher Erlebnisweisen heranzieht. Seine Hypothese ist zwar nicht direkt nachprüfbar, soll aber hier als anregende Überlegung vorgestellt werden.*

Dazu eine Vorbemerkung: Das Großhirn besteht aus zwei symmetrischen Hälften (Hemisphären), die durch einen dicken Strang von Nervenleitungen (Corpus callosum) miteinander verbunden sind. In beiden Hälften befinden sich verschiedene Zentren für Gehirnfunktionen, z. B. Sehzentren, Gehörzentren, Geruchszentren; dort werden die von den Sinnesorganen kommenden Signale verarbeitet, wobei die spiegelbildlichen Hemisphären den beiden Augen, Ohren, Nasenlöchern zugeordnet sind. Trotzdem ist die Symmetrie der Hirnhälften nicht vollständig. Es hat sich gezeigt, dass die beiden Hemisphären insgesamt verschieden arbeiten: Die rechte Hemisphäre hat es vor allem mit der Verarbeitung von räumlichen Verhältnissen, Formen und Gestalten zu tun, auch mit emotionalen Erlebnissen (Gefühlsreaktionen), während sich in der linken Hemisphäre das aktive Sprachzentrum befindet; sie ist für rationale Leistungen wie z. B. das Rechnen, das logische Denken usw. zuständig. So kann zwar in der rechten Hirnhälfte etwas anschaulich erfasst, nicht aber formuliert werden, während die gedanklich-sprachliche Arbeit in der linken Hälfte konzentriert ist. Man hat deswegen die linke Hemisphäre als die dominierende, die rechte als die untergeordnete bezeichnet; erst die Verbindung beider Hälften über das Corpus callosum ermöglicht ein Zusammenwirken von bildhaft-emotionalen und sprachlich-rationalen Leistungen. Diese Ergebnisse der Gehirnforschung setzt Julian Jaynes *bei seinen Überlegungen voraus. Er hat seine Theorie vom Zusammenhang zwischen Gehirnstruktur und Entstehung des Bewusstseins 1976 in dem Buch „The Origin of Consciousness in the Breakdown of the Bicameral Mind“ (Der Ursprung des Bewusstseins durch den Zusammenbruch der bikameralen Psyche) veröffentlicht. 1978 erschien in der Zeitschrift „Psychologie heute“ ein Interview mit Julian Jaynes, aus dem einige Abschnitte folgen. Die Fragen des Interviewers sind mit „PH“ bezeichnet, die Antworten von Jaynes mit „JJ“.*

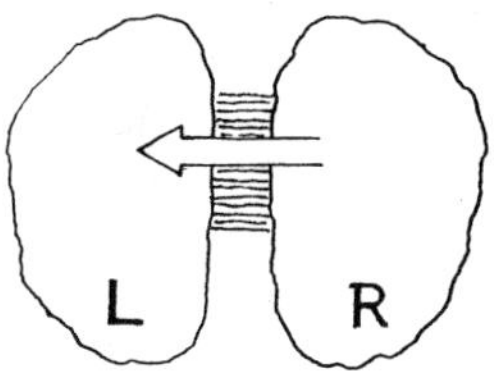

Gehirnhemisphären

PH: Ihre Theorie vom Ursprung des Bewusstseins, Professor Jaynes, ist gewagt, möglicherweise absurd. Es fällt schwer zu glauben, dass das menschliche Bewusstsein nur 3000 Jahre alt sein soll, dass den alten Griechen vor dem Jahre 1000 v. Chr. Selbstreflexion fremd gewesen sein

* Lewis Mumford, Mythos der Maschine. Amerikan. Ausgabe 1964–1970. Dt. Ausgabe übers. v. Liesl Nürenberger-Körbler u. Arpad Hälbig, Fischer, Frankfurt a. M. 1977, S. 65–69

soll und sie keine bewussten Willensentscheidungen getroffen hätten. Und es strapaziert unser Vorstellungsvermögen zu meinen, dass sich ganze Zivilisationen von Halluzinationen leiten ließen, von sogenannten Stimmen der Götter. Wie kommen Sie zu solchen Schlussfolgerungen?

JJ: Ich habe verschiedene wissenschaftliche Erkenntnisse zu einem Teppich zusammengewoben. Dabei gibt es drei Grundannahmen, die unabhängig voneinander existieren und die auch unabhängig voneinander richtig oder falsch sein können: Da ist zuerst die Annahme, dass das Bewusstsein eine Analogie zur Welt auf der Basis von Metaphern[1] ist, ein Mittel, etwas Unbekanntes zu verstehen, indem man es mit etwas Vertrautem vergleicht.

Die zweite Grundannahme ist die von der „Zwei-Kammer-Organisation" der menschlichen Psyche in der Frühzeit des Menschen.

Das heißt: Der mentale[2] Bereich bestand damals aus zwei Teilen, einem direktiven, genannt Gott, und einem nachgeordneten, genannt Mensch.

Die dritte Annahme besteht darin, dass dieses „Zwei-Kammer-System" seine neurologische Entsprechung[3] in den Unterschieden zwischen der rechten und der linken Hemisphäre des menschlichen Gehirns hat.

PH: Fangen wir mit dem Bewusstsein an. Woher kommt es? Was ist es? (…)

JJ: Das Bewusstsein ist ein Raum im mathematischen Sinne. Sowie es Operatoren in der Mathematik gibt[4], so sind Operator-Funktionen in dem Raum, den wir Bewusstsein nennen, denkbar. Wenn wir darüber sprechen, was tatsächlich in diesem geistigen „Raum" vorgeht, dann nehmen wir Zuflucht zu Metaphern aus konkreten Zuständen oder konkretem Verhalten in der realen Welt. Wir sprechen davon, etwas „klar zu sehen", geistige Vorgänge erscheinen uns „tief" oder „oberflächlich", wir „verfolgen" ein Problem oder „finden" eine Lösung. So wie die Begriffe Metaphern sind, mit denen wir das Geschehen in unserem Bewusstsein zu beschreiben versuchen, so ist der geistige Bereich, in dem diese Funktionen ausgeführt werden, gleichermaßen ein metaphorischer. Der subjektive, bewusste Teil ist ein Analogon zur realen Welt, gebildet aus Metaphern. (…)

PH: Einen Augenblick. Mir kommt es gerade so vor, als ob mein „Selbst" durch ein kosmisches Abwasserrohr weggespült würde … Bewusstsein ist also ein metaphorischer Raum, in dem Dinge auf metaphorische Weise vonstatten gehen, die eine Welt widerspiegeln, die wir nur in Metaphern begreifen. Bewusstsein ist sein Spiegel, in dem wir uns selbst und die Welt durch das Medium der Metapher sehen. Jetzt frage ich Sie: Wer ist denn eigentlich Julian Jaynes? Wer ist das „Ich", das das Denken erledigt? Was steht hinter dem Spiegel?

JJ: Das „Ich", das mein bewusstes Denken ausübt, ist ein Punkt in einer Beziehung. Ein mathematischer Punkt. Es ist übrigens nicht das „Selbst" – das ist eine völlig andere Konstruktion. Ich spreche hier vom „analogen Ich" – jenem etwas, das sich in seiner Vorstellung frei bewegen und Dinge tun kann, die der Körper nicht notwendigerweise mit vollziehen muss. Wenn dieses „Analog-Ich" beispielsweise an eine Kreuzung kommt, kann es sich sowohl den

1 Im Bewusstsein bilden sich Entsprechungen (Analogien) zur Wirklichkeit außerhalb des Bewusstseins, z. B. wenn der Vorgang des gedanklichen Verstehens als „begreifen" bezeichnet wird. In „begreifen" bzw. „Begriff" liegt ein Vergleich (Metapher) mit dem Zufassen einer Hand vor.

2 mental: geistig (von lat. mens = Verstand)

3 neurologische Entsprechung: Psychische bzw. gedankliche Vorgänge erfolgen auf der Grundlage von Nervenfunktionen im Gehirn (Neuron = Nerv).

4 Operatoren: Symbole der Mathematik, die Vorgänge bezeichnen, durch die Funktionen mit Hilfe von Funktionen verändert werden, z. B. beim Integral. Der mathematische Raumbegriff umfasst mehr als der „Raum" im gewöhnlichen Sinne: so bilden z. B. die sechs Möglichkeiten, wie ein Würfel fallen kann, einen „Wahrscheinlichkeitsraum". Auch der „Raum des Bewusstseins" ist nicht geometrisch gemeint, sondern hat metaphorische Bedeutung.

einen wie den anderen Weg vorstellen. Ich kann stellvertretend beobachten, wie mein erdachtes „Ich" Wasser aus einem Fluss trinkt oder gemütlich eine Straße entlangläuft, und ich kann dann entscheiden, welchen Weg ich gehen will. Dieses „Analog-Ich" ist ein *agent,* den meine Psyche durch eine Metapher geschaffen hat und der die Sicht nach innen, die Introspektion, leitet. (…)

PH: Wann setzte das Bewusstsein, so wie Sie es verstehen, in der Menschheitsgeschichte ein?

JJ: Wenn man die Behauptung akzeptiert, dass Bewusstsein auf linguistischer Analogie[5] basiert, dann können wir auch eine plausible Aussage über den zeitlichen Ursprung des Bewusstseins machen. Es muss sich irgendwann nach der Entwicklung der Sprache ausgeformt haben. Nach meinem Dafürhalten ist die menschliche Sprache sehr spät entstanden, etwa in der Zeit zwischen 100000 und 10000 v. Chr., und das bedeutet, dass sich das Bewusstsein irgendwann zwischen dem Jahr 10000 v. Chr. und der Gegenwart herausgebildet hat.
Hinweise auf den Ursprung des Bewusstseins können wir den früheren Schriftzeugnissen des Menschen entnehmen, die etwa in das Jahr 3000 v. Chr. zurückreichen. Doch in den Schriften vor dem Jahr 1000 v. Chr. finden wir keine Spuren, die darauf schließen lassen, dass die Menschen von damals jene inneren Räume im geistigen Bereich besaßen, die es ihnen ermöglicht hätten, einen Dialog mit sich selbst zu führen oder sich in Situationen hineinzu"fantasieren", wie Sie und ich es heute können.

PH: Wie aber erklären Sie sich dann das Vorhandensein symbolischer Objekte in Gräbern aus der Frühzeit des Menschen? Ausgrabungen im Irak haben Belege dafür erbracht, dass es bereits im Jahre 50000 v. Chr. rituelle oder schamanistische[6] Begräbnisse gegeben haben muss. Daraus ist doch zu schließen, dass es schon damals irgendwelche Vorstellungen von einem Leben nach dem Tode, von einem Fortleben der Seele oder des Geistes gegeben haben muss. Zumindest scheint es, als ob die Menschen damals schon zwischen dem Körper und der Person eines Menschen zu unterscheiden vermochten. Wenn ich Ihren Begriffen folge, dann verlangen solche Vorgänge Bewusstsein.

JJ: Es ist ein Fehler, so meine ich, in Begräbnisriten, die in die Zeit um 12000 v. Chr. zurückreichen, so viel hineinzulesen. Hinweise auf das Vorhandensein von Bewusstsein bei den Hinterbliebenen kann ich nicht ausmachen. Man braucht keinen Zustand des Bewusstseins, um Kummer und Schmerz zu spüren oder ein Ritual abzuwickeln.

PH: Wie steht es dann mit den Höhlenzeichnungen von Lascaux?

JJ: Sie stammen aus der Zeit von ungefähr 12000 v. Chr. Wenn Sie mich fragen, ob Derartiges ohne Bewusstsein im heutigen Sinne geschaffen worden sein kann, so ist meine Antwort deutlich Ja. Man kann auch Fahrrad fahren, ohne sich die technischen Abläufe bewusst zu machen. (…) Ich glaube nicht, dass diese Menschen sich in irgendwelche Situationen auf diesen Zeichnungen hineinversetzt haben. Das wäre eine moderne, vom Bewusstsein gesteuerte Interpretation. Einige mir bekannte Künstler behaupten immer wieder, dass einige ihrer besten Arbeiten einfach „passieren", ohne dass sie bewusst planen, was sie tun. Und wenn das heute so ist, warum soll es damals in den Höhlen von Lascaux nicht auch so gewesen sein? Ich glaube, die wirkliche Antwort auf die faszinierenden Fragen, die diese bemerkenswerten Kunstwerke aufwerfen, wird eidetisches Sehen (die Fähigkeit, sich Objekte und Situationen vorzustellen, als wären sie real) stark miteinzuschließen haben und nicht Bewusstseinsmomente.

PH: Kehren wir zum Zusammenhang von Sprache und Bewusstsein zurück.

JJ: Die frühesten uns bekannten schriftlichen Äußerungen von Menschen sind Keilschrift und

5 linguistisch (lat.): sprachlich
6 schamanistisch: durch Zauber bestimmt (Schamane = Zauberer)

Eiszeitliche Höhlenmalerei von Lascaux

Hieroglyphen, und diese sind nur schwer zu übertragen. Frühe Schriften der alten Griechen wie die Ilias[7] können wir dagegen mit ziemlicher Genauigkeit übersetzen.

Das Bemerkenswerte an der Ilias ist, dass die Menschen in der Regel nicht bewusst handeln. Sie setzen sich nicht hin und beschließen den Trojanischen Krieg. Sie planen auch ihr strategisches Vorgehen nicht. Ganz offensichtlich gibt es in diesem Buch zwei Arten von Wesen: auf der einen Seite die Menschen wie Achilles und auf der anderen eine Gruppe, die Götter genannt werden. Wer und was sind diese? Die Götter treten immer dann auf, wenn eine neue Entscheidung fallen muss. Sobald eine neue Situation zu bewältigen ist, hört jemand Stimmen oder sieht eine göttliche Persönlichkeit, die ihm sagt, was er zu tun hat.

Als Agamemnon beispielsweise dem Achilles die Geliebte wegnehmen will, zieht Achilles sein Schwert und will sich auf ihn stürzen. Da aber schaltet sich die Göttin Athene ein, reißt Achilles zurück und sagt zu ihm: Nein! Voller Schmerz geht er an das Meer. Dort halluziniert er sich eine andere Gottheit herbei: Thetis. Sie tröstet ihn und sagt ihm, was er jetzt zu tun habe.

An solchen Halluzinationen im auditiven und visuellen Bereich[8], die immer dann eintreten, wenn eine neue Situation entsteht, können wir die Struktur des anfangs erläuterten „Zwei-Kammer-Systems“ ausmachen. Achilles ist wie alle „Zwei-Kammer“-Menschen gespalten im geistig-seelischen Bereich. Der eine Teil, der exekutive oder göttliche Teil, speichert alle Erfahrungen, baut Strukturen auf und erklärt durch auditive Halluzinationen dem nachgeordneten, menschlichen Teil, was er zu tun habe.[9]

7 Ilias: Epos Homers, vermutlich im 8. Jahrhundert v. Chr. entstanden

8 auditiver und visueller Bereich: Gehirnzentren, die für das Hören und Sehen zuständig sind

9 Mit dieser Gegenüberstellung ist nicht die einer dominanten und einer untergeordneten Hirnhemisphäre gemeint, wie sie in den einleitenden Hinweisen erwähnt wurde. Für Jaynes liegen die Verhältnisse genau umgekehrt: Die rechte (eigentlich untergeordnete) Hirnhälfte gibt die göttlichen Anweisungen, die von der linken (eigentlich dominanten) gehört werden.

PH: Gehen Sie so weit zu sagen, dass alle Menschen der Frühzeit schizophren[10] waren?

JJ: In gewisser Weise, ja. Ja, man könnte sagen, dass vor dem Jahre 2000 v. Chr. jedermann schizophren war. Wie sieht die Schizophrenie denn aus? Wir hören Stimmen, die uns zwingen, etwas Bestimmtes zu tun, oder die uns kritisieren. Innere Grenzen brechen zusammen, das Verhalten bekommt etwas zwang- und automatenhaftes. Auch die inneren Zeitstrukturen zerbröckeln und die Räume der Innenwelt, unser mentaler Kosmos, lösen sich auf. All das ist auch für die Menschen der Frühzeit, für ihre „Zwei-Kammer-Organisation" typisch. (…)

PH: Auf welche Weise unterstützte der Aufbau der „Zwei-Kammer-Zivilisationen" die sozialen Imperative der halluzinierten Stimmen der Götter in den Menschen?

JJ: Alle frühen Zivilisationen etwa seit dem Jahre 10000 v. Chr. waren Theokratien[11]. Die Gesellschaften waren hierarchisch[12] aufgebaut mit einem Gott an der Spitze, der den Menschen sagte, was zu tun war. Wie kam es dazu?

Zivilisation ist die Kunst, in Städten zu leben, die so groß sind, dass nicht mehr jeder jedermann kennt. Wenn eine Lebensgemeinschaft 30 und mehr Menschen umfasst, müssen neue, kompliziertere Mechanismen der Kommunikation und der sozialen Disziplin erfunden werden. Ich glaube, dass die auditiven Halluzinationen der Frühzeitmenschen Mittel sozialer Kontrolle waren. Der Einzelne nahm auf diese Weise die Gebote des Königs oder Führers wahr. Die Stimmen, die er hörte, „dachten" für ihn und lösten seine Probleme, ähnlich, wie die inneren Stimmen eines Schizophrenen unserer Zeit dessen Denken übernehmen. Auch wenn der König oder Führer starb, konnte seine Stimme immer noch halluziniert werden: Aus toten Königen wurden lebendige Götter.

Später nahmen dann Götterfiguren (Götzen) den Platz der Körper toter Könige ein. Aus den Tempeln wurden „Häuser der Götter". Der Autorität, die diese Halluzinationen ausstrahlten, ist es zuzuschreiben, dass sich streng hierarchisch gegliederte Zivilisationen zu gewaltigen Königreichen wie Ägypten oder die Stadtstaaten Assyriens entwickelten. Die Beweise, dass Halluzinationen der Menschen die gesellschaftliche Hierarchie stützten, liegen auf der Hand. Nehmen wir, zum Beispiel, die Mesopotamier. Sie kannten aufwendige Rituale für ihre Götzen. Sie wuschen sie, nahmen sie auf Reisen mit und brachten sie in eheliche Gemeinschaft mit anderen Götzen, um ihnen Gelegenheit für sexuelle Betätigung zu geben. Wir besitzen Texte, in denen beschrieben wird, wie diese Menschen vor den Götzen standen, sie reden hörten und ihre Befehle entgegennahmen.

PH: Den Lesern des Alten Testamentes sind solche rituellen Abläufe ja auch vertraut. Gott „sprach" mit Moses und anderen Propheten.

JJ: Das Alte Testament ist eine hervorragende Dokumentation der Geburtswehen des subjektiven menschlichen Bewusstseins. Vergleichen wir einmal das Buch Amos, eine der ältesten Schriften des Alten Testaments, und die Sprüche Salomos, eine der jüngsten. Das Buch Amos besteht fast rein aus „Zwei-Kammer-Sprache". Der Prophet denkt nicht, noch sinnt er über seine Worte nach. Jemand denkt für ihn. Er ist nur das Sprachrohr, er öffnet seinen Mund und die Stimmen reden durch ihn: „So spricht der Herr …".

Im Gegensatz dazu enthalten die Sprüche Salomos sehr subjektive Äußerungen. Salomo „sieht", dass Weisheit besser als Torheit ist. Man beachte die Metapher „sehen". Und er „verräumlicht" die Zeit („Für jedes gibt es seine Zeit …"). Er sinnt über das Leben an sich nach – auf metaphorische Weise, in einer Art, wie es Amos noch nicht konnte. (…)

10 schizophren, Schizophrenie (griech.): Bewusstseinsspaltung
11 Theokratie (griech.): Herrschaft eines Gottes
12 hierarchisch (griech.): in heiliger Ordnung

PH: Hat sich das Gehirn der „Zwei-Kammer"-Menschen von dem Gehirn des heutigen Menschen mit seinem subjektiven Bewusstsein unterschieden? Oder ist Bewusstsein nur ein Trick, den wir uns angeeignet haben – das Produkt unterschiedlicher gesellschaftlicher Konditionierung[13]?

JJ: Bewusstsein ist auf der Basis von Sprache gelernt worden und es wird an andere weitergegeben. Es ist keine biologische Notwendigkeit, sondern eine kulturelle Errungenschaft. (...)

PH: Wenden wir uns der dritten Grundannahme ihrer Theorie vom Ursprung des Bewusstseins zu. Wie sah die Neurologie der „Zwei-Kammer-Organisation" der menschlichen Psyche aus?

JJ: (...) In ihrer ausgeprägtesten Form lautet meine Hypothese so: Die Sprache der Götter war in der rechten Hemisphäre angelegt – in einem Bereich, der mit dem Wernicke'schen Bereich in der linken Sphäre korrespondierte[14]. Dieser Bereich göttlichen Sprechens kommunizierte mit den auditiven Bereichen des linken Schläfenlappens durch den vorderen Nervenverbindungsstrang (die Kommunikation stellte ich mir als „sprechen" von rechts nach links oder als „hören" von links nach rechts vor). (...)

In der rechten Hemisphäre ist eine rudimentäre[15] gottähnliche Funktion verblieben. Meine ursprüngliche Theorie ging dahin, dass alle moralischen Normen, alle Erfahrungen mit ermahnendem Charakter, in den verstummten Sprachzentren der rechten Hemisphäre des Gehirns gespeichert werden. Und so war ich freudig überrascht, als Wilder Penfield entdeckte, dass Patienten bei Reizung des rechten Schläfenlappens auditive Halluzinationen bekommen. Wurden die beiden Gehirnhemisphären durch Operation voneinander getrennt, funktionierten diese dann fast wie zwei voneinander unabhängige Personen. Dem entspricht in meiner Theorie die Zuordnung der rechten Hemisphäre als dem göttlichen Bereich und der linken Hemisphäre als dem menschlichen Bereich in der Phase der „Zwei-Kammer-Organisation".

Schließlich wissen wir heute, dass das menschliche Gehirn plastischer, formbarer, stärker organisierbar durch die Umwelt ist als wir lange annahmen. Im Gehirn wimmelt es nur so von redundanten[16], nicht ausgenutzten Zentren, die die Funktion von fehlenden oder verletzten Teilen übernehmen können. Und so können wir mit Sicherheit davon ausgehen, dass das Gehirn so zu beeinflussen war, dass es den Übergang von der „Zwei-Kammer-Organisation" zur heutigen Form des Bewusstseins schaffte. (...)

PH: Aus Ihrer Theorie leitet sich ab, dass wir mit dem Erwerb des Bewusstseins das Ich, die Fantasie und die Schuld „erfunden" haben.

JJ: Jawohl. Und dazu Zeit und Geschichte (...). Es ist schwer, sich das klar zu machen. Wir sehen andere Menschen automatisch als bewusste Wesen an. Doch die Vorstellung von einer individuellen Lebensspanne, von einer persönlichen Lebensgeschichte, ist eine sehr junge Innovation in der Menschheitsgeschichte. Gewiss hatten auch die Menschen der Frühzeit Angst vor Gefahr, vor Schmerzen durch Wunden. Und sie wussten, dass aktuelles menschliches Verhalten aufhört, wenn das Herz nicht mehr schlägt. Aber sie hatten keine Vorstellung vom Leben als einer Phase zwischen Geburt und Tod. Sie hatten weder Ambitionen noch das Gegenteil davon. Sie trugen auch nicht tausend Masken wir wir es tun. Sie unterwarfen sich ihren inneren Stimmen und waren in dem Sinne aufrichtig, dass ihnen die „Fähigkeit", zu

13 Konditionierung: Bedingtheit bzw. Herstellung eines durch Bedingungen festgelegten Verhaltens (von lat. condition = Bedingung)

14 Korrespondenz zu dem Wernicke'schen Bereich: Zuordnung zum Sprachzentrum in der linken Hirnhälfte (nach dem deutschen Neurologen Wernicke)

15 rudimentär (lat.): in Resten erhalten

16 redundant: überfließend, überflüssig (von lat. unda = Welle)

täuschen oder doppelzüngig zu sprechen, abging. Ihnen fehlte das, was wir heute Persönlichkeit nennen. (...)

PH: Wie sieht die Zukunft des menschlichen Bewusstseins aus? Sie sprechen davon, dass wir uns in einer Übergangsphase befinden. Übergang von wo wohin?

JJ: Das weiß ich wirklich nicht. Ich kann nur feststellen, dass um mich herum Aufbruch und Umbruch herrscht. Zwischen dem „Zwei-Kammer"-Menschen von einst und dem heutigen Menschen sehe ich Welten, ja sogar zwischen uns und den Menschen des Zeitalters von Chaucer[17]. Es zeigen sich Unterschiede in den Denkstrukturen. Ich glaube, dass vergleichende Traumuntersuchungen sogar erbringen würden, dass das Fernsehen unser Träumen verändert hat. Was die Zukunft aber genau bringen wird, kann ich nicht sagen.*

17 Chaucer, Geoffrey (1340–1400): englischer Novellist des Spätmittelalters („Canterbury Tales")

Arbeitsaufträge

1. Im menschlichen Verhalten machen sich zahlreiche Instinktprogramme bemerkbar, die im Zwischenhirn gespeichert sein dürften und an ähnliche Verhaltensweisen aus dem Tierreiche erinnern. Suchen Sie nach Beispielen, z. B. für Imponiergehabe oder Unterwerfungsgesten im Rivalitätsstreit. (5.3.1)
2. Um welche Frage ging es bei der Auseinandersetzung zwischen A. R. Wallace und Darwin (vgl. 5.3.2)?
3. Der australische Gehirnforscher John C. Eccles hat einmal gefragt: „Wie kam es, dass sich mathematische Genies entwickelten, nur um in einem Dschungel zu überleben?" – Was hat er mit dieser Bemerkung gemeint? (5.3.2)
4. Nehmen Sie an, Ihnen sei die Grenze zwischen Traum und Wirklichkeit noch unbekannt. Zu welchem Eindruck könnten Sie dann kommen, wenn Sie von einem Verstorbenen geträumt haben (vgl. 5.3.3)?
5. J. Jaynes behauptet in seiner ersten These (5.3.4), Bewusstsein sei eine Analogie zur Welt auf der Basis von Metaphern. Prüfen Sie, ob die folgenden Wörter diese These stützen können:

   begreifen – Begriff
   vorstellen – Vorstellung
   Gegenstand
   Gegenwart
   Umsicht – Weitsicht – Übersicht

   Welche realen bzw. konkreten Verhältnisse könnten den Hintergrund seiner Begriffe bilden?
6. Suchen Sie in den von Jaynes angegebenen Bibel-Texten (Buch Amos, Sprüche Salomos) nach geeigneten Belegen für die Behauptung, Amos habe noch die „Stimme Gottes" gehört, Salomo gehe von eigenen (subjektiven) Gedanken aus! (5.3.4)
7. Wie könnte das Fernsehen unsere Träume bzw. Denkstrukturen verändern? Versuchen Sie, dazu eine Hypothese zu entwickeln! (5.3.4)

* Julian Jaynes, Als die Götter verstummten. Interview mit dem Autor in „Psychologie heute", 5. Jg., Heft 3, März 1978, S. 66–74

5.4 Leib und Seele

Die biologische Betrachtung des Menschen richtet sich in erster Linie auf seine leibliche Verfassung, aber immer wieder hat man die Frage gestellt, ob der Mensch nicht etwas in sich birgt, das mehr ist als nur der Leib. Wenn vom Denken die Rede ist, so besteht zwar kaum ein Zweifel daran, dass es im Gehirn geschieht, aber ob dabei dieses Gehirn das Denken an sich hervorbringt oder ob es nur ein Werkzeug ist, mit dessen Hilfe das Denken sich abspielt, bleibt offen. Das Leib-Seele-Problem *gehört zu den schwierigsten Fragen der Philosophie und ist in ihrer Geschichte sehr verschieden gesehen worden, wobei zunächst zwei Bereiche einander gegenüberzustehen scheinen: auf der einen Seite alles Leiblich-Körperlich-Physische, auf der anderen alles, was mit Seele, Denken, Geist und Bewusstsein zu tun hat. Wie beide Bereiche zusammenhängen, soll in den folgenden Texten unter verschiedenen Gesichtspunkten betrachtet werden.*

5.4.1 Der Geist als Herr des Gehirns – Karl R. Popper/John C. Eccles

Die klarste Unterscheidung zwischen den beiden Bereichen hat Descartes *gegeben: Der Leib (einschließlich des Gehirns) ist etwas rein Körperliches und unterliegt den Naturgesetzen; das Denken ist etwas völlig anderes, ist unkörperlich und unterliegt den Gesetzen der Logik. Zwischen beiden Bereichen gibt es keine direkte Beziehung* (radikaler Dualismus). *Dann aber taucht die Frage auf, wie der Geist auf den Körper einwirken kann, was er doch tatsächlich zu tun scheint. Man kann zwar annehmen, seelisch-geistige Vorgänge liefen einfach neben den körperlichen her* (psychophysischer Parallelismus), *aber diese Vorstellung reicht nicht aus. Sie muss ergänzt werden, indem man auch die Wechselbeziehungen zwischen dem Physischen und dem Psychischen, dem Leib und dem seiner selbst bewussten Geist untersucht.*
Das geschieht in dem folgenden Gespräch zwischen dem Philosophen Karl R. Popper *und dem Gehirnforscher* John C. Eccles *aus dem Jahre 1974. Beide haben zunächst die Schwächen eines gar zu einfachen Parallelismus untersucht und entwickeln nun eine eigenständige dualistische Position, nach der, wie Popper (P) es oft formuliert hat, unser Geist auf dem Gehirn wie auf einem Klavier spielt. Eccles (E) fährt fort:*

E: Lass uns dann an die Hypothese denken, dass der selbstbewusste Geist nicht nur passiv damit beschäftigt ist, Operation aus neuralen Ereignissen herauszulesen, sondern dass es sich um aktiv suchende Operation handelt[1]. Von Augenblick zu Augenblick entfaltet sich oder stellt sich vor ihm dar die Gesamtheit der komplexen neuralen Prozesse, und gemäß der Aufmerksamkeit und Wahl und des Interesses oder des Antriebes kann er aus dieser Repräsentation der Leistung im Liaison-Hirn[2] auswählen, indem er einmal dies, einmal jenes aussucht und die Ergebnisse seines Herauslesens aus vielen verschiedenen Abschnitten im Liaison-Hirn miteinander verschmilzt. Auf diese Weise erreicht der selbstbewusste Geist eine einheitliche Erfahrung. Du siehst, dass diese Hypothese der Aktion des selbstbewussten Geistes eine vorrangige Rolle zuspricht, eine Aktion der Auswahl und des Suchens, der Entdeckung und der Integration. Die neurale Maschinerie fungiert dort als das Medium, das unentwegt wandelt und multikomplex[3] in Raum und Zeit ist. Es ist für alle Operationen des selbstbewussten

1 Die Nervenzellen des Gehirns werden, z. B. durch Sinneseindrücke, angeregt und bilden bestimmte Muster von Erregungszuständen. Nach Popper/Eccles sucht sich der selbstbewusste Geist aus diesen Mustern durch eigene Tätigkeit (aktive Operationen) das heraus, was für ihn wichtig ist.

2 Liaison-Hirn: all diejenigen Abschnitte der Großhirnrinde, die möglicherweise in direkter Verbindung zum selbstbewussten Geist stehen (Liaison = Verbindung; franz.)

3 multikomplex (lat.): in vielfacher Weise zu in sich gegliederten Einheiten verknüpft; gemeint sind dabei die verschiedenen Zentren der Großhirnrinde, z. B. Sehzentrum, Sprachzentrum usw.

Geistes zuständig. Ich denke, das ist die Essenz meiner Ausführung. Man kann viele weitere Entwicklungen daraus ableiten, aber ich wollte dir mitteilen, dass deine Kritik an mir bei unserer peripatetischen Diskussion[4] mich dazu veranlasste, die Überlegungen auf diese Weise zu überdenken. Ich glaube, das ist eine radikale Absage an alles, was in der Vergangenheit präzise definiert worden ist, und eine, die sich nun sogar zur experimentellen Untersuchung eignet, worüber ich später sprechen werde.

P: Was du sagst, interessiert mich außerordentlich. Ich finde doch, dass die Grenzen des Parallelismus, wenn ich sie so nennen darf, sehr aufschlussreich sind. Gewisse Ansichten des Parallelismus sind zweifellos gültig; aber der Parallelismus hat enge Grenzen, und genau da tritt die Wechselwirkung auf – dass etwas vollkommen Andersartiges als das physische System[5] irgendwie auf das physische System einwirkt. Es besteht kein Zweifel, dass das mit dem Problem der Integration[6] verbunden ist.

Ich war auch sehr froh über den Nachdruck, den du auf die Aktivität gelegt hast, weil ich, wie du ja von meinem Interesse an der Körbchen-Kätzchen-Geschichte im Experiment von Held und Hein[7] weißt, ebenfalls finde, dass Aktivität sehr wichtig ist und dass das bewusste Ich hoch-aktiv ist. Selbst wenn es nur überlegt, überlegt es aktiv. Ich halte diese Betonung des Tätigseins für sehr wichtig. Ich möchte auch noch auf die Idee der Scheinwerfertheorie des Bewusstseins hinweisen[8].

Noch etwas anderes möchte ich erwähnen, nämlich dass der seiner selbst bewusste Geist gewissermaßen eine Persönlichkeit hat, etwas wie ein Ethos oder einen moralischen Charakter, und dass diese Persönlichkeit teilweise selbst das Produkt vorangegangener Handlungen ist. Die Persönlichkeit formt sich bis zu einem gewissen Grade wirklich selbst aktiv. Teilweise ist sie wohl durch ihre genetische Anlage präformiert. Aber ich glaube, wir nehmen beide an, dass das noch nicht alles ist und dass ein großer Teil der Prägung tatsächlich durch freies Handeln der Person selbst vollbracht wird. Die Persönlichkeit ist zum Teil ein Produkt ihrer eigenen freien Handlungen in der Vergangenheit. Das ist zwar eine wichtige, aber auch sehr schwierige Vorstellung. Vielleicht könnte man sie dadurch zu verstehen suchen, dass man sich vorstellt, dass das Gehirn teilweise durch diese Handlungen der Persönlichkeit und des Ich geprägt wird. Das heißt, dass man vor allem den Anteil des Gedächtnisses im Gehirn als Teilprodukt des Ich bezeichnen kann. Nicht zuletzt wegen dieser Idee schlage ich vor, als Titel unseres Buches statt *Das Ich und das Gehirn – Das Ich und sein Gehirn* zu setzen.

E: Aus diesen neuen Entwicklungen bildet sich ein sehr interessantes Konzept heraus. Wir haben nicht nur erkannt, dass der selbstbewusste Geist aus der großen Darbietung neuronaler Leistung in den Verbindungszonen[9] aktiv herausliest, sondern wir müssen auch erkennen, dass diese Aktivität eine Rückkopplung[10] besitzt und dass sie nicht nur empfängt. Ich würde

4 peripatetische Diskussion: Unterhaltung beim Spazierengehen (peripatein = herumgehen; griech.). Popper und Eccles hatten sich bei einem gemeinsamen Spaziergang darüber unterhalten, dass ein einfacher Parallelismus zwischen Körper und Geist unzureichend ist.

5 physisches System: der Körper (Leib)

6 Problem der Integration: die Frage, wie Leib und Seele bzw. Körper und selbstbewusster Geist zusammenwirken (integrieren = zusammenfassen; lat.)

7 Die Tierpsychologen R. Held und A. Hein hatten mit Katzen experimentiert und zeigen können, dass ein neugeborenes Kätzchen, das nur passiv in seinem Körbchen liegt, nichts dazulernt, während ein aktives Kätzchen, das seine Umgebung neugierig zu erforschen sucht, Erfahrungen sammelt und seinen Horizont erweitert.

8 Scheinwerfertheorie des Bewusstseins: Das Bewusstsein richtet sich wie ein Scheinwerfer auf die verschiedenen Bereiche des Großhirns und beleuchtet das, was für seine eigene Tätigkeit bedeutsam ist.

9 Gemeint sind die für Kontakte mit dem selbstbewussten Geist offenen Bereiche des Gehirns (vgl. Liaisonhirn).

10 Rückkopplung: Begriff aus der Informationstechnik. Das Ergebnis einer Tätigkeit wirkt auf diese Tätigkeit zurück, z. B. sucht ein Lehrer durch Fragen an die Schüler herauszufinden, ob sie den Unterrichtsstoff verstanden haben. Ist das nicht der Fall, wiederholt er den Stoff und fügt genauere Erklärungen hinzu.

es mir in einer Weise vorstellen, dass in diesem aktiven Prozess, diesem Selektionsprozess[11], die ganze Zeit ein Geben und Nehmen stattfindet. Karl, ich möchte dein Konzept nehmen, dass die physische Welt an bestimmten Stellen offen ist, und meinen, dass wir behaupten können, dass man an bestimmten einzigartigen Stellen des Gehirns die physische Welt offen vor sich hat. Wir können vermuten, dass diese Gehirnabschnitte diese Eigenschaft der Offenheit wegen der subtilen Konstruktion[12] und der Ausgeglichenheit in ihren Operationsmerkmalen besitzen. Da diese Interaktion ein Zwei-Wege-Prozess ist, empfängt und entwickelt der selbstbewusste Geist seine Erfahrungen bei seinem gesamten weit reichenden Suchen und Auswählen aus dem Liaison-Hirn. Doch er wirkt auch zurück; und wie er empfängt, so gibt er. Auf diese Weise wird er Veränderungen in der Leistung des Gehirns hervorrufen und während er diese Leistungen im Gehirn verschmilzt und verschiebt und harmonisiert, werden sie am Ende, wenn sie genug durchgespielt worden sind, in neuralen Regelkreisen stabilisiert[13], die man zu den Erinnerungen in Beziehung setzen kann (…). So könnte man sagen, dass der selbstbewusste Geist in der Tat mithilft, die Gedächtnisregelkreise, die Gedächtnisspeicher des Gehirns zu modellieren. Diese Gedächtnisspeicher stehen nicht einfach dem gesamten unmittelbaren Wahrnehmungsinput[14] zur Verfügung. Gleichzeitig stehen sie für die gesamte wahrgenommene Welt und die Welt des Denkens und der Imagination, die unser Selbst ist, die Welt des selbstbewussten Geistes, zur Verfügung.

Ich denke, es ist sehr wichtig, dass wir diese Rückkopplung haben. Wenn ich noch für einen Augenblick bei diesem Thema bleiben darf, so könnten wir sagen, dass ein kleines Element in dieser Rückkopplung vom selbstbewussten Geist zum Gehirn mechanische Ereignisse in der äußeren Welt durch Muskeln, die Gelenke bewegen, und/oder durch das Veranlassen von Sprechen usw. (…) hervorbringt. Ich würde jedoch sagen, dass wir uns die willkürliche Bewegung nur als eine kleine Komponente, eine spezialisierte Komponente der gesamten Leistung des selbstbewussten Geistes bei der Rückwirkung auf und bei der Kontrolle der Hirnprozesse denken müssen.

Wir vermuten, dass all die intellektuellen, künstlerischen, kreativen und imaginativen Leistungen des selbstbewussten Geistes nicht nur passiv aus den Hirngeschehnissen herausgelesen werden. Der selbstbewusste Geist ist aktiv in der ungeheuer subtilen und transzendenten Operation[15], seinen herausgelesenen Text zu organisieren, auszuwählen und zu interpretieren, engagiert. Er ist der Auslöser der Gehirnprozesse, die für das Herauslesen notwendig sind. Die Hirnprozesse ihrerseits können in einem Gedächtnisprozess stabilisiert werden, um als Erinnerung nach Bedarf durch den selbstbewussten Geist entdeckt zu werden. Ich glaube, dass wir dies fortwährend tun. Wenn wir an etwas denken und dabei sagen, ich muss mich daran erinnern, so wirken wir auf das Hirn, sodass die neuronalen Regelkreise gebaut werden können, die ein Wiederabrufen in einem späteren Stadium gewährleisten werden. Darüber

11 Selektionsprozess: Auswahlvorgang

12 subtile Konstruktion: Nach Popper/Eccles sind die Gehirnzellen so aufeinander abgestimmt, dass sie durch ihre Tätigkeiten (Operationen) Informationen für den selbstbewussten Geist ermöglichen (subtil = feinsinnig; lat.).

13 Regelkreise: Begriff aus der Steuerungs- und Regelungstechnik. Gemeint sind Strukturen (z. B. elektronische Schaltkreise oder neurale Netzwerke), bei denen eine Rückkopplung vom Ausgang zum Eingang das Festhalten (Stabilisieren) eines bestimmten Zustandes ermöglicht. So kann ein Thermostat dafür sorgen, dass die Heizung in einem Zimmer eine bestimmte Raumtemperatur herstellt und konstant hält. Entsprechend werden nach Popper/Eccles Gedächtnisinhalte im Gehirn gespeichert.

14 Wahrnehmungsinput: Eingang für Wahrnehmungen, z. B. Kontaktstellen zwischen dem Gehirn und den Sinneszellen der Netzhaut im Auge. INPUT (Eingang) und OUTPUT (Ausgang) sind Begriffe aus der modernen Informationstechnik (Computer!).

15 transzendente Operation: Der selbstbewusste Geist ist etwas, das über die neurale Maschinerie des Gehirns hinausgeht (transzendieren = über etwas hinausgehen; lat.); wenn der Geist etwas aus den Tätigkeiten des Gehirns herausliest, ist dieses Herauslesen mehr als eine Hirntätigkeit.

hinaus kann man noch über eine Art assoziativer Erinnerung verfügen, die einen in die Lage versetzt, den geeigneten Wiederabruf zu bewerkstelligen.[16]

So verleihen wir nun dem selbstbewussten Geist ein ungeheures Spektrum von Aktionen, wirklich wirkungsvollen Aktionen, nicht passiven, wie im Parallelismus und Epiphänomenalismus[17] und allen anderen ähnlichen Theorien – psychoneurale Identität, Biperspektivismus, Doppelaspekt usw.[18] Im Gegensatz dazu verleihen wir nun dem selbstbewussten Geist eine Meisterrolle in seiner Beziehung zum Gehirn. Sperry[19] hat in zahlreichen Publikationen eine ähnliche Vorstellung ausgedrückt, nämlich, dass die geistigen Ereignisse aktiv mit dem Geben an das und dem Empfangen vom Gehirn befasst sind. Er geht noch weiter und sagt, dass dies den Grund dafür darstellt, dass sich der bewusste Geist entwickelt hat.

P: Lass mich dazu noch etwas sagen. Ich glaube, es ist grundfalsch, sich das Gedächtnis als eine Art Kino- oder Fernsehfilm über Wahrnehmungserlebnisse vorzustellen. Das Handeln ist offenbar höchst wichtig für das Gedächtnis. Wenn wir uns zum Beispiel entsinnen, wie wir Klavier spielen gelernt haben, dann ist das ganz und gar das Erlernen einer bestimmten Handlungsweise. Und das Erlernen dieser Handlungsweise ist eine typische Leistung des Gedächtnisses, genauso wie wenn wir zum Beispiel ein Stück auf dem Klavier spielen und es dann ganz aus dem Gedächtnis wiederholen können. Das Handlungselement beim Gedächtnis scheint also außerordentlich wichtig zu sein, und da ja Handeln eine Sache des moralischen Charakters und seines Willens ist, ist es ziemlich klar, dass unser Gehirn wenigstens teilweise das Produkt unseres Bewusstseins, unseres Geistes ist.

E: Ich kann noch weiter auf diese Wechselwirkung des selbstbewussten Geistes und der neuronalen Maschinerie eingehen. In der parallelistischen Anschauung gibt es die vollständig starre Beziehung des rein passiv Herausgelesenen. Ich meine, dass wir nun in unseren Konzepten viel offener sein müssen. Es gibt Kohärenz[20], d.h. die Operationen der neuralen Maschine sind kohärent mit dem, was der selbstbewusste Geist hier oder dort findet, doch der selbstbewusste Geist ist nicht genau auf eine begrenzte Zone oder auf die gesamte Zone beschränkt. Er hat die Auswahl. Er wählt willkürlich, wie wir sagen können, aus dem gesamten Programm der neuralen Maschinerie von Augenblick zu Augenblick. Man mag denken, dass dies sehr verschwenderisch ist, dass eine ungeheure Menge von Aktion im Gehirn vor sich geht, die niemals dazu durchkommt, im Bewusstsein erfahren zu werden, und die nicht im Gedächtnis gespeichert wird. Sie ist unwiederbringlich verloren, doch das ist natürlich äußerst wichtig. Der selbstbewusste Geist muß auswählen. Wir wären mit Information überladen, wenn wir in irgendeinem Augenblick Notiz von allem nehmen müssten, das sich in alle unsere Sinne ergießt. Dies ist vielleicht einer der sehr wichtigen Gründe für die Arbeitsweise des selbstbewussten Geistes und seine Evolution, wenn es Bewusstsein bei Tieren gibt. Er gibt eine Se-

16 Ein bestimmter Eindruck erinnert an etwas anderes, z.B. sieht man ein bestimmtes Kleidungsstück und denkt an den, der es getragen hat. Solche Verknüpfungen (Assoziationen) können bewusste Erinnerungsvorgänge auslösen.

17 Epiphänomen (griech.): zusätzliche (aufgesetzte) Erscheinung. Die Theorie des Epiphänomenalismus besagt, dass Bewusstsein getrennt von den materiellen Prozessen im Gehirn ist.

18 Danach sind seelische Prozesse mit Nervenvorgängen im Gehirn identisch (psychoneurale Identität); das räumliche Erleben ergibt sich aus der Tatsache, dass wir alle körperlichen Dinge aus zwei Blickrichtungen (mit zwei Augen) sehen (Biperspektivismus); manche Zeichnungen lassen zwei inhaltliche Deutungen zu (eine Figur kann als Ente oder Hase gesehen werden), wobei durch einen Ruck der inneren Einstellung von der einen zur anderen Deutung gewechselt werden kann (sog. Sprungbilder). Der Ruck erfolgt durch eine spontane Änderung in der Nerventätigkeit des Gehirns.

19 R.W. Sperry: amerikanischer Neurologe, der um 1970 Experimente zur Selbstständigkeit der beiden Hirnhemisphären ausgeführt hatte

20 Kohärenz (lat.): Zusammenwirken, Zusammenlaufen

lektion oder eine Präferenz[21] von der gesamten operativen Leistung der neuronalen Maschinerie.

Ein anderer Gesichtspunkt, über den ich hier sprechen möchte, ist, dass wir in diesem Zwischenspiel zwischen dem selbstbewussten Geist und den zerebralen[22] Ereignissen ein ungeheuer reiches Feld für neues Denken und neue experimentelle Untersuchungen haben. Wir müssen uns auch vorstellen, dass wir imstande sind, zeitlich vorwärts und rückwärts zu spielen. Der selbstbewusste Geist ist nicht an die unmittelbaren Ereignisse, wie sie im Gehirn vor sich gehen, gefesselt, aber er beurteilt sie fortwährend und betrachtet sie in Beziehung zu vergangenen Ereignissen und zu antizipierten[23] zukünftigen Ereignissen. Eines der einfachsten Beispiele, das ich mir vorstellen kann, steht in Bezug zur Musik. Wenn man Musik hört, die man kennt, verschmilzt man nicht nur unmittelbar wahrgenommene Noten oder Harmonien mit dem Vergangenen, das noch in unserem Gedächtnis bewahrt wird, um einem eine einheitliche Melodie zu vermitteln, sondern man antizipiert auch die Zukunft, und all dies schenkt einem einzigartige Erlebnisse, die möglicherweise nicht auf der Grundlage der neuralen Maschinerie allein geschehen sein könnten. Der selbstbewusste Geist zeigt auf diese Weise seine Fähigkeit, sich selbst aus der strengen Kohärenz mit den neuralen Mustern, wie sie zu irgendeinem Augenblick vorhanden sind, herauszuheben. Ich glaube, dass uns dies wiederum eine Flexibilität in der Handhabung der Gehirnoperationen durch die Weise verleiht, in der unser Geist über sie hinwegstreifen und auf seine Quellen in der Vergangenheit zurückgreifen und in die Zukunft bauen kann.*

21 Präferenz (lat.): vorwegnehmendes Angebot. Die Eigentätigkeit des Gehirns liefert Vorgaben, die der selbstbewusste Geist nutzen kann.
22 zerebral (lat.): auf das Gehirn bezogen (cerebrum = Gehirn)
23 antizipieren (lat.): vorwegnehmen

5.1.2 Ein unglücklicher Anhänger des Dualismus – Raymond M. Smullyan

So sehr es auf den ersten Blick einleuchten mag, dass der Geist des selbstbewussten Ich etwas anderes ist als der Körper (bzw. der Leib), so fragwürdig wird diese Unterscheidung, wenn man ihre Konsequenzen bedenkt. Der amerikanische Logiker R. M. Smullyan *versucht zu zeigen, dass die Einführung eines dem Körperlichen übergeordneten Geistes zu nichts führt.*

Es war einmal ein Dualist, d. h. ein Mann, der glaubte, dass Geist und Materie unabhängig voneinander existierten. Welche Wechselbeziehungen es zwischen diesen Phänomenen gibt, behauptete er nicht zu wissen – das war eines der „Mysterien" des Lebens. Aber er war sicher, dass es sich dabei um zwei getrennte Erscheinungen handelt.

Dieser Dualist hatte in seinem Leben unglücklicherweise entsetzliche Schmerzen zu erleiden – nicht wegen seiner philosophischen Überzeugungen, sondern aus anderen Gründen. Es gab keine Hoffnung für ihn, zu seinen Lebzeiten etwas dagegen unternehmen zu können. Er sehnte den Tod herbei. Selbstmord kam für ihn jedoch nicht in Betracht, denn 1. befürchtete er, anderen Menschen mit seinem Tod ein Leid zuzufügen; 2. hielt er Selbstmord aus ethischen Gründen für verwerflich; 3. wollte er nicht ausschließen, dass es ein Leben nach dem Tod geben könne, und wollte nicht das Risiko ewiger Verdammnis auf sich nehmen. Deshalb war unser armer Dualist sehr verzweifelt.

Dann wurde *die* Wunderdroge entdeckt! Ihre Wirkung bestand darin, die Seele desjenigen, der sie nahm, vollständig auszulöschen, ohne jedoch seine Körperfunktionen auch nur *im Geringsten* zu

* Karl R. Popper/John C. Eccles, Das Ich und sein Gehirn. Engl. Ausgabe unter dem Titel „The Self and Its Brain", 1977. Dt. Ausgabe übers. v. Angela Hartung u. Willy Hochkeppel, Piper, München/Zürich 1982; [9]1990, S. 559–563

beeinflussen. Sie hinterließ keine feststellbaren Veränderungen, der Körper verhielt sich weiterhin so, als ob er noch eine Seele hätte. Selbst gute Freunde und genaue Beobachter konnten nicht wissen, ob jemand die Droge genommen hatte, wenn der Betreffende es nicht selbst erzählte. Halten Sie eine solche Droge prinzipiell für unmöglich? Angenommen Sie hielten ein solches Mittel für denkbar – würden Sie es nehmen? Oder würden Sie das für unmoralisch halten? Wäre es gleichbedeutend mit Selbstmord? Gibt es Heilige Schriften, die die Benutzung einer solchen Droge verbieten? Gewiss ist, dass der *Körper* weiterhin allen Anforderungen genügt. Eine weitere Frage: Angenommen Ihr Ehepartner nähme das Mittel und Sie wüssten davon. Sie wüssten, dass sie (oder er) keine Seele mehr hat. In seinem Verhalten wäre aber absolut kein Unterschied zu vorher festzustellen. Würde das Ihre Gefühle irgendwie beeinflussen?

Um auf unsere Geschichte zurückzukommen, unser Dualist war natürlich hoch erfreut! Jetzt konnte er sich auslöschen (besser gesagt *seine Seele*), ohne dass einer der oben genannten Gründe dagegen gesprochen hätte. So ging er zum ersten Mal seit Jahren leichten Herzens zu Bett und sagte: „Morgen früh werde ich zur Apotheke gehen und mir das Mittel besorgen. Endlich ist meine Leidenszeit beendet!“ Mit solchen Gedanken schlief er friedlich ein.

Nun geschah etwas Eigenartiges. Ein Freund des Dualisten, der auch von der neuen Droge genommen hatte und der vom Leiden des Dualisten wusste, beschloss, ihm aus seiner unglücklichen Lage zu helfen. Deshalb schlich er sich mitten in der Nacht, als der Dualist fest schlief, in dessen Haus und injizierte ihm das Mittel. Am nächsten Morgen erwachte der Körper des Dualisten, der nun tatsächlich keine Seele mehr hatte. Sofort ging er zur Apotheke, um sich das Mittel zu besorgen. Er kaufte es, ging damit nach Hause und sagte: „Jetzt werde ich erlöst werden.“ Er nahm das Mittel und wartete die Zeitspanne, die es benötigte, um seine Wirkung zu entfalten. Als die angegebene Zeit um war, rief er ärgerlich aus: „Verdammt, das Zeug hat überhaupt nicht gewirkt. Ich habe offensichtlich immer noch eine Seele und leide genauso wie zuvor!“

Muss man daraus nicht schließen, dass irgendetwas am Dualismus ein *bisschen* falsch sein muss?*

Die Geschichte ließe sich auch anders erzählen. So verkauft in einem Märchen des Dichters Adalbert von Chamisso *(1781–1838) der unglückliche Peter Schlemihl seinen Schatten (= seine Seele) dem Teufel. Aber abgesehen davon, dass er nun keinen Schatten mehr warf, lebt er weiterhin wie bisher und zeigt keinerlei Veränderungen in seinem Verhalten.*

Arbeitsaufträge

1. Was meinen Sie: Denkt unser Gehirn, oder denken wir mit Hilfe unseres Gehirns? (5.4.1)
2. Wie stellen sich Popper und Eccles das Zusammenwirken von selbstbewusstem Geist und neuraler Gehirnmaschine vor? – Stellen Sie die wesentlichsten Gesichtspunkte zusammen! (5.4.1)
3. Der Philosoph Platon lehrte, die Seele des Menschen sei unsterblich. Könnte man diese Vorstellung aus dem Dualismus folgern? (5.4.1)
4. Können Sie sich einen von Seele, Geist und Selbstbewusstsein erfüllten Roboter vorstellen? – Nehmen Sie an, Ihnen begegnet ein Wesen, das Sie nicht kennen; gäbe es einen Test, um herauszufinden, ob dieses Wesen Selbstbewusstsein, Seele und Geist im menschlichen Sinne besitzt? Wie müsste solch ein Test angelegt werden? (5.4.2)

* Raymond M. Smullyan, Ein unglücklicher Anhänger des Dualismus. In: Douglas R. Hofstadter/Daniel C. Dennett, Einsicht ins Ich. Amerikan. Ausgabe unter dem Titel „The Mind's I“, New York 1981. Dt. Ausgabe übers. v. Wilfried Begemaier, Klett-Cotta, Stuttgart 1988, S. 367–368

6 Anthropologie der Arbeit und Technik

6.1 Der Mensch als Homo laborans

Die moderne Lebenswelt scheint in erster Linie eine Arbeitswelt zu sein. Wir wachsen mit Forderungen auf, die nur durch Arbeit zu erfüllen sind. Das kann in Schule und Beruf geschehen, geht aber häufig noch über diesen Rahmen hinaus. Um Arbeiten verrichten zu können oder ihre Ausführung zu erleichtern, hat sich der Mensch Techniken *geschaffen, und heute sieht es so aus, als seien wir überall von Technik umgeben. Deshalb ist es gerechtfertigt, wenn Arbeit und Technik als zusammenhängende Erscheinungen behandelt werden; eine entsprechende Anthropologie soll zeigen, was Arbeit und Technik für den Menschen und sein Selbstverständnis bedeuten.*
Nimmt man den Gedanken auf, der Mensch sei durch seine biologische Sonderstellung genötigt, sein Leben selbst in die Hand zu nehmen und dafür zu sorgen, dass er existieren kann, so liegt es nahe, ihn zunächst als ein arbeitendes Wesen (homo laborans) *zu verstehen. Diese Grundbestimmung wirft viele Fragen auf, obwohl sie selbstverständlich zu sein scheint. Im Folgenden geht es zunächst um das Problem, in welchem Sinne man Arbeit als eine Naturgegebenheit betrachten könnte.*

6.1.1 Anteil der Arbeit an der Menschwerdung des Affen – Friedrich Engels

Engels *unternahm im 19. Jahrhundert den Versuch, die Entstehung der menschlichen Lebensform auf einer materialistischen Grundlage zu beschreiben. Für ihn ist der Mensch zu seinen eigenständigen Leistungen durch Naturnotwendigkeiten gekommen und musste arbeiten, um überhaupt existieren zu können.*

Die Arbeit ist die Quelle alles Reichtums, sagen die politischen Ökonomen[1]. Sie ist dies – neben der Natur, die ihr den Stoff liefert, den sie in Reichtum verwandelt. Aber sie ist noch unendlich viel mehr als dies. Sie ist die erste Grundbedingung alles menschlichen Lebens, und zwar in einem solchen Grade, dass wir in einem gewissen Sinne sagen müssen: Sie hat den Menschen selbst geschaffen.
Vor mehreren hunderttausend Jahren, während eines noch nicht fest bestimmbaren Abschnitts jener Erdperiode, die die Geologen die tertiäre nennen, vermutlich gegen deren Ende, lebte irgendwo in der heißen Erdzone – wahrscheinlich auf einem großen, jetzt auf den Grund des Indischen Ozeans versunkenen Festlande – ein Geschlecht menschenähnlicher Affen von besonders hoher Entwicklung. Darwin hat uns eine annähernde Beschreibung dieser unsrer Vorfahren gegeben. Sie waren über und über behaart, hatten Bärte und gespitzte Ohren und lebten in Rudeln auf Bäumen.[2]
Wohl zunächst durch ihre Lebensweise veranlasst, die beim Klettern den Händen andre Geschäfte zuweist als den Füßen, fingen diese Affen an, auf ebener Erde sich der Beihülfe der Hände beim Gehen zu entwöhnen und einen mehr und mehr aufrechten Gang anzunehmen. Damit war *der entscheidende Schritt getan für den Übergang vom Affen zum Menschen.*

1 Politischer Ökonom: sich mit Volkswirtschaft (Ökonomie) beschäftigender Politiker

2 Diese Bemerkungen stützen sich auf Darwins Evolutionstheorie, sind aber zur Karikatur zugespitzt. Die von Engels angenommene Theorie über den Ursprung des Menschen ist heute weitgehend überholt. Die ältesten Funde menschlicher Wesen (homo erectus) stammen aus Afrika, und zwar aus dem Rift Valley in Tansania (Ostafrika). Dort fand man 1984 Skelettreste eines aufrecht gehenden Vormenschen, die mindestens 1,6 Millionen Jahre alt sind, aber die Frühgeschichte des Menschen dürfte sich sogar bis zu vier Millionen Jahre zurückverfolgen lassen.

Alle noch jetzt lebenden menschenähnlichen Affen können aufrecht stehn und sich auf den beiden Füßen allein fortbewegen. Aber nur zur Not und höchst unbehülflich. Ihr natürlicher Gang geschieht in halbaufgerichteter Stellung und schließt den Gebrauch der Hände ein. Die meisten stützen die Knöchel der Faust auf den Boden und schwingen den Körper mit eingezogenen Beinen zwischen den langen Armen durch, wie ein Lahmer, der auf Krücken geht. Überhaupt können wir bei den Affen alle Übergangsstufen vom Gehen auf allen vieren bis zum Gang auf den beiden Füßen noch jetzt beobachten. Aber bei keinem von ihnen ist der letztere mehr als ein Notbehelf geworden.

Wenn der aufrechte Gang bei unsern behaarten Vorfahren zuerst Regel und mit der Zeit eine Notwendigkeit werden sollte, so setzt dies voraus, dass den Händen inzwischen mehr und mehr anderweitige Tätigkeiten zufielen. Auch bei den Affen herrscht schon eine gewisse Teilung der Verwendung von Hand und Fuß. Die Hand wird, wie schon erwähnt, beim Klettern in andrer Weise gebraucht als der Fuß. Sie dient vorzugsweise zum Pflücken und Festhalten der Nahrung, wie dies schon bei niederen Säugetieren mit den Vorderpfoten geschieht. Mit ihr bauen sich manche Affen Nester in den Bäumen oder gar, wie der Schimpanse, Dächer zwischen den Zweigen zum Schutz gegen die Witterung. Mit ihr ergreifen sie Knüttel zur Verteidigung gegen Feinde oder bombardieren diese mit Früchten und Steinen. Mit ihr vollziehen sie in der Gefangenschaft eine Anzahl einfacher, den Menschen abgesehener Verrichtungen. Aber grade hier zeigt sich, wie groß der Abstand ist zwischen der unentwickelten Hand selbst der menschenähnlichsten Affen und der durch die Arbeit von Jahrhunderttausenden hoch ausgebildeten Menschenhand. Die Zahl und allgemeine Anordnung der Knochen und Muskeln stimmen bei beiden; aber die Hand des niedrigsten Wilden kann Hunderte von Verrichtungen ausführen, die keine Affenhand ihr nachmacht. Keine Affenhand hat je das rohste Steinmesser verfertigt.

Friedrich Engels

Die Verrichtungen, denen unsre Vorfahren im Übergang vom Affen zum Menschen im Lauf vieler Jahrtausende allmählich ihre Hand anpassen lernten, können daher anfangs nur sehr einfache gewesen sein. Die niedrigsten Wilden, selbst diejenigen, bei denen ein Rückfall in einen mehr tierähnlichen Zustand mit gleichzeitiger körperlicher Rückbildung anzunehmen ist, stehn immer noch weit höher als jene Übergangsgeschöpfe. Bis der erste Kiesel durch Menschenhand zum Messer verarbeitet wurde, darüber mögen Zeiträume verflossen sein, gegen die die uns bekannte geschichtliche Zeit unbedeutend erscheint. Aber der entscheidende Schritt war getan: *Die Hand war frei geworden* und konnte sich nun immer neue Geschicklichkeiten erwerben, und die damit erworbene größere Biegsamkeit vererbte und vermehrte sich von Geschlecht zu Geschlecht.

So ist die Hand nicht nur das Organ der Arbeit, *sie ist auch ihr Produkt.* Nur durch Arbeit, durch Anpassung an immer neue Verrichtungen, durch Vererbung der dadurch erworbenen besonderen Ausbildung der Muskel, Bänder, und in längeren Zeiträumen auch der Knochen, und durch immer erneuerte Anwendung dieser ererbten Verfeinerung auf neue, stets verwickeltere Verrichtungen hat die Menschenhand jenen hohen Grad von Vollkommenheit erhalten, auf dem sie Raffael'sche Gemälde, Thorvaldsen'sche Statuen, Paganini'sche Musik hervorzaubern konnte.[3] (…)

Wie schon gesagt, waren unsere äffischen Vorfahren gesellig; es ist augenscheinlich unmöglich, den Menschen, das geselligste aller Tiere, von einem ungeselligen nächsten Vorfahren abzuleiten. Die mit der Ausbildung der Hand, mit der Arbeit, beginnende Herrschaft über die Natur, erweiterte bei jedem neuen Fortschritt den Gesichtskreis des Menschen. An den Naturgegenständen entdeckte er fortwährend neue, bisher unbekannte Eigenschaften. Andrerseits trug die Ausbildung der Arbeit notwendig dazu bei, die Gesellschaftsglieder näher aneinander zu schließen, indem sie die Fälle gegenseitiger Unterstützung, gemeinsamen Zusammenwirkens vermehrte und das Bewusstsein von der Nützlichkeit dieses Zusammenwirkens für jeden Einzelnen klärte. Kurz, die werdenden Menschen kamen dahin, dass sie einander *etwas zu sagen hatten.* Das Bedürfnis schuf sich sein Organ: Der unentwickelte Kehlkopf des Affen bildete sich langsam aber sicher um, durch Modulation für stets gesteigerte Modulation, und die Organe des Mundes lernten allmählich einen artikulierten Buchstaben nach dem andern aussprechen. (…)

Arbeit zuerst, nach und nach mit ihr die Sprache – das sind die beiden wesentlichsten Antriebe, unter deren Einfluss das Gehirn eines Affen in das bei aller Ähnlichkeit weit größere und vollkommnere eines Menschen allmählich übergegangen ist. Mit der Fortbildung des Gehirns aber ging Hand in Hand die Fortbildung seiner nächsten Werkzeuge, der Sinnesorgane. Wie schon die Sprache in ihrer allmählichen Ausbildung notwendig begleitet wird von einer entsprechenden Verfeinerung des Gehörorgans, so die Ausbildung des Gehirns überhaupt von der der sämtlichen Sinne. Der Adler sieht viel weiter als der Mensch, aber des Menschen Auge sieht viel mehr an den Dingen als das des Adlers. Der Hund hat eine weit feinere Spürnase als der Mensch, aber er unterscheidet nicht den hundertsten Teil der Gerüche, die für diesen bestimmte Merkmale verschiedner Dinge sind. Und der Tastsinn, der bei Affen kaum in seinen rohsten Anfängen existiert, ist erst mit der Menschenhand selbst, durch die Arbeit, herausgebildet worden. (…)

Hunderttausende von Jahren – in der Geschichte der Erde nicht mehr als eine Sekunde im Menschenleben – sind sicher vergangen, ehe aus dem Rudel baumkletternder Affen eine Gesellschaft von Menschen hervorging. Aber schließlich war sie da. Und was finden wir wieder als den bezeichnenden Unterschied zwischen Affenrudel und Menschengesellschaft? *Die Arbeit.**

3 Raffael Santi: italienischer Maler der Renaissance (1483–1520); Bertel Thorwaldsen: dänischer Bildhauer des Klassizismus (1770–1844); Niccolo Paganini: Geigenvirtuose und Komponist (1782–1840)

Mit Darwins Evolutionstheorie nimmt es Engels *nicht gar zu genau („Das Bedürfnis schuf sich ein Organ"!), aber grundsätzlich stimmen seine Ansichten auch mit der heutigen biologischen Anthropologie überein. Was Arbeit ihrem Wesen nach ist, muss allerdings noch genauer bestimmt werden.*

* Friedrich Engels, Anteil der Arbeit an der Menschwerdung des Affen. In: Marx/Engels, Werke (MEW), Bd. 20, Dietz, Berlin 1968, S. 444–448

6.1.2 Arbeit als Weise des Geistes – Georg Wilhelm Friedrich Hegel

Den ersten Versuch, das Wesen der Arbeit philosophisch zu bestimmen, hat Hegel *unternommen. In seiner Religionsphilosophie knüpft er an den biblischen Bericht von der Vertreibung aus dem Paradies an und versteht die Arbeit als menschliche Grundbestimmung.*

Als Strafe der Sünde ist ausgesprochen die Arbeit usf.; das ist im Allgemeinen eine notwendige Konsequenz[1]. Das Tier arbeitet nicht, nur gezwungen, nicht von Natur; es isst nicht sein Brot im Schweiß des Angesichts, bringt sein Brot nicht selbst hervor; von allen Bedürfnissen, die es hat, findet es unmittelbar in der Natur Befriedigung. Der Mensch findet auch das Material dazu, aber, kann man sagen, das Material ist das wenigste für den Menschen, – die unendliche Vermittlung der Befriedigung seiner Bedürfnisse geschieht nur durch Arbeit. Die Arbeit im Schweiß des Angesichts, die körperliche und die Arbeit des Geistes, bei der es saurer wird als bei jener, ist in unmittelbarem Zusammenhang mit der Erkenntnis des Guten und Bösen. Dass der Mensch sich zu dem machen muss, was er ist, dass er im Schweiße seines Angesichts sein Brot isst, hervorbringen muss, was er ist, das gehört zum Wesentlichen, zum Ausgezeichneten des Menschen und hängt notwendig zusammen mit der Erkenntnis des Guten und Bösen.*

In seinen Vorlesungen über die Philosophie der Geschichte hat Hegel *diesen Gedanken weitergeführt und den Gebrauch von Werkzeugen als menschliche Grundleistung beschrieben: Werkzeuge vermitteln zwischen dem Menschen und der Natur.*

Der Mensch verhält sich mit seinen Bedürfnissen zur äußeren Natur auf praktische Weise und geht dabei, indem er sich durch dieselbe befriedigt und sie aufreibt, vermittelnd zu Werke. Die Naturgegenstände nämlich sind mächtig und leisten mannigfachen Widerstand. Um sie zu bezwingen, schiebt der Mensch andere Naturdinge ein, kehrt somit die Natur gegen die Natur selbst und erfindet *Werkzeuge* zu diesem Zwecke. Diese menschlichen Erfindungen gehören dem Geiste an, und solches Werkzeug ist höher zu achten als der Naturgegenstand.**

Wie das gemeint ist, erläutert eine Stelle aus Hegels „Wissenschaft der Logik". Werkzeuge sind Mittel zum Zweck, aber während Zwecke wechseln können, bleiben Werkzeuge konstant. Ein Messer kann dazu dienen, einmal ein Stück Brot abzuschneiden, dann etwas aus Holz zu schnitzen und schließlich, jemanden umzubringen: Es bleibt immer dasselbe Messer.

Indem der Zweck endlich ist, hat er ferner einen endlichen Inhalt; hiernach ist er nicht ein Absolutes oder schlechthin an und für sich ein *Vernünftiges*. Das *Mittel* aber ist die äußerliche Mitte des Schlusses[2], welcher die Ausführung des Zweckes ist; an demselben gibt sich daher die Vernünftigkeit in ihm als solche kund, in *diesem äußerlichen Anderen* und gerade *durch* diese Äußerlichkeit sich zu erhalten. Insofern ist das *Mittel* ein *Höheres* als die *endlichen* Zwecke der *äußeren* Zweckmäßigkeit; – der *Pflug* ist ehrenvoller als unmittelbar die Genüsse sind, welche durch ihn bereitet werden und die Zwecke sind. Das *Werkzeug* erhält sich, während die unmittelbaren Genüsse vergehen und vergessen werden. An seinen Werkzeugen besitzt der

1 Vgl. im Alten Testament 1. Mose 3,19. Für Hegel geht es aber nicht nur um eine biblische Geschichte, sondern um eine grundsätzliche Konsequenz des Menschseins: dass sich der Mensch durch Arbeit bestimmt.

2 Bei einem logischen Schluss werden zwei Sätze durch einen Mittelbegriff verbunden, der in beiden vorkommen muss, z. B.: „Alle *Menschen* sind sterblich – Sokrates ist ein *Mensch* – Folglich ist Sokrates sterblich."

* Textzitate aus der Hegel-Werkausgabe, Suhrkamp, Frankfurt a. M. 1986; Vorlesungen über die Philosophie der Religion, II, Bd. 17, S. 259

** Vorlesungen über die Philosophie der Geschichte, Bd. 12, S. 295

Mensch die Macht über die äußerliche Natur, wenn er auch nach seinen Zwecken ihr vielmehr unterworfen ist.*

Indem das Werkzeug nicht mehr an eine unmittelbare Lebenssituation gebunden ist, wird es etwas Allgemeines, zugleich aber auch etwas, das spezialisiert ist. Mit einem Hammer kann man nicht schneiden, mit einem Messer nicht hämmern. Die Entwicklung verschiedener Werkzeuge führt daher zu einer Arbeitsteilung, die Hegel in seiner Rechtsphilosophie untersucht.

Das Allgemeine und Objektive in der Arbeit liegt aber in der *Abstraktion,* welche die Spezifizierung der Mittel und Bedürfnisse bewirkt, damit ebenso die Produktion spezifiziert und die *Teilung der Arbeiten* hervorbringt. Das Arbeiten des Einzelnen wird durch die Teilung *einfacher* und hierdurch die Geschicklichkeit in seiner abstrakten Art sowie die Menge seiner Produktionen größer. Zugleich vervollständigt diese Abstraktion der Geschicklichkeit und des Mittels die *Abhängigkeit* und die *Wechselbeziehung* der Menschen für die Befriedigung der übrigen Bedürfnisse zur gänzlichen Notwendigkeit. Die Abstraktion des Produzierens macht das Arbeiten ferner immer mehr *mechanisch* und damit am Ende fähig, dass der Mensch davon wegtreten und an seine Stelle die *Maschine* eintreten lassen kann.**

Georg Wilhelm Friedrich Hegel

Die Lösung des Menschen von der unmittelbaren Natur erfolgt für Hegel in erster Linie durch geistige Arbeit; sie schafft nicht nur eine „abstrakte" Werkzeugwelt, sondern formt auch den Menschen um. Die Geschichte seines Geistes ist demnach zugleich immer auch Geschichte seiner Arbeit.

6.1.3 Arbeit als Modell gesellschaftlicher Praxis – Georg Lukács

Durch Arbeit werden nicht nur individuelle Lebensbedürfnisse befriedigt, sondern auch gesellschaftliche Zusammenhänge geformt. Das hatte schon Hegel *gesehen und bei* Karl Marx *war dieser Gedanke Grundlage einer ganzen gesellschaftspolitischen Philosophie geworden. Im 20. Jahrhundert ist sie vielfältig erweitert und umgestaltet worden, u. a. durch den ungarischen Marxisten* G. Lukács. *Für ihn bestimmen die Formen der Arbeit das menschliche Bewusstsein und die gesamte Lebenspraxis; im Vollzug der Arbeit bilden sich unsere Denkkategorien – nicht nur für das, was tatsächlich* ist, *sondern auch für das, was sein* soll, *was als erstrebenswert angesehen wird. Die menschlich-gesellschaftliche Welt stürzt sich auf* Werte, *um derentwillen es sich lohnt zu arbeiten.*

* Wissenschaft der Logik II, Bd. 6, S. 453
** Grundlinien der Philosophie des Rechts, Bd. 7, S. 352–353

Gehen wir davon aus, dass der Wert das Endprodukt der jeweiligen Arbeit als wertvoll oder wertlos charakterisiert, so taucht sogleich die Frage auf: Ist diese Charakteristik eine objektive oder bloß eine subjektive? Ist der Wert eine objektive Eigenschaft eines Dinges, die im wertenden Akt des Subjekts bloß – richtig oder unrichtig – anerkannt wird, oder entsteht der Wert geradezu als Ergebnis solcher wertender Akte?

Sicher ist der Wert aus den naturgegebenen Eigenschaften eines Gegenstandes nicht unmittelbar zu gewinnen. Das ist für alle höheren Formen des Wertes sofort einleuchtend. Man muss dabei gar nicht an so „vergeistigte" Werte wie die ästhetischen oder ethischen denken[1]; schon am Anfang des ökonomischen Verkehrs der Menschen, bei der Entstehung des Tauschwertes stellt Marx (...) sein nicht naturhaftes Wesen fest: „Bisher hat noch kein Chemiker Tauschwert in Perle oder Diamant entdeckt."[a] Gegenwärtig haben wir es freilich noch mit einer elementareren Erscheinungsweise des Wertes zu tun, mit dem Gebrauchswert, bei dem eine unaufhebbare Gebundenheit an das naturhafte Dasein vorhanden ist. Er wird Gebrauchswert, indem er für das Leben der Menschen nützlich ist. Da es sich dabei um den Übergang aus dem bloß naturhaften Sein ins gesellschaftliche dreht, sind, wie Marx zeigt, Grenzfälle möglich, wo ein Gebrauchswert vorhanden ist, ohne Produkt der Arbeit zu sein. „Es ist dies der Fall", sagt Marx, „wenn sein Nutzen für den Menschen nicht durch Arbeit vermittelt wird. So Luft, jungfräulicher Boden, natürliche Wiesen, wildwachsendes Holz usw."[b]. Wenn wir dabei die Luft ausnehmen, die tatsächlich einen Grenzfall vorstellt, so sind alle anderen Gegenstände wertvoll als Grundlagen einer späteren nützlichen Arbeit, als Möglichkeiten für das Schaffen von Arbeitsprodukten. (Wir haben schon früher darauf hingewiesen, dass wir auch das Sammeln von Naturprodukten als eine Anfangsform der Arbeit betrachten; ein genaues Hinsehen auf seine Beschaffenheit zeigt gleich, dass alle objektiven und subjektiven Kategorien der Arbeit auch im Sammeln keimhaft nachzuweisen sind.) Wir können deshalb, ohne von der Wahrheit abzuweichen, in so allgemeinen Betrachtungen die Gebrauchswerte, die Güter, als konkrete Produkte der Arbeit auffassen. Das hat zur Folge, dass wir im Gebrauchswert eine objektive gesellschaftliche Gegenständlichkeitsform erblicken können. Ihre Gesellschaftlichkeit ist in der Arbeit begründet: Die überwältigende Mehrzahl der Gebrauchswerte ist durch Arbeit, durch Verwandlung der Gegenstände, der Umstände, der Wirksamkeit etc. der Naturobjekte entstanden, und dieser Prozess entfaltet sich, als Zurückweichen der Naturschranke, mit der Entwicklung der Arbeit, mit ihrer Gesellschaftlichkeit immer mehr sowohl in die Breite wie in die Tiefe. (Heute hat sogar die Luft durch Entstehen von Hotels, Sanatorien etc. einen Tauschwert.)

a) K. Marx, Das Kapital, I, 49 f.; MEW 23, 98
b) Ebd., 7, ebd., 55*

1 ästhetische und ethische Werte: Zu denken wäre an die Beurteilung von Kunst (Werte wie Schönheit, Ausdruckskraft, Harmonie usw.) und moralischem bzw. sittlichem Verhalten (z. B. Ehrlichkeit, Anständigkeit, Beachtung der Menschenwürde usw.).

Für Lukács *sind also die Naturdinge im Zusammenhang des menschlich-gesellschaftlichen Lebens nicht mehr „bloße Dinge", sondern in ihrem Seinscharakter bzw. Wesen zu menschlichen Dingen geworden. „Reine Natur" gibt es nirgendwo, sondern immer nur vom Menschen aus gesehene, durch Arbeit (mögliche oder wirkliche) bestimmte Natur.*
Die Arbeit erscheint so als Naturumwandlung, aber auch als Umwandlung des Menschen selbst. Er ist kein Naturwesen wie das Tier, sondern arbeitet an sich selbst, indem er seine eigenen Naturbedingungen aufhebt.

* Georg Lukács, Ontologie-Arbeit. Sammlung Luchterhand, Neuwied u. Darmstadt 1973, S. 93–94

Sehr ähnlich (*wie bei der Umwandlung von Natur- zu Gebrauchsdingen; Anm. d. Herausgebers*) ist die Lage bei den Wirkungen, die die Arbeit in ihrem Vollstrecker hervorruft. Auch hier können und müssen die Unterschiede sehr bedeutsam sein; jedoch das Wichtigste am Wesen dieses Prozesses erhält sich inmitten der größten konkreten Veränderungen. Wir meinen natürlich jene Einwirkungen, die die Arbeit am arbeitenden Menschen selbst hervorbringt: die Notwendigkeit seiner Herrschaft über sich selbst, seines ständigen Kampfes gegen die eigenen Instinkte, Affekte etc. Wir haben bereits darauf hingewiesen, müssen es aber hier mit besonderem Nachdruck wiederholen, dass der Mensch eben in diesem Kampf, durch diesen Kampf gegen seine eigene naturhaft gegebene Beschaffenheit zum Menschen geworden ist, und seine Höherentwicklung, seine Vervollkommnung kann sich auch weiter nur auf diesem Weg, nur mit diesen Mitteln verwirklichen. Es ist kein Zufall, dass bereits die Sitte bei primitiven Völkern dieses Problem in den Mittelpunkt des angemessenen menschlichen Verhaltens rückt; es ist ebenso wenig zufällig, dass jede große Moralphilosophie, von Sokrates, den Stoikern[2] und Epikur[3] angefangen bis zu so verschiedenen Denkern wie Spinoza[4] und Kant[5], ununterbrochen mit diesem Problem als mit der Zentralfrage des wahrhaft menschlichen Verhaltens ringt. In der Arbeit selbst handelte es sich freilich bloß noch um eine Zweckmäßigkeitsfrage: Sie kann nur dann erfolgreich werden, kann nur dann Gebrauchswerte, Nützliches produzieren, wenn im Arbeitsprozess diese Selbstüberwindung des Subjekts sich permanent vollzieht; das ist auch bei jeder anderen praktischen Zielsetzung der Fall. Das könnte aber noch als bloß formale Gleichartigkeit in der Praxis aufgefasst werden.

Es handelt sich jedoch, schon in der Arbeit selbst, um weit mehr. Einerlei, wieweit das dem Vollstrecker der Arbeit bewusst ist, produziert er in diesem Prozess sich selbst als Mitglied der Menschengattung und damit die Menschengattung selbst. Man kann sogar sagen: Der kampfvolle Weg der Selbstüberwindung von der naturhaften Instinktdeterminiertheit bis zur bewussten Selbstbeherrschung ist der einzig reale Weg zur wirklichen menschlichen Freiheit. Man mag über die Proportionen der Durchsetzungsmöglichkeit menschlicher Beschlüsse in Natur und Gesellschaft streiten, man mag das Moment der Determiniertheit bei jeder Zielsetzung, bei jeder Entscheidung einer Alternative noch so hoch einschätzen; das Erkämpfen der Herrschaft über sich selbst, über das eigene, ursprünglich bloß organische Wesen ist ganz gewiss ein Akt der Freiheit, ein Fundament der Freiheit für das Leben des Menschen. Hier begegnen sich die Problemkreise von Gattungsmäßigkeit im menschlichen Sein und Freiheit: Die Überwindung der bloß organischen Stummheit der Gattung, ihre Weiterführung in die artikulierte, sich entwickelnde Gattung des sich zum gesellschaftlichen Wesen formenden Menschen ist – ontologisch-genetisch[6] angesehen – derselbe Akt wie der der Entstehung der Freiheit. Die Existenzialisten[7]

2 Stoiker: griechische Philosophenschule, um 300 v. Chr. begründet und nach einer Wandelhalle (Stoá) in Athen benannt. Die Stoiker entwickelten eine Ethik, die Selbstbeherrschung und Gelassenheit als Maßstäbe der Lebensführung ansah. Ihre Lehren wirkten besonders stark auf römische Philosophen (Seneca, Marc Aurel).

3 Epikur (341–270 v. Chr.): griechischer Philosoph, der die Gewinnung von Lust als Lebensziel lehrte

4 Spinoza (1632–1677): holländischer Philosoph, der eine Morallehre nach mathematischem Muster (logische Herleitung von Lehrsätzen) entwickelte

5 Kant, Immanuel (1724–1804): deutscher Philosoph, dessen Ethik von der durch nichts begründbaren Freiheit des Menschen ausging. Diese Freiheit muss sich selbst ihre Gesetze geben (kategorischer Imperativ).

6 ontologisch-genetisch: Unter „Ontologie“ (griech.) versteht man die Lehre vom Sein des Seienden (óntos on). „Ontologisch“ sind alle Bestimmungen, die das Sein selbst betreffen; hier das Sein des Menschen. Seine Seinsverfassung ist nach Lukács durch seine Herkunft (Genesis, Menschwerdung) so vorgegeben, dass er sich selbst und sein Leben gestalten muss.

7 Existenzialisten: Lukács denkt hier in erster Linie an eine französische Richtung moderner Philosophie, die durch Jean Paul Sartre (1905–1980) begründet wurde und in der Zeit nach dem Zweiten Weltkrieg eine große Wirkung hatte. Sartres Hauptwerk (Das Sein und das Nichts, 1943) entwickelt eine radikale Freiheitsphilosophie (vgl. 7.2.1).

meinen die Freiheit gedanklich zu retten und zu erhöhen, wenn sie von einer „Geworfenheit" des Menschen in die Freiheit sprechen, davon, dass der Mensch zur Freiheit „verdammt" ist. In der Wirklichkeit ist freilich jede Freiheit, die nicht in der Gesellschaftlichkeit des Menschen wurzelt, die nicht, wenn auch sprunghaft, sich aus ihr herausentwickelt, ein Phantom. Wenn der Mensch sich nicht in der Arbeit, durch die Arbeit zum gesellschaftlichen Gattungswesen geschaffen hätte, wenn die Freiheit nicht die Frucht seiner eigenen Tätigkeit, seiner Selbstüberwindung der eigenen bloß organischen Beschaffenheit wäre, könnte es keine reale Freiheit geben. Dass die in der originären Arbeit errungene Freiheit noch eine primitive, beschränkte Freiheit sein musste, ändert nichts an der Tatsache, dass die geistigste und höchste Freiheit mit denselben Methoden erkämpft werden muss wie die in der anfänglichsten Arbeit, dass ihr Ergebnis, wenn auch auf noch so hoher Stufe der Bewusstheit, letzthin denselben Inhalt hat: die Herrschaft des gattungsmäßigen Individuums über seine bloß naturhafte, partikulare[8] Einzelheit. In diesem Sinne, glauben wir, kann die Arbeit wirklich als Modell einer jeden Freiheit aufgefasst werden.*

8 partikular: teilweise (von lat. pars = Teil)

6.1.4 Vom Homo faber zum Animal laborans – Hannah Arendt

*Die übliche Einordnung der Arbeit in den Zusammenhang zwischen (natürlichen) menschlichen Bedürfnissen und der Herstellung von Werkzeugen zur Befriedigung dieser Bedürfnisse reicht nicht aus, wenn es um die moderne Arbeitswelt geht. Der Werkzeuge herstellende Mensch (*Homo faber *= der Mensch als Schmied) geht über in das* Animal laborans, *das „Arbeitstier".* Hannah Arendt *zeigt, dass heute nicht mehr natürliche Bedürfnisse der Grund für Arbeitsleistungen liefern, sondern in einer vom Menschen selbst entwickelten Konsumwelt Bedürfnisse künstlich geweckt werden und dadurch die Rolle der Arbeit verändert haben.*

Die Geräte und Instrumente, welche die Arbeitstätigkeit so außerordentlich erleichtert haben, sind selbst keineswegs Produkte der Arbeit, sondern, wie alle Werkzeuge, Produkte des Herstellens; sie spielen zwar eine Rolle im Prozess des Konsumierens, gehören aber selbst zum Bestand der Gebrauchsgegenstände der Welt. Zudem erleichtern die Werkzeuge zwar die Arbeit, sie sind für deren Vollzug aber nicht unbedingt notwendig und ihre Rolle im Arbeitsprozess ist sekundärer Natur, gemessen an ihrer Bedeutung für das Herstellen und Verfertigen von Gegenständen. Ohne Werkzeuge kann nämlich überhaupt nichts hergestellt werden und die Erfindung von Geräten und Instrumenten fällt mit der Geburt des Homo faber und der Entstehung einer von Menschen hergestellten Dingwelt zusammen. Was die Arbeit hingegen anlangt, so verstärken und vervielfachen die Arbeitsgeräte nur die natürliche Arbeitskraft; und diese Arbeitskraft kann höchstens von Naturkräften wie Haustieren, Wasserkraft, Elektrizität usw., nicht aber von Werkzeugen teilweise ersetzt werden. In allen diesen Fällen wird die natürliche Fruchtbarkeit des Animal laborans vervielfacht und ein Überfluss an Konsumgütern erzeugt. Aber diese Veränderungen sind quantitativer Art, wogegen hergestellte Gegenstände überhaupt nicht entstehen können ohne die Werkzeuge, die zu ihrer Hervorbringung angemessen sind, und dies gilt für die Entstehungsbedingungen des Kunstwerks nicht weniger als für die des einfachsten Gebrauchsgegenstandes. (…)

Während also die Werkzeuge, die Homo faber dem Animal laborans zur Verfügung stellt, im Arbeitsprozess immer nur von sekundärer Bedeutung sein können, weil sie in ihm ihre volle Wirksamkeit, das Hervorbringen eines von dem bloßen Benutztwerden ganz und gar Unter-

* Ebd. S. 157–159

schiedenen und ihm Überlegenen, nie entfalten können, gilt das genau Umgekehrte von dem zweiten großen Prinzip, das die moderne Arbeit revolutioniert hat: nämlich von der Arbeitsteilung. Die Arbeitsteilung ist in der Tat ein dem Arbeitsprozess inhärentes[1] Prinzip, das nicht mit dem nur scheinbar ähnlichen Prinzip der Spezialisierung in Berufe, das den Herstellungsprozessen eigen ist, verwechselt werden darf. Das einzige, was die Berufsspezialisierung mit der Arbeitsteilung gemein hat, ist das allgemeine Prinzip der Organisation, das weder aus dem Herstellen noch dem Arbeiten entspringt, sondern dem politischen Bereich bzw. der menschlichen Fähigkeit zu handeln entstammt. Die Phänomene der Berufsspezialisierung und der Arbeitsteilung können überhaupt nur im Rahmen politischer Gemeinschaften auftauchen, in denen die Menschen nicht bloß zusammen leben, sondern auch zusammen handeln, und in denen daher auch das Prinzip der Organisation bekannt ist.

Spezialisierung in Herstellungsprozessen richtet sich im Wesentlichen nach dem herzustellenden Gegenstand, für dessen Fabrikation mehr als nur eine Fertigkeit benötigt wird, sodass es sich hier immer um eine Vereinigung und Organisation von bestimmten Spezialitäten handelt, die untereinander ganz verschieden sein können, aber aufeinander abgestimmt sind und miteinander cooperieren. Die Arbeitsteilung beruht umgekehrt darauf, dass jede der aufgeteilten Arbeiten qualitativ gleich ist und für keine von ihnen eine besondere Fähigkeit erforderlich ist; an sich selbst bringt keine dieser geteilten Arbeiten irgendetwas zu Stande, jede von ihnen entspricht lediglich einem bestimmten Quantum von Arbeitskraft, das sich mit den anderen Quanten zu einer Gesamtsumme addiert. (…)*

Die bisher geschilderten Gesichtspunkte betreffen Arbeit zu allen Zeiten. Erst mit der industriellen Revolution des vorigen Jahrhunderts haben sich die Verhältnisse grundlegend geändert. Die Maschinentechnik hat nicht nur der Arbeitsteilung ein neues Gesicht gegeben (z. B. bei der Fließbandproduktion), sondern die Menge der produzierten Produkte vervielfacht.

Sowie die Arbeitsgeräte und Werkzeuge die Plage und Mühe der Arbeit erleichtern, ohne doch darum das Wesen der Arbeit und die ihr inhärente Notwendigkeit zu verändern, so kann auch die Massenhaftigkeit und der Überfluss, in dem Arbeitsprodukte nun plötzlich in der Welt erscheinen, nichts daran ändern, dass sie Konsumgüter sind, die nicht dazu bestimmt sind, dauerhaft zu sein und in der Welt für eine Zeit zu verweilen. Ganz anders aber liegt der Fall des Herstellens. Hier hat die moderne Entwicklung eine wesentliche Veränderung bewirkt, insofern der Herstellungsprozess, auch wenn er keine Konsumgüter produziert, durch die Arbeitsteilung, in der er verläuft, in der Tat den Charakter eines Arbeitsprozesses angenommen hat. Das wird deutlich in der endlosen Wiederholung eines Handgriffes, zu dem ja bereits die Arbeitsteilung zwingt; und wenn auch die Maschine den Menschen in einen unvergleichlich schnelleren Rhythmus der Wiederholungen gezwungen hat, als der Kreislauf der Natur je vorsah und vorschrieb, so hat doch dies spezifisch moderne Beschleunigungsphänomen nur dazu beigetragen, uns übersehen zu lassen, dass alle Arbeit, nicht nur die Arbeit an der Maschine, durch Wiederholung gekennzeichnet ist; dass also die Maschine hier dem Wesen der Arbeit entgegenkommt. So steigert auch die Maschine nur die der Arbeit selbst inhärente Fruchtbarkeit, und der Überfluss, den die Massenfabrikation in die Welt wirft, macht die erzeugten Dinge automatisch zu Konsumgütern. Die Endlosigkeit des maschinell betriebenen Arbeitsprozesses kann durch nichts anderes garantiert werden als durch das immer wiederkehrende Konsumbedürfnis, und das heißt, dass die von ihm erzeugten Produkte ihren Gebrauchswertcharakter verlieren und zu Konsumgütern werden müssen. Von dem gebrauchenden und verbrauchenden Menschen her

1 inhärent (lat.): innewohnend

* Alle Quellen siehe S. 149

gesehen, bedeutet dies einfach, dass der Unterschied zwischen Gebrauch und Verzehr, zwischen der relativen Haltbarkeit von Gebrauchsgegenständen und dem rapiden Erscheinen und Verschwinden von Konsumgütern, verschwindet bzw. bedeutungslos wird.

Das Funktionieren der modernen Wirtschaft, die auf Arbeit und Arbeitende abgestellt ist, verlangt, dass alle weltlichen Dinge in einem immer beschleunigteren Tempo erscheinen und verschwinden; sie würde sofort zum Stillstand kommen, wenn Menschen anfangen würden, Dinge in Gebrauch zu nehmen, sie zu respektieren und den ihnen innewohnenden Bestand zu erhalten. Die Häuser, das Mobiliar, die Autos, alle Dinge, die wir benutzen und die uns umgeben, müssen so schnell wie möglich verbraucht, gleichsam verzehrt werden, als seien auch sie die „guten Dinge“ der Natur, die nutzlos verkommen, wenn sie nicht in den endlosen Kreislauf des menschlichen Stoffwechsels mit der Natur einbezogen werden. (...)

An die Stelle von Dauer, Haltbarkeit, Bestand, die Ideale von Homo faber, dem Weltbildner, ist das Ideal des Homo laborans getreten, das, wenn es träumt, sich den Überfluss eines Schlaraffenlandes erträumt. Das Ideal einer Arbeitsgesellschaft kann nur der Überfluss sein, die Steigerung der Fruchtbarkeit, die in der Arbeit gegeben ist. So haben wir die Werktätigkeit in Arbeit verwandelt, sie in ihre kleinsten Partikel zerlegt, bis sie sich der Arbeitsteilung gefügt und den Generalnenner des einfachsten Handgriffes erreicht hat, um der Arbeitskraft – die ein Teil der Natur und vielleicht die gewaltigste aller Naturkräfte ist – das „unnatürlichste“, nämlich im wahrsten Sinne des Wortes künstliche Hindernis aus dem Wege zu räumen, das in der (rein weltlichen) Beständigkeit eines Gebildes aus Menschenhand besteht.

Wir hören oft, dass die moderne Gesellschaft eine Konsumgesellschaft sei; und da, wie wir sahen, das Arbeiten und das Konsumieren eigentlich nur zwei Stadien des gleichen, dem Menschen von der Lebensnotwendigkeit aufgezwungenen Prozesses sind, sagt dies nur mit anderen Worten, dass die moderne Gesellschaft eine Arbeitsgesellschaft ist. (...)

Hannah Arendt *zeigt nun, dass die Arbeit aus ihrer bisherigen Unterordnung unter allgemeine Lebenszusammenhänge befreit („emanzipiert“) wurde und zum Selbstzweck geworden ist. Davon wird auch die Vorstellung, der Mensch sei ein „handelndes Wesen“, betroffen.*

Vergleicht man die moderne Welt mit den Welten, die wir aus der Vergangenheit kennen, so drängt sich vor allem der enorme Erfahrungsschwund auf, der dieser Entwicklung inhärent ist. Nicht nur, dass die anschauende Kontemplation[2] keine Stelle mehr hat in der Weite spezifisch menschlicher und sinnvoller Erfahrungen, auch das Denken, sofern es im Schlussfolgern besteht, ist zu einer Gehirnfunktion degradiert, welche die elektronischen Rechenmaschinen erheblich besser und reibungsloser vollziehen als das menschliche Gehirn. Das Handeln wiederum, das erst mit dem Herstellen gleichgesetzt wird, sinkt schließlich auf das Niveau des Arbeitens ab, weil auch das Herstellen, wegen der ihm inhärenten Weltlichkeit und Gleichgültigkeit gegen die Belange des Lebens, nur als eine Form der Arbeit geduldet werden kann, als eine vielleicht kompliziertere, aber grundsätzlich von anderen Funktionen nicht geschiedene Funktion des Lebensprozesses im Ganzen.

Aber selbst diese einzig auf die Arbeit abgestellte Welt ist bereits im Begriff, einer anderen Platz zu machen. Es ist uns gelungen, die dem Lebensprozess innewohnende Mühe und Plage soweit auszuschalten, dass man den Moment voraussehen kann, an dem auch die Arbeit und die ihr erreichbare Lebenserfahrung aus dem menschlichen Erfahrungsbereich ausgeschaltet sein wird. Dies zeichnet sich deutlich in den fortgeschrittensten Ländern der Erde bereits ab, in denen das Wort Arbeit für das, was man tut oder zu tun glaubt, gleichsam zu hoch gegriffen ist. In ihrem

2 Kontemplation (lat.): Versenkung. Für Hannah Arendt gibt es zwei grundsätzliche Lebensformen: die „vita activa“ (das tätige Leben) und die „vita contemplativa“ (das sich der Betrachtung, dem theoretischen Schauen widmende Leben).

letzten Stadium verwandelt sich die Arbeitsgesellschaft in eine Gesellschaft von Jobholders und diese verlangt von denen, die ihr zugehören, kaum mehr als ein automatisches Funktionieren, als sei das Leben des Einzelnen bereits völlig untergetaucht in den Strom des Lebensprozesses, der die Gattung beherrscht, und als bestehe die einzige aktive, individuelle Entscheidung nur noch darin, sich selbst gleichsam loszulassen, seine Individualität aufzugeben bzw. die Empfindungen zu betäuben, welche noch die Mühe und Not des Lebens registrieren, um dann völlig „beruhigt" desto besser und reibungsloser „funktionieren" zu können. Das Beunruhigende an den modernen Theorien des Behaviorismus[3] ist nicht, dass sie nicht stimmen, sondern dass sie im Gegenteil sich als nur zu richtig erweisen könnten, dass sie vielleicht nur in theoretisch verabsolutierender Form beschreiben, was in der modernen Gesellschaft wirklich vorgeht. Es ist durchaus denkbar, dass die Neuzeit, die mit einer so unerhörten und unerhört vielversprechenden Aktivierung aller menschlichen Vermögen und Tätigkeiten begonnen hat, schließlich in der tödlichsten, sterilsten Passivität enden wird, die die Geschichte je gekannt hat.

Damit verändert sich aber nicht nur das Wesen der Arbeit, sondern auch das, was der Arbeit im Allgemeinen entgegengesetzt wird: die Freizeit. Es mag zwar sein, dass die moderne Arbeitswelt mehr Freizeit *möglich macht, aber welchen Sinn eine derart errungene Freizeit hat, bleibt offen.* Hannah Arendt *verbindet die Frage nach den Möglichkeiten der Freizeit mit einer Kritik an den Utopien von* Karl Marx.

Die große Hoffnung, die Marx[4] und die Besten der Arbeiterbewegung in allen Ländern beseelte: dass Freizeit schließlich den Menschen von der Notwendigkeit befreien und das Animal laborans produktiv machen würde – beruht auf den Illusionen einer mechanistischen Weltanschauung, die annimmt, dass Arbeitskraft, gleich jeder anderen Energie, niemals verlorengehen kann und, wenn sie nicht in der Plage des Lebens verbraucht und erschöpft ist, automatisch frei wird für „das Höhere". Bei dieser Hoffnung hat Marx zweifellos das Athen des Perikles[5] als Modell vor Augen gestanden, von dem er meinte, dass es heute aufgrund der ungeheuer intensivierten Produktion menschlicher Arbeit ohne Sklaven auskommen und eine Wirklichkeit für alle Menschen werden könne. Hundert Jahre nach Marx wissen wir um den Trugschluss dieses Arguments nur zu gut Bescheid: Die überschüssige Zeit des Animal laborans wird niemals für etwas anderes verbraucht als für das Konsumieren, und je mehr Zeit ihm gelassen wird, desto begehrlicher und bedrohlicher werden seine Wünsche und sein Appetit. Zwar verfeinern sich die Begehrlichkeiten, sodass der Konsum nicht mehr auf die Lebensnotwendigkeiten beschränkt bleibt, sondern im Gegenteil sich gerade des Überflüssigen bemächtigt; aber dies ändert nicht den Charakter dieser Gesellschaft, sondern birgt im Gegenteil die schwere Gefahr in sich, dass schließlich alle Gegenstände der Welt, die sog. Kulturgegenstände wie die Gebrauchsobjekte, dem Verzehr und der Vernichtung anheimfallen.[6]

3 Behaviorismus: eine vor allem in den USA vertretene psychologische Richtung, nach der das (menschliche und tierische) Verhalten durch gesetzmäßige Beziehungen zwischen Reiz und Reaktion bestimmt ist. Durch Dressur lässt sich einem Lebewesen beibringen, bei bestimmten Signalen bestimmte Verhaltensweisen zu zeigen (sog. Konditionierung). Wenn das auch für den Menschen gilt, müsste er sich völlig abrichten bzw. manipulieren lassen, um je nach Wunsch seines „Herrn" programmgemäß zu funktionieren.

4 Marx, Karl (1818–1883): Philosoph und Begründer des wissenschaftlichen Sozialismus. Er entwickelte eine Geschichtstheorie, nach der am Ende einer Folge von Klassenkämpfen die Arbeiterklasse (Proletariat) siegen und in der „klassenlosen Gesellschaft" ein Paradies auf Erden errichten sollte.

5 Perikles: griechischer Staatsmann (um 500–429 v. Chr.), der Athen zu größter kultureller Blüte führte. Die griechischen Kulturleistungen waren allerdings nur möglich, weil die niederen Arbeiten (vor allem Hausarbeiten) von Sklaven verrichtet wurden.

6 Man könnte ergänzen: auch die Naturgegenstände. Nur war für H. Arendt der Gesichtspunkt „Umweltzerstörung" noch nicht so aktuell wie für uns heute.

Unumgänglich, wenn auch nicht gerade tröstlich, ist es, sich das Dilemma[7] zu vergegenwärtigen, in das uns die moderne Entwicklung gestellt hat und das leider in der Natur der Sache selbst liegt. Einerseits ist unbestreitbar, dass nur die Emanzipation der Arbeit, und das heißt die Besitzergreifung des öffentlichen Bereichs durch das Animal laborans, die ungeheure Steigerung der Arbeitsproduktivität hat erzielen können, die das moderne Leben in so weitgehendem Maße von der Notwendigkeit, die auf dem Leben als solchem lastet, befreit hat. Andererseits ist ebenso unbestreitbar, dass es so lange keinen im eigentlichen Sinne öffentlichen Bereich, sondern nur öffentlich zur Schau gestelltes Privates geben kann, als das Animal laborans die Öffentlichkeit beherrscht und ihr seine Maßstäbe vorschreibt. Vielleicht, hoffentlich, befinden wir uns vorerst nur im ersten Stadium dieser Entwicklung. Aber was wir bisher an Resultaten aufzuweisen haben, ist, was man euphemistisch[8] Massenkultur nennt und was in Wahrheit ein Gesellschaftszustand ist, in dem die Kultur zum Zwecke der Unterhaltung der Massen, denen man die leere Zeit vertreiben muss, benutzt, missbraucht und aufgebraucht wird. Dass diese Massengesellschaft zudem weit davon entfernt ist, den Zustand des „Glücks für die größte Anzahl" zu verwirklichen, hat sich inzwischen herumgesprochen; gerade ein dem akuten, virulenten Unglücklichsein[9] schon sehr nahe kommendes allgemeines Unbehagen ist die Stimmung, von der moderne Massen im Überfluss ergriffen werden. Woran sie leiden, ist einfach das zutiefst gestörte Gleichgewicht zwischen Arbeit und Verzehr, zwischen Tätigsein und Ruhe, und dies Leiden verschärft sich dadurch, dass gerade das Animal laborans auf dem besteht, was es „Glück" nennt und was in Wahrheit der Segen ist, der im Leben selbst liegt, in dem natürlichen Wechsel von Erschöpfung und Ruhe, von Mühsal und Erholung, in der man das Abklingen der Mühsal genießen kann – kurz: in dem sich immer erneuernden Gleichgewicht von Unlust und Lust, das nur dem Kreislauf der Natur eigen ist. Dass in unserer Gesellschaft nahezu jedermann glaubt, ein Recht auf Glücklichsein zu haben, und gleichzeitig an seinem Unglücklichsein leidet, ist das beredteste Zeichen dafür, dass wir wirklich angefangen haben, in einer Arbeitsgesellschaft zu leben, die als eine Gesellschaft von Konsumenten nicht mehr genug Arbeit hat, um das Gleichgewicht zwischen Arbeit und Konsum herzustellen und damit den arbeitenden und konsumierenden Massen das zu geben, was sie Glück nennen (und worauf sie, jedenfalls solange sie sich nur in diesem natürlichen Kreis bewegen, in gewissem Sinne sogar einen Anspruch haben). Denn was das sogenannte Glück betrifft, so sollten wir nicht vergessen, dass nur das Animal laborans die Eigenschaft hat, es zu beanspruchen; weder dem herstellend Werktätigen noch dem handelnd politischen Menschen ist es je in den Sinn gekommen, glücklich sein zu wollen oder zu glauben, dass sterbliche Menschen glücklich sein können.*

7 Dilemma (griech.): Ausweglosigkeit; zwei Wege, die aber beide nicht zu beschreiten sind
8 euphemistisch (griech.): beschönigend, im Überschwang redend
9 virulent (lat.): ansteckungsfähig (vgl. Virus)

* Hannah Arendt, Vita Activa oder vom tätigen Leben. Amerikan. Ausgabe unter dem Titel „The Human Condition", 1958. Dt. Ausgabe Kohlhammer, Stuttgart 1960; Piper [4]1987, S. 312–317. Zwei gekürzte Kapitel erschienen 1960 unter dem Titel „Der Mensch und die Arbeit" in „Merkur", Heft 150. Daraus S. 704–705, 708–710, 717–718

Arbeitsaufträge

1. Welchen Zusammenhang sieht Engels zwischen der Aufrichtung des Menschen und dem Gebrauch der Arbeitshand? (6.1.1)
2. Stellen Sie Wörter der Umgangssprache zusammen, die auf die wesentliche Rolle der Hand im menschlichen Verhalten hinweisen (z. B. „handlich“)! (6.1.1)
3. Nach Hegels Auffassung ist die Arbeit an die Vertreibung des Menschen aus dem Paradies gebunden. Hatte Adam vor der Vertreibung nichts zu tun? Oder gab es schon im Paradies einen göttlichen Arbeitsauftrag an den Menschen? (6.1.2)
4. Was meint Hegel, wenn er sagt, der Pflug sei ehrenvoller als die Genüsse, die durch seinen Gebrauch erarbeitet werden? (6.1.2)
5. Welche Bedeutung hat für Hegel der Einsatz von Maschinen? (6.1.2)
6. Nach G. Lukács hat sich das Verhältnis des Menschen zur Natur durch die Arbeit grundsätzlich verändert. In welcher Weise ist das geschehen? Und in welchem Sinne verlangt Arbeit vom Menschen „Selbstüberwindung“? (6.1.3)
7. Worin sieht Lukács die Voraussetzungen für reale menschliche Freiheit? (6.1.3)
8. H. Arendt entwickelt ein Stufenschema menschlicher Daseinsformen. Welche Stufen werden genannt? Wie sind sie aufeinander bezogen? (6.1.4)
9. H. Arendt unterscheidet zwischen der Aufteilung menschlicher Berufe innerhalb der Gesellschaft und der Arbeitsteilung. Worin liegt der Unterschied? (6.1.4)
10. Wie hat sich nach H. Arendt das Verhältnis zwischen Arbeit und Konsum entwickelt? Was kennzeichnet die heutige Konsumgesellschaft? (6.1.4)
11. Job, Arbeit, Beruf: Versuchen Sie eine Begriffserklärung!
12. H. Arendt spricht vom „Unglücklichsein“ des heutigen Menschen. Wie meint sie dieses Unglücklichsein und wie versteht sie das Streben des Menschen nach Glück? (6.1.4)
13. „Glauben Sie, es wäre am schönsten zu leben, ohne arbeiten zu müssen?“ lautete eine Umfrage, die 1979 im Magazin „Der Spiegel“ veröffentlicht wurde. 1962 antworteten 18% der Befragten mit „Ja“, 1975 waren es 25%, ein Jahr später bereits 30%. Wurden die Deutschen allmählich fauler oder wie interpretieren Sie das Ergebnis dieser Meinungsumfrage?

6.2 Die Frage nach der Technik

Die Arbeitswelt moderner Gesellschaften ist ohne den Einsatz technischer Mittel undenkbar. Insofern kann man heute nicht von Arbeit reden, ohne die Technik einzubeziehen. Allerdings zeigt die Technik viele Gesichter, ihre Formen wandeln sich und ergreifen immer neue Lebensbereiche. Aber mit dem „technischen Fortschritt“ ändert sich auch das Verhalten der Menschen, die mit Technik umgehen oder von ihren Wirkungen betroffen werden. Es ist demnach sinnvoll, von einer „Anthropologie der Technik“ zu reden.

6.2.1 Die Perfektion der Technik – Friedrich Georg Jünger

Sieht man die Technik nicht nur in ihrem gegenwärtigen Stadium, sondern vor dem Hintergrund ihrer Entwicklung, so bietet sie das Bild eines gewaltigen Fortschritts. Was einmal mit den „Erfindungen“ des Feuers, des Rades, des Pfluges begonnen hat, stellt sich heute als Atomtechnik, als Weltraumtechnik, als Informationstechnik usw. dar. Trend des technischen Fortschritts scheint zu sein, immer leistungsfähigere, immer perfektere Geräte hervorzubringen. Was aber Ziel dieser

„Perfektion" und zugleich ihr innerer Motor ist, muss erst noch bestimmt werden, ehe man beurteilen kann, was Technik für uns und unsere Zukunft bedeutet.

Welches ist das Kennzeichen, an dem wir das Streben nach Perfektion, das der Technik eigentümlich ist, am deutlichsten bemerken können? An welcher Erscheinung lässt sich der technische Fortschritt, der aus rohen und ungewissen Anfängen hervorgeht, am besten abmessen? Ohne Zweifel liegt ein solcher Fortschritt in der Wendung von der Dampftechnik zur Elektrotechnik und Atomtechnik, ein anderer in der engen Arbeitsgemeinschaft, die zwischen Technik und Biologie begründet wird und zu einer Biotechnik führt, innerhalb derer die Gesetze der Mechanik auf das Leben Anwendung finden. Wenn wir den technischen Arbeitsvorgang betrachten, dann fällt eines vor allem an ihm auf: der wachsende Automatismus, dem er unterworfen wird. Technischer Fortschritt ist gleichbedeutend mit einer Vermehrung der Automaten aller Art. Die Fabrik selbst wird zum Automaten, wenn der gesamte Arbeitsvorgang, an dessen Ende das technische Produkt steht, durch einen selbsttätigen Mechanismus verrichtet und mit mechanischer Gleichförmigkeit wiederholt wird. Der Arbeiter greift mit der Hand nicht mehr in die Arbeit des Automaten ein, er kontrolliert als Mechaniker seine automatische Funktion. Wie hier der Arbeitsvorgang, durch den das technische Produkt geschaffen wird, durch einen Automaten besorgt wird, so wird dieses Produkt selbst zum Automaten, der einen mechanischen Arbeitsvorgang wiederholt. Diese Aufgabe ist es, welche den Automaten von allem Werkzeug, das der ununterbrochenen Handhabung bedarf, unterscheidet; seine Bestimmung ist die selbsttätige und ununterbrochene mechanische Funktion. Wir sind von einem stets fortschreitenden Automatismus, dem alle Gebiete der Technik zustreben, umgeben. Der größte Teil unserer Fabrikmechanik arbeitet automatisch. Verkehrsautomaten sind es, die in Gestalt von Eisenbahnen, Motorschiffen, Kraftwagen und Flugzeugen überall auftauchen. Unsere Licht-, Wasser- und Wärmeversorgung arbeitet automatisch, Geschütze und Gewehre tun es. Es gibt Waren- und Speiseautomaten, Rundfunk- und Lichtspielautomaten, deren Aufgabe insgesamt darin besteht, den von ihnen geforderten Arbeitsvorgang mit jener mechanischen Gleichförmigkeit zu wiederholen, mit der die Schallplatte immer das gleiche Stück hervorbringt. Erst durch diesen Automatismus erhält unsere Technik das ihr eigentümliche Gepräge, das sie von der Technik aller anderen Zeiten unterscheidet. Und erst durch ihn gelangt sie zu der Vollendung, die wir an ihr wahrzunehmen beginnen. Die selbstständige, sich gleichförmig wiederholende Funktion ist das Hauptkennzeichen unserer Technik.*

Der Grundtyp mechanisch-gleichförmiger Wiederholung zeigt sich im Kreisen des Rades. F. G. Jünger *versucht daher, dem technischen „Räderwerk" Symbolcharakter zu geben:*

(...) Und wo, müssen wir fragen, finden wir das Rad nicht? Es begleitet mit seiner kreisenden, drehenden, sich wiederholenden Bewegung, die sich in der Zeit vollzieht, aus der alle Uhren hervorgehen – denn die Uhr ist ein Räderwerk[1] –, nimmt zu, breitet sich aus, gewinnt Zusammenhang und greift in das menschliche Leben, die menschliche Arbeit mehr und mehr ein. Wer vermag, wenn ihm diese Zusammenhänge bewusst werden, ohne Bewegung ein Rad zu betrachten, wen durchdringt nicht eine Empfindung der Kälte, wenn er es als Symbol der toten Zeit erkennt und sein Verhältnis zum Menschen erwägt? Seine Anfänge, in denen es an Wagen, Mühlen, Flaschenzügen, Uhren erscheint, muten bescheiden an, denn hier arbeitet es noch ohne

1 Heutige Digitaluhren zeigen allerdings eine völlige Abkehr vom Prinzip des Räderwerks. Sie arbeiten voll elektronisch, ohne mechanische Drehbewegungen. Insofern verliert sich bei ihnen das Bild der kreisenden Zeit, die Zeitanzeige wird abstrakt, ohne sichtbaren Bezug auf ständige Wiederkehr des Gleichen.

* Friedrich Georg Jünger, Die Perfektion der Technik. Klostermann, Frankfurt a. M. [4]1953, S. 38–39

zeitliche Präzision und strengen Zusammenhang, greift in die Organisation der menschlichen Arbeit noch in sparsamer Weise ein. Der Mensch vermag sich dieser kreisenden, drehenden, immer wiederholenden Bewegung noch zu entziehen. Der Philanthrop[2] aber, der im Zeitalter des technischen Fortschritts jene Sklaven beklagt, die das Rad der Tretmühlen bedienen, ist ein Narr, wenn er nicht erkennt, dass der technische Fortschritt an nichts anderem arbeitet als an der Herstellung einer Tretmühle von ungeheuren Dimensionen, die auf dem Prinzip des Rades aufgebaut ist. Wo immer wir die technische Apparatur betrachten, dort werden wir das Rad in ihr finden, denn diese Apparatur ist vor allem Räderwerk, ist Getriebe, enthält daher das Rad in tausend abweichenden Konstruktionen, nutzt es zu den verschiedensten Aufgaben. Ein Automatismus ohne Rad und Räderwerk ist nicht denkbar, denn die mechanische Gleichförmigkeit der Wiederkehr wird durch das Rad bewirkt, welches immer auch Zeitenrad und Uhr ist[3]. Aber was in der technischen Apparatur so siegreich und mächtig hervortritt, das kehrt in der Organisation der menschlichen Arbeit wieder. Nicht ohne Sinn wird das Rad als Symbol dieser Arbeit verwendet, denn das Rad und nicht Axt, Sichel, Spaten, Pflugschar, Hammer und andere Werkzeuge ist das Symbol mechanisch verrichteter Arbeit. Wenn sich also Eisenbahner, Postleute und andere Arbeiter mit ihm schmücken, es wohl auch mit Flügeln versehen, um die Bewegung im Raume zu symbolisieren, dann tun sie ganz recht, vergessen vielleicht nur, dass das Rad kein Symbol des Lebens, sondern des Todes ist, als solches auch immer angesehen wurde. Der Techniker, der von Symbolen nichts weiß, verkehrt seine Bedeutung, obwohl ihm ein Blick in die Strafjustiz zeigen würde, dass man Verbrecher schon in der Antike durch Drehung des Rades tötete, späterhin aber durch das Rad zerschlug und auf das Rad flocht. Rad und Kreis darf man, wie das oft in sinnloser Weise geschieht, nicht verwechseln. Das Rad ist nur ein Bestandteil der Einzelmaschinerie, es ist, ob es sich auf Schienen oder ohne Schienen bewegt, das bewegende und verbindende Prinzip der gesamten Technik, die man daher auch als Räderwerk anspricht. Die mobile und mobilisierende Kraft der Technik hängt am Rade, wie der Mensch daran hängt, der ein kleineres oder größeres Rädchen in der Arbeitsorganisation ist, die seine Beziehung zur Maschinerie regelt.*

2 Philanthrop (griech.): Menschenfreund

3 Diese Betrachtungsweise kann heute nicht mehr durchgehalten werden. Die modernsten „Maschinen", die Computer, arbeiten nach anderen Prinzipien und kommen ohne kreisende Räder aus. Ihre Grundbauteile sind Schaltelemente, die nur zwei Zustände kennen, aber nicht den allmählichen Übergang, der beim kreisenden Rad von einer Position zur anderen führt. Dennoch lässt sich vielleicht das Bild vom „Räderwerk der modernen Technik" in einem erweiterten (metaphorischen) Sinne beibehalten.

Diese Art, Technik zu sehen, mündet in ein düsteres Bild: Der Mensch als „Rädchen im Getriebe" scheint durch Technik zur Ohnmacht verdammt. Misstrauen, sogar Feindschaft der Technik gegenüber ist die Folge. Ob allerdings eine solche Haltung berechtigt ist, lässt sich erst beurteilen, wenn zuvor nach dem „Wesen der Technik" gefragt wurde.

* Ebd. S. 57–58

6.2.2 Das Gestell – Martin Heidegger

Während F. G. Jünger *die Technik von ihrem Ende (ihrer „Perfektion" her) zu bestimmen suchte, handelt es sich bei* Martin Heidegger *um eine Horizontabgrenzung. Er geht der Grundeinstellung nach, die Technik überhaupt erst möglich machte.*

Im Folgenden *fragen* wir nach der Technik. Das Fragen baut an einem Weg. Darum ist es ratsam, vor allem auf den Weg zu achten und nicht an einzelnen Sätzen und Titeln hängenzubleiben. Der Weg ist ein Weg des Denkens. Alle Denkwege führen, mehr oder weniger vernehmbar, auf eine ungewöhnliche Weise durch die Sprache. Wir fragen nach der *Technik* und möchten dadurch eine freie Beziehung zu ihr vorbereiten. Frei ist die Beziehung, wenn sie unser Dasein dem Wesen der Technik öffnet. Entsprechen wir diesem, dann vermögen wir es, das Technische in seiner Begrenzung zu erfahren.

Die Technik ist nicht das gleiche wie das Wesen der Technik. Wenn wir das Wesen des Baumes suchen, müssen wir gewahr werden, dass Jenes, was jeden Baum als Baum durchwaltet, nicht selber ein Baum ist, der sich zwischen den übrigen Bäumen antreffen lässt.

So ist denn auch das Wesen der Technik ganz und gar nichts Technisches. Wir erfahren darum niemals unsere Beziehung zum Wesen der Technik, solange wir nur das Technische vorstellen und betreiben, uns damit abfinden oder ihm ausweichen. Überall bleiben wir unfrei an die Technik gekettet, ob wir sie leidenschaftlich bejahen oder verneinen. Am ärgsten sind wir jedoch der Technik ausgeliefert, wenn wir sie als etwas Neutrales betrachten; denn diese Vorstellung, der man heute besonders gern huldigt, macht uns vollends blind gegen das Wesen der Technik.[1]

Als das Wesen von etwas gilt nach alter Lehre jenes, was etwas ist. Wir fragen nach der Technik, wenn wir fragen, was sie sei. Jedermann kennt die beiden Aussagen, die unsere Frage beantworten. Die eine sagt: Technik ist ein Mittel für Zwecke. Die andere sagt: Technik ist ein Tun des Menschen. Beide Bestimmungen der Technik gehören zusammen. Denn Zwecke setzen, die Mittel dafür beschaffen und benützen, ist ein menschliches Tun. Zu dem, was die Technik ist, gehört das Verfertigen und Benützen von Zeug, Gerät und Maschinen, gehört dieses Verfertigte und Benützte selbst, gehören die Bedürfnisse und Zwecke, denen sie dienen. Das Ganze dieser Einrichtungen ist die Technik. Sie selber ist eine Einrichtung, lateinisch gesagt: ein instrumentum.

Die gängige Vorstellung von der Technik, wonach sie ein Mittel ist und ein menschliches Tun, kann deshalb die instrumentale und anthropologische Bestimmung der Technik heißen.

Wer wollte leugnen, dass sie richtig ist? Sie richtet sich offenkundig nach dem, was man vor Augen hat, wenn man von Technik spricht. Die instrumentale Bestimmung der Technik ist sogar so unheimlich richtig, dass sie auch noch für die moderne Technik zutrifft, von der man sonst mit einem gewissen Recht behauptet, sie sei gegenüber der älteren, handwerklichen Technik etwas durchaus Anderes und darum Neues. Auch das Kraftwerk ist mit seinen Turbinen und Generatoren ein von Menschen gefertigtes Mittel zu einem von Menschen gesetzten Zweck. Auch das Raketenflugzeug, auch die Hochfrequenzmaschine sind Mittel zu Zwecken. Natürlich ist eine Radarstation weniger einfach als eine Wetterfahne. Natürlich bedarf die Verfertigung einer Hochfrequenzmaschine des Ineinandergreifens verschiedener Arbeitsgänge der technisch-industriellen Produktion. Natürlich ist eine Sägemühle in einem verlorenen Schwarzwaldtal ein primitives Mittel im Vergleich zum Wasserkraftwerk am Rheinstrom.

1 Gemeint ist die These, nach der die Technik weder gut noch böse, weder ein Segen noch ein Fluch ist. Nach dieser These liegt es ganz in der Hand des Menschen, was er aus der von ihm selbst geschaffenen Technik macht. Übersehen wird jedoch, dass der in einem technischen Zeitalter lebende Mensch seinerseits bereits so durch Technik bestimmt ist, dass er ihr gar nicht mehr „neutral" gegenübertreten kann.

Es bleibt richtig: auch die moderne Technik ist ein Mittel zu Zwecken. Darum bestimmt die instrumentale Vorstellung von der Technik jede Bemühung, den Menschen in den rechten Bezug zur Technik zu bringen. Alles liegt daran, die Technik als Mittel in der gemäßen Weise zu handhaben. Man will, wie es heißt, die Technik „geistig in die Hand bekommen". Man will sie meistern. Das Meisternwollen wird um so dringlicher, je mehr die Technik der Herrschaft des Menschen zu entgleiten droht. Gesetzt nun aber, die Technik sei kein bloßes Mittel, wie steht es dann mit dem Willen, sie zu meistern? Allein wir sagten doch, die instrumentale Bestimmung der Technik sei richtig. Gewiss. Das Richtige stellt an dem, was vorliegt, jedesmal etwas Zutreffendes fest. Die Feststellung braucht jedoch, um richtig zu sein, das Vorliegende keineswegs in seinem Wesen zu enthüllen. Nur dort, wo solches Enthüllen geschieht, ereignet sich das Wahre. Darum ist das bloß Richtige noch nicht das Wahre. Erst dieses bringt uns in ein freies Verhältnis zu dem, was uns aus seinem Wesen her angeht. Die richtige instrumentale Bestimmung der Technik zeigt uns demnach noch nicht ihr Wesen. (...)*

Heidegger schlägt nun einen scheinbaren Umweg ein. Er greift zurück auf das griechische Verständnis von „téchnä", nämlich auf ihre Begründung durch das „poieín", das meist mit „machen", richtiger jedoch mit „hervorbringen" übersetzt wird. Wer etwas her-vor-bringt, bringt es aus dem Verborgenen ans Licht, entbirgt es, wie ein Künstler etwas ans Licht bringt, das vorher noch nie so gesehen wurde, wie es ist. Wenn aber die „téchnä" auf dem Hervorbringen beruht, so ist sie ein „Entbergen". Das mag nun zwar für die griechische Auffassung von „Technik" gelten, als der Techniker noch wie ein Künstler gesehen wurde und noch nicht mit unbekümmerter Brutalität die Natur ausbeutete, aber wie steht es mit der modernen Technik, die nicht künstlerisch, sondern naturwissenschaftlich zu Werke geht?

Was ist die moderne Technik? Auch sie ist ein Entbergen. Erst wenn wir den Blick auf diesem Grundzug ruhen lassen, zeigt sich uns das Neuartige der modernen Technik.
Das Entbergen, das die moderne Technik durchherrscht, entfaltet sich nun aber nicht in ein Her-vor-bringen im Sinne der poíäsis[2]. Das in der modernen Technik waltende Entbergen ist ein Herausfordern, das an die Natur das Ansinnen stellt, Energie zu liefern, die als solche herausgefördert und gespeichert werden kann. Gilt dies aber nicht auch von der alten Windmühle? Nein. Ihre Flügel drehen sich zwar im Winde. Seinem Wehen bleiben sie unmittelbar anheimgegeben. Die Windmühle erschließt aber nicht Energien der Luftströmung, um sie zu speichern.
Ein Landstrich wird dagegen in die Förderung von Kohle und Erzen herausgefordert. Das Erdreich entbirgt sich jetzt als Kohlenrevier, der Boden als Erzlagerstätte. Anders erscheint das Feld, das der Bauer vormals bestellte, wobei bestellen noch hieß: hegen und pflegen. Das bäuerliche Tun fordert den Ackerboden nicht heraus. Im Säen des Korns gibt es die Saat den Wachstumskräften anheim und hütet ihr Gedeihen. Inzwischen ist auch die Feldbestellung in den Sog eines anders gearteten Bestellens geraten, das die Natur *stellt.* Es stellt sie im Sinne der Herausforderung. Ackerbau ist jetzt motorisierte Ernährungsindustrie. Die Luft wird auf die Abgabe von Stickstoff hin (...) gestellt, der Boden auf Erze, das Erz z. B. auf Uran, dieses auf Atomenergie, die zur Zerstörung oder friedlichen Nutzung entbunden werden kann.
Das Stellen, das die Naturenergien herausfordert, ist ein Fördern in einem doppelten Sinne. Es fördert, indem es erschließt und herausstellt. Dieses Fördern bleibt jedoch im Voraus darauf

2 ποίησις (poíäsis): das Tun, Machen, Hervorbringen

* Martin Heidegger, Die Frage nach der Technik. In: Ders., Vorträge und Aufsätze. Neske, Pfullingen ^{6}1990, S. 9–40. Diese Quelle gilt auch für den folgenden Text.

abgestellt, anderes zu fördern, d. h. vorwärts zu treiben in die größtmögliche Nutzung bei geringstem Aufwand. Die im Kohlenrevier geförderte Kohle wird nicht gestellt, damit sie nur überhaupt und irgendwo vorhanden sei. Sie lagert, d. h. sie ist zur Stelle für die Bestellung der in ihr gespeicherten Sonnenwärme. Diese wird herausgefordert auf Hitze, die bestellt ist, Dampf zu liefern, dessen Druck das Getriebe treibt, wodurch eine Fabrik im Betrieb bleibt. Das Wasserkraftwerk ist in den Rheinstrom gestellt. Es stellt ihn auf seinen Wasserdruck, der die Turbinen daraufhin stellt, sich zu drehen, welche Drehung diejenige Maschine umtreibt, deren Getriebe den elektrischen Strom herstellt, für den die Überlandzentrale und ihr Stromnetz zur Strombeförderung bestellt sind. Im Bereich dieser ineinander greifenden Folgen der Bestellung elektrischer Energie erscheint auch der Rheinstrom als etwas Bestelltes. Das Wasserkraftwerk ist nicht in den Rheinstrom gebaut wie die alte Holzbrücke, die seit Jahrhunderten Ufer mit Ufer verbindet. Vielmehr ist der Strom in das Kraftwerk verbaut. Er ist, was er jetzt als Strom ist, nämlich Wasserdrucklieferant, aus dem Wesen des Kraftwerks. Achten wir doch, um das Ungeheuere, das hier waltet, auch nur entfernt zu ermessen, für einen Augenblick auf den Gegensatz, der sich in den beiden Titeln ausspricht: „Der Rhein“, verbaut in das *Kraft*werk, und „Der Rhein“, gesagt aus dem *Kunst*werk der gleichnamigen Hymne Hölderlins[3]. Aber der Rhein bleibt doch, wird man entgegnen, Strom der Landschaft. Mag sein, aber wie? Nicht anders denn als bestellbares Objekt der Besichtigung durch eine Rheingesellschaft, die eine Urlaubsindustrie dorthin bestellt hat.[4] (…)

Martin Heidegger

Dass sich uns jetzt, wo wir versuchen, die moderne Technik als das herausfordernde Entbergen zu zeigen, die Wörter „stellen“, „bestellen“, „Bestand“ aufdrängen und sich in einer trockenen, einförmigen und darum lästigen Weise häufen, hat seinen Grund in dem, was zur Sprache kommt.

Wer vollzieht das herausfordernde Stellen, wodurch das, was man das Wirkliche nennt, als Bestand entborgen wird? Offenbar der Mensch. Inwiefern vermag er solches Entbergen? Der Mensch kann zwar dieses oder jenes so oder so vorstellen, gestalten und betreiben. Allein über die Unverborgenheit, worin sich jeweils das Wirkliche zeigt oder entzieht, verfügt der Mensch nicht.[5] (…)

Nur insofern der Mensch seinerseits schon herausgefordert ist, die Naturenergien herauszufördern, kann dieses bestellende Entbergen geschehen. Wenn der Mensch dazu herausgefordert,

3 Friedrich Hölderlin (1770–1843): deutscher Dichter des Idealismus, der in einer seiner späteren Hymnen den Rheinstrom zum Symbol einer naturhaft-göttlichen Welt macht

4 vgl. dazu die Bemerkung von Georg Lukács, nach der sogar die Luft vom Menschen verwertet wird (6.1.3). Es gibt kaum etwas in der Natur, das nicht vom Menschen bestellt ist oder gestellt würde.

5 Die „Unverborgenheit“ bezieht Heidegger zumeist auf den Begriff des Seins. Das Sein selbst erscheint wie eine Macht, die sich zeigen oder verbergen kann. In einer Welt, in der alles vom Menschen organisiert und „gestellt“ wird, hat das wahre Sein der Dinge sich völlig zurückgezogen, sodass alles um den Menschen herum nichtig zu werden scheint.

bestellt ist, gehört dann nicht auch der Mensch, ursprünglicher noch als die Natur, in den Bestand? Die umlaufende Rede vom Menschenmaterial, vom Krankenmaterial einer Klinik spricht dafür. Der Forstwart, der im Wald das geschlagene Holz vermisst und dem Anschein nach wie sein Großvater in der gleichen Weise die selben Waldwege begeht, ist heute von der Holzverwertungsindustrie bestellt, ob er es weiß oder nicht. Er ist in die Bestellbarkeit von Zellulose bestellt, die ihrerseits durch den Bedarf an Papier herausgefordert ist, das den Zeitungen und illustrierten Magazinen zugestellt wird. Diese aber stellen die öffentliche Meinung daraufhin, das Gedruckte zu verschlingen, um für eine bestellte Meinungsherrichtung bestellbar zu werden. Doch gerade weil der Mensch ursprünglicher als die Naturenergien herausgefordert ist, nämlich in das Bestellen, wird er niemals zu einem bloßen Bestand. Indem der Mensch die Technik betreibt, nimmt er am Bestellen als einer Weise des Entbergens teil. Allein die Unverborgenheit selbst, innerhalb derer sich das Bestellen entfaltet, ist niemals ein menschliches Gemächte[6], so wenig wie der Bereich, den der Mensch jederzeit schon durchgeht, wenn er als Subjekt sich auf ein Objekt bezieht.

Wo und wie geschieht das Entbergen, wenn es kein bloßes Gemächte des Menschen ist? Wir brauchen nicht weit zu suchen. Nötig ist nur, unvoreingenommen Jenes zu vernehmen, was den Menschen immer schon in Anspruch genommen hat und dies so entscheiden, dass er nur als der so Angesprochene jeweils Mensch sein kann. Wo immer der Mensch sein Auge und Ohr öffnet, sein Herz aufschließt, sich in das Sinnen und Trachten, Bilden und Werken, Bitten und Danken freigibt, findet er sich überall schon ins Unverborgene gebracht. Dessen Unverborgenheit hat sich schon ereignet, so oft sie den Menschen in die ihm zugemessenen Weisen des Entbergens hervorruft. Wenn der Mensch auf seine Weise innerhalb der Unverborgenheit das Anwesende entbirgt, dann entspricht er nur dem Zuspruch der Unverborgenheit, selbst dort, wo er ihm widerspricht. Wenn also der Mensch forschend, betrachtend der Natur als einem Bezirk seines Vorstellens nachstellt, dann ist er bereits von einer Weise der Entbergung beansprucht, die ihn herausfordert, die Natur als einen Gegenstand der Forschung anzugehen, bis auch der Gegenstand in das Gegenstandslose des Bestandes verschwindet.

So ist denn die moderne Technik als das bestellende Entbergen kein bloß menschliches Tun. Darum müssen wir auch jenes Herausfordern, das den Menschen stellt, das Wirkliche als Bestand zu bestellen, so nehmen, wie es sich zeigt. Jenes Herausfordern versammelt den Menschen in das Bestellen. Dieses Versammelnde konzentriert den Menschen darauf, das Wirkliche als Bestand zu bestellen. Was die Berge ursprünglich zu Bergzügen entfaltet und sie in ihrem gefalteten Beisammen durchzieht, ist das Versammelnde, das wir Gebirg nennen.

Wir nennen jenes ursprünglich Versammelnde, daraus sich die Weisen entfalten, nach denen uns so und so zumute ist, das Gemüt.

Wir nennen jetzt jenen herausfordernden Anspruch, der den Menschen dahin versammelt, das Sichentbergende als Bestand zu bestellen – das *Ge-stell.* (…)

Ge-stell heißt die Weise des Entbergens, die im Wesen der modernen Technik waltet und selber nichts Technisches ist. Zum Technischen gehört dagegen alles, was wir als Gestänge und Geschiebe und Gerüste kennen und Bestandstück dessen ist, was man Montage nennt. Diese fällt jedoch samt den genannten Bestandstücken in den Bezirk der technischen Arbeit, die stets nur der Herausforderung des Ge-stells entspricht, aber niemals dieses selbst ausmacht oder gar bewirkt.

6 Gemächte: ein Sammelbegriff für alles Gemachte, d. h. für alle Machwerke des Menschen

6.2.3 Die Welt als Phantom und Matrize – Günther Anders

Die Zwischenschaltung einer Welt technischer Dinge zwischen die Gegebenheiten der Natur und den Menschen führt dazu, dass die Wirklichkeit fast nur noch im Spiegel technischer Medien (Rundfunk, Fernsehen) erscheint. Sie wird dadurch in oft unbemerkter Weise verändert; im Extremfall geht sie völlig verloren und wird durch eine Scheinwirklichkeit ersetzt. Auch diese Seite der Technik, die Manipulierbarkeit der Realität, gehört in eine Philosophie der Technik; besonders markant wurde sie von Günther Anders *herausgearbeitet.*
In seinem Buch „Die Antiquiertheit des Menschen" (1956) analysiert Anders *die Wirkungen der modernen Medienwelt, in der sich ein Humanismus klassischer Form nicht mehr halten kann. Durch Funk und Fernsehen werden wir mit einer ganzen Flut von Eindrücken beliefert, die wir passiv konsumieren, ohne noch echte Erfahrungen machen zu können. Die Welt kommt zum Menschen, statt er zu ihr.* Anders *entwickelt diesen Gedanken in mehreren Thesen:*

1. Wenn die Welt zu uns kommt, statt wir zu ihr, so sind wir nicht mehr „in der Welt", sondern ausschließlich deren schlaraffenlandartige Konsumenten.
2. Wenn sie zu uns kommt, aber doch nur als Bild, ist sie halb an- und halb abwesend, also phantomhaft.
3. Wenn wir sie jederzeit zitieren (zwar nicht verwalten, aber an- und ausschalten können), sind wir Inhaber gottähnlicher Macht.
4. Wenn die Welt uns anspricht, ohne dass wir sie ansprechen können, sind wir dazu verurteilt, mundtot, also unfrei zu sein.
5. Wenn sie uns vernehmbar ist, aber nur das, also nicht behandelbar, sind wir in Lauscher und Voyeurs[1] verwandelt.
6. Wenn ein an einem bestimmten Ort stattfindendes Ereignis versandt und als „Sendung" zum Auftreten an jedem anderen Ort veranlasst werden kann, dann ist es ein mobiles, ja in ein fast omnipräsentes Gut verwandelt und hat seine Raumstelle als principium individuationis[2] eingebüßt.
7. Wenn es mobil ist und in virtuell[3] zahllosen Exemplaren auftritt, dann gehört es, seiner Gegenstandsart nach, zu Serienprodukten; wenn für die Zusendung des Serienproduktes gezahlt wird, ist das Ereignis eine Ware.
8. Wenn es erst in seiner Reproduktionsform, also als Bild sozial wichtig wird, ist der Unterschied zwischen Sein und Schein, zwischen Wirklichkeit und Bild aufgehoben.
9. Wenn das Ereignis in seiner Reproduktionsform sozial wichtiger wird als in seiner Originalform, dann muss das Original sich nach seiner Reproduktion richten, das Ereignis also zur bloßen Matrize ihrer Reproduktion werden.
10. Wenn die dominierende Welterfahrung sich von solchen Serienprodukten nährt, dann ist (sofern man unter „Welt" noch dasjenige versteht, *worin* wir sind), der Begriff „Welt" abgeschafft, die Welt verspielt, und die durch die Sendungen hergestellte Haltung des Menschen „idealistisch"[4] gemacht.*

1 Voyeur (franz.): Zuschauer (Späher durch ein Schlüsselloch)
2 principium individuationis (lat.): das Prinzip, aus dem heraus etwas zu einem Einzelwesen wird. Hier ist gemeint, dass ein individuelles Geschehen sich immer an einen festen Platz, an dem es stattfindet, bindet.
3 virtuell (lat.): scheinbar, möglicherweise
4 idealistisch: hier nicht in dem üblichen Sinne gemeint, nach dem ein Idealist einer Idee nachstrebt, sondern als Bezeichnung einer Umwandlung von Wirklichkeit in Einbildungen (Fiktionen)

* Günther Anders, Die Welt als Phantom und Matrize. In: Ders., Die Antiquiertheit des Menschen. C.H. Beck, München 1961, S. 111

Für die Verwischung des Unterschiedes zwischen Wirklichkeit und gesendetem Schein gibt G. Anders bezeichnende Beispiele. Zunächst bezieht er sich auf ein Rundfunkhörspiel, in dem die Landung der Marsbewohner auf der Erde so realistisch dargestellt wurde, dass es zu panikartigen Szenen bei den Zuhörern kam und auch die dementierende Aufklärung durch die Sendeleitung, es handele sich „nur" um ein Hörspiel, kaum noch Wirkung hatte.

(...) Wo jedem wirklichen Vorgang durch dessen Übertragung etwas Scheinhaftes verliehen wird, muss das *Scheingeschehen* (der erfundenen dramatischen Szene) in der Übertragung seinen *spezifisch ästhetischen Scheincharakter einbüßen.* Tatsächlich ist dieser Charakter nicht mehr zu spüren, jedenfalls in so geringem Maße, dass der fiktive Vorgang uns glauben macht, wir seien dessen wirkliche Zeugen, dessen wirkliche Teilnehmer, ja dessen wirkliche Opfer. Vor allem denke ich da an Orson Welles' „Der Krieg der Welten", an jenes Hörspiel, das als Sujet die Erdinvasion behandelte (1938). Da der Rundfunk bei dieser Gelegenheit, in plumper Übernahme des Hamlet-Prinzips „Theater im Theater"[5], Rundfunkreportage spielte (in der Herstellung dieses schönen Scheins bestand angeblich die künstlerische Leistung), unterschied sich die Sendung von wirklichen Funkreportagen überhaupt nicht. Ob sie sich unterscheiden wollte, und was in diesem Fall kapitaler war: die Dummheit oder die Skrupellosigkeit, bleibe dahingestellt. Übrigens wären auch eingeschaltete Aufklärungen über den Spielcharakter der Sendung untauglich geblieben, die ja von jenen Hörern, die die Invasion überhaupt für möglich hielten, keiner mit der Katastrophenmeldung „die Martier sind da" im Ohr fähig gewesen wäre, friedlich auf seinem Stuhl sitzen zu bleiben. Jedenfalls erreichte uns der scheinbare Schein teils als wirkliches Geschehen, teils als, zu diesem Geschehen gehörende, wirkliche Meldung über dies Geschehen und rief dadurch wirkliche Panik hervor. Übrigens die erste „solistische Massenpanik", denn jede brach, ohne Tuchfühlung mit der des Nachbarn, zwischen vier Wänden aus. Und diese hatte mit „ästhetischer Attitüde" etwa soviel gemein wie die Schreckensrufe bei einer Feuersbrunst mit dem Jubel über ein Feuerwerk.

Aber dieser bereits funkgeschichtlich „klassische" Fall steht nicht allein. Was von ihm gilt, gilt eigentlich von jedem Hörspiel, mindestens von jedem nicht stilisierten, das in der Gegenwart spielt, ja sogar von denjenigen, die inhaltlich ganz harmlos zu sein scheinen. Denn auch sie bringen Sein und Schein, Teilnahme und Scheinteilnahme derartig durcheinander, dass sie dadurch den Hörer um die Chance, ernst zu sein, betrügen. Man missverstehe nicht: *In diesem Falle liegt der Unernst* nicht so sehr darin, dass Ernstes zu unernst serviert und konsumiert würde, sondern *darin, dass das Unernste zu ernst dargeboten und rezipiert wird.* In diesem Ernst besteht angeblich der Witz der Sache. Ich spreche von jenen gewiss nicht blutrünstigen, oft sogar larmoyanten[6] Fortsetzungssendungen, in denen sich Jahre hindurch das gespielte Alltagsleben fingierter Familien abrollt und die alles andere als harmlos sind. Mir sind in den Vereinigten Staaten eine Anzahl vereinsamter alter Damen bekannt, deren Kreis, also deren „Welt", sich ausschließlich aus solchen nicht existenten Wesen zusammensetzt. An deren Ergehen nehmen diese Damen einen so lebhaften Anteil, dass sie, wenn eines dieser Phantomfamilienmitglieder stirbt, oder eines sich gar verlobt, um ihren Schlaf gebracht sind. Ihr Verkehr besteht also aus Phantomen; und im Verkehr mit der Phantomfamilie besteht ihr Lebenssinn; ohne sie hätten sie niemanden; ohne sie weiterzuleben, würde nicht verlohnen. Für ihre Phantome stricken sie im Winter Handschuhe; und ist gar ein Phantombaby unterwegs, dann türmen sich in den Rundfunkhäusern Pakete voll Säuglingswäsche, gehäkel-

5 Theater im Theater: In Shakespeares Tragödie „Hamlet" gibt es eine Szene mit Schauspielern, die ein Stück im Stück aufführen.

6 larmoyant (franz.): weinerlich, rührselig

ten Jäckchen und Häubchen an, die dann hinter dem Rücken der betrogenen Spenderinnen an zwar völlig unbekannte, aber doch immerhin wirkliche Babys in Heimen weiter vermittelt werden.*

Für Günther Anders *reicht die Aufhebung der Grenze zwischen Schein und Sein sogar noch tiefer. Der Mensch produziert nicht nur Geschöpfe der Medienwelt, um sie für wirklich zu halten, sondern er vergleicht sich mit seinen Kreaturen und stellt fest, dass er ihnen unterlegen ist (an den Kult der Fans, die ihrem Medienidol nacheifern, wäre zu denken). Damit entsteht im Menschen ein Minderwertigkeitsgefühl gegenüber seinen Machwerken;* Anders *nennt es „prometheische Scham".*

Prometheus[7] hat gewissermaßen triumphal gesiegt, so triumphal, dass er nun, konfrontiert mit seinem eigenen Werke, den Stolz, der ihm noch im vorigen Jahrhundert so selbstverständlich gewesen war, abzutun beginnt, um ihn durch das Gefühl eigener Minderwertigkeit und Jämmerlichkeit zu ersetzen. „Wer *bin* ich schon?" fragt der Prometheus von heute, der Hofzwerg seines eigenen Maschinenparks, „wer bin *ich* schon?"
Vor dieser veränderten Folie also hat man das Begehren des heutigen Menschen, ein selfmade man, ein Produkt zu werden, zu sehen: Nicht deshalb weil er nichts von ihm selbst nicht Gemachtes mehr duldete, will er sich selbst machen; sondern deshalb, weil auch er nichts Ungemachtes sein will. Nicht, weil es ihn indignierte[8], von anderen (Gott, Göttern, der Natur) gemacht zu sein; sondern weil er überhaupt nicht gemacht ist und als nichtgemachter allen seinen Fabrikaten unterlegen ist.**

Dieser Gesichtspunkt, dass der Mensch sich seinen Produkten unterlegen fühlt, soll zu einer letzten Konsequenz moderner Technologien führen: zum Versuch, Apparate zu konstruieren, die den Menschen auch in geistiger Hinsicht ersetzen können, die also Denkfähigkeit bzw. „künstliche Intelligenz" besitzen. Der künstliche Mensch war schon immer ein technischer Wunschtraum (so hatte schon Paracelsus *um 1500 über in Retorten gezüchtete „Homunculi" spekuliert und im 18. Jahrhundert wurden mechanische Automaten gebaut, die menschliche Tätigkeiten nachahmten). Heute scheinen sich Möglichkeiten zu bieten, Computer derart zu programmieren, dass sie die rationalen Eigenschaften des Menschen nicht nur nachahmen, sondern tatsächlich so rational sind wie der Mensch. In solch einer Perspektive erscheint der Mensch als ein Wesen, das sich durch seine eigenen Produkte ersetzbar macht, und die entsprechende KI-Forschung(Erforschung künstlicher Intelligenz) wirft Fragen auf, die ins Zentrum der philosophischen Anthropologie zielen.*

7 Prometheus: Held der griechischen Sage, der den Göttern das Feuer stahl, um es den Menschen zu bringen. Zur Strafe wurde er von Zeus an den Kaukasus geschmiedet. Im 19. Jahrhundert wurde Prometheus gern als Symbolfigur für den Triumph technischen Könnens benutzt.
8 indigniert (lat.): um seine Würde gebracht

6.2.4 Der Experte spricht

Der folgende Text hat keinen Verfasser. Er stammt aus einem Forschungsprojekt WISBER (Wissensbasierter Beratungsdialog), das in Zusammenarbeit zwischen der Hamburger Universität und den Firmen Nixdorf, Siemens sowie SCS-orbit entwickelt wurde. Es geht dabei um Compu-

* Ebd., S. 143–145
** Ebd., S. 24–25

terprogrammierung: Ein Computer soll in die Lage versetzt werden, mit einem Kunden ein Fachgespräch zu führen, z. B. über günstige Kapitalanlagen. Der Computer wird dabei als „Expertensystem" eingesetzt und verfügt über alles Wissen, das zur Beratung des Bankkunden gehört; außerdem ist er in der Lage, Fragen zu diesem Fachbereich zu verstehen und seinerseits richtige Antwortsätze zu bilden.

Kunde: Guten Tag, ich habe 50000 Mark geerbt und möchte diesen Betrag gut anlegen. 10000 davon möchte ich aber in zwei Jahren zum Kauf eines neuen Autos verwenden können.

System: Guten Tag. Sie möchten also Beträge von je 40000 und 10000 DM anlegen. Dürfte ich bitte Ihren Namen und Ihren Beruf erfahren?

Kunde: Otto Normalverbraucher. Ich arbeite als Vertreter.

System: Sind Sie verheiratet, Herr Normalverbraucher?

Kunde: Nein, ich bin seit drei Jahren geschieden.

System: Haben Sie schon ein Sparbuch mit etwa zwei bis drei Nettomonatseinkommen?

Kunde: Das hat doch damit nichts zu tun.

System: Doch, wenn Sie bereits über einen so genannten Notgroschen verfügten, dann könnten wir Ihnen zu ertragreicheren Anlageformen raten. Aber diese weisen eine geringere Liquidität auf.

Kunde: Was meinen Sie mit Liquidität?

System: Das ist ein Maß für die vorzeitige Verfügungsmöglichkeit über Ihr Geld während der Laufzeit.

Kunde: Ich muss also länger warten, bis ich wieder an mein Geld rankomme.

System: Ja, genau.

Kunde: Auf einem Sparbuch habe ich noch 15000 Mark.

System: Dann können wir einen Betrag von 40000 Mark für vier Jahre anlegen.

Kunde: Ja, das ginge.

System: Dann kommen Pfandbriefe und Kommunalobligationen oder Bundesschatzbriefe in Frage. Um zwischen den Alternativen auswählen zu können, müsste ich noch folgendes wissen: Möchten Sie eventuell noch während der vier Jahre Laufzeit auf Teilbeträge zurückgreifen können?

Kunde: Ja, das wäre durchaus möglich.

System: Dann kommen nur Pfandbriefe und Kommunalobligationen in Frage, weil es bei den anderen Anlageformen doch Sperrfristen von minimal einem Jahr gibt.

Kunde: Welche Pfandbriefe soll ich dann nehmen?

System: Für den Betrag von 10000 DM kann ich rückwirkend ab 1.9.84 bis 1.9.86 7,5%-Kommunal-Schuld-Verschreibungen Ausgabe 502 zum Kurs von 101,45 DM mit einer 6,8%-Rendite empfehlen ...*

6.2.5 Die Menschen sind erstaunlich, nicht die Computer – Roger G. Schank

Für eng begrenzte Fachbereiche lassen sich schon heute Computer so programmieren, dass sie den Eindruck von intelligentem Verhalten erwecken. Will man sie aber dazu bringen, dass sie nicht nur wie Experten, sondern wie normale Durchschnittsmenschen reagieren und über alle Dinge des täglichen Lebens reden können, wachsen die Probleme entsprechender Programmierung ins Unermessliche. Der amerikanische KI-Fachmann Roger C. Schank *hat daraufhin gefordert, erst*

* Walter v. Hahn, Künstliche Intelligenz. Bd. 2 der Broschüren der SEL-Stiftung für technische und wirtschaftliche Kommunikationsforschung im Stifterverband für die Deutsche Wirtschaft. Stuttgart 1985. Zitiert bei Stephanie Sand, Künstliche Intelligenz. Heyne, München 1986, S. 122–123

einmal das Funktionieren menschlicher Intelligenz genauer zu erforschen, ehe man versucht, „intelligente" Computerprogramme zu entwickeln.

Wir sollten Computer weder rühmen noch verächtlich machen. Computer an sich sind wirklich nicht das Thema. Wenn wir begreifen wollen, welche Aussichten intelligente Computer tatsächlich haben und wie diese Computer unser Leben verändern werden, müssen wir uns selbst betrachten und nicht die Computer. (…)
Die Leistungsfähigkeit des menschlichen Verstandes ist viel eindrucksvoller als die des Computers. Intelligenz ist eine unglaubliche, komplexe Kombination der Fähigkeiten, Ideen zu formulieren, Schlussfolgerungen abzuleiten und die Bedeutung anderer Folgerungen zu interpretieren, aus den eigenen Erfahrungen persönliche Überzeugungen zu entwickeln, Ziele und Pläne zu entwerfen, um diese Ziele zu erreichen und so fort. Das sind die faszinierenden Fragen der menschlichen Intelligenz. Die Künstliche Intelligenz zwingt dazu, herauszufinden, wie all diese Fragen lauten, und sie alle zu stellen; es ist ein eminent *menschliches Fach.*
Das Ziel, eine intelligente Maschine zu bauen, zwingt einen dazu, sich mit den Grundproblemen der menschlichen Intelligenz auseinander zu setzen. Ein Computer ist eine Maschine, die Befehle ausführt. Sie tut genau, was man ihr sagt. Wenn ein Computer solche Befehle befolgt, tut er es nur, weil ihm jemand bis ins allerkleinste Detail eine vollständige Spezifikation jedes einzelnen Schrittes dieses Prozesses gegeben hat. Wenn der Programmierer auch nur einen winzigen Schritt dieses Prozesses ausgelassen hat, funktioniert das Programm nicht und die Befehle werden nicht befolgt. Der Computer dient eben deshalb als wertvolles Objekt der KI-Forschung, weil er nichts voraussetzt. Er zwingt den Forscher, bei dem Versuch, ein Modell für irgendeine menschliche Verrichtung zu bauen, an alles zu denken. Es ist dieses *An-alles-Denken,* worin die interessanten Aspekte und die geistige Stärke der Künstlichen Intelligenz liegen.*

Ein Grundproblem der KI-Forschung liegt darin, Computer zum Umgang mit Sprache *zu befähigen. Menschen können sich sprachlich ausdrücken und Sprache verstehen, wenigstens ihre Muttersprache. Auch Computer können in gewissen Grenzen mit Sprache zurechtkommen (vgl. den obigen Dialog zwischen einem Kunden und einem Expertensystem). Aber „versteht" der Computer, was der Kunde fragt und was er selber antwortet? Viele KI-Forscher meinen, ein echtes Sprachverständnis besitze nur der Mensch; ein Computer arbeite blind nach seinem vorab festgelegten Programm. Andererseits ist gar nicht ohne Weiteres klar, was wir Menschen unter „verstehen" verstehen. Ehe man sagt, ob und was ein Computer versteht, muss man erst die Probleme menschlichen Sprachverständnisses klären. Dazu bemerkt* Roger C. Schank:

Es ist sehr schwierig, das Niveau einzuschätzen, auf dem uns jemand oder etwas versteht. Wie können wir sagen, ob ein Computer einen Zeitungsartikel über den Mittleren Osten verstanden hat, wenn wir ihn auf den Bildschirm tippen? Hätte der Computer verstanden, wenn er antwortete: *Dies ist ein Zeitungsartikel über den Mittleren Osten?* Wenn wir dann einen Artikel über einen Staatsstreich in Chile eintippen und der Computer antwortet: *Dies ist ein Artikel über einen Staatsstreich in Chile,* würde der Computer auf einem gewissen Niveau zu verstehen scheinen. Aber wie bestimmen wir dieses Niveau? Indem wir ihm Fragen stellen und seinen Output beobachten. Wir müssten herausfinden, wie gründlich er verstehen kann, was wir sagen. Ein Mensch kann die Wörter LIST, RUN und SAVE[1] auf vielen Ebenen und innerhalb eines riesi-

1 LIST, RUN und SAVE: Fachausdrücke aus Programmiersprachen für Computer

* Roger C. Schank (mit Peter G. Childers), Die Zukunft der Künstlichen Intelligenz – Chancen und Risiken. Amerikan. Ausgabe 1984. Dt. Ausgabe übers v. Sascha Mantscheff, DuMont, Köln 1986, S. 41–42

gen Kontextes oder einer Struktur verstehen.[2] Wir haben viel mehr Möglichkeiten, diese Wörter zu interpretieren, als Computer. Wir können Geschichten und Essays verstehen, in denen Tausende verschiedener Wörter in Millionen verschiedener Kombinationen verwendet werden. Jeder von uns würde diese Geschichten anders verstehen als jeder andere. Das Verstehen ist ein höchst individueller Vorgang. Unsere individuellen Erfahrungen können derart auf unser Verständnis einwirken, dass wir zuweilen scheinbar *missverstehen,* wenn wir eigentlich nur *verschieden* verstehen. Zwei Leute, die denselben Zeitungsartikel über ein so weites Thema wie den Mittleren Osten lesen, können zu verblüffend verschiedenen Interpretationen des Artikels gelangen. Die beiden Leser müssen nicht verschiedener ethnischer[3] oder religiöser Herkunft sein, um geteilter Meinung zu sein. Zwei Juden aus Brooklyn ist es durchaus möglich, über ihre verschiedenen Interpretationen der Situation im Mittleren Osten handgemein zu werden. Palästinenser-Fraktionen haben einen Großteil ihrer Zeit damit verbracht, einander wegen *ihres* unterschiedlichen Verständnisses hinsichtlich politischer Entscheidungen gegenseitig zu bekriegen.

Woher kommen all diese Meinungsverschiedenheiten? Warum missverstehen alle? Weil jeder sein eigenes, persönliches Set[4] von Zielen hat, an denen er solche Dinge wie die Ereignisse im Mittleren Osten misst und beurteilt. Selbst wenn wir zu dem Schluss kämen, dass das Verständnis des einen *besser* sei als das eines anderen, wäre das immer noch *unser* Verständnis der Situation. Jeder Einzelne hat sein eigenes persönliches Verständnis, das auf seinen Erfahrungen beruht. Das hat zur Folge, dass wir überzeugt sind, dass andere Leute, die andere Erfahrungen hatten, die Welt völlig missverstehen.

Verstehen, was andere sagen und wie andere empfinden, ist eine viel kompliziertere Tätigkeit als zu verstehen, wie man einen Kuchen backt. Um einen Blick auf diese Kompliziertheit zu werfen, wollen wir als Beispiel betrachten, wie man eine Geschichte liest. Millionen Menschen haben den Roman *Der Fänger im Roggen*[5] gelesen und verstanden. Daher gibt es Millionen Arten, dieses – oder jenes andere – Buch zu lesen, und keine zwei Leute werden es auf genau dieselbe Weise lesen. Ebenso, wie Menschen verschiedene Worte für dieselben Empfindungen benutzen, benutzen sie oft dieselben Worte, um völlig unterschiedliche Empfindungen und Gedanken zu beschreiben. (…)

Wenn wir daran denken, wie viele Dinge es in dieser Welt zu verstehen gibt – Bücher, Gedichte, Zeitungen, Religionen, moralische Anschauungen, Gefühle, Gesetze, Tabus, politische Ideologien, wissenschaftliche Doktrinen[6], ethnische Gruppen, sexuelle Praktiken, künstlerische Stile, Fernsehsendungen, Werbespots usw. –, könnten wir fragen: „Wie können zwei Menschen je die Gefühle und Meinungen des anderen zu irgendeiner Sache verstehen?“ Das ist nicht nur für jeden Menschen eine faszinierende Frage, sondern sie ist außerdem für die KI-Forschung überaus wichtig, denn wenn wir nicht wissen, wie Menschen Menschen verstehen, wird es sehr schwierig werden, Computer dazu zu bringen, Menschen zu verstehen. (…)

Betrachten wir die Sache einmal anders. Verstehen besteht aus der Verarbeitung von Erfahrungen mit den Begriffen, die dem Erkenntnisapparat zur Verfügung stehen. Unser *Erkenntnisapparat* hat zwei Hauptkomponenten: das eigentliche Gehirn selbst (also die Hardware) und das

2 Wörter der Umgangssprache werden zumeist im Rahmen eines sog. Kontextes verstanden. Wenn z. B. ein viel beschäftigter Mensch sagt, die Zeit laufe ihm davon, so meint er sicherlich nicht, die Zeit habe Beine. Aber seine Aussage erscheint in einem Verständniszusammenhang (in einer „Struktur“), durch die das Wort „laufen“ einen metaphorischen Sinn erhält. Computerprogramme müssen dagegen „kontextfrei“ sein, d. h. jede in ihnen vorkommende Anweisung muss fest definiert sein und darf keine Doppelbedeutung haben.

3 ethnisch (griech.): volkskundlich, der Volksbindung nach

4 Set: Satz, Ensemble

5 Roman des amerikanischen Autors Jerome David Salinger (1951)

6 Doktrinen: Lehrmeinungen

Wissen oder die Information, die es enthält (die Software). Im Bemühen, die Welt, Mitmenschen und persönliche geistige Prozesse zu verstehen, bringt man die Gesamtheit des eigenen Erkenntnisapparates zur Anwendung. In der Praxis bedeutet das, dass Menschen Dinge vermittels ihrer persönlichen Erinnerungen und Erfahrungen verstehen. Insbesondere bedeutet es, dass Leute mit verschiedenen Zielen, Anschauungen, Erwartungen und Lebensstilen identische Begebenheiten recht unterschiedlich verstehen werden. Unser Verständnis der Welt ist unvermeidlich relativ. Das ist nicht einfach eine Frage der unterschiedlichen Positionen der Menschen in Zeit und Raum, es ist ein Relativismus zwischen verschiedenen Wissensstrukturen. Je verschiedener Menschen sind, desto verschiedener sind ihre Erfahrungen und das Wissen, das jene Erfahrungen in ihnen zu bilden gestattete. Nur wenn Leuten bestimmte Erfahrungsdimensionen gemeinsam sind, neigen sie dazu, Erfahrungen bezüglich jener Dimensionen in ähnlicher Weise zu sehen.*

Schank *unterscheidet nun verschiedene Ebenen des Verstehens. Man kann z. B. den sprachlichen Sinn eines Satzes wie: „Bill weinte, als Mary sagte, dass sie John liebt" erfassen, aber man muss dabei noch nicht durch Einfühlung nacherleben, was in Bill vorging. Computer könnten vielleicht so weit gebracht werden, in gewisser Weise sprachliche Sätze zu „erfassen", obwohl bereits das sehr schwierig ist. Aber das Niveau völliger Erfahrung scheint außerhalb ihrer Reichweite zu liegen, denn nicht einmal der Mensch weiß, wann und wie er sich in einen anderen Menschen „einfühlt".*

Computer werden die höchsten Niveaus der menschlichen Einfühlung wohl nie erleben. Man könnte den Computer dazu bringen, sein Verständnis Ihrer Gefühle und Wünsche mit dem Verständnis der Gefühle und Wünsche eines anderen, früheren Benutzers in Bezug zu setzen oder zu seiner Erinnerung an Ihre Wünsche bei einer früheren Programmierung. So würde er seine früheren Erfahrungen einsetzen, aber nicht auf dem Niveau der persönlichen Beteiligung, die einem Menschen gelingen mag.
Die anstehende Frage ist nicht, ob wir bei der Maschinenintelligenz je soweit kommen werden, sondern worauf wir kurzfristig abzielen können. Welche Verständnisniveaus, dürfen wir hoffen, können wir in den nächsten zehn Jahren Computer erfolgreich erreichen lassen? Die Antwort liegt irgendwo in der Mitte des Spektrums, an einem Punkt, den wir das *kognitive Verständnis*[7] nennen.

ERFASSEN – KOGNITIVES VERSTÄNDNIS – VÖLLIGE EINFÜHLUNG

Ein Computer auf dem Niveau des *kognitiven Verständnisses* wird in der Lage sein, einige der folgenden Dinge zu tun:

1. Lernen oder sich infolge seiner Erfahrungen verändern.
2. Aktuelle Erfahrungen intelligent mit früheren Erfahrungen verknüpfen, d. h. nützliche Vergleiche anstellen und wichtige und interessante Beziehungen herausgreifen.
3. Neue Informationen für sich selbst formulieren – zu seinen eigenen, erfahrungsgestützten Folgerungen kommen.
4. Sich selbst erläuternd mitteilen, warum er die Verbindungen geknüpft hat und welche *Denkprozesse* an einer Schlussfolgerung beteiligt waren.[8]

7 Kognitives Verständnis: Verständnis aufgrund logischer Verknüpfungen. Wenn man z. B. weiß, wie eine arithmetische Addition vollzogen wird, kann man kognitiv, also ohne „Einfühlung", verstehen, warum 2 + 3 = 5 ist.

8 Diese Stufe ist bei „intelligenten" Schachcomputern bereits im Wesentlichen erreicht. Sie können eine Situation auf dem Schachbrett so beurteilen, dass sie nicht nur die Spielregeln beherrschen, sondern aus vorangegangenen Spielerfahrungen Schlüsse ziehen („lernen"), die günstigsten Zugmöglichkeiten auswählen (eine „Strategie" entwickeln) und sogar angeben, warum sie einen bestimmten Zug vornehmen.

* Ebd. S. 56–60

Vergessen Sie nicht, dass wir über die Mitte des Spektrums sprechen, nicht über die Seite des hohen Niveaus. Die menschliche Intelligenz hat sich als so kompliziert erwiesen, dass es 2500 Jahren philosophischen Studiums und 100 Jahren Neurochirurgie nicht gelungen sind, ihre geheimen Mechanismen zu knacken. Wenn wir uns einen Computer vorstellen können, der ein Experte werden könnte, einfach indem er in einem Klassenzimmer steht und der Vorlesung des Professors zuhört und Hunderte von Büchern liest, hätten wir einen Computer, der dem menschlichen Intelligenzniveau nahekommt. Effektiv würde sich solch ein Computer aufgrund des Wissens, das wir ihm böten, selbst programmieren.[9]
Es gibt keinen geraden und schmalen Weg zu unserem Endziel. Jedesmal, wenn wir unsere Theorien über Intelligenz, Lernen und Verstehen überprüfen, entdecken wir ganze Welten von Möglichkeiten, die wir bisher zu bedenken versäumt haben. Künstliche Intelligenz ist genau deswegen ein ausgezeichnetes Gebiet für das Studium der Funktionsweise des Verstandes, weil unsere Theorien über die Funktionsweisen in jedem Stadium rücksichtslos überprüft werden, was uns dazu zwingt, Fragen zu überdenken, die zunächst aussahen, als könne man sie getrost ignorieren.*

9 Damit ist gemeint, dass Computer lernen und unter Nutzung ihrer Lernerfahrungen ihre eigene Programmierung verändern können. Ein einfaches Beispiel wäre, dass man einen Computer beauftragt, den Weg durch ein vorgegebenes Labyrinth zu finden. Er würde zunächst einen Zufallsweg einschlagen, sich dann aber jeden Misserfolg (jede Sackgasse) merken und in immer neuen Anläufen schließlich den richtigen Weg erkennen. Dadurch baut er ein „Erfolgsprogramm" auf, das ihm gestattet, nun automatisch immer auf kürzestem Wege zum Ziel zu gelangen.

Die Frage, ob ein Computer so intelligent sein könne wie ein Mensch, wird von R. C. Schank *sehr differenziert betrachtet. Einerseits sind Computer zu Leistungen in der Lage, die ein Mensch nicht erreichen kann (z. B. bei mathematischen Problemlösungen, die eine hohe Rechengeschwindigkeit voraussetzen). Andererseits ist aber gerade die Beherrschung von Alltagssituationen von einer „Weltkenntnis" abhängig, die der Mensch durch vielfältige Lebenserfahrungen erwirbt; diese Lebenserfahrungen kann er selbst nie so vollständig überschauen, dass er daraus entsprechende Computerprogramme bilden könnte. Die Komplexität menschlichen Lebens macht es prinzipiell unmöglich, Computer auf das Niveau menschlicher Intelligenz zu bringen. (Weiterführende Betrachtungen zur „Künstlichen Intelligenz" vgl. 8.3.)*

Arbeitsaufträge

1. Beschreiben Sie die Stufen zur „Perfektion der Technik" nach F. G. Jünger! (6.2.1)
2. Wie ist nach M. Heidegger die Grundeinstellung moderner Technik der Natur gegenüber zu verstehen? (6.2.2)
3. Welche Bedeutung hat der Begriff des „Gestells" bei Heidegger? (6.2.2)
4. G. Anders sieht in der Informationsvermittlung durch moderne Medien „Phantome" und „Matrizen". Erläutern Sie diese Begriffe mit Hilfe der von ihm genannten Beispiele! (6.2.3)
5. Wie deutet G. Anders die Einstellung des modernen Menschen zu seinen technischen Errungenschaften (vgl. den Begriff der „prometheischen Scham")? (6.2.3)
6. R. C. Schank sieht die Untersuchungen zur Künstlichen Intelligenz als Erforschungen des Menschen und nicht der Computer an. Wie begründet er das? (6.2.5)
7. Wann können Sie sagen, daß Sie a) die Bedeutung eines Wortes; b) den Sinn eines Satzes; c) die Situation und die Gefühle eines anderen Menschen verstehen? Welche dieser Verständnisleistungen würden Sie auch einem Computer zutrauen? (6.2.5)

* Ebd. S. 63–65

7 Existenzphilosophie

Eine der wichtigsten philosophischen Strömungen des 20. Jahrhunderts ist die Existenzphilosophie. Auch ihr geht es in erster Linie um den Menschen, aber er wird nicht aus dem Blickwinkel einer Einzelwissenschaft gesehen (wie z. B. der Biologie), sondern soll in Gänze und in unmittelbarer Weise selbst zum Thema werden. Dabei bemüht sich der Existenzphilosoph, das Nachdenken über den Menschen von einem bloß äußerlichen Erkenntnisinteresse loszulösen: Der Mensch selbst kann nicht objektiviert werden, als sei in sachlicher Neutralität über ihn zu reden; jede Auseinandersetzung mit dem, was der Mensch ist, bedeutet immer schon eine Entscheidung und Stellungnahme, die von der persönlichen Haltung des Philosophierenden bestimmt und getragen wird.
Dabei umfasst der Begriff „Existenzphilosophie“ mehrere Richtungen, die manchmal weit auseinander gehen. Anknüpfungspunkt für die meisten ist das Denken Kierkegaards *(vgl. 4.3), der den Typus des „existierenden Denkers“ vorgegeben hatte; am nächsten steht ihm* Karl Jaspers, *für dessen Werk der Begriff „Existenzphilosophie“ am besten passt. Eine andere Richtung ist die „Existentialphilosophie“* Martin Heideggers, *und schließlich wäre der im Wesentlichen auf Frankreich beschränkte „Existenzialismus“ zu nennen* (Jean Paul Sartre, Gabriel Marcel).

7.1 Die phänomenologische Methode

Die meisten Existenzphilosophen haben versucht, sich vom Einfluss des modernen naturwissenschaftlichen Denkens so weit freizumachen, dass sie eine philosophische Anthropologie ohne Anlehnung an bestimmte biologische Theorien entwickeln konnten. Dabei half ihnen die in der ersten Hälfte des Jahrhunderts durch Edmund Husserl *entworfene Methode der „Phänomenologie“, die von* Heidegger *und* Sartre *aufgenommen und zur Analyse menschlicher Existenz ausgeformt wurde.*

7.1.1 Die Ausschaltung der natürlichen Einstellung – Edmund Husserl

Im alltäglichen Leben hält sich der Mensch an eine für ihn selbstverständliche Einschätzung der „Wirklichkeit“: Seine Umgebung und sich selbst sieht er als „real“ an, als „seiend“ und „tatsächlich“ vorhanden. Husserl *nennt das eine natürliche Einstellung und versucht, ihre Eigenarten zu skizzieren:*

Wir beginnen unsere Betrachtungen als Menschen des natürlichen Lebens, vorstellend, urteilend, fühlend, wollend *„in natürlicher Einstellung“*. Was das besagt, machen wir uns in einfachen Meditationen[1] klar, die wir am besten in der Ich-Rede durchführen.
Ich bin mir einer Welt bewusst, endlos ausgebreitet im Raum, endlos werdend und geworden in der Zeit. Ich bin mir ihrer bewusst, das sagt vor allem: Ich finde sie unmittelbar anschaulich vor, ich erfahre sie. Durch Sehen, Tasten, Hören usw., in den verschiedenen Weisen sinnlicher Wahrnehmung sind körperliche Dinge in irgendeiner räumlichen Verteilung *für mich einfach da,* im wörtlichen oder bildlichen Sinne *„vorhanden“,* ob ich auf sie besonders achtsam und mit ihnen betrachtend, denkend, fühlend, wollend beschäftigt bin oder nicht. Auch animalische Wesen, etwa Menschen, sind unmittelbar für mich da; ich blicke auf, ich sehe sie, ich höre ihr Heran-

1 Meditationen: Husserl verwendet diesen Begriff im Sinne von Descartes, der ihn zum Titel einer seiner Hauptschriften gemacht hatte. Es geht dabei um eine streng rationale Analyse, nicht um mystische Versenkung.

kommen, ich fasse sie bei der Hand, mit ihnen sprechend verstehe ich unmittelbar, was sie vorstellen und denken, was für Gefühle sich in ihnen regen, was sie wünschen oder wollen. Auch sie sind in meinem Anschauungsfeld als Wirklichkeiten vorhanden, selbst wenn ich nicht auf sie achte. Es ist aber nicht nötig, dass sie, und ebenso sonstige Gegenstände, sich gerade in meinem *Wahrnehmungsfelde* befinden. Für mich da sind wirkliche Objekte, als bestimmte, mehr oder minder bekannte, in eins mit den aktuell wahrgenommenen, ohne dass sie selbst wahrgenommen, ja selbst anschaulich gegenwärtig sind. Ich kann meine Aufmerksamkeit wandern lassen von dem eben gesehenen und beachteten Schreibtisch aus durch ungesehene Teile des Zimmers hinter meinem Rücken zur Veranda, in den Garten, zu den Kindern in der Laube usw., zu all den Objekten, von denen ich gerade „weiß", als da und dort in meiner unmittelbar mitbewussten Umgebung seiend – ein Wissen, das nichts vom begrifflichen Denken hat und sich erst mit der Zuwendung der Aufmerksamkeit und auch da nur partiell[2] und meist sehr unvollkommen in ein klares Anschauen verwandelt. (...)*

Was Husserl *hier schildert, ist eine Beschreibung des normalen Wirklichkeitsverständnisses, noch „vor aller Theorie". Das Wesentliche dieses Verständnisses fasst* Husserl *in der „Generalthesis der natürlichen Einstellung" zusammen:*

Wir heben ein Wichtigstes noch einmal heraus in folgenden Sätzen: Ich finde beständig vorhanden als mein Gegenüber die eine räumlich-zeitliche Wirklichkeit, der ich selbst zugehöre, wie alle anderen in ihr vorfindlichen und auf sie in gleicher Weise bezogenen Menschen. Die „Wirklichkeit", das sagt schon das Wort, finde ich als *da seiende* vor und *nehme sie, wie sie sich mir gibt, auch als da seiende* hin. Alle Bezweiflung und Verwerfung von Gegebenheiten der natürlichen Welt ändert nichts an der *Generalthesis der natürlichen Einstellung.* „Die" Welt ist als Wirklichkeit immer da, sie ist höchstens hier oder dort „anders" als ich vermeinte, das oder jenes ist *aus ihr* unter den Titeln „Schein", „Halluzination" u. dgl. sozusagen herauszustreichen, aus ihr, die – im Sinne der Generalthesis – immer da seiende Welt ist. Sie umfassender, zuverlässiger, in jeder Hinsicht vollkommener zu erkennen, als es die naive Erfahrungskunde zu leisten vermag, alle auf ihrem Boden sich darbietenden Aufgaben wissenschaftlicher Erkenntnis zu lösen, das ist das Ziel der *Wissenschaften der natürlichen Einstellung.* Es sind die gewöhnlich so genannten „positiven" Wissenschaften, Wissenschaften der natürlichen Positivität.

Solche Wissenschaften halten sich an Tatsachen, Beobachtungen und Erfahrungen. In erster Linie gehören dazu die Naturwissenschaften. Aber Husserl *weist darauf hin, dass zu jeder Tatsache auch das Wesen dieser Tatsache gehört, und damit eröffnet sich der Bereich möglicher* Wesenswissenschaften.

Erfahrungswissenschaften sind *„Tatsachen"wissenschaften.* Die fundierenden Erkenntnisakte des Erfahrens setzen Reales *individuell,* sie setzen es als räumlich-zeitliches Daseiendes, als etwas, das an *dieser* Zeitstelle ist, diese seine Dauer hat und einen Realitätsgehalt, der seinem Wesen nach ebenso gut an jeder anderen Zeitstelle hätte sein können; wiederum als etwas, das an diesem Ort in dieser physischen Gestalt ist (bzw. mit Leiblichem dieser Gestalt in eins gegeben ist), wo doch dasselbe Reale, seinem eigenen Wesen nach betrachtet, an jedem beliebigen Ort, mit jeder beliebigen Gestalt ebenso gut sein könnte, desgleichen sich ändern könnte, während es faktisch ungeändert ist oder sich in anderer Weise ändern könnte, als wie es sich faktisch ver-

2 partiell (lat.): teilweise

* Alle Quellen siehe S. 168

ändert. Individuelles Sein jeder Art ist, ganz allgemein gesprochen, *„zufällig"*. Es ist so, es könnte seinem Wesen nach anders sein. Mögen auch bestimmte Naturgesetze gelten, vermöge deren, wenn die und die realen Umstände faktisch sind, die und die bestimmten Folgen faktisch sein müssen: solche Gesetze drücken doch nur faktische Regelungen aus, die selbst ganz anders lauten könnten und die schon voraussetzen, als zum *Wesen* von Gegenständen möglicher Erfahrung von vornherein gehörig, dass dergleichen von ihnen geregelte Gegenstände an sich selbst betrachtet zufällig sind.

Aber der Sinn dieser Zufälligkeit, die da Tatsächlichkeit heißt, begrenzt sich darin, dass sie korrelativ[3] bezogen ist auf eine *Notwendigkeit,* die nicht den bloßen faktischen Bestand einer geltenden Regel der Zusammenordnung räumlich-zeitlicher Tatsachen besagt, sondern den Charakter der *Wesens-Notwendigkeit* und damit Beziehung auf *Wesens-Allgemeinheit* hat. Sagten wir: jede Tatsache könnte „ihrem eigenen Wesen nach" anders sein, so drücken wir damit schon aus, *dass es zum Sinn jedes Zufälligen gehört, eben ein Wesen und somit ein rein zu fassendes Eidos*[4] *zu haben,* und dieses steht nun unter *Wesens-Wahrheiten verschiedener Allgemeinheitsstufe.* Ein individueller Gegenstand ist nicht bloß überhaupt ein individueller, ein Dies da!, ein einmaliger, er hat als *„in sich selbst"* so und so beschaffener seine *Eigenart,* seinen Bestand an *wesentlichen* Prädikabilien[5], die ihm zukommen müssen (als „Seiendem, wie er in sich selbst ist"), damit ihm andere, sekundäre, relative Bestimmungen zukommen können. So hat z. B. jeder Ton an und für sich ein Wesen und zuoberst das allgemeine Wesen Ton überhaupt oder vielmehr Akustisches überhaupt – rein verstanden als das aus dem individuellen Ton (einzeln, oder durch Vergleichung mit anderen als „Gemeinsames") herauszuschauende Moment. Ebenso hat jedes materielle Ding seine eigene Wesensartung und zu oberst die allgemeine Artung „materielles Ding überhaupt", mit Zeitbestimmungen überhaupt, Dauer-, Figur-, Materialität-überhaupt. *Alles zum Wesen des Individuums Gehörige kann auch ein anderes Individuum haben,* und *oberste* Wesensallgemeinheiten der Art, wie wir sie eben an den Beispielen angedeutet haben, umgrenzen *„Regionen"* oder *„Kategorien" von Individuen.*

Edmund Husserl

Das Wesen einer Sache kann dann am besten in den Blick kommen, wenn man sie nicht als reale Gegebenheit der wirklichen Welt ansieht, sondern die vorhin geschilderte „natürliche Einstellung" einmal verlässt. Dazu muss man versuchen, ein neues Verhältnis zur Sache zu gewinnen; ihre tatsächliche Anwesenheit interessiert nicht und wird ausgeklammert, indem man sich nur vergegenwärtigt, welche Wesensmerkmale zur Sache gehören. Husserl *nennt diese Ausklammerung die „phänomenologische Reduktion".*

3 korrelativ (lat.): wechselseitig
4 εἶδος(eídos): ein Begriff aus der Philosophie Platons, der das geistige Wesen einer Sache bezeichnet
5 Prädikabilien (lat.): Inhalte von Aussagen (Prädikaten)

(…) Ein solches *allzeit mögliches* Verfahren ist z. B. der *allgemeine Zweifelsversuch,* den *Descartes* zu ganz anderem Zwecke, in Absicht auf die Herausstellung einer absolut zweifellosen Seinssphäre durchzuführen unternahm[6]. Wir knüpfen hier an, betonen aber sogleich, dass der universelle Zweifelsversuch uns *nur als methodischer Behelf* dienen soll, um gewisse Punkte herauszuheben, die durch ihn, als in seinem Wesen beschlossen, evident[7] zu Tage zu fördern sind. (…)

Die Thesis, die wir vollzogen haben[8]*, geben wir nicht preis, wir ändern nichts an unserer Überzeugung,* die in sich selbst bleibt, wie sie ist, solange wir nicht neue Urteilsmotive einführen: was wir eben nicht tun. Und doch erfährt sie eine Modifikation[9] – während sie in sich verbleibt, was sie ist, *setzen wir sie gleichsam „außer Aktion", wir „klammern sie ein".* Sie ist weiter noch da, wie das Eingeklammerte in der Klammer, wie das Ausgeschaltete außerhalb des Zusammenhanges der Schaltung. Wir können auch sagen: Die Thesis ist Erlebnis, *wir machen von ihr aber „keinen Gebrauch";* vielmehr handelt es sich bei diesem, wie bei allen parallelen Ausdrücken, um andeutende Bezeichnungen einer bestimmten *eigenartigen Bewusstseinsweise,* die zur ursprünglichen schlichten Thesis (…) hinzutritt und sie in einer eben eigenartigen Weise umwertet. *Diese Umwertung ist Sache unserer vollkommenen Freiheit* (…)

Was Husserl *mit der „phänomenologischen Reduktion" gewinnt, ist ein neuer methodischer Ansatz. Für die philosophische Anthropologie hat er eine ganz entscheidende Bedeutung. Es kommt nun nicht mehr darauf an, innere Bewusstseinserlebnisse in biologischer Weise auf irgendwelche Gehirntätigkeiten zurückzuführen: diese werden „ausgeklammert" bzw. der Biologie überlassen. Statt dessen geht es nun darum, die im Bewusstsein selbst erscheinenden Phänomene so zu untersuchen, wie sie sich geben. Sie werden also nicht auf etwas „Objektives", dem Bewusstsein gegenüber Fremdes zurückgeführt, sondern aus sich heraus verstanden, so, wie sie selbst sind.* Husserl *beschreibt diesen neuen Ansatz so:*

Wir halten also den Blick fest gerichtet auf die Bewusstseinssphäre und studieren, was wir in *ihr* immanent[10] finden. Zunächst, noch ohne die phänomenologischen Urteilsausschaltungen zu vollziehen, unterwerfen wir sie einer systematischen *Wesensanalyse,* wenn auch keineswegs einer erschöpfenden. Was uns durchaus Not tut, ist eine gewisse allgemeine Einsicht in das Wesen des *Bewusstseins überhaupt* und ganz besonders auch des Bewusstseins, sofern in ihm selbst, seinem Wesen nach, die „natürliche" Wirklichkeit bewusst wird. Wir gehen in diesen Studien soweit, als es nötig ist, die Einsicht zu vollziehen, auf die wir es abgesehen haben, nämlich die Einsicht, *dass Bewusstsein in sich selbst ein Eigentum hat, das in seinem absoluten Eigenwesen durch die phänomenologische Ausschaltung nicht betroffen wird.* Somit bleibt es als *„phänomenologisches Residuum"* zurück, als eine prinzipiell eigenartige Seinsregion, die in der Tat das Feld einer neuen Wissenschaft werden kann – der Phänomenologie.*

6 vgl. das Descartes-Kapitel (4.2)
7 evident (lat.): überzeugend, einleuchtend, offenbar
8 Gemeint ist die „Generalthesis der natürlichen Einstellung"
9 Modifikationen (lat.): Veränderungen, Abwandlungen
10 immanent (lat.): innewohnend; Gegensatz zu „transzendent" (über etwas hinausgehend)

Diese Wissenschaft beschäftigt sich mit den Wesenseigenarten dessen, was im Bewusstsein erscheint, unabhängig von der Frage, ob ihm eine äußere Wirklichkeit entspricht. Die Welt der tatsächlichen Objekte wird ausgeklammert, und nur die Bewusstseinserlebnisse zählen, aber nicht in der Weise,

* Edmund Husserl, Ideen zu einer reinen Phänomenologie und phänomenologischen Philosophie. Erstes Buch. In: Jahrbuch für Philosophie und phänomenologische Forschung, Bd. I. Halle a. d. S. 1913. Unveränd. Nachdr. Tübingen 1980. II. Abschn. I, 1; S. 48–49; S. 52–53; I. Abschn. I, 2; S. 8-9; II. Abschn. I, 5; S. 53–55; II. Abschn. II, 7; S. 59)

wie jemand in seiner privaten Psyche von ihnen betroffen wird (das bleibt Sache der Psychologie), sondern hinsichtlich ihrer allgemeinen, typischen und charakteristischen Erscheinungsformen.

7.1.2 Der Begriff Phänomen – Jean Paul Sartre

Husserls *Bemühen, die Wesensformen von Bewusstseinsinhalten zu analysieren, ohne sich um die Frage zu kümmern, ob solchen Inhalten etwas Objektives außerhalb des Bewusstseins entspricht, findet bei* Sartre *eine Fortsetzung. Dabei betont* Sartre, *die neue phänomenologische Betrachtungsweise setze den traditionellen Dualismus außer Kraft, nach dem sich die beiden Bereiche des im Bewusstsein Erscheinenden und der „Dinge an sich" ausschließen (vgl. dazu die „dualistische" Position von* Popper *und* Eccles, *5.4.1).*

Dem Denken der Gegenwart ist ein beträchtlicher Schritt nach vorwärts gelungen, indem es das Seiende auf die Reihe derjenigen Erscheinungen zurückführte, die von ihm Kunde geben. Man beabsichtigte, dadurch eine gewisse Zahl von Dualismen zu beseitigen, die der Philosophie Verlegenheit bereiteten, und sie durch das monistisch[1] aufgefasste Phänomen zu ersetzen. Ist es gelungen?
Es steht fest, dass man sich vor allem jenes Dualismus entledigte, der am Seienden die Außenseite in einen Gegensatz zur Innenseite bringt. Es gibt keine Außenseite des Seienden mehr, sofern man darunter eine Oberflächenhaut versteht, die die wahre Natur des Objektes den Blicken verhüllt. Diese wahre Natur ihrerseits, sofern sie die geheime Realität des Dinges sein soll, die man ahnen oder annehmen, aber niemals erfassen kann, weil sie der „Innenaspekt" am betreffenden Objekt ist, auch sie existiert nicht mehr. Die Erscheinungen, die von einem Seienden Kunde geben, sind weder Innenseite noch Außenseite: sie sind alle gleich viel wert, sie alle weisen auf andere Erscheinungen hin, und keine hat vor der anderen etwas voraus. Die Kraft, zum Beispiel, ist nicht ein metaphysischer und seiner Art nach unbekannter Drang, der sich hinter seinen Wirkungen (Beschleunigungen, Ablenkungen usw.) verbirgt: sie ist das Insgesamt dieser Wirkungen. Ebenso hat der elektrische Strom keine geheime Kehrseite: er ist nichts anderes als das Insgesamt der physikalisch-chemischen Vorgänge (Elektrolyse, Glühen eines Kohlefadens, Bewegungen einer Galvanometernadel usw.), die von ihm Kunde geben. Keiner dieser Vorgänge genügt für sich, um ihn zu offenbaren. Aber keiner von ihnen zeigt etwas an, was *hinter ihm ist;* er zeigt sich selbst und zugleich die vollständige Reihe (der Vorgänge) an. Es ergibt sich offenbar, dass der Dualismus von Sein und Scheinen in der Philosophie kein Bürgerrecht mehr hat. Die Erscheinung weist hin auf die vollständige Reihe der Erscheinungen und nicht auf ein verborgenes Reales, das das ganze *Sein* des Seienden an sich gezogen hätte. Und die Erscheinung ihrerseits ist durchaus keine unzuverlässige Kundgabe dieses Seins. Solange man an geistige Wirklichkeiten glauben konnte, hat man die Erscheinung als etwas Negatives dargestellt. Sie war „das, was das Sein nicht ist"; sie hatte kein anderes Sein als das der Einbildung und des Irrtums. Aber dieses Sein war geborgt, es war selbst ein falscher Schein, und die größte Schwierigkeit, der man begegnen konnte, bestand darin, der Erscheinung genügend Zusammenhalt und Dasein zuzubilligen, damit sie nicht selbst im Schoße des nicht-phänomenalen Seins[2] wieder aufgesogen werde. Aber wenn wir uns einmal von dem getrennt haben, was Nietzsche[3] „die Illusion der Hinterwelten" nannte, und wenn wir nicht mehr an ein Sein-hinter-der-Erscheinung glauben, so wird diese, im Gegensatz zu jenem, etwas ganz Positives. Ihr Wesen ist ein „Schei-

1 monistisch (griech.): einheitlich
2 nicht-phänomenales Sein: das Sein, das hinter den Erscheinungen (Phänomenen) steckt
3 Nietzsche, Friedrich (1844–1900): deutscher Philosoph, der sich radikal gegen die Annahme wandte, hinter dem, was man von den Dingen wahrnimmt, stecke eine unerkennbare „Hinterwelt" von Wesenheiten; vgl. das Autorenverzeichnis, S. 209

nen", das sich dem Sein nicht mehr entgegenstellt, sondern das, im Gegenteil, sein Maßstab ist. Denn das Sein eines Seienden, das ist genau das, was es zu sein *scheint.* So gelangen wir zum Begriff Phänomen, so wie man ihm zum Beispiel in der „Phänomenologie" von Husserl oder Heidegger begegnen kann, dem Phänomen oder dem Relativ-Absoluten. Relativ bleibt das Phänomen, denn das „Scheinen" setzt seinem Wesen jemanden voraus, dem es erscheint. Aber es hat nicht die zweifache Relativität der Kantischen *Erscheinung*[4]. Es zeigt nicht über seine Schulter hinweg ein wahres Sein an, das seinerseits absolut wäre. Das, was es ist, ist es absolut, denn es enthüllt sich, *wie es ist.* Das Phänomen kann als solches untersucht und beschrieben werden, denn es ist *absolut sich selbst anzeigend.* In gleicher Weise wird auch die Dualität von Potenz und Akt[5] dahinfallen. Alles ist im Akt enthalten. Hinter dem Akt gibt es weder Potenz noch „Hexis"[6] noch Wirkfähigkeit. Wir lehnen es zum Beispiel ab, unter „Genie" – in dem Sinne, in dem man sagt, Proust[7] „habe Genie" oder „war" ein Genie – eine besondere Fähigkeit, gewisse Werke zu schaffen, zu verstehen, eine Fähigkeit, die sich in der Schaffung dieser Werke gerade nicht erschöpft. Prousts Genie, das ist weder das für sich allein betrachtete Werk noch das persönliche Können, es zu schaffen: es ist vielmehr das Werk, betrachtet als die Gesamtheit der Kundgebungen der Person. Und so können wir schließlich auch den Dualismus von Erscheinung und Wesen fallen lassen. Die Erscheinung verbirgt nicht das Wesen, sondern sie enthüllt es: Sie *ist* das Wesen. Das Wesen eines Seienden ist nicht mehr eine in die Tiefe dieses Seienden eingesenkte Wirkfähigkeit, es ist vielmehr das offenbare Gesetz, das die Aufeinanderfolge der Erscheinungen des Seienden leitet, es ist der Grund der Reihe (der Erscheinungen).*

4 Kantische Erscheinung: Auch Kant hatte gelehrt, die Dinge der Erfahrungswelt seien an die Formen unserer subjektiven Wahrnehmung gebunden; dahinter stünden aber die unerkennbaren „Dinge an sich".
5 Potenz und Akt: eine auf Aristoteles zurückgehende Begriffsbildung, nach der man überall zwischen der Möglichkeit (Potenz, Dynamis) und der Wirklichkeit (Aktualität) eines Seienden unterscheiden muss
6 ἕξις (héxis): das Haben, die Beschaffenheit; hier im Sinne einer verborgenen Fähigkeit gemeint
7 Proust, Marcel (1871–1922): französischer Schriftsteller

Arbeitsaufträge

1. Versuchen Sie, Ihre eigene augenblickliche Umgebung aus dem Gesichtspunkt der „natürlichen Einstellung" zu beschreiben! (7.1.1)
2. In welchen Unterrichtsfächern haben Sie es Ihrer Meinung nach mit „positiven Wissenschaften" zu tun? Gehört die Mathematik auch dazu? (7.1.1)
3. Vor Ihnen liegt eine Streichholzschachtel. Versuchen Sie zu schildern, was „wesensmäßig" zu dieser Schachtel gehört, d. h. nicht von ihr weggedacht werden kann! (7.1.1)
4. Vergleichen Sie Husserls phänomenologische Reduktion mit dem Zweifelsversuch bei Descartes! (4.2.3/7.1.1)
5. Sartre meint, der Dualismus sei durch die Gegenwartsphilosophie überwunden. Wie ist dabei der Begriff „Dualismus" zu verstehen? (7.1.2)
6. Vertreter des sogenannten Neovitalismus (Hans Driesch u. a.) behaupten, ein (biologischer) Organismus sei lebendig, weil in ihm eine besondere „Lebenskraft" wirke, die leblosen Dingen fehle. Wie würde Sartre diese Behauptung beurteilen? (7.1.2)
   Prüfen Sie in entsprechender Weise, was von der These zu halten ist, ein Mensch unterscheide sich dadurch vom Computer, dass er „geistige Kräfte" besitzt, die ein Computer nicht haben könne!

* J. P. Sartre, Das Sein und das Nichts. Franz. Ausgabe unter dem Titel „L'être et le néant", 1943. Dt. Ausgabe übers. v. Justus Streller, Karl August Ott u. Alexa Wagner, Rowohlt, Reinbek 1962, S. 9–10

7.2 Existenz und Welt

Mit der Wendung zu reinen Phänomenen, wie sie sich in der Sphäre des Bewusstseins darbieten, wird der Mensch auf sich selbst und seine inneren Erfahrungen verwiesen. Er kann das, was er ist, nicht von außen bestimmen, z. B. durch den Vergleich mit anderen Lebewesen (Tieren) oder durch den Blick auf seine Stellung im Kosmos. Seine Existenz wie sein gesamtes In-der-Welt-Sein bedarf einer neuen Bestimmung: einer „existenzphilosophischen" Anthropologie.

7.2.1 Die existenzialistische Auffassung vom Menschen – Jean Paul Sartre

In einem Essay zur Frage, ob der Existenzialismus ein Humanismus sei, hat Sartre *die Grundsätze seiner Philosophie knapp umrissen. Es gibt für ihn zwei existenzialistische Schulen: eine atheistische und eine christliche, wobei er selbst den atheistischen Standpunkt vertritt. Gemeinsam haben beide Spielarten des Existenzialismus die Überzeugung, dass die Existenz der Essenz vorangehe.*

Was soll man genauer darunter verstehen? Betrachten wir einen Artefakt[1], zum Beispiel ein Buch oder ein Papiermesser, so ist dieser Gegenstand von einem Handwerker angefertigt worden, der sich von einem Begriff hat anregen lassen; er hat sich auf den Begriff Papiermesser bezogen und zugleich auf eine vorher bestehende Technik der Erzeugung, welche zu dem Begriff gehört und im Grunde ein Rezept ist. Somit ist das Papiermesser zugleich ein Gegenstand, der auf eine bestimmte Art hergestellt wird und andererseits eine bestimmte Verwendung hat; und man kann sich nicht einen Menschen vorstellen, der ein Papiermesser anfertigte, ohne zu wissen, wozu der Gegenstand dienen soll. Wir werden also sagen, dass in Bezug auf das Papiermesser die Essenz[2] – das heißt die Summe der Rezepte und der Eigenschaften, die erlauben, es anzufertigen und es zu bestimmen – der Existenz[3] vorangeht, und so ist die Anwesenheit mir gegenüber solch eines Papiermessers oder solch eines Buches determiniert[4]. Wir haben also hier ein technisches Bild der Welt, in der, kann man sagen, die Erzeugung der Existenz vorausgeht.
Wenn wir einen Schöpfergott annehmen, so wird dieser Gott meistens einem höher stehenden Handwerker angeglichen; und was für eine theologische Lehre wir auch betrachten, ob es sich um eine Lehre wie die von Descartes oder die von Leibniz handelt[5], wir räumen immer ein, dass der Wille mehr oder weniger dem Verstand folgt oder ihn wenigstens begleitet und dass Gott, wenn er schafft, genau weiß, was er schafft.

Der Mensch und der Gott in der Philosophie des 17. Jahrhunderts

Demnach ist der Begriff Mensch im Geiste Gottes dem Begriff Papiermesser im Geiste des Handwerkers anzugleichen, und Gott erzeugt den Menschen nach Techniken und einem Begriff, genau wie der Handwerker ein Papiermesser nach einer Definition und einer Technik an-

1 Artefakt (lat.): Kunstprodukt, Produkt menschlicher Tätigkeit
2 Essenz: von lat. „essentia", einem Begriff der mittelalterlichen Philosophie, der das Wesen einer Sache bezeichnete; das, was etwas ist („sein" = lat. „esse")
3 Existenz: von lat. „existentia". Im Allgemeinen versteht man unter „Existenz" das reale Vorhandensein eines Dinges (etwas kommt vor, es „existiert"). Erst in der Existenzphilosophie gewinnt der Existenzbegriff einen neuen Sinn und bezeichnet gerade nicht mehr objektive Vorhandenheit, sondern die besondere Seinsweise des Menschen. Übrigens schwankt die Rechtschreibung: neben „Existentialismus" steht „Existenzialismus". Beide Schreibweisen sind möglich.
4 determiniert (lat.): festgelegt
5 Descartes (1596–1650) und Leibniz (1646–1715) haben sich beide an die Vorstellung gehalten, Gott müsse die Welt wie ein Handwerker nach dem Muster vernünftiger Ideen geschaffen haben. Diese Vorstellung hat eine lange Tradition und lässt sich schon bei Platons Handwerkergott (Demiourgos) im Dialog „Timaios" finden.

fertigt. So verwirklicht der individuelle Mensch einen bestimmten Begriff, der im göttlichen Verstande ist. Im 18. Jahrhundert wird in den atheistischen Lehren der Philosophen der Begriff Gottes abgeschafft, aber nicht ebenso sehr die Idee, dass die Essenz der Existenz vorangehe.

Die menschliche Natur bei den Philosophen des 18. Jahrhunderts

Diese Idee finden wir sozusagen überall wieder: Wir finden sie bei Diderot, bei Voltaire und selbst bei Kant wieder[6]. Der Mensch ist Eigentümer einer menschlichen Natur; diese menschliche Natur, welche der Begriff des Menschen ist, findet sich bei allen Menschen wieder. Dies bedeutet, dass jeder Mensch ein besonderes Beispiel eines allgemeinen Begriffes „der Mensch“ ist. Bei Kant geht aus dieser Allgemeinheit hervor, dass sowohl der Urwaldmensch, der Naturmensch, wie der Bürger derselben Begriffsbestimmung unterworfen ist und dieselben Grundeigenschaften besitzt. Somit geht auch hier noch die Existenz voraus, der wir in der Natur begegnen.

Jean Paul Sartre

Der atheistische Existenzialismus

Der atheistische Existenzialismus, für den ich stehe, ist zusammenhängender. Er erklärt, dass, wenn Gott nicht existiert, es mindestens *ein* Wesen gibt, bei dem die Existenz der Essenz vorausgeht, ein Wesen, das existiert, bevor es durch irgendeinen Begriff definiert werden kann, und dass dieses Wesen der Mensch oder, wie Heidegger sagt, die menschliche Wirklichkeit ist. Was bedeutet hier, dass die Existenz der Essenz vorausgeht? Es bedeutet, dass der Mensch zuerst existiert, sich begegnet, in der Welt auftaucht und sich *danach* definiert.

Die existenzialistische Auffassung des Menschen

Wenn der Mensch, so wie ihn der Existenzialist begreift, nicht definierbar ist, so darum, weil er anfangs überhaupt nichts ist. Er wird erst in der weiteren Folge sein und er wird so sein, wie er sich geschaffen haben wird. Also gibt es keine menschliche Natur, da es keinen Gott gibt, um sie zu entwerfen. Der Mensch ist lediglich so, wie er sich konzipiert – ja nicht allein so, sondern wie er sich will und wie er sich *nach* der Existenz konzipiert, wie er sich will nach diesem Sichschwingen auf die Existenz hin; der Mensch ist nichts anderes als wozu er sich macht.

Der Mensch ist, wozu er sich macht

Das ist der erste Grundsatz des Existenzialismus. Das ist es auch, was man die Subjektivität nennt und was man uns unter eben diesem Namen zum Vorwurf macht. Aber was wollen wir denn damit anderes sagen, als dass der Mensch eine größere Würde hat als der Stein oder der

6 Diderot (1713–1784), Voltaire (1694–1778) und Kant (1724–1804) gehörten zu den bedeutendsten Philosophen der Aufklärung.

Tisch? Denn wir wollen sagen, dass der Mensch zuerst existiert, das heißt, dass er zuerst ist, was sich in eine Zukunft hineinwirft und was sich bewusst ist, sich in der Zukunft zu planen.

Der Entwurf

Der Mensch ist zuerst ein Entwurf, der sich subjektiv lebt, anstatt nur ein Schaum zu sein oder eine Fäulnis oder ein Blumenkohl; nichts existiert diesem Entwurf vorweg, nichts ist im Himmel, und der Mensch wird zuerst das sein, was er zu sein geplant hat, nicht was er sein wollen wird. Denn was wir gewöhnlich unter Wollen verstehen, ist eine bewusste Entscheidung, die für die meisten unter uns dem nachfolgt, wozu er sich selbst gemacht hat. Ich kann mich einer Partei anschließen wollen, ein Buch schreiben, mich verheiraten, alles das ist nur Kundmachung einer ursprünglicheren, spontaneren Wahl als was man Willen nennt.

Der Mensch ist ganz und voll verantwortlich

Aber wenn wirklich die Existenz der Essenz vorausgeht, so ist der Mensch verantwortlich für das, was er ist. Somit ist der erste Schritt des Existenzialismus, jeden Menschen in Besitz dessen, was er ist, zu bringen und auf ihm die gänzliche Verantwortung für seine Existenz ruhen zu lassen. Und wenn wir sagen, dass der Mensch für sich selber verantwortlich ist, so wollen wir nicht sagen, dass der Mensch gerade eben nur für seine Individualität verantwortlich ist, sondern dass er verantwortlich ist für alle Menschen. Es gibt zweierlei Sinn in dem Wort Subjektivismus und unsere Gegner arbeiten auf unehrliche Weise mit dieser Tatsache. Subjektivismus bedeutet einerseits Wahl des individuellen Subjektes durch sich selber und anderseits Unmöglichkeit für den Menschen, die menschliche Subjektivität zu überschreiten. Dieser zweite Sinn ist der tiefere Sinn des Existenzialismus. Indem wir sagen, dass der Mensch sich wählt, verstehen wir darunter, dass jeder unter uns sich wählt; aber damit wollen wir ebenfalls sagen, dass, indem er sich wählt, er alle Menschen wählt. Tatsächlich gibt es nicht *eine* unserer Handlungen, die, indem sie den Menschen schafft, der wir sein wollen, nicht gleichzeitig ein Bild des Menschen schafft, so wie wir meinen, dass er sein soll. Wählen, dies oder jenes zu sein, heißt gleichzeitig, den Wert dessen, was wir wählen, bejahen, denn wir können nie das Schlechte wählen. Was wir wählen, ist immer das Gute, und nichts kann für uns gut sein, wenn es nicht gut für alle ist.*

7.2.2 Der Begriff der Welt – Ludwig Landgrebe

Die existenzialistische Betonung der Freiheit könnte dazu verführen, das freie Ich als ein völlig isoliertes Existieren zu verstehen, als eine Art Nullpunkt wie das Subjekt bei Descartes *(vgl. 4.2). Aber schon eine einfache Analyse dessen, was in uns vorgeht, zeigt, dass das Ichbewußtsein immer auf etwas gerichtet, d. h. ein „intentionales" Bewusstsein ist. Bewusstsein, das nicht Bewusstsein von etwas wäre, ist nicht möglich. Im Anschluss an* Husserl *zeigt* Landgrebe, *wie aus der Intentionalität des Bewusstseins die Vorstellung von einer „Welt" folgt (vgl. auch 7.1.1).*

Die phänomenologische Reduktion ist Reduktion auf das jeweils eigene „ich bin" und das, was in diesem Ich-bin als einem Bewusstsein Bewusstes ist. Als Bewusstes dürfen daher nicht nur die einzelnen Gegenstände und ihre Unterschiede erforscht werden, sie müssen vielmehr verstanden werden, so wie sie konkret gemeint sind, das heißt als bewusst in ihrem Horizont, der zunächst und unmittelbar jeweils *mein* Horizont ist.
Ein jeder hat *seine* Welt; aber indem das ausgelegt wird, was in dieser Gegebenheit der Welt für jeden als seine Welt beschlossen ist, zeigt sich, dass sie ihrem Sinne nach nicht nur seine Welt ist.

* Jean Paul Sartre, Ist der Existentialismus ein Humanismus? In: Ders., Drei Essays, Europa-Verlag, Zürich; Ullstein, Frankfurt a. M./Berlin/Wien 1981, S. 9–11

Jedes Seiende, das er erfährt, verweist seinem Sinne nach auf die anderen, mit denen er „in der Welt“ ist. Der Tisch zum Beispiel, an dem ich sitze, hat für mich phänomenal den Sinn, dass er ein von einem Schreiner Hergestelltes ist und so weiter. So hat zwar jeder *seine* Welt, aber das, was sie für ihn ist, verdankt sie nicht ihm allein. Sie ist für ihn das *geworden,* was sie für ihn ist, aber nicht nur durch die Erfahrungen, die er selbst für sich gemacht hat im direkten Umgang mit dem Seienden, sondern er hat schon immer von den anderen gelernt, wie „man“ sich verhält, wie man wertet, was man schon wissen muss. Das, was dem Einzelnen als selbstverständlich gilt, stammt von dem, was seine Mitmenschen, seine Umgebung über die Dinge denken. Welt als Horizont des je schon Bekannten und Vertrauten, der den Spielraum für jegliches menschliche Verhalten vorzeichnet, ist immer schon *gemeinsame Welt.* Die Erfahrung ist gemeinsame Erfahrung, nur dass der Einzelne sie in sich aufnimmt und an dem Aufgenommenen nun seine eigenen neuen Erfahrungen macht. In der Anwendung all dessen, was er „gelernt“ hat, erfüllen oder enttäuschen sich seine Erwartungen. Auch das bleibt nicht sein alleiniger Besitz. Er macht den anderen davon Mitteilung und trägt so zur Bereicherung ihrer Erfahrungen bei. So ist Welt als Horizont in diesem gemeinsamen Erfahren in einer ständigen Umwandlung, zu der ein jeder das Seine beiträgt. Auch die Auslegung der Welt durch die Wissenschaft ist nichts anderes als eine solche gemeinsame Erfahrungsleistung, in der sich das allen Gemeinsame immer deutlicher scheidet von den „Vorurteilen“, die nur einem Einzelnen oder einer Gruppe eigen sind. So ist die wissenschaftlich bestimmte Welt das Ergebnis der gemeinsamen Orientierung, ihre Auslegung insbesondere in den Strukturen der Natur eine solche, die auch andere nachvollziehen können, die im Übrigen in ihren Wertungen, in ihrer „Weltanschauung“ „durch eine Welt“ voneinander getrennt sind.*

Die Welt als Horizont und Handlungsspielraum ist demnach anders zu verstehen als Begriffe wie „Weltall“, „Kosmos“ und „Universum“. Es geht nicht um eine physikalisch vorhandene „Welt an sich“, in die der Mensch hineingeboren wird, sondern um seine Lebenswelt bzw. sein „In-der-Welt-Sein“, wie es Martin Heidegger *versteht.*

Arbeitsaufträge

1. Geben Sie Beispiele für Wesensbestimmungen, indem Sie definieren:
   a) Was ist eine gerade Linie (bzw. Strecke)? b) Was ist ein Kreis?
   c) Was ist ein Tisch? d) Was ist der Mensch?
   Inwiefern kommt bei all diesen Bestimmungen die „Essenz“ vor der Existenz? (7.2.1)
2. Wie begründet Sartre seine These, beim Menschen komme die Existenz vor der Essenz?
3. Wie unterscheidet Sartre das alltägliche Wollen eines Menschen von dem, was er den „Entwurf“ dieses Menschen nennt? (7.2.1)
4. Wie begründet Sartre, dass ein Mensch nicht nur für sich selbst verantwortlich sei, sondern für alle Menschen? (7.2.1)
5. Was bedeutet „Welt“ in dem biblischen Satz: „Es erging ein Gebot vom Kaiser Augustus, daß alle Welt sich schätzen ließe“ (Luk. 2,1)? (7.2.2)
6. Jemand hat die Welt so satt, dass er als Einsiedler in die Wüste zieht. Lebt er nun ohne „Welt“?
7. Jedermann hat um sich einen Horizont. Was geschieht mit diesem Horizont, wenn sich jemand auf die Wanderschaft begibt? In welcher Weise kann man die Horizonterfahrungen beim Wandern auf den „geistigen Horizont“ eines Menschen übertragen? (7.2.2)

* Ludwig Landgrebe, Philosophie der Gegenwart. Ullstein, Frankfurt a. M. 1957, S. 65–67

7.3 Grundstrukturen des Daseins

Wie der Mensch in der Welt ist, bestimmt sich nach Heidegger *durch Grundstrukturen, die er als „Existenzialien" bezeichnet und in seinem philosophischen Hauptwerk* Sein und Zeit *ausgelegt hat. Dabei geht es ihm um ein Aufweisen von* ontologischen *Phänomenen, d. h. Seinsweisen, die dem Verhalten des Menschen im Einzelnen zugrunde liegen.*

7.3.1 Die Grundstimmung der Angst – Martin Heidegger

In seinem Vortrag „Was ist Metaphysik?" fragt Heidegger *nach dem Sinn des Begriffes „das Nichts". Die Untersuchung zeigt, dass dieser Begriff nicht durch eine abstrakte Definition zu bestimmen ist, sondern auf gewisse Grunderfahrungen des Menschen zurückgeführt werden muss, die ihrerseits das In-der-Welt-Sein des Menschen (das „Dasein") im Ganzen betreffen.*

So sicher wir nie das Ganze des Seienden an sich absolut erfassen, so gewiss finden wir uns doch inmitten des irgendwie im Ganzen enthüllten Seienden gestellt. Am Ende besteht ein wesenhafter Unterschied zwischen dem Erfassen des Ganzen des Seienden an sich und dem Sichbefinden inmitten des Seienden im Ganzen. Jenes ist grundsätzlich unmöglich. Dieses geschieht ständig in unserem Dasein. Freilich sieht es so aus, als hafteten wir gerade im alltäglichen Dahintreiben je nur an diesem oder jenem Seienden, als seien wir an diesen oder jenen Bezirk des Seienden verloren. So aufgesplittert der Alltag erscheinen mag, er behält immer noch das Seiende, wenngleich schattenhaft, in einer Einheit des „Ganzen". Selbst dann und eben dann, wenn wir mit den Dingen und uns selbst nicht eigens beschäftigt sind, überkommt uns dieses „im Ganzen", z. B. in der eigentlichen Langeweile. Sie ist noch fern, wenn uns lediglich dieses Buch oder jenes Schauspiel, jene Beschäftigung oder dieser Müßiggang langweilt. Sie bricht auf, wenn „es einem langweilig" ist. Die tiefe Langeweile, in den Abgründen des Daseins wie ein schweigender Nebel hin- und herziehend, rückt alle Dinge, Menschen und einen selbst mit ihnen in eine merkwürdige Gleichgültigkeit zusammen. Diese Langeweile offenbart das Seiende im Ganzen.

Eine andere Möglichkeit solcher Offenbarung birgt die Freude an der Gegenwart des Daseins – nicht der bloßen Person – eines geliebten Menschen.

Solches Gestimmtsein, darin einem so und so „ist", lässt uns – von ihm durchstimmt – inmitten des Seienden im Ganzen befinden. Die Befindlichkeit der Stimmung enthüllt nicht nur je nach ihrer Weise das Seiende im Ganzen, sondern dieses Enthüllen ist zugleich – weit entfernt von einem bloßen Vorkommnis – das Grundgeschehen unseres Da-seins.

Was wir so „Gefühle" nennen, ist weder eine flüchtige Begleiterscheinung unseres denkenden und willentlichen Verhaltens noch ein bloßer verursachender Antrieb zu solchem noch ein nur vorhandener Zustand, mit dem wir uns so oder so abfinden.

Doch gerade wenn die Stimmungen uns dergestalt vor das Seiende im Ganzen führen, verbergen sie uns das Nichts, das wir suchen. Wir werden jetzt noch weniger der Meinung sein, die Verneinung des stimmungsmäßig offenbaren Seienden im Ganzen stelle uns vor das Nichts. Dergleichen könnte entsprechend ursprünglich nur in einer Stimmung geschehen, die ihrem eigensten Enthüllungssinne nach das Nichts offenbart.

Geschieht im Dasein des Menschen ein solches Gestimmtsein, in dem er vor das Nichts selbst gebracht wird?

Dieses Geschehen ist möglich und auch wirklich – wenngleich selten genug – nur für Augenblicke in der Grundstimmung der Angst. Mit dieser Angst meinen wir nicht die recht häufige Ängstlichkeit, die im Grunde der nur allzu leicht sich einstellenden Furchtsamkeit zugehört. Angst ist grundverschieden von Furcht. Wir fürchten uns immer vor diesem oder jenem bestimmten Seienden, das uns in dieser oder jener Hinsicht bedroht. Die Furcht vor … fürchtet jeweils auch um etwas Bestimmtes. Weil der Furcht diese Begrenztheit ihres Wovor und Worum eignet, wird der Fürchtende und Furchtsame von dem, worin er sich befindet, festgehalten. Im Streben, sich davor – vor diesem Bestimmten – zu retten, wird er in Bezug auf Anderes unsicher, d. h. im Ganzen „kopflos".

Die Angst lässt eine solche Verwirrung nicht aufkommen. Weit eher durchzieht sie eine eigentümliche Ruhe. Zwar ist die Angst immer Angst vor …, aber nicht um dieses oder jenes. Die Angst vor … ist immer Angst um … aber nicht um dieses oder jenes. Die Unbestimmtheit dessen jedoch, wovor und worum wir uns ängstigen, ist kein bloßes Fehlen der Bestimmtheit. Sie kommt in einer bekannten Auslegung zum Vorschein.

In der Angst – sagen wir – „ist es einem unheimlich". Was heißt das „es" und das „einem"? Wir können nicht sagen, wovor einem unheimlich ist. Im Ganzen ist einem so. Alle Dinge und wir selbst versinken in eine Gleichgültigkeit. Dies jedoch nicht im Sinne eines bloßen Verschwindens, sondern in ihrem Wegrücken als solchem kehren sie sich uns zu. Dieses Wegrücken des Seienden im Ganzen, das uns in der Angst umdrängt, bedrängt uns. Es bleibt kein Halt. Es bleibt nur und kommt über uns – im Entgleiten des Seienden – dieses „kein".

Die Angst offenbart das Nichts.

Wir „schweben" in Angst. Deutlicher: die Angst lässt uns schweben, weil sie das Seiende im Ganzen zum Entgleiten bringt. Darin liegt, dass wir selbst – diese seienden Menschen – inmitten des Seienden uns mit entgleiten. Daher ist im Grunde nicht „dir" und „mir" unheimlich, sondern „einem" ist es so. Nur das reine Da-sein in der Durchschütterung dieses Schwebens, darin es sich an nichts halten kann, ist noch da.

Die Angst verschlägt uns das Wort. Weil das Seiende im Ganzen entgleitet und so gerade das Nichts andrängt, schweigt im Angesicht seiner jedes „Ist"-Sagen. Dass wir in der Unheimlichkeit der Angst oft die leere Stille gerade durch ein wahlloses Reden zu brechen suchen, ist nur der Beweis für die Gegenwart des Nichts. Dass die Angst das Nichts enthüllt, bestätigt der Mensch selbst unmittelbar dann, wenn die Angst gewichen ist. In der Helle des Blickes, den die frische Erinnerung trägt, müssen wir sagen: wovor und worum wir uns ängsteten, war „eigentlich" – nichts. In der Tat: Das Nichts selbst – als solches – war da.

Mit der Grundstimmung der Angst haben wir das Geschehen des Daseins erreicht, in dem das Nichts offenbar ist und aus dem heraus es befragt werden muss. (…)*

Stimmungen sind für Heidegger demnach nicht einfach Gefühle, die sich an gewisse Vorkommnisse oder Dinge knüpfen. Als „Grundstimmungen" färben sie das Ganze von Welt und Existenz so ein, dass das In-der-Welt-Sein einen tragenden und beherrschenden Grundton erhält, der gleichwohl nicht immer offensichtlich sein muss. Die Grundstimmung der Langeweile z. B. lässt durchaus zu, dass etwas als spannend und aufregend empfunden wird. Auch die Null-Bock-Haltung mancher Jugendlicher hatte ihre Sensationen. Aber wie sich ihr die Welt im Ganzen darstellte, war doch durchtränkt von einem tiefen Frust, der alles und jedes mit lähmender Tristesse überzog.

7.3.2 Die Zeitlichkeit des Daseins – Martin Heidegger

Dass sich jeder Mensch in einer Welt befindet, die ihm vorgegeben ist, bezeichnet Heidegger *als die „Geworfenheit des Daseins". Andererseits aber ist für Heidegger – wie auch für* Sartre *(vgl. 7.2.1) – der Mensch als „Entwurf" zu verstehen.*

* Martin Heidegger, Was ist Metaphysik? Klostermann, Frankfurt a. M. [13]1986, S. 27–30

Während durch die „Geworfenheit" der Mensch sich in einer so oder so gestimmten Weise in der Welt findet, erschließt er sich durch den Entwurf Möglichkeiten seines Existierens. Er richtet sich auf etwas, er sorgt sich um etwas, er öffnet sich aus seiner jeweiligen Befindlichkeit auf das hin, was als Zukünftiges vor ihm liegt. Diese Struktur des Daseins beschreibt Heidegger *in der Einleitung zur 5. Auflage seines Vortrags „Was ist Metaphysik?". Dabei führt er das Wort „existieren" auf seine Grundbedeutung zurück;* ek-sistere *als „Hinaus-stehen".*

Das Seiende, das in der Weise der Existenz ist, ist der Mensch. Der Mensch allein existiert. Der Fels ist, aber er existiert nicht. Der Baum ist, aber er existiert nicht. Das Pferd ist, aber es existiert nicht. Der Engel ist, aber er existiert nicht. Gott ist, aber er existiert nicht. Der Satz: „Der Mensch allein existiert" bedeutet keineswegs, nur der Mensch sei ein wirklich Seiendes, alles übrige Seiende aber sei unwirklich und nur ein Schein oder die Vorstellung des Menschen. Der Satz: „Der Mensch existiert" bedeutet: Der Mensch ist dasjenige Seiende, dessen Sein durch das offenstehende Innestehen in der Unverborgenheit des Seins, vom Sein her, im Sein ausgezeichnet ist[1]. Das existenziale Wesen des Menschen ist der Grund dafür, dass der Mensch Seiendes als ein solches vorstellen und vom Vorgestellten ein Bewusstsein haben kann. Alles Bewusstsein setzt die ekstatisch[2] gedachte Existenz als die essentia des Menschen voraus, wobei essentia das bedeutet, als was der Mensch west[3], sofern er Mensch ist (...).*

Heidegger verbindet Ek-sistenz mit der Ek-stasis als einem Hinausstehen (Ekstase!), aber nicht im Sinne eines besonders leidenschaftlichen Zustandes. Vielmehr ist damit gemeint: Nur der Mensch hat so etwas wie ein Verständnis von „Sein". Nur der Mensch weiß, dass er „ist". Nur er kann vom „Sein" reden, weil es ihn betrifft und angeht. Entsprechend heißt es in der schon zitierten Einleitung zum Begriff „Existenz" vorher:

Das Wort nennt eine Weise des Seins, und zwar das Sein desjenigen Seienden, das offen steht für die Offenheit des Seins, in der es steht, indem es sie aussteht. Dieses Ausstehen wird unter dem Namen „Sorge" erfahren. Das ekstatische Wesen des Daseins ist von der Sorge her gedacht, sowie umgekehrt die Sorge nur in ihrem ekstatischen Wesen zureichend erfahren wird. Das so erfahrene Ausstehen ist das Wesen der hier zu denkenden Ekstasis (...).

Sorge *ist dabei ein Wesenszug menschlicher Befindlichkeit. Auch wenn der Mensch sorglos ist, hat er etwas vor, ist er auf etwas aus, richtet er sich auf etwas, das ihn angeht oder das er anstrebt. Insofern hat „Sorge" nichts mit Kummer zu tun, sondern mit dem Blick auf das* Zukünftige *und damit auf* Zeitliches.
Dieses Zeitliche erscheint zunächst in den Formen von Vergangenheit, Gegenwart und Zukunft. Aber die drei Zeithorizonte sind nicht unterschiedliche Abschnitte, die von einem Jetztpunkt aus den geradlinigen Verlauf der Zeit einteilen, sondern gehören zur einheitlichen Wesensstruktur menschlichen Daseins.

1 Heideggers eigentliches Thema ist nicht der Mensch (im Sinne einer wissenschaftlichen Anthropologie), sondern die Frage nach dem Sein. Was „Sein" überhaupt ist, kann aber nur vom Menschen aus erschlossen werden, der allein „seinsbewusst" ist. Er steht im Sein („Innestehen") und erfährt an sich selbst, was es heißt, zu sein (Unverborgenheit des Seins).

2 Ekstatisch denken heißt hier nicht, in Ekstase zu geraten. Heidegger meint mit diesem Denken eine Wesensbeschreibung des Menschen, die aufzeigt, wie der Mensch – anders als ein Stein oder ein Tier – immer schon über sich hinaus auf etwas hingewandt ist, auf das sich seine „Sorge" richtet.

3 Das Wort „wesen" wird meistens als Substantiv im Sinne von lat. „essentia" verwendet. Heidegger nimmt es aber als Verb, um anzudeuten, dass nichts Feststehendes, sondern ein Vollzug gemeint ist. In der Ableitung „verwesen" ist heute noch ein Rest vom Sinn der ursprünglichen Tätigkeit „wesen" (althochdeutsch „wesan") erhalten. Der Mensch „hat" also kein Wesen, aber er „west"!

* Alle Quellen siehe S. 179

In seinem Hauptwerk „Sein und Zeit“ beschreibt Heidegger, *wie der Mensch (das „Dasein“), wenn er* entschlossen *er selbst sein will,* auf sich selbst zukommt, *sich gleichsam entdeckt und fragt, was für ihn* möglich *ist:*

Das Entworfene des ursprünglichen existenzialen Entwurfs der Existenz enthüllt sich als vorlaufende[4] Entschlossenheit. Was ermöglicht dieses eigentliche Ganzsein des Daseins hinsichtlich der Einheit seines gegliederten Strukturganzen? Formel existenzial gefasst, ohne jetzt ständig den vollen Strukturgehalt zu nennen, ist die vorlaufende Entschlossenheit das *Sein zum* eigensten ausgezeichneten Seinkönnen[5]. Dergleichen ist nur so möglich, dass das Dasein *überhaupt* in seiner eigensten Möglichkeit auf sich zukommen *kann* und die Möglichkeit in diesem Sich-auf-sich-Zukommenlassen als Möglichkeit aushält, d. h. existiert. Das die ausgezeichnete Möglichkeit aushaltende, in ihr Sich-auf-sich-*Zukommen*lassen ist das ursprüngliche Phänomen der *Zu-kunft*[6]. Wenn zum Sein des Daseins das eigentliche bzw. uneigentliche *Sein zum Tode*[7] gehört, dann ist dieses nur möglich als *zukünftiges* in dem jetzt angezeigten und noch näher zu bestimmenden Sinn. „Zukunft“ meint hier nicht ein Jetzt, das, *noch nicht* „wirklich“ geworden, einmal erst *sein wird,* sondern die Kunft, in der das Dasein in seinem eigensten Seinkönnen auf sich zukommt. Das Vorlaufen macht das Dasein *eigentlich* zukünftig, so zwar, dass das Vorlaufen selbst nur möglich ist, sofern das Dasein *als seiendes* überhaupt schon immer auf sich zukommt, d. h. in seinem Sein überhaupt zukünftig ist.

Wenn also der Mensch nach seinen äußersten Möglichkeiten fragt und sich bewusst wird, dass er sterben muss („Vorlaufen in den Tod“),wird er auf das, was er als Mensch immer schon war, zurückgeworfen:

Die Übernahme der Geworfenheit ist aber nur so möglich, dass das zukünftige Dasein sein eigenstes „wie es je schon war“, d. h. sein „Gewesen“ *sein* kann. Nur sofern Dasein überhaupt *ist* als ich *bin*-gewesen, kann es zukünftig auf sich selbst so zukommen, dass es *zurück*-kommt. Eigentlich zukünftig *ist* das Dasein eigentlich *gewesen.* Das Vorlaufen in die äußerste und eigenste Möglichkeit ist das verstehende Zurückkommen auf das eigenste Gewesen. Dasein kann nur eigentlich gewesen *sein,* sofern es zukünftig ist. Die Gewesenheit entspringt in gewisser Weise der Zukunft.

Die vorlaufende Entschlossenheit erschließt die jeweilige Situation des Da so, dass die Existenz handelnd das faktisch umweltlich Zuhandene[8] umsichtig besorgt. Das entschlossene Sein bei dem Zuhandenen der Situation, d. h. das handelnde Begegnenlassen des umweltlich *Anwesen-*

4 Im „Vorlaufen“ richtet sich der Blick auf noch Ausstehendes, z. B. aus einer bestimmten Situation heraus auf die Möglichkeiten zu ihrer Bewältigung.

5 Dieses Seinkönnen betrifft nicht irgendwelche einzelnen Möglichkeiten (z. B. Berufswahl), sondern die unbedingte Entschlossenheit, zu sich selbst zu stehen.

6 Zukunft wird hier nicht als eine noch ferne Zeit verstanden, sondern als das, was auf einen zukommt und einen unmittelbar angeht. Das sind nicht irgendwelche zukünftigen Ereignisse; es geht dabei letztlich um die eigene Existenz, d. h. um das, was jeder aus sich macht.

7 Das „Sein zum Tode“ ist für Heidegger die ganz eigene, unübertragbare Grunderfahrung, ein endliches Leben zu führen, das seine letzte Grenze hat. Durch das „Vorlaufen“ auf diese letzte Grenze hin wird jede Handlung, jedes Verhalten so endgültig, dass damit unwiderruflich und unwiederholbar Einzigartiges geschieht. Das gibt jedem Entschluss seinen entschiedenen Hintergrund. Heidegger weist allerdings darauf hin, dass eine derartige Entschiedenheit nicht immer herrscht; sie tritt nur im „eigentlichen“ Dasein zu Tage, während man im „uneigentlichen“ tätigen Leben das „Sein zum Tode“ nicht weiter ernst nimmt und sich mit der verdrängenden Redeweise begnügt, jeder müsse irgendwann einmal sterben.

8 In der Praxis des täglichen Lebens hat man es in erster Linie mit Situationen und Verhältnissen zu tun, in denen einem die Dinge so begegnen, wie sie gebraucht oder benutzt werden können. Sie sind irgendwie „zur Hand“ (zuhanden) und erst in zweiter Linie kann man sich darauf besinnen, was sie außerhalb dieser Beziehung, z. B. als bloße Naturdinge, sein mögen.

den ist nur möglich in einem *Gegenwärtigen* dieses Seienden. Nur als *Gegenwart* im Sinne des Gegenwärtigens kann die Entschlossenheit sein, was sie ist: das universelle Begegnenlassen dessen, was sie handelnd ergreift.
Zukünftig auf sich zurückkommend bringt sich die Entschlossenheit gegenwärtigend in die Situation. Die Gewesenheit entspringt der Zukunft, so zwar, dass die gewesene (besser gewesende) Zukunft die Gegenwart aus sich entlässt. Dies dergestalt als gewesend-gegenwärtigende Zukunft einheitliche Phänomen nennen wir die *Zeitlichkeit.* Nur sofern das Dasein als Zeitlichkeit bestimmt ist, ermöglicht es ihm selbst das gekennzeichnete eigentliche Ganzseinkönnen der vorlaufenden Entschlossenheit. *Zeitlichkeit enthüllt sich als der Sinn der eigentlichen Sorge.**

Heideggers *Beschreibung der Zeitlichkeit des Daseins ist gewiss nicht leicht zu verstehen, aber sie gehört zu den wichtigsten Analysen des Zeitproblems überhaupt. Sie zeigt, dass es nicht genügt, die Zeit im Sinne einer messbaren physikalischen Größe zu verstehen (die „Uhr-Zeit"), sondern dass wir selbst auf eine zeitliche Weise existieren und Zeit ihren Ursprung in Wesenszügen des menschlichen Daseins hat.*

7.3.3 Der Blick des Anderen – Jean Paul Sartre

In der Existenzphilosophie scheint es zunächst um die je eigene Existenz des einzelnen Menschen, also um das Ich, *zu gehen. Aber zum Menschsein gehört auch die Erfahrung, dass man nicht allein ist, dass es andere Menschen gibt, zu denen sich persönliche Beziehungen bilden. Die* Existenz des Anderen *ist daher ein wesentliches Thema der Existenzphilosophie. Bei* Jean Paul Sartre *wird dieses Thema Gegenstand einer phänomenologischen Analyse, die sich mit der Frage beschäftigt, was es für mich bedeutet, von einem Anderen gesehen zu werden. Sartre entwickelt dazu eine Beispielsituation:*

Ich befinde mich in einem öffentlichen Park. Nicht weit von mir sehe ich einen Rasen und am Rande des Rasens Stühle. Ein Mensch geht an den Stühlen vorbei. Ich sehe diesen Menschen, ich erfasse ihn als Objekt, gleichzeitig auch als Menschen. Was bedeutet das? Was will ich damit sagen, wenn ich von diesem Objekt behaupte, dass es ein Mensch ist?**

Solange ich nur von mir aus die Gegenstände meiner Umgebung wie Objekte betrachte, erscheine ich mir als Mittelpunkt einer Welt von Dingen, die sich mehr oder weniger zufällig um mich gruppieren. Sobald aber der Andere in dieser Welt auftaucht, nehme ich ihn als jemanden wahr, der auch seinerseits die Dinge sieht und sich ebenfalls als Mittelpunkt „seiner Welt" betrachten kann. Wie er zu den Objekten steht (zu dem Park, dem Rasen und den Stühlen), ist für mich unzulänglich; es ist eine Negation meiner selbst:

Sie erscheint als eine reine *Auflösung* der Verhältnisse, die ich zwischen den Dingen meines Mikrokosmos[1] auffasse. Aber nicht von mir wird diese Auflösung realisiert; sie erscheint mir wie ein Verhältnis, das ich durch die Entfernungen hindurch, die ich ursprünglich zwischen den Din-

1 Mikrokosmos (griech.): kleine Welt. Sartre bildet diesen Begriff im Hinblick darauf, dass jedes Existieren seinen Horizont hat (vgl. 7.2.2). Dieser Horizont umfasst nicht die Gesamtheit aller Dinge, sondern nur immer einen kleinen Rahmen, wie er durch die existenziale Struktur des In-der-Welt-seins (Heidegger) vorgegeben ist.

* Martin Heidegger, Was ist Metaphysik? Klostermann, Frankfurt a. M. [13]1986, S. 15–16; Martin Heidegger, Sein und Zeit. Max Niemeyer, Tübingen [16]1986, S. 325–326

** Alle Quellen siehe S. 181

gen hergestellt habe, beobachte, das aber leer ist[2]. Sie ist wie der Hintergrund der Dinge, den ich grundsätzlich nicht zu fassen bekomme und der ihnen von außen her beigegeben wird. So ist also dasjenige, was ich die Erscheinung *eines* Menschen in meinem Mikrokosmos nenne, die Erscheinung eines Elementes der Auflösung *meines* Mikrokosmos zwischen den Dingen dieses Mikrokosmos. Der Andere, das ist zunächst die beständige Flucht der Dinge auf ein Ziel hin, was ich in einer gewissen Entfernung von mir als Objekt erfasse, was mir aber gleichzeitig insoweit entgeht, als es um sich herum seine eigenen Entfernungen entfaltet. (...) So ist plötzlich ein Gegenstand sichtbar geworden, der mir die Welt gestohlen hat. Alles ist an seinem Platz, alles ist immer für mich da, aber alles ist von einem unsichtbaren und regungslosen Ausrinnen auf einen neuen Gegenstand hin durchwaltet. Die Erscheinung des Anderen in der Welt entspricht also einem regungslosen Entgleiten des ganzen Mikrokosmos, einer Dezentrierung der Welt, die die Zentrierung unterminiert, die ich zur selben Zeit erwirke.

Die Situation verändert sich nun, sobald der Andere zu mir herblickt; ich werde angesehen. Was das bedeutet, schildert Sartre *durch ein neues Beispiel:*

Nehmen wir an, ich sei aus Eifersucht, aus Neugier oder lasterhafterweise so weit gekommen, mein Ohr an eine Tür zu legen oder durch ein Schlüsselloch zu spähen. Ich bin allein und befinde mich auf der Ebene des nicht setzenden Bewusstseins (von) mir. Das bedeutet zunächst, dass es kein Ich gibt, das mein Bewusstsein bewohnen könnte. Es gibt also nichts, zu was ich meine Akte in Beziehung setzen könnte, um sie näher zu bestimmen. Sie werden in keiner Weise *erkannt,* aber *ich bin sie,* und aufgrund dieser Tatsache tragen sie ihre vollkommene Rechtfertigung in sich. Ich bin reines Bewusstsein *der* Dinge[3] (...).
Jetzt habe ich Schritte im Vorsaal gehört: man sieht mich. Was soll das heißen? Das soll heißen, dass ich in meinem Sein plötzlich von etwas betroffen werde und dass in meinen Strukturen wesentliche Veränderungen auftreten – Veränderungen, die ich erfassen und durch das reflexive *cogito* begrifflich festlegen kann.[4]
Zunächst bin ich hier und existiere als Ich für mein unreflektiertes Bewusstsein. Gerade diesen Einbruch des Ich hat man sehr häufig beschrieben: ich sehe *mich,* weil *man* mich sieht, so sagte man. Das ist in dieser Form nicht ganz richtig . (...) Das unreflektierte Bewusstsein ergreift die *Person* nicht direkt und nicht als *sein* Objekt: die Person ist dem Bewusstsein gegenwärtig, *insofern sie Objekt für Andere ist.* Das bedeutet, dass ich mit einem Male Bewusstsein meiner selbst habe, soweit ich mir entgehe, und zwar nicht, insoweit ich die Grundlage meines eigenen Nichts bin, sondern insoweit ich meine Grundlage außerhalb meiner selbst habe. Für mich bin ich nur als reine Verweisung auf Andere. (...)
Und dennoch *bin* ich es, ich weise es nicht zurück wie ein befremdendes Bild, sondern es ist mir gegenwärtig wie ein Ich, das ich *bin,* ohne es zu *erkennen,* denn nur in der Scham (in anderen Fällen im Hochmut) entdecke ich es; die Scham oder der Stolz enthüllen mir den Blick des An-

2 Von der jeweils eigenen Existenz und ihrem Standort her gesehen, erscheinen alle Dinge des „Mikrokosmos" in bestimmten Perspektiven, von bestimmten Seiten, in bestimmten Entfernungen. Ein Anderer hat von seinem Standort aus einen anderen Blickwinkel auf den Mikrokosmos (Park mit Rasen und Stühlen); das wird mir sofort klar, wenn er in meinem Horizont auftaucht, obwohl ich nicht weiß, wie er die Dinge sieht (z.B. die Rückseite eines Baumes, von dem ich nur die Vorderseite sehen kann). Insofern ist das Verhältnis des Anderen zu den Dingen für mich „leer".

3 Wer so gespannt wie in Sartres Beispiel durch ein Schlüsselloch späht, ist „ganz bei der Sache", d.h. er achtet überhaupt nicht auf sich selbst, sondern wird förmlich von dem, was er zu sehen bekommt, aufgesogen.

4 Begriffliches Denken erfolgt durch Reflexion (cogito = ich denke; Reflexion = Zurückbeugung auf das, worauf sich das Denken richtet). Aber diese bewusste Denkhaltung wird nur in besonderen Momenten erreicht; meistens hält sich das menschliche Erleben und Handeln im vor- bzw. unreflektierten Zustand auf. Man tut Dinge ganz automatisch oder ohne ausdrücklich darauf zu achten, wer und was das Ich ist, das da erlebt oder handelt.

deren und mich selbst am Ziele dieses Blickes, sie bewirken, dass ich die Situation eines Erblickten *erlebe*, nicht erkenne. Die Scham aber ist (...) Scham *über sich selbst*, sie ist *Anerkennung* des Tatbestandes, dass ich wirklich jenes Objekt *bin*, das der Andere ansieht und aburteilt. (...) Ich bin, jenseits aller Erkenntnis, die ich haben kann, jenes Ich, das ein Anderer erkennt.*

Sartres *Analysen zeigen, dass vor allem bewussten Nachdenken die Existenz des Anderen für jeden Menschen eine fundamentale Rolle spielt. Durch den Blick des Anderen wird das Sein dessen, der da gesehen wird, auf eine Weise festgelegt, die außerhalb seiner Verfügungsgewalt steht. Der Andere macht ihn zu dem, was er ist.*
Allerdings wecken die Beispiele Sartres *den Eindruck, als sei der Andere eine grundsätzlich aggressive und feindliche Instanz, die bedrohlich wirkt. In den christlich orientierten Richtungen des Existenzialismus wird die Rolle des Anderen wesentlich positiver aufgefasst: Er wird zum „Du" (statt zum bedrohlichen „Er"), und zwischenmenschliche Beziehungen erscheinen unter dem Aspekt der (christlich verstandenen) Liebe.*

7.3.4 Person – Verpflichtung – Gemeinschaft – Wirklichkeit. – Gabriel Marcel

In ganz anderer Weise als Sartre *sieht der französische Existenzphilosoph* Gabriel Marcel *die Beziehung zwischen dem Ich und dem Anderen. Für ihn ist diese Beziehung durch das christliche Ethos der Verantwortlichkeit geprägt.*

Ich glaube, wir müssen uns vor allem an das halten, was an dem Begriff der Person, wie er heute allgemein festgelegt ist, als besonders charakteristisch ins Auge fällt. Während das Individuum sich mit gutem Recht einem von einem Wirbel verschlungenen Atom[1] oder, wenn man will, einem einfachen statischen Element vergleichen lässt, weil es meistens nur ein Exemplar unter unzähligen anderen ist und weil die Meinungen, die es für seine eigenen hält, lediglich der Reflex der in seiner Umwelt angenommenen und durch die von ihm täglich gelesene Presse verbreiteten Ideen sind, sodass es, wie ich einmal schrieb, nur noch etwas Anonymes ist, nur noch ein parzelliertes „Man"[2], das sich fast unfehlbar der Illusion von der Echtheit seiner Reaktionen hingibt und dem *Zwange* folgt, wo es zu handeln sich einbildet –, besteht das eigentliche Wesen der Person darin, dass sie einer gegebenen Situation gegenübersteht und sich tatsächlich mit ihr einlässt. Aber, so wird man fragen, finden wir nicht eben dadurch wieder das Ich? Ich glaube es nicht. Verstehen wir uns recht: Es geht natürlich nicht an, die Person als etwas aufzufassen, das von etwas anderem, welches das Ich wäre, verschieden ist, als eine abgesonderte Kammer etwa. Eine solche Darstellung würde der Wirklichkeit nicht entsprechen. Wir müssen weiter gehen: Die Person kann auch nicht als ein Element oder Attribut des Ich aufgefasst werden. Eher schon könnte man sagen, dass sie eine Forderung ist, die in jedem Falle aus dem entsteht, was mir als das Meinige oder als mein Ich erscheint; aber diese Forderung wird erst dann ihrer selbst bewusst, wenn sie eine Wirklichkeit wird: sie kann also in keiner Weise mit einer bloßen Wil-

1 Individuum – Atom: Das griechische Wort „Atom" bedeutet grundsätzlich dasselbe wie das lateinische „Individuum": etwas Unteilbares. Die Vorstellung, dass menschliche Individuen wie Atome der Gesellschaft zu verstehen sind, hat seit dem Beginn der Neuzeit (z. B. bei Hobbes) einen oft bedenklichen „Individualismus" zur Folge gehabt.

2 Das „Man": eine Begriffsbildung aus der Philosophie Heideggers, in der das unpersönliche Pronomen „man" substantiviert und zur Kennzeichnung einer ganzen Lebensweise gemacht wird: „Man" tut etwas, wie es alle tun; „man" denkt, wie alle denken. „Parzelliert", d. h. in kleine Bereiche aufgeteilt, wird das „Man" durch all die Individuen, die unabhängig voneinander für sich zu existieren meinen.

* Jean Paul Sartre, Das Sein und das Nichts. Dt. Übersetzung bei Rowohlt, Hamburg 1989, S. 338–348 (Auszüge)

lensanwandlung gleichgesetzt werden; vielleicht können wir sagen, dass sie zur Ordnung des „ich will“ und nicht zu der des „ich möchte“ gehört. Ich behaupte mich als Person in dem Maße, in dem ich die Verantwortung übernehme für das, was ich tue, und für das, was ich sage. Aber vor wem bin ich oder vor wem erkenne ich mich verantwortlich? Die Antwort lautet, dass ich es zugleich vor mir selbst *und* vor dem Anderen bin, und dass eben diese Verbindung für die persönliche Verpflichtung bezeichnend ist, dass sie das eigentliche Merkmal der Person darstellt. Wir wollen nicht länger im Abstrakten bleiben, denn da laufen wir stets Gefahr, die Gefangenen der Worte zu werden. Nehmen wir an, ich fühlte das Bedürfnis oder ich hielte mich für verpflichtet, irgendeine Person vor irgendeiner anderen Person zu warnen: Ich entschließe mich, ihr einen entsprechenden Brief zu schreiben. Wenn ich meinen Brief nicht unterzeichne, dann bleibe ich auf dem Felde des Spieles, der Unterhaltung und – ich möchte noch gerne hinzufügen – der Mystifikation: Ich behalte mir die Möglichkeit vor, meine Handlung zurückzunehmen; ich halte mich mit Bedacht in einer Zone, die gewissermaßen zwischen Traum und Wirklichkeit liegt, in der Zone, in der die Selbstgefälligkeit triumphiert, diese Wahlheimat derer, die in unseren Tagen als die Anwälte des willkürlichen Handelns auftreten. Aber von dem Augenblick an, da ich den Brief unterzeichne, übernehme ich die Verantwortung dafür, das heißt, ich nehme im Voraus die Folgen auf mich. Ich habe nicht nur für den Anderen, sondern auch für mich selbst das Unwiderrufliche geschaffen. ich habe aus freiem Willen neue Bestimmungen in das Dasein eingeführt, die nun mit ihrem ganzen Gewicht auf meinem eigenen Leben lasten werden. Das schließt, wohl verstanden, nicht die Möglichkeit aus, dass das Schreiben des Briefes eine in sich tadelnswerte, vielleicht sogar verbrecherische Handlung bedeutet. Nichtsdestoweniger besteht ein grundlegender Unterschied der Qualität oder, genauer gesagt, des Gewichtes zwischen dieser Handlung und jener anderen, bei der ich den Brief geschrieben hätte, ohne ihn zu unterzeichnen. Sagen wir noch, dass ich mich in dem Maße als Person betätige, als ich die Verantwortung für meine Handlungen übernehme und mich wie ein wirkliches Wesen verhalte, das an einer wirklichen Gesellschaft teilnimmt (und nicht wie ein Träumer, der die seltsame Fähigkeit hätte, seine Träume zu modifizieren, aber ohne sich fragen zu müssen, ob diese Modifikation in das hypothetische Jenseits hinüberschlägt, in dem die Anderen existieren)[3]. Wir könnten noch, und zwar von dem nämlichen Gesichtspunkt aus, hinzufügen, dass ich mich in dem Maße als Person bestätige, als ich wirklich an die Existenz der Anderen glaube und dieser Glaube mein Verhalten zu beeinflussen mag. Was heißt hier glauben? Es heißt, dass ich diese Existenz um ihrer selbst willen verwirkliche oder bestätige und nicht nur in ihren Beziehungen zu mir.

Person – Verpflichtung – Gemeinschaft – Wirklichkeit: Wir haben hier eine Kette von Begriffen, die sich, eigentlich genommen, nicht voneinander ableiten lassen – im Übrigen ist nichts so trügerisch wie der Glaube an den Wert der Deduktion –, die aber in ihrer Einheit durch einen geistigen Akt zu erfassen sind, den man nicht mit dem verhunzten Wort Intuition, sondern mit dem viel weniger gebrauchten der *Syneidese*[4] bezeichnen sollte, jenes Aktes also, durch den ein Ganzes vom Blick des Geistes erfasst wird.*

3 Für ein einsames Ich (etwa im Sinne von Descartes) sind „die Anderen“ Mitglieder einer Außenwelt, die Marcel geradezu als „Jenseits“ bezeichnet. Die Realität dieser Außenwelt kann nicht bewiesen werden, bleibt also „hypothetisch“.

4 συνείδησις (syneídäsis): Zusammenschau

Auch für Marcel *kommt also die Existenz, d. h. der bewusste Entschluß, eigenständig und verantwortlich zu handeln, vor der Essenz, nämlich der Wirklichkeit, die als allgemein gültig akzeptiert wird („Es gibt die Anderen!“). Allerdings gehören die personale Existenz und die akzeptierte*

* Gabriel Marcel, Homo viator. Französ. Ausgabe Paris 1944. Deutsche Übersetzung durch W. Rüttenauer, Bastion, Düsseldorf 1949, S. 16–19

Wirklichkeit einer Situation zusammen. Indem ich die Anderen als Partner meiner Verantwortlichkeit anerkenne, erkenne ich mich selbst an.
„Wirklichkeit" wird also nicht davon abgeleitet (deduziert), dass es irgendwo Dinge, Menschen und das Ich „gibt", sondern sie ist ihrem Wortsinne nach „bewirkt", d. h. kommt erst durch einen existenziellen Entschluss zur Geltung.

7.3.5 Existentieller Glaube – Rudolf Bultmann

Die Existenzphilosophie hat einen über den im engeren Sinne philosophischen Bereich hinausgehenden Einfluss auf viele andere Gebiete der Wissenschaften und des Lebens gewonnen, so zum Beispiel auf die Theologie. Die Frage nach Gott lässt sich heute kaum noch stellen, ohne dass die Probleme menschlichen Existierens einbezogen werden. Das zeigte sich schon im Werk Kierkegaards, *und es wird besonders deutlich in den Arbeiten des Theologen* Rudolf Bultmann, *der von* Heidegger *beeinflusst war.*
Für Bultmann *kann der Mensch sein Existieren niemals so durchschauen, als stünde er neben sich und betrachte sich von außen. Alles Nachdenken über sich selbst bleibt unvollständig und auf entscheidende Weise offen, weil auch das Existieren niemals „fertig" ist.*

Es ist also mit unserer Existenz eine ebenso merkwürdige Sache wie mit Gott; über beides können wir nicht eigentlich reden, über beides verfügen wir nicht. Was bedeutet das?
Die *Wirklichkeit,* von der wir gewöhnlich reden, ist das Weltbild, das seit Renaissance und Aufklärung unter Nachwirkung des Weltbildes der griechischen Wissenschaft unser Denken beherrscht. Wir sehen etwas als wirklich an, wenn wir es in dem einheitlichen Zusammenhang dieser Welt verstehen können, sei es, dass dieser Zusammenhang als kausal oder als teleologisch[1] bestimmt gedacht ist, sei es, dass seine Elemente und Kräfte als materiell oder als geistig gedacht werden; denn der Gegensatz von materialistischer und idealistischer[2] Weltanschauung wird angesichts der Frage, um die es sich hier handelt, gleichgültig.
Denn dies Weltbild ist entworfen unter Absehung von unserer eigenen Existenz; wir selbst werden dabei vielmehr als ein Objekt unter anderen Objekten betrachtet und in den Zusammenhang dieses Weltbildes, das abgesehen von der Frage nach unserer eigenen Existenz gewonnen ist, eingestellt. Man pflegt die Vollendung eines solchen Weltbildes durch die Einführung des Menschen als *Weltanschauung* zu bezeichnen und man pflegt sich eine solche Weltanschauung zu wünschen oder, wenn man sie zu besitzen meint, zu propagieren. Dass solche Weltanschauungen sehr beliebt sind, auch wenn sie vom Menschen nichts besonders Schmeichelhaftes aussagen und ihn etwa als Zufallsprodukt einer Atomverbindung, als höchstes Wirbeltier und Vettern des Affen oder als ein interessantes Phänomen psychischer Komplexe[3] erklären, ist verständlich. Denn sie leisten dem Menschen wieder den großen Dienst, dass sie ihn von sich selbst losbringen, dass sie ihn der Problematik seiner konkreten Existenz, der Sorge um sie und der Verantwortung für sie entheben. Darin liegt ja die Sehnsucht des Menschen nach einer so genannten Weltanschauung begründet, dass er sich angesichts der Rätsel von Schicksal und Tod auf sie zurückziehen kann, dass er sich gerade in dem Moment, wo seine Existenz erschüttert und fragwürdig ist, dessen entschlägt, diesen Moment ernst zu nehmen, um ihn vielmehr zu verstehen als einen Fall des Allgemeinen, ihn einzugliedern in einem Zusammenhang, ihn zu objektivieren und

1 teleologisch (griech.): zielstrebig, zweckmäßig. Während bei kausalen Naturerklärungen der Zusammenhang zwischen Ursache und Wirkung untersucht wird, geht es bei teleologischen Deutungen darum, einen Vorgang von seinem Ziel her zu verstehen (er geschieht, um etwas zu erreichen).
2 idealistisch: Gemeint ist damit eine Weltanschauung, in der die Wirklichkeit als etwas verstanden wird, das zunächst eine geistige Natur hat, während im materialistischen Denken alles aus stofflichen Zusammenhängen erklärt werden soll.
3 Zu denken wäre hier in erster Linie an die Psychoanalyse Sigmund Freuds.

so aus seiner eignen Existenz herauszuspringen. Und eben dies ist das próton pseúdos[4] und führt notwendig dazu, die Erfassung unserer Existenz zu verfehlen, indem wir uns von außen sehen als Objekt des sich orientierenden Denkens. Und das wird dadurch nicht besser, dass wir uns im Unterschied zu anderen Objekten, mit denen wir uns in Wechselwirkung sehen, als Subjekt bezeichnen. Denn der als Subjekt bezeichnete Mensch ist ebenso von außen gesehen. Aus der Frage nach unserer Existenz hat deshalb die Unterscheidung von Subjekt und Objekt völlig auszuscheiden. Und die Sache wird auch dadurch keineswegs besser, dass man etwa eine theistische[5] oder christliche „Weltanschauung" hat, etwa aus der Einsicht, dass unsere Existenz in Gott gegründet sei und dass also eine Weltanschauung, in die dieser Satz aufgenommen ist, den Ansprüchen genüge und unsere Existenz erfasse. Denn hier ist ja Gott ebenso von außen gesehen als Objekt wie der Mensch. Wer etwa ein modernes Weltbild hat, das durch den Gedanken des Gesetzes[6] konstituiert wird, hat ein gottloses Weltbild, auch wenn er die Weltgesetze als Kräfte und Formen des göttlichen Wirkens denkt oder wenn er Gott als den Ursprung dieser Gesetzlichkeit ansieht. Das Wirken Gottes kann eben nicht als ein allgemeines Geschehen angesehen werden, das wir anschauen könnten (etwa in der Betrachtung jener Gesetze) unter Absehung von unserer eigenen Existenz und in das wir nachträglich unsere Existenz eingliedern könnten, um sie uns so verständlich zu machen. Denn wir hätten damit ja den primären Gedanken von Gott als der unsere Existenz bestimmenden Wirklichkeit preisgegeben. Wir geben das auch unfreiwillig oder unbewusst zu, indem wir uns in unserem eigentümlichen Sein ganz klar von den Weltgesetzen unterscheiden. Es wird doch wohl niemand die Lebensbeziehungen, in denen er in Liebe, Dankbarkeit und Ehrfurcht mit anderen verbunden ist, als Funktionen von Gesetzen ansehen; jedenfalls nicht, wenn er wirklich in diesen Beziehungen lebt. Es geht also offenbar auch nicht, Gott als Prinzip der Welt zu denken, von dem aus die Welt und damit auch unsere Existenz verständlich werde. Denn da würde Gott eben von außen angesehen werden und der Satz von seiner Existenz wäre eine allgemeine Wahrheit, die etwa in einem System von Erkenntnissen (allgemeinen Wahrheiten) ihren Platz hätte, also in einem System, das sich trägt und unsere Existenz tragen soll, statt Ausdruck unserer Existenz selber zu sein. Da wäre Gott eine Gegebenheit, zu der eine Erkenntnisrelation möglich ist, die nach Belieben vollzogen werden kann. Gott bzw. seine Existenz wäre ein Etwas, *woraufhin* uns ein Verhalten – so oder so – möglich wäre. Und eben dies ist wieder das próton pseúdos: Ist der Gedanke Gottes ernst genommen, so ist Gott nichts, *woraufhin* irgend etwas vorgenommen werden kann. Er wäre dann von außen gesehen und ebenso hätten wir selbst uns von außen gesehen. Wir können also z. B. nicht sagen: Weil Gott die Wirklichkeit regiert, ist er auch mein Herr; sondern nur wenn man sich in seiner eigenen Existenz von Gott angesprochen weiß, hat es Sinn, von Gott als dem Herrn der Wirklichkeit zu reden. Denn jedes Reden über die Wirklichkeit, das absieht von dem Moment, in dem wir allein das Wirkliche haben können, nämlich von unserer eigenen Existenz, ist Selbsttäuschung. Gott ist nie ein von außen zu Sehendes, ein Verfügbares, ein „Woraufhin".

Ist es so, dass die Welt von außen gesehen gottlos ist, und dass wir, sofern wir uns als ein Stück Welt sehen, gottlos sind, so ist wiederum klar, dass Gott der Ganz Andere nicht ist, sofern er sich außerhalb der Welt irgendwo befindet, sondern sofern diese Welt als gottlos sündig ist. Diese von außen gesehene Welt, in der wir uns als Subjekte bewegen, das ist unsere Welt, die wir ernst nehmen und damit als sündig qualifizieren[7].

4 próton pseúdos (griech.: πρῶτον ψεῦδος): der Grundfehler, das in erster Linie Falsche
5 theistisch (griech.): ein Begriff aus der Theologie des 18. Jahrhunderts; Glaube an einen persönlichen Gott, der sich durch Wunder oder Offenbarungen kundtut.
6 Gemeint sind damit die naturwissenschaftlichen Gesetze, z. B. die Gesetze der Physik.
7 Unter „Sünde" ist hier keine moralische Verfehlung zu verstehen, sondern die Grundverfassung menschlichen Daseins, das meint, über sich selbst verfügen und sich vollständig erkennen zu können.

Es ist uns also von unserer Existenz nur ein Doppeltes klar: 1. dass wir die Sorge und Verantwortung für sie haben; denn sie bedeutet ja: tua res agitur[8]; 2. dass sie absolut unsicher ist und wir sie nicht sichern können; denn dazu müssten wir außerhalb ihrer stehen und Gott selbst sein. Wir können nicht über unsere Existenz reden, da wir nicht über Gott reden können; und wir können nicht über Gott reden, da wir nicht über unsere Existenz reden können. Wir könnten nur eins mit dem andern. Könnten wir *aus* Gott von Gott reden, so könnten wir auch von unserer Existenz reden und umgekehrt. Jedenfalls müsste ein Reden von Gott, *wenn* es möglich wäre, zugleich ein Reden von uns sein. So bleibt das richtig: Wenn gefragt wird, wie ein Reden von Gott möglich sein kann, so muss geantwortet werden: nur als ein Reden von uns.*

8 tua res agitur (lat.): Es geht um deine eigenen Dinge, d. h. um dich selbst.

Glauben im Sinne Bultmanns *ist also kein Entwickeln frommer Gedanken, ist weder Philosophie noch Weltanschauung, sondern ein bestimmtes Geschehen innerhalb der menschlichen Existenz. Danach scheint es, als müsse man im Glauben nicht irgendwelche Lehrsätze (Dogmen) für wahr bzw. richtig halten; der Glaube drückt eine Grundverfassung des Daseins aus. Insofern kann man* Bultmanns *Deutung des Glaubens „existentiell" nennen.*

Arbeitsaufträge

1. Jemand ist schlecht gelaunt – jemand befindet sich in einer üblen Stimmung. Versuchen Sie, „Laune" und „Stimmung" gegeneinander abzugrenzen! (7.3.1)
2. „Vor der nächsten Klausur habe ich Angst!" – Wie verträgt sich diese Ausdrucksweise mit den Analysen Heideggers? (7.3.1)
3. „Über der Landschaft lag eine eigenartige Stimmung". Wo ist nun eigentlich die Stimmung: in den Dingen, im Betrachter oder wo sonst? (7.3.1)
4. Ein Ball rollt einen Abhang hinunter; solche Vorgänge erfolgen „im Laufe der Zeit". Kann man dem Ball demnach so etwas wie „Zeitlichkeit" zusprechen? Vergleichen Sie dies mit den Aussagen Heideggers über „Zeitlichkeit"! (7.3.2)
5. Von heute gesehen, liegt die Ermordung Cäsars in der Vergangenheit, die Vereinigung aller Staaten zu einer „Weltpolitik" (vielleicht!) in der Zukunft. Wie verhalten sich die Begriffe „Gegenwart", „Vergangenheit" und „Zukunft" zu Heideggers Beschreibung der Zeitlichkeit?
6. Was meint Heidegger, wenn er sagt, die Gewesenheit entspringe in einem gewissen Sinne der Zukunft? (7.3.2)
7. Welche Bedeutung hat nach Sartre die Existenz des Anderen für das, was „ich" bin? In einem Theaterstück Sartres heißt es: „Die Hölle, das sind die Anderen." Wie lässt sich dieser Satz auf Sartres Analysen zum Sein des Anderen beziehen? (7.3.3)
8. Vergleichen Sie die Positionen Sartres und Marcels: Worin macht sich bemerkbar, dass Sartre einen atheistischen, Marcel einen christlichen Standpunkt vertritt? (7.3.3/7.3.4)
9. Weshalb ist für Bultmann der christliche Glaube keine „Weltanschauung"? (7.3.5)
10. Bultmanns Aufsatz hat den Titel: „Welchen Sinn hat es, von Gott zu reden?" – Versuchen Sie, diese Themenfrage im Sinne Bultmanns zu beantworten! (7.3.5)
11. Vergleichen Sie die Positionen Bultmanns und Kierkegaards! (4.3.4/7.3.5)

* Rudolf Bultmann, Welchen Sinn hat es, von Gott zu reden? In: Ders., Glauben und Verstehen, Bd. I, J. C. B. Mohr (Paul Siebeck), Tübingen [5]1964, S. 31–33

8 Über den Menschen hinaus

Zwar richtet die Anthropologie ihr Augenmerk in erster Linie auf den Menschen, wie er „ist" und sich in seinen Lebensweisen darbietet. Aber dabei wird deutlich, dass eben dieser Mensch sich nicht mit dem begnügt, was gerade an ihm und um ihn vorfindlich ist, sondern über sich hinausfragen kann. Solche Fragen richten sich auf Transzendenz *im weitesten Sinne: Sie können auf zukünftige Möglichkeiten des Menschseins zielen, auf Überwindung der Mängel, die dem heutigen Menschen (noch?) anhaften, auf Ziel und Sinn menschlichen Lebens und letztlich auf Gott als den (jenseitigen) Partner unserer Existenz.*

8.1 Der Mensch als Homo religiosus

Geht der Mensch so über sich hinaus, dass er nach seinem Woher und Wohin fragt, dann wird ihm deutlich, dass er sein Dasein weder selbst hervorgerufen hat noch die Fähigkeit besitzt, es beliebig zu gestalten. Aus der Erfahrung eigener Endlichkeit kann die Suche nach einem anderen, unendlichen Sein in Bewegung kommen: die Suche nach Gott.

8.1.1 Weltoffenheit und Gottoffenheit – Wolfhart Pannenberg

In der biologischen Anthropologie wird heute vom Menschen als einem „weltoffenen" Wesen gesprochen (vgl. 5.2). Dabei ist an die Sonderstellung des Menschen im Tierreich gedacht. Während Tiere in ihre jeweiligen Umwelten eingeschlossen sind, zwingt den Menschen das Fehlen einer festen Einbettung in vorgegebene Verhaltensprogramme zu eigenem freien Handeln (A. Gehlen). Aber dieser Begriff von „Weltoffenheit" reicht vielleicht nicht aus. Der Theologe W. Pannenberg *fragt über ihn hinaus:*

Was ist der Motor dieses Strebens ins Offene? Man hat gesagt, dass der Mensch ständig unter dem Druck eines Antriebsüberschusses lebt[1]. Dieser Druck ist nicht der gewöhnliche Zwang tierischen Trieblebens. Der tierische Triebzwang setzt nur ein, wenn der auslösende Gegenstand gegenwärtig ist. Der menschliche Antriebsdruck hingegen richtet sich ins Unbestimmte. Er entsteht, weil unsere Antriebe keine Ziele finden, die ihnen ganz Genüge tun. Er äußert sich in dem für den Menschen so charakteristischen Drang zu Spiel und Wagnis, in der Distanzierung von der Gegenwart durch ein Lächeln. Er treibt ins Offene, scheinbar ziellos. Arnold Gehlen hat treffend von einer „unbestimmten Verpflichtung" gesprochen, die das Blut der Menschen in Unruhe versetzt und sie hinaustreibt über jede erreichte Stufe der Lebensverwirklichung. Und er hat auch gesehen, dass diese Unruhe eine Wurzel alles religiösen Lebens ist. Das bedeutet nun freilich nicht, dass der Mensch sich selbst Religionen schafft, indem er jenem unbestimmten Drang durch seine Fantasie Gestalt verleiht. Aller Tätigkeit der Fantasie in der Bildung der Religionen geht schon etwas anderes voraus und dadurch ist Religion mehr als bloß eine Schöpfung des Menschen.

Das lässt sich begründen durch eine eingehendere Besinnung auf die menschliche Antriebsstruktur. Triebhaftigkeit bedeutet nämlich beim Menschen wie bei den Tieren, auf etwas angewiesen zu sein. Das liegt in ihrem Begriff. Alle Lebewesen sind angewiesen auf Nahrung, auf

1 Pannenberg weist hier durch eine Fußnote auf die anthropologischen Untersuchungen des Philosophen Max Scheler und des Anthropologen Arnold Gehlen hin.

Lebensbedingungen des Klimas und der Vegetation, auf die Gemeinschaft mit Artgenossen und nicht zuletzt auf die Gesundheit des eigenen Leibes. Während nun die Bedürftigkeit der Tiere auf ihre Umwelt beschränkt ist, kennt die des Menschen keine Grenzen. Er ist nicht nur angewiesen auf bestimmte Bedingungen seiner Umgebung, sondern darüber hinaus auf etwas, das sich ihm entzieht, sooft er nach einer Erfüllung greift. Die chronische Bedürftigkeit, die unendliche Angewiesenheit des Menschen setzt ein Gegenüber jenseits aller Welterfahrung voraus. Der Mensch *schafft* sich nicht erst unter dem Druck seines Antriebsüberschusses einen fantastischen Gegenstand seiner Sehnsucht und Ehrfurcht über alle in der Welt möglichen Dinge hinaus, vielmehr setzt er in seiner unendlichen Angewiesenheit ein entsprechend unendliches, nicht endliches, jenseitiges Gegenüber immer schon voraus, mit jedem seiner Atemzüge, auch wenn er es nicht zu nennen weiß. Das liegt wiederum im Wesen seines unendlichen Triebes. Erst daraufhin, dass der Mensch unendlich angewiesen ist und also in jedem Lebensvollzug ein über alles Endliche hinweg ihm zugewandtes Gegenüber seiner Angewiesenheit voraussetzt, erst daraufhin kann seine Fantasie Vorstellungen davon bilden.

Für dieses Gegenüber, auf das der Mensch in seinem unendlichen Streben angewiesen ist, hat die Sprache den Ausdruck Gott. Das Wort Gott kann nur sinnvoll verwendet werden, wenn es das Gegenüber der grenzenlosen Angewiesenheit des Menschen meint. Sonst wird es zur leeren Vokabel.

Die unendliche Angewiesenheit des Menschen auf ein unbekanntes Gegenüber hat sich uns nun als der Kern des etwas vagen Ausdrucks Weltoffenheit herausgestellt. Damit ist freilich kein theoretischer Beweis für die Existenz Gottes geführt. Es hat sich aber gezeigt, dass der Mensch rein durch den Vollzug seines Lebens ein Gegenüber voraussetzt, auf das er unendlich angewiesen ist, ob er es weiß oder nicht. Es hat sich ferner gezeigt, dass diese Voraussetzung für ein Verständnis der grundlegenden biologischen Struktur des Menschseins unumgänglich ist, sobald man sich nicht mit der vagen Bezeichnung Weltoffenheit zufrieden gibt, sondern wissen will, was damit gemeint sein kann. Aber, wie gesagt, jenes Gegenüber ist unbekannt. Es ist noch nichts darüber ausgemacht, wer oder was das Gegenüber, auf das der Mensch unendlich angewiesen ist, eigentlich ist. Die Angewiesenheit auf Gott ist gerade darin unendlich, dass die Menschen diese ihre Bestimmung nicht immer schon haben, sondern nach ihr suchen müssen. Die Religionsgeschichte zeigt, wie die Menschen das Gegenüber Gottes jeweils erfahren haben, wie es sich ihnen gezeigt hat. Ob sie es angemessen erfahren haben, das ist eine ganz andere Frage. Jedenfalls wären die Botschaften der Religionen darauf zu prüfen, ob sie die unendliche Offenheit menschlichen Daseins verdecken oder hervortreten lassen.*

Pannenbergs *theologische Gedanken über den Menschen schließen sich an die biologische Anthropologie an. Dabei liegt ein Vergleich mit der Position des Psychologen* Julian Jaynes *nahe (5.3.4). Dieser Vergleich könnte deutlich machen, weshalb das „unendliche Gegenüber" des Menschen als göttliche Stimme empfunden wurde.*

8.1.2 Menschsein in offener Evolution – Hoimar v. Ditfurth

In einem seiner letzten Interviews (mit dem Journalisten Wolf-Rüdiger Schmidt*) hat* H. v. Ditfurth *seine Gedanken zur Stellung des Menschen in der Evolution zusammengefasst. Auch dabei berühren sich biologische und theologische Ansätze. Für* Ditfurth *ist der Mensch kein endgültig fertiges Produkt der Natur, sondern steht im Rahmen einer ständig noch weiterlaufenden Evolu-*

* Wolfhart Pannenberg, Was ist der Mensch? Die Anthropologie der Gegenwart im Lichte der Theologie. Vandenhoeck & Ruprecht, Göttingen 1962; [7]1985, S. 10–12

tion des Universums. Ditfurth sieht keine Probleme darin, in diesem Zusammenhang auch von einer unvollendeten, andauernden Schöpfung zu sprechen.

Frage: Insofern müsste von Schöpfung heute als einer werdenden, einem immer noch werdenden Prozess gesprochen werden. Schöpfung als Evolution …

Ditfurth: Das ist einer meiner zentralen Vorschläge gewesen, den ich plausibel und in allgemein verständlicher Sprache oft entfaltet habe, auf den ich zu meiner Enttäuschung von der theologischen Seite – mit Ausnahme einiger wichtiger und dankbar begrüßter Aussagen – keine Reaktion gehört habe. Dass nämlich dieser ganze Kosmos und die Geschichte dieses Kosmos nichts anderes ist als der Augenblick der Schöpfung. Dass wir von innen in diesem Kosmos und als Teil von ihm die Schöpfung mit erleben, die für unseren evolutiv beschränkten Horizont[1] und unseren begrenzten Zeitmaßstab vor vielen Milliarden Jahren begonnen hat und in 60–80 Milliarden Jahren zum Abschluss kommen wird; dass das alles von einem jenseitigen Zeiterleben aus – populär unter dem Aspekt der Ewigkeit – der Augenblick ist, in dem die Schöpfung sich vollendet.

Frage: Die Schöpfung geht also weiter?

Ditfurth: Wir erleben den Fortgang der Schöpfung in einer extremen Zeitlupe von innen als die Geschichte des Kosmos.

Frage: Das heißt auch, dass der Mensch, der heutige Mensch, nicht der Endpunkt und die Krone der Schöpfung ist, sondern ein Schnittpunkt in dieser langen Geschichte des Lebens?

Ditfurth: Ganz richtig. Etwas salopp formuliert: Wir sind die Neandertaler der Zukunft. Ich glaube, dass wir in der Geschichte dieses Kosmos ganz unvermeidlich auch Übergangsphänomene sind, wie es frühere uns vorangegangene Lebensformen, unsere biologischen Vorläufer, auch gewesen sind.

Andererseits glaube ich, dass aus dieser Sicht – der Kosmos als Augenblick der Schöpfung von innen betrachtet – ein ganz neues Gefühl der Verantwortung spürbar wird. Unsere Verantwortung nämlich für jenen kleinen Bereich, in dem uns die Ehre und Verantwortung zuteil wird, in den Ablauf dieser kosmischen Geschichte manipulierend einzugreifen. Hier obliegt es unserer Verantwortung, ob wir den Weitergang der Schöpfung fördern. Ob wir, uns gehorsam ihren Gesetzen unterordnend, der Schöpfung gerecht werden. Oder ob wir diesen Ablauf stören und beeinträchtigen, indem wir das, was wir im Leben der Natur vorfinden, verwechseln mit einem Bergwerk und Magazin an Ressourcen[2], das wir zu unserem egoistischen Bedarf ausbeuten.

Frage: Immerhin könnte es ja sein, dass der Mensch auf der Stufe seiner Evolution selbst zum Faktor der Beschleunigung der Evolution wird.

Ditfurth: Wenn wir das könnten und wenn wir die uns ohne unser Verdienst darbietende Möglichkeit verantwortlich nutzen würden, könnten wir sogar der uns gestellten Aufgabe in einer unglaublich viel umfassenderen Weise gerecht werden, als viele das glauben.

Frage: Aber Sie bleiben skeptisch, ob der Mensch, der noch mit den Füßen in der Steinzeit steht, im Kopf schon soweit ist, dass er dieser Verantwortung gerecht werden kann?

Ditfurth: Bisher haben wir z. B. naturwissenschaftliche Grundlagenforschung als eine Art Hure missbraucht. Wir haben sie sofort abgeklopft auf den Aspekt ihrer Nützlichkeit im Interesse

1 Ditfurth greift hier eine Aussage der so genannten evolutionären Erkenntistheorie auf, nach der sich unsere Erkenntnismöglichkeiten in Anpassung an die Wirklichkeit so entwickelt haben, dass wir überleben können. Aber damit ist zugleich gesagt, dass Erkenntnis nur so weit möglich ist, wie das für die Lebenserhaltung erforderlich ist, und dass die Grenzen menschlicher Erkenntnis dort beginnen, wo Erkenntnis nicht mehr der Anpassung dient.

2 Ressourcen (franz.): Quellen, Rohstoffreserven

der Steigerung menschlicher Machtmöglichkeiten und der Möglichkeit zur Manipulation, um Lebensgenuss und Lebensstandard zu steigern.
Das ist natürlich ein Weg, der gefährlich ist und der sich selbst straft, wie sich im Moment in der ökologischen Bedrohung immer deutlicher zeigt. Also ein Weg, der nicht nur unangemessen und hybride[3] ist, sondern ein Weg, der auch suizidal[4] ist, der zur Selbstausrottung führen muss.

Frage: Worte wie diese und anderes, was Sie in letzter Zeit mit großem Erfolg veröffentlicht haben, lassen Sie als Pessimisten erscheinen. Sie vertreten die These, diese Welt, diese Wirklichkeit, von der wir nur einen Ausschnitt wahrnehmen, kann auch ohne den Menschen gut bestehen, was immer dann auch „gut" heißt. Eine Welt ist denkbar ohne den Menschen …

Ditfurth: Durchaus.

Frage: Ist das kein Pessimismus?

Ditfurth: Dazu ist viel zu sagen. Das ist nicht pessimistisch; nur wenn man es kurzatmig betrachtet, könnte es Pessimismus sein. Irgendwo ist es für mich sogar tröstlich, weil damit implizite auch die unwiderlegbare Behauptung aufgestellt ist, dass wir trotz aller uns zugewachsenen Möglichkeiten und Mittel der technischen Manipulation nie in der Lage sein werden, die Natur zugrunde zu richten. Davon wird so oft gesprochen. Wir sind fähig, die Natur so zuzurichten, dass sie uns die Lebensgrundlage entzieht, womit die Gattung Mensch ausscheiden würde. Und dann wird sich diese Natur, deren Fantasie ausgereicht hat, uns selbst und unser Gehirn und vieles, was wir nie verstehen werden, hervorzubringen, dann wird sich ihre Kreativität wieder ungestört entfalten können, und es wird keine Spur von uns bleiben, und wir hätten uns selbst aus diesem Spiel durch eigene Schuld fahrlässig entfernt.

Frage: Das ist eine sehr schwer wiegende Anfrage an eine christliche Grundvorstellung, die davon ausgeht, dass eine Art Garantie für die Schöpfung, die Welt, die Wirklichkeit besteht. Gott wird seine Hand, seinen Segen nicht abziehen …

Ditfurth: An diese Aussage glaube ich auch und halte daran fest. Aber sie wird trotzdem zu anthropomorph und anthropozentrisch[5] missverstanden. Sie wird zu sehr aus der Perspektive unseres eigenen egoistischen Interesses in Anspruch genommen. Gott wird diese Welt ihrer Vollendung entgegenführen, ob mit uns oder ohne uns, und wir sind dafür verantwortlich, ob es mit uns oder ohne uns stattfindet.

Frage: Stichwort: „Vollendung". Sie haben sich zum Thema Evolution und Transzendenz verschiedentlich geäußert. Soweit ich sehe, haben Sie das so intensiv wie kein anderer aus naturwissenschaftlicher Sicht derzeit getan. Es ist eine aus dem theologischen Bereich bis heute unbeantwortete Anfrage. Ist Evolution also zur Transzendenz hin offen, auf ein Überschreiten hin angelegt, auf ein noch in jeder Hinsicht offenes Jenseitiges ausgerichtet?

Ditfurth: Ich glaube, dass Evolution, so wie ich sie zu interpretieren versucht habe, als eine Bewegung des Kosmos zu verstehen ist, durch die er sich im Laufe seiner Geschichte dem geistigen Prinzip immer mehr annähert. Am Ende könnte sogar der Übergang in dieses geistige Prinzip stehen. So wie bisher 10–15 Milliarden Jahre genügt haben, um die Erde und das Sonnensystem hervorzubringen, Leben auf der Erde und während der letzten drei Milliarden Jahre biologische Organismen und schließlich uns entstehen zu lassen, in deren Gehirn wohl erstmals ein schwacher Abglanz dieses geistigen Prinzips auftaucht, so ist der Prozess eben noch nicht abgeschlossen. Gerade unser Gehirn ist ein Beispiel dafür, dass die Evolution es

3 hybride (griech.): überheblich
4 suizidal (lat.): selbstmörderisch
5 anthropomorph, anthropozentrisch (griech.): nach menschlichem Muster, mit dem Menschen im Mittelpunkt

jedenfalls in diesem konkreten Fall fertig gebracht hat, das geistige Prinzip in dieser materiellen Welt zu realisieren.
Heute ist es zwar ungewiss, welche Gestalt die Geschichte in Zukunft hervorbringen wird und wie unsere Nachfolger in 10 oder 20 Milliarden Jahren oder bereits früher einmal aussehen werden. Erlaubt ist jedoch folgende Aussage: Bisher hat die Evolution dazu geführt, dass dieses geistige Prinzip sich immer differenzierter manifestieren konnte. So ist es wohl nicht unberechtigt anzunehmen und zu sagen, dass die Evolution darauf zusteuert, die ganze Welt zu vergeistigen. (...)

Frage: Was heißt das dann aber für die Gottesfrage, sofern sie hier überhaupt noch einen Stellenwert hat? Die Konsequenz könnte sein: Gott in der Evolution, Gott im Werden der Welt. Das ist eine Formulierung, die für die christliche Tradition sicher schwierig ist, aber möglicherweise sehr fruchtbar sein könnte.

Ditfurth: Dazu kann ich als Nichttheologe etwas Wesentliches nicht sagen: Ich komme auf diesem Weg mit Sicherheit nicht bis zu dem persönlichen Gott, an den die Christen glauben. Das nicht. Aber ich komme zu der Aussage, dass das Werden, dass die innovativen Prozesse[6] in dieser Welt, deren Ursache wir nie verstehen werden, stets von Strukturen geringerer Ordnung zu Strukturen immer höherer Ordnung verlaufen. Ich komme bis hin zu der Aussage, dass dieser Prozess, die Eigenschaften der Materie, die den Prozess anstoßen und ermöglichen, dass die Gesetze, die ihn steuern, dass die Tatsache, dass überhaupt dieses ganze sonderbare und wunderbare Gebilde existiert, dass das etwas ist, was mit naturwissenschaftlichen Mitteln nicht mehr erklärt werden kann. Dies ist die größte Annäherung, die ich zu dem Begriff Gott auf dem naturwissenschaftlichen Wege sehe. Dann beginnt der legitime Raum der Theologie.*

6 innovativ (lat.): erneuernd, Neuerungen einführend

Damit ist die Stellung des Menschen im Kosmos aus der Sicht eines heutigen Naturwissenschaftlers so umrissen, dass Verantwortung und Gefährdung gleichermaßen sichtbar werden. Unsere menschliche Existenz im Universum könnte einen tieferen Sinn haben, wenn sie dazu beiträgt, die Entfaltung des „geistigen Prinzips" in der Evolution zu fördern. Letztlich würde dann die Evolution (als Schöpfung gedacht) von Gott ausgehen und zugleich zu Gott hinführen, sodass die Sinngebung menschlichen Daseins im Übergang (in der „Transzendenz") zum Schöpfer des Universums und zur Vollendung der Schöpfung liegt. Dieser Standpunkt v. Ditfurths *begreift den Menschen zugleich als natürliches und auch als auf Gott gerichtetes Wesen.*

Arbeitsaufträge

1. Vergleichen Sie den Ansatz W. Pannenbergs (8.1.1) mit den anthropologischen Theorien in 5.2!
2. Wie begründet Pannenberg den Übergang von der „Weltoffenheit" zur „Gottoffenheit" des Menschen? (8.1.1)
3. Was meint H. v. Ditfurth, wenn er die heute lebenden Menschen als die „Neandertaler der Zukunft" bezeichnet? (8.1.2)
4. Wie kann der Mensch für die Schöpfung (bzw. den Fortgang der Evolution) verantwortlich sein? (8.1.2)

* Hoimar von Ditfurth, Gespräch mit Wolf-Rüdiger Schmidt. In: Wolf-Rüdiger Schmidt: Leben ist mehr. Gerd Mohn, Gütersloh [2]1988, S. 130–134

5. Nach v. Ditfurth ist die Schöpfung noch nicht beendet. Vergleichen Sie diese These mit dem biblischen Schöpfungsbericht!
6. Wie begründet v. Ditfurth seine Behauptung, die biologische Evolution lasse immer deutlicher erkennen, dass sie ein „geistiges Prinzip“ verwirkliche bzw. sich diesem Prinzip annähere? Kann diese Behauptung aus der biologischen Evolutionstheorie hergeleitet werden?

8.2 Der verwandelte Mensch

Neben den religiösen Antworten zur Frage nach dem Sinn des Lebens gibt es heute zahlreiche Weltanschauungen, die auf mehr oder weniger eigenständige Weise ebenfalls Antworten zu geben versuchen. In einer Zeit fortschreitender Technisierung und Rationalisierung sind solche Weltanschauungen sehr gefragt, denn sie erheben den Anspruch, dem Menschen aus seiner Orientierungslosigkeit in einer verwirrenden und in vielerlei Tendenzen aufgesplitterten Welt zu einem ganzheitlichen Verständnis seines Wesens zu verhelfen. Die Philosophie steht vor der Aufgabe, sich fragend und kritisch prüfend mit solchen Weltanschauungen auseinander zu setzen.

8.2.1 Das Menschenbild der Anthroposophie – Rudolf Steiner

Seit Beginn des 20. Jahrhunderts hat die Weltanschauung Rudolf Steiners *eine große Anhängerschaft gefunden. Sie nennt sich „Anthroposophie“ (Weisheit vom Menschen) und beansprucht, durch eine bestimmte Weise meditativen Denkens zu Erlebnissen höherer Welten führen zu können, in denen der Mensch sein eigentliches Wesen und den Sinn seines Lebens finden soll.*

Denn jeder Mensch trägt neben seinem – wir wollen ihn so nennen – Alltagsmenschen in seinem Inneren noch einen *höheren Menschen.* Dieser höhere Mensch bleibt so lange verborgen, bis er geweckt wird. Und jeder kann diesen höheren Menschen nur *selbst* in sich erwecken. Solange aber dieser höhere Mensch nicht erweckt ist, so lange bleiben auch die in jedem Menschen schlummernden höheren Fähigkeiten verborgen, die zu übersinnlichen Erlebnissen führen.
Solange jemand die Frucht der inneren Ruhe nicht fühlt, muss er sich eben sagen, dass er in der ernst strengen Befolgung der angeführten Regel[1] fortfahren muss. Für jeden, der so verfährt, kommt der Tag, wo es um ihn herum geistig hell wird, wo sich einem Auge, das er bis dahin in sich nicht gekannt hat, eine ganz neue Welt erschließen wird[2].
Und nichts braucht sich im äußeren Leben des Geheimschülers zu ändern dadurch, dass er anfängt, diese Regel zu befolgen. Er geht seinen Pflichten nach wie vorher; er duldet dieselben Leiden und erlebt dieselben Freuden zunächst wie vorher. In keiner Weise kann er dadurch dem „Leben“ entfremdet werden. Ja, er kann um so voller den übrigen Tag hindurch diesem „Leben“ nachgehen, weil er in seinen ausgesonderten Augenblicken ein „höheres Leben“ sich aneignet.*

1 Diese Regel für den „Geheimschüler“ der Anthroposophie lautet: „Schaffe dir Augenblicke innerer Ruhe und lerne in diesen Augenblicken *das Wesentliche von dem Unwesentlichen unterscheiden*“.
2 Die Vorstellung von einem dritten, „geistigen“ Auge im Inneren des Menschen stammt aus dem fernöstlichen Denken. Es ist das Auge der mystischen Versenkung, in der intuitiv besondere Erleuchtungen bzw. Inspirationen empfangen werden.

* Alle Quellen siehe S. 193

Wenn nun der „Geheimschüler", der in mediativer Schau die Erleuchtungen „höherer Welten" erlebt, sein Dasein im Ganzen überblicken lernt, erkennt er, dass es nur eine Phase in dem Strom ständiger Wiedergeburten seines Selbst ist:

Da wird dasjenige, was Anthroposophie die wiederholten Erdenleben nennt, von einem wirklichen Sinn durchdrungen. Was einem als notwendig erscheint im eigenen Handeln, im eigenen Willen, das zeigt sich als Ergebnis vorangegangener Erdenleben. Der ewige Wesenskern des Menschen macht irdische Leben in Wiederholungen durch, und dazwischen Leben zwischen Tod und neuer Geburt in seelisch-geistigen Welten. Und man lernt jetzt erkennen: Was sich von Leben zu Leben zieht, ist ein notwendiges Sich-Unterwerfen in Bezug auf unser Ich und seine Willensimpulse, nicht der äußeren Naturnotwendigkeit, sondern jener Notwendigkeit, die durch die wiederholten Erdenleben geht. (...)
In einer wunderbaren Harmonie steht vor uns das, was als Freiheit des einzelnen Erdenlebens auftritt, und das, was wir als Notwendigkeit des Schicksals fühlen, die aber nicht eine Notwendigkeit der äußeren Natur, auch nicht der natürlichen Beschaffenheit des menschlichen Lebens ist, sondern die herein strahlt aus früheren Erdenleben. Hierdurch werden wir nicht unfrei, gerade so wenig wie wir unfrei werden dadurch, dass wir einen neuen Schauplatz unseres Lebens betreten und abhängig sind von dem, wie dieser neue Schauplatz mit dem früheren verbunden ist, etwa wenn wir von Europa nach Amerika wandern. Es ist unser Schicksal, wie uns das Schiff hinübergetragen hat, wir betreten einen neuen Schauplatz, bleiben aber frei, auch wenn wir von Europa nach Amerika herübergewandert sind. Wir können Notwendigkeit von Freiheit unterscheiden, sobald wir diese Naturnotwendigkeit in den wiederholten Erdenleben, die Freiheit in dem einzelnen Erdenleben erblicken. Und das Hinaufblicken in höhere Welten gibt uns eine menschliche Sicherheit, indem es uns zeigt, welches der Sinn des Erdenlebens ist. Wir werden nicht bloß erfasst von einer Sehnsucht nach höheren Welten, die wir allerdings auch erfühlen müssen, wenn wir auf Erden sicher stehen wollen, denn das Göttlich-Geistige ist immer in uns, und wir werden unsicher im Erdenleben, wenn wir unsere Verbindung mit dem Göttlich-Geistigen nicht haben.

Diese Vorstellungen Steiners *haben eine gewisse Ähnlichkeit mit der fernöstlichen Seelenwanderungslehre. Nach ihr lebt ein Mensch nicht nur einmal; sein Selbst kann sich in einer Folge verschiedener Leben immer wieder neu verkörpern (inkarnieren) und durch sein geistiges Auge lernt der anthroposophische „Geheimschüler" diesen Gesamtaspekt seines Daseins in sich aufzunehmen.*

Er hat jetzt ein unmittelbares Wissen von seinem höheren Selbst. Und er lernt erkennen, dass dieses höhere Selbst mit geistigen Wesenheiten höherer Art zusammenhängt und mit ihnen eine Einheit bildet. Er sieht also, wie das niedere Selbst aus einer höheren Welt herstammt. Und es zeigt sich ihm, dass seine höhere Natur die niedere überdauert. Er kann nunmehr selbst sein Vergängliches von seinem Bleibenden unterscheiden. Das heißt nichts anderes, als er lernt die Lehre von der Einkörperung (Inkarnation) des höheren Selbst in ein niederes aus eigener Anschauung verstehen. Es wird ihm jetzt klar, dass er in einem höheren geistigen Zusammenhang darinnen steht, dass seine Eigenschaften, seine Schicksale durch diesen Zusammenhang verursacht sind. Er lernt das *Gesetz seines Lebens,* Karma[3], erkennen. Er sieht ein, dass sein niederes Selbst, wie es gegenwärtig sein Dasein ausmacht, nur eine der Gestalten ist, die sein höheres

3 Karma (ind.): In den altindischen Weisheitslehren wird jedes Wesen, ob Stein, Tier oder Mensch, als Ausdruck einer sittlichen Substanz gesehen, die sich anreichern oder vermindern kann, je nach der Art, wie dieses Wesen seine Lebensaufgabe erfüllt. Das so gewonnene „karma" bedingt, wie das jeweilige Wesen für ein neues Leben inkarniert (wiederverkörpert) wird.

Wesen annehmen kann. Und er erblickt die Möglichkeit vor sich, von seinem höheren Selbst aus an sich zu arbeiten, auf dass er vollkommener und immer vollkommener werde. Er kann nunmehr auch die großen Unterschiede der Menschen hinsichtlich ihrer Vollkommenheitsgrade einsehen. Er wird gewahr, dass es über ihm stehende Menschen gibt, welche die noch vor ihm liegenden Stufen schon erreicht haben. Er sieht ein, dass die Lehren und Taten solcher Menschen von den Eingebungen aus einer höheren Welt herrühren. Dies verdankt er seinem ersten eigenen Blick in diese höhere Welt. Was man „große Eingeweihte der Menschheit" nennt, wird jetzt beginnen, für ihn Tatsache zu werden.

Gegenüber den zerstreuenden und zersplitternden Wirkungen des alltäglichen Lebens sieht Steiner *in seiner Anthroposophie eine Lehre, die den Menschen wieder auf seinen „inneren Wesenskern" konzentriert und zu einem vollendeten Ganzen macht:*

In diejenige Entwickelung des Denkens, die auf die angedeutete Weise errungen wird, fließt der ganze Mensch nach Fühlen, nach Wollen ein, und was die hier gemeinte Geisteswissenschaft[4] als Weg in die höheren Welten vorzeichnet, das ist eine Entfaltung, eine Entwickelung des Vollmenschen. Und so wie auch im gewöhnlichen Sinnesleben das Denken nur erscheint als eine Blüte aus dem Organismus heraus, so erscheint auch die höhere Erkenntnis als eine Blüte des voll entwickelten Menschen, der alle seine Kräfte auf dem Wege in die höheren Welten hinein harmonisch und intensiv ausbildet.*

4 Dieser Begriff von „Geisteswissenschaft" entspricht nicht dem, was üblicherweise unter solchen Wissenschaften verstanden wird, z. B. Geschichtswissenschaft, Sprachwissenschaft, Kunstwissenschaft usw.

Die Anthroposophie Steiners *erhebt den hohen Anspruch, den Menschen zur Vollkommenheit führen zu können, indem sie ihn in „höhere Welten" einweist und ihn dadurch den Sinn seines Daseins verstehen lässt. Zu fragen wäre allerdings, was überhaupt ein „vollkommener Mensch" sein soll, auf welche Weise es „geistige Welten" geben kann, die unabhängig von der physischen Realität sind, und welche Art von Erfahrung sich hinter den Begriffen „Intuition", „Erleuchtung", „übersinnliche Erkenntnis" usw. verbirgt.*
Problematisch ist Steiners *Auffassung von den unterschiedlichen Vollkommenheitsgraden verschiedener Menschen. Sie kann dazu verführen, andere Menschen abschätzig zu beurteilen, wenn man sie im Vergleich zu sich selbst für minderwertig hält.*

8.2.2 Transformationen im New Age – Marilyn Ferguson

Mitte der Siebzigerjahre ist aus den USA eine geistige Erneuerungsbewegung nach Europa gekommen, die sich als „New Age" bezeichnet. Sie verkündet ein Bild vom Menschen, das unsere ganze Kultur verwandeln soll – sie will ganzheitlich, organisch und bewusstseinserweiternd sein, sodass die engen Grenzen der technisch-wissenschaftlichen Rationalität überwunden werden können zu Gunsten eines Denkens, das sich dem Mystischen nähert. Hauptvertreterin der New-Age-Bewegung ist Marilyn Ferguson, *deren Buch „Die sanfte Verschwörung" (amerikan. Originaltitel: The Aquarian Conspiracy) zum Kultbuch ihrer Anhänger wurde.*

Ein führerloses, aber dennoch kraftvolles Netzwerk arbeitet, um in dieser Welt eine radikale Veränderung herbeizuführen. Seine Mitglieder haben sich von gewissen Grundkonzeptionen

* Rudolf Steiner, Wie erlangt man Erkenntnisse der höheren Welten? (1904/1905) Taschenbuchausgabe aus dem Gesamtwerk, Bd. 600, R. Steiner, Dornach/Schweiz 1984, S. 24–25, S. 111–112
Ders.: Die Wirklichkeit der höheren Welten. Taschenbuchausgabe aus dem Gesamtwerk, Bd. 633, Dornach 1981, S. 32–34, 59

westlichen Denkens losgesagt[1] und dabei möglicherweise sogar die Kontinuität der Geschichte unterbrochen.

Dieses Netzwerk ist die sanfte Verschwörung im Zeichen des Wassermanns[2]. Eine Verschwörung ohne politische Doktrin[3]. Ohne Manifest[4]. Mit Verschwörern, die Stärke suchen, nur um diese weiterzuverbreiten – ihre Strategien sind pragmatisch[5], sogar wissenschaftlich; ihre Perspektiven klingen jedoch so mystisch, dass sie sich darüber zu diskutieren scheuen. Aktive Verschwörer stellen verschiedene unbequeme Fragen und fordern somit das Establishment[6] von innen her heraus.

Weit reichender als Reformen, tief gehender als eine Revolution hat diese beginnende Verschwörung im Hinblick auf eine neue Epoche der Menschheit die schnellste kulturelle Neuorientierung der Geschichte ausgelöst. Bei dem großen, erdbebenartigen, unwiderruflichen Umschwung, der auf uns zukommt, handelt es sich weder um ein neues politisches noch um ein religiöses oder philosophisches System. Es handelt sich um einen neuen Geist – eine Aufsehen erregende, neue Sicht der Welt nimmt ihren Anfang, die bahnbrechende Erkenntnisse der Wissenschaften und Einsichten ältesten menschlichen Gedankengutes umfasst.

(…) Erstmals in der Geschichte ist die Menschheit auf ein Instrument zur Herbeiführung von Veränderung gestoßen – auf ein Verständnis dafür, wie Transformation[7] stattfindet. Wir leben in *der Veränderung der Veränderung,* einer Zeit, in der wir uns vorsätzlich der Natur anschließen können, um uns selbst und unsere dem Zusammenbruch geweihten Institutionen zu erneuern.

Das Paradigma[8] der Verschwörung im Zeichen des Wassermanns betrachtet die Menschheit als in die Natur eingebettet. Es unterstützt das autonome[9] Individuum in einer dezentralisierten Gesellschaft[10]. Es sieht uns als Verwalter all unserer inneren und äußeren Reichtümer. Es sagt, dass wir *keine* Opfer, keine Pfandobjekte sind und durch keine Bedingungen oder Konditionierungen[11] begrenzt werden. Als Erben evolutionärer Reichtümer sind wir der Imagination, Invention und Erfahrungen fähig, die wir bis anhin nur flüchtig zu sehen bekommen haben[12]. Die menschliche Natur ist weder gut noch schlecht, sondern offen für kontinuierliche[13] Transforma-

1 Gemeint ist das analytisch-rationale Denken, das auf Descartes (vgl. 4.2) und die mechanistische Physik Newtons zurückgeht. Danach lässt sich die reale Welt am besten untersuchen, wenn man sie in ihre Komponenten aufteilt und jede Einzelheit für sich betrachtet (z. B. Atome, Individuen usw.).

2 Es handelt sich hier um eine astrologische Theorie. Die Erdachse verändert im Laufe der Zeit ihre Lage und führt eine Art Kreiselbewegung durch; innerhalb von 25800 Jahren ist ein solcher Umlauf beendet (sog. Platonisches Jahr). Teilt man diese Zahl durch die Zahl der Tierkreiszeichen, so erhält man in grober Annäherung 25800:12 = 2000 Jahre. Solch ein Zeitraum wird nun als kosmische Epoche gesehen, die jeweils einem Tierkreiszeichen untersteht. Die letzten 2000 Jahre gehörten zum Zeichen der Fische und gehen jetzt zu Ende; sie waren durch Kriege und Ausbeutung unseres Planeten gekennzeichnet. Nun soll eine neue kosmische Phase beginnen: das „New Age" im Zeichen des Wassermannes.

3 Doktrin (lat.): Lehrmeinung

4 Manifest (lat.): Verlautbarung, Grundsatzschrift

5 pragmatisch (griech.): sachbezogen

6 Establishment (engl.): Lebensform der angepassten, bequemen Menschen, die mit sich und der Welt zufrieden sind

7 Transformation (lat.): Umformung

8 Paradigma (griech.): Denkmuster, Musterbeispiel

9 autonom (griech.): selbstständig, sich selbst seine Gesetze gebend

10 Eine Gesellschaft, die nicht von einem Mittelpunkt der Macht regiert wird, sondern ihre Angelegenheiten vor Ort selbstständig regelt, z. B. durch Bürgerinitiativen

11 Konditionierung (lat.): Herstellung von Bedingungen, auf die man automatisch reagiert, wie z. B. bei einer Dressur

12 Gemeint ist, dass die biologische Evolution den Menschen die Möglichkeit geboten hat, Fantasie (Imagination) und Erfindungsreichtum (Innovation) zu entwickeln.

13 kontinuierlich (lat.): stetig

tion und Transzendenz[14]. Sie muss nur sich selbst entdecken. Die neue Perspektive respektiert die gesamte Ökologie: Geburt, Tod, Lernen, Gesundheit, Familie, Arbeitswelt, Wissenschaft, Spiritualität[15], die Künste, das Gemeinwesen, Beziehungen und Politik.
Die Verschwörer im Zeichen des Wassermanns werden durch ihre parallelen Entdeckungen vereint: durch Paradigmenwechsel, die sie davon überzeugen, dass sie bis anhin unnötigerweise ein begrenztes Leben führten.*

Beim Übergang in das neue Zeitalter soll sich der Mensch also innerlich verwandeln (transformieren). Er wird ein neues Verständnis seiner Rolle im Universum entwickeln und ein höheres Bewusstsein seiner eigenen Möglichkeiten ausbilden:

Und wir sprechen natürlich von der Transformation des Menschen – insbesondere von der Transformation des Bewusstseins. In diesem Zusammenhang bedeutet Bewusstsein nicht das einfache Wachbewusstsein. Hier bezieht es sich auf den Zustand, *sich seines Bewusstseins bewusst zu sein.* Man ist sich deutlich gewahr, dass man eine Bewusstheit besitzt. Tatsächlich ist dies eine neue Perspektive, die andere Perspektiven sieht – ein Paradigmenwechsel. Der Dichter E. E. Cummings[16] freute sich einst, dass er „das Auge meines Auges … das Ohr meines Ohrs" gefunden hatte. *Seeing Yourself See,* wie ein Buchtitel lautet. Diese Bewusstheit der Bewusstheit ist eine andere Dimension.
Bezeichnenderweise beschreiben alte Traditionen die Transformation als neues *Sehen.* Ihre Metaphern sind Licht und Klarheit. Sie sprechen von Einsichten und Visionen. Teilhard de Chardin[17] meinte, dass das Ziel der Evolution „immer perfektere Augen" sei, „in einer Welt, in der es immer mehr zu sehen gibt".
Die meisten von uns gehen durch das tägliche Leben, ohne den eigenen Gedankenabläufen große Bedeutung zu schenken: wie der Geist sich bewegt, was er fürchtet, was er beachtet, wie er mit sich selbst spricht, was er beiseite schiebt, die Beschaffenheit unserer Ahnungen; das Gefühl unserer Höhen und Tiefen; unsere falschen Vorstellungen. Die meiste Zeit essen wir, arbeiten wir, unterhalten wir uns, machen uns Sorgen, hoffen, planen, lieben uns, gehen einkaufen – alles mit minimalem Gedankenaufwand darüber, wie wir *denken.*
Der Beginn der persönlichen Transformation ist geradezu absurd einfach. *Wir müssen nur unsere Aufmerksamkeit auf den Fluss der Aufmerksamkeit selbst lenken.* Sofort eröffnet sich uns eine neue Perspektive. Der Geist kann dann seine vielen Stimmungen, seine Spannungen im Körper, den Fluss der Aufmerksamkeit, seine Wahlmöglichkeiten und Sackgassen, Schmerzen und Wünsche, sein Schmecken und Berühren beobachten.

Diese Entwicklung eines neuen, erweiterten Bewusstseins soll zu einer ganzheitlichen Sicht des Menschen innerhalb der Natur führen, die mystische Züge trägt. Alles in der Welt hängt miteinander zusammen und alles wird von geistigen Energien durchströmt, die nur ein vertieftes Bewusstsein erfahren kann.

Spirituelle oder mystische Erfahrung, das Thema dieses Kapitels, ist das Spiegelbild der Wissenschaft – eine direkte Wahrnehmung der Einheit der Natur, der Innenseite der Wunder, welche

14 Transzendenz (lat.): Hinübergehen zu neuen Bereichen
15 Spiritualität (lat.): Geistigkeit
16 E. E. Cummings (1894–1962): amerikanischer Schriftsteller
17 Teilhard de Chardin (1881–1955): Jesuitenpater und Paläontologe, der eine Evolutionstheorie vertrat, nach der die Entwicklung des Universums zu einem „Punkt Omega" führen soll, in dem das geistige Prinzip der Welt mit voller Klarheit hervortritt.

* Alle Quellen siehe S. 196

die Wissenschaft kühn von außen zu verstehen sucht. Diese Art des Verstehens ist der Wissenschaft um Tausende von Jahren voraus. Lange bevor die Menschheit Hilfsmittel wie die Quantenlogik[18] zur Verfügung hatte, die von der Vernunft nicht erfassbar waren, begaben sich einzelne Menschen durch eine Veränderung ihres Bewusstseins in das Gebiet der Widersprüche[19]. Und dort erkennen sie, dass das, was nicht sein kann, dennoch *ist.* Millionen von Menschen unserer Tage haben transzendente Aspekte der Wirklichkeit erfahren und diese in ihr Leben integriert[20].

Eine mystische Erfahrung, wie kurz sie auch immer sein mag, ist eine Bestätigung für jene, die sich zu spiritueller Suche hingezogen fühlen. Der Geist weiß nun, was das Herz nur erhofft hat. Aber dieselbe Erfahrung kann sehr quälend für jemanden sein, der nicht darauf vorbereitet ist, der sodann diese Erfahrung in ein inadäquates[21] Glaubenssystem zu integrieren versuchen muss. Die direkte Erfahrung einer höheren Wirklichkeit verlangt unerbittlich, dass wir unser Leben verändern. Wir können für eine Weile Kompromisse eingehen, aber schließlich erkennen wir, dass diese Ambivalenz[22] dasselbe bedeutet, wie wenn man sich entschlossen hätte, das Gesetz der Schwerkraft nur in bestimmten Fällen anerkennen zu wollen. Diese Transformation der Transformation, mit ihrer beschleunigenden Entwicklung von Verknüpfungen und Einsichten, kann eine erschreckende Zeit sein. Schließlich stellt sich – etappenweise – die wirkende Kraft ein. Wir müssen unser Leben mit unserem Bewusstsein in Einklang bringen. „Eine Bedingung von größter Einfachheit", äußerte T. S. Eliot[23], „die nichts weniger als alles kostet."*

18 Quantenlogik: ein methodisches Hilfsmittel der modernen Quantenpyhsik. Dabei wird nicht nur zwischen „wahr" und „falsch" unterschieden, sondern für Aussagen auch noch der dritte Beurteilungswert „unentschieden" eingeführt.
19 Solche Widersprüche können verschieden aussehen. So würde es z. B. alltäglichen Erfahrungen widersprechen, wenn das, was jemand hier in Europa gerade denkt, gleichzeitig auch die Gedanken eines Menschen in Asien beeinflussen sollte. Wenn aber für New-Age-Vertreter alles mit allem zusammenhängt, so müsste von einem höheren Gesichtspunkt aus dieser Widerspruch aufhebbar sein und jede Gedankentätigkeit unabhängig von Raum und Zeit das ganze Universum verändern.
20 integrieren (lat.): eingliedern
21 inadäquat (lat.): nicht zusammenpassend, sich nicht entsprechend
22 Ambivalenz (griech.-lat.): Unentschiedenheit; Doppelwidrigkeit
23 T. S. Eliot (1888–1965): englischer Dichter und Dramatiker

Die Ideen von der großen Transformation unseres Bewusstseins und dem Aufbruch zu einem neuen Zeitalter finden sich nicht nur bei Marilyn Ferguson. *Das New-Age-Denken hat viele Formen angenommen und reicht bis in die so genannte* Esoterik. *Es geht dabei um Annäherung an Bereiche des magischen und mythischen Denkens, um Irrationales im weitesten Sinne, sodass auch das Okkulte neues Interesse gewinnt. Wenn aber die so verkündete Spiritualität des zukünftigen Menschen die Vernunft außer Kraft setzt, hört jede Möglichkeit zu selbstverantwortlichem, begründbarem Handeln auf. Der Mensch wird zum Spielball angeblich übersinnlicher Mächte und verzichtet darauf, sein Leben in vernünftiger Weise selbst zu gestalten. Unter Umständen greift er zur Droge, um sein Bewusstsein zu erweitern (tatsächlich: um es auszuschalten), oder er schließt sich irgendwelchen* Sekten *an, die ihn seiner Mündigkeit berauben und aus ihm ein willfähriges Werkzeug ihrer Interessen machen.*

* Marilyn Ferguson, Die sanfte Verschwörung. Amerikan. Ausgabe unter dem Titel „The Aquarian Conspiracy", 1980. Dt. Ausgabe übers. v. Thomas Reichau, Sphinx, Basel; Knaur, München 1982, S. 25–26, 33, 76–77, 418–419

Arbeitsaufträge

1. Stellen Sie sich vor, Sie lebten nicht nur einmal, sondern hätten schon viele Leben hinter und viele Leben vor sich. Wie würde sich unter dieser Vorstellung Ihr jetziges Leben ändern? (8.2.1)
2. Der griechische Philosoph Platon lehrte, unsere Erkenntnisse während unseres irdischen Lebens könnten immer nur schattenhaft sein und nie das wahre Wesen der Dinge erfassen. Erst nach dem Tode sehe die unsterbliche Seele des Menschen in einem Reich rein geistiger Ideen, was in Wahrheit „ist". Vergleichen Sie diese Lehre Platons mit den Gedanken Rudolf Steiners! (8.2.1)
3. Was stellen Sie sich unter „höheren Welten" vor? (8.2.1)
4. Was könnte mit Erkenntnissen gemeint sein, die nicht auf dem Wege wissenschaftlichen Denkens (weder durch empirische Forschung noch durch Logik) gewonnen werden, sondern durch Meditation? (8.2.1/8.2.2)
5. Sie werden sich (durch eine entsprechende Hinwendung Ihrer Aufmerksamkeit) Ihres Bewusstseins bewusst. Was unterscheidet diese Einstellung von der philosophischen Reflexion des Descartes, der sagte: „Ich denke, also bin ich"? (8.2.2)
6. M. Ferguson spricht von „spirituellen oder mystischen Erfahrungen". Versuchen Sie zu beschreiben, was damit gemeint sein könnte! (8.2.2)
7. Anhänger der New-Age-Bewegung versprechen sich von dem neu anbrechenden Zeitalter des Wassermanns eine „wahre Befreiung des Geistes". Was kann damit gemeint sein? Wenn es für Sie solch eine Befreiung gäbe, was würden Sie sich von ihr erhoffen? (8.2.2)

8.3 Die Zukunft des Menschen im Licht der KI-Forschung

Die Frage nach der Zukunft des Menschen stellt sich heute anders als in vergangenen Zeiten. Wurde im Mittelalter der irdische Mensch als unveränderlich angesehen und die Möglichkeit seiner Verwandlung auf das Kommen des Gottesreiches am „Jüngsten Tag" verschoben, so hat man in der Neuzeit diese Vorstellung verweltlicht („säkularisiert") und durch einen Fortschrittsglauben ersetzt. Danach soll die Geschichte den Menschen zu immer größerer Vernunft, zunehmender Moralität und Humanität führen (Aufklärung im 18. Jahrhundert). Aber durch die Entwicklung moderner Techniken, vor allem durch die Computer-Science, ergeben sich wiederum neue Perspektiven. Was aus dem Menschen wird, hängt entscheidend von den Möglichkeiten seiner Technologien ab.

8.3.1 Der postbiologische Mensch – Hans Moravec

Der amerikanische Informatiker Hans Moravec *sieht in der heutigen Form des Menschseins eine Übergangserscheinung, die durch künstliche Intelligenz abgelöst werden könnte. Am Ende wird der Mensch durch die totale Herrschaft der Computer überflüssig.*

Vor Milliarden Jahren haben sich unsere Gene auf die erbarmungslose Spirale des biologischen Wettrüstens eingelassen. Nun sind sie am Ende selbst die Opfer. Sie haben eine so gewaltige Waffe entwickelt, dass Verlierer und Gewinner gleichermaßen unterliegen werden. Dabei handelt es sich nicht etwa um die Wasserstoffbombe – eher würde ein weltweiter Einsatz nuklearer Waffen die bereits in Gang gesetzte, wesentlich spektakulärere Vernichtung aufschieben.

Nicht die totale Auslöschung erwartet uns, sondern eine Zukunft, die man aus heutiger Sicht als „postbiologisch" oder auch als „übernatürlich" bezeichnen könnte: eine Welt, in der die menschliche Rasse, von der Flutwelle eines zivilisatorischen Wandels überschwemmt, usurpiert[1] wird von einer Nachkommenschaft, die sie selbst künstlich erschaffen hat. Wozu dies letztlich führen wird, wissen wir nicht. Wohl aber sind viele Stationen auf dem Weg dorthin vorhersehbar, mehr noch: Sie sind schon erreicht. Noch sind unsere elektronischen Maschinen nur simple Schöpfungen, die, wie jedes Neugeborene, der elterlichen Pflege und ständiger Aufsicht bedürfen; diese Apparate „intelligent" zu nennen, wäre vermessen. Doch im Verlauf des kommenden Jahrhunderts werden sie sich dem Menschen immer mehr angleichen und ihn schließlich übertreffen – komplexe Wesen, auf die wir stolz sein dürften, sähen sie in uns ihre Vorfahren.

Entlassen aus dem mühseligen Trott der biologischen Evolution können sich die Kinder unseres Verstandes frei entfalten und es mit den Herausforderungen des Universums aufnehmen. Eine Zeit lang werden die Menschen von der Arbeitskraft dieser Kunstwesen profitieren, doch früher oder später werden diese, wie natürliche Kinder, ihr eigenes Glück suchen, während wir, ihre alternden Eltern, unauffällig verschwinden. Wenn wir ihnen die Stafette des Lebens übergeben, muss nicht viel verloren gehen – es wird in der Macht unserer künstlichen Nachkommen liegen und zugleich vorteilhaft für sie sein, möglichst alles Wissen über uns zu bewahren, bis hin zu den detaillierten Funktionen unseres Denkens. (...).

Wir sind einer Zeit nicht mehr fern, in der es so gut wie keine physische oder geistige Funktion des Menschen geben wird, die nicht von einem Apparat ausgeführt werden könnte. Die Verkörperung dieses neuen kulturellen Zeitalters wird der intelligente Roboter sein, eine Maschine, die wie ein Mensch denkt und handelt, so wenig sie ihm auch in physischen oder geistigen Details ähneln mag. Solche Maschinen könnten unsere zivilisatorische Evolution entscheidend vorantreiben, die Verbesserung ihrer eigenen Konstruktion inbegriffen, ohne uns und ohne die Gene, die uns steuern. Wenn dies geschieht, wird unsere Erbsubstanz arbeitslos sein, weil sie mangels biologischer Konkurrenz den evolutionären Wettlauf verloren hat.

(...) Der Mensch ist aus Organismen hervorgegangen, die nahezu vollständig von ihren Genen definiert wurden. Jetzt sind wir darüber hinaus auf eine rasch wachsende Fülle kultureller Informationen angewiesen, die außerhalb unserer Gene erzeugt und gespeichert worden sind: in unserem Nervensystem, in Bibliotheken und seit kurzem in Computern. Unsere Kultur wird vornehmlich noch von menschlichen Geschöpfen getragen, aber mit jedem ablaufenden Jahr gewinnen Maschinen, die ein Hauptprodukt unserer Kultur sind, eine größere Bedeutung für ihre Bewahrung und Erweiterung. Früher oder später werden unsere Maschinen klug genug sein, sich selbst zu erhalten, zu reproduzieren[2] und ohne Hilfe zu verbessern. Wenn es soweit ist, wird die neue Machtübernahme abgeschlossen sein. Dann wird unsere Kultur im Stande sein, sich unabhängig von der menschlichen Biologie und ihren Beschränkungen zu entwickeln: dieser Bindungen ledig, wird sie direkt von Generation zu Generation immer intelligentere Maschinen hervorbringen. (...)

Gegenwärtig sind wir unglückliche Zwitter, teils biologische, teils kulturelle Wesen, mit biologischen Anlagen, die sich nicht im Einklang mit den Schöpfungen unseres Geistes befinden. Verstand und Gene mögen während unseres Lebens viele gemeinsame Ziele verfolgen, aber sie werden dauerhaft behindert, weil der Mensch Zeit und Energie aufwenden muss, um zu lernen, um Ideen zu entwickeln und zu verbreiten, weil er seinen Körper leistungsfähig erhalten und neue Generationen heranziehen muss. Die zwiespältige Waffenruhe zwischen Körper und Geist

1 usurpieren (lat.): beherrschen, in Besitz nehmen
2 reproduzieren (lat.): erneut hervorbringen, wiederholen

bricht vollständig zusammen, wenn das Leben endet. Die Gene überleben normalerweise – freilich anders kombiniert – in unseren Nachkommen. Auf eine subtile[3] Art entspricht es zweifellos dem evolutionären Interesse, immer wieder mit einem neu gemischten genetischen Kartenspiel zu experimentieren. Aber dieser Prozess zerstört die andere Hälfte unseres Seins; denn allzu viele schwer erworbene geistige Fähigkeiten sterben mit uns.
Man kann sich leicht einen vom sterblichen Körper befreiten Geist vorstellen – der Glaube an ein Leben nach dem Tode ist schließlich weit verbreitet. Doch diese Möglichkeit ist auch ohne mystische oder religiöse Hoffnungen denkbar. Ein Modell – selbst für den leidenschaftlichsten Atheisten akzeptabel – liefert der Computer. Wir können einen arbeitenden – sagen wir ruhig, einen denkenden – Computer mittendrin anhalten, das Programm und die Daten aus seinem Speicher herausholen und in einen anderen, räumlich von ihm getrennten Computer transferieren[4], der dann die Arbeit fortsetzt, als habe es keine Unterbrechung gegeben. Es ist durchaus vorstellbar, dass auch ein menschlicher Geist in einem ähnlichen (technisch fraglos diffizileren[5]) Prozess von seinem Gehirn getrennt wird.
Der Geist müsste etlichen Modifikationen[6] unterzogen werden, um nach der Befreiung aus dem Gefängnis des sterblichen Körpers zuverlässig funktionieren zu können. Das natürliche Denken des Menschen ist für eine lebenslange Progression zwischen eindrucksvoller Formbarkeit und selbstsicherer Starrheit angelegt und deshalb kein viel versprechendes Material für die Unsterblichkeit. Es müsste für eine fortwährende Anpassungsfähigkeit neu programmiert werden, um endlos überlebensfähig zu sein. Ein vergänglicher Organismus kann die Aufgabe der Anpassung den Prozessen von Mutation und natürlicher Auslese überlassen. Ein Denken, das unsterblich sein soll, ob es nun einem sterblichen Wesen entstammt oder ein ausschließlich künstliches Produkt ist, muss so eingerichtet sein, dass es sich ständig aus eigenem Antrieb anpasst. Möglicherweise müsste die Maschine hin und wieder verjüngt werden, in regelmäßigen Abständen mit neuer Hard- und Software eine Art neuer Kindheit erhalten. Vielleicht könnte die Ausstattung von Körper und Geist kontinuierlich auf den neuesten Stand gebracht werden, um aktuell zu bleiben. Tests sind von zentraler Bedeutung, denn sie treiben die Evolution voran. Trifft die Maschine bei diesen Prüfungen zu viele Fehlentscheidungen, wird sie im alten Darwin'schen Sinn untergehen.
Eine von denkenden, sich selbst verbessernden Maschinen beherrschte postbiologische Welt würde sich von der unsrigen ebenso unterscheiden wie die heutige Welt der Lebewesen von der leblosen Chemie der Urzeit. Eine Bevölkerung von absolut freien Kindern des Geistes ist zwar heute noch schwer vorstellbar. Trotzdem sollten wir über die Konsequenzen einer solchen Welt nachdenken.*

3 subtil (lat.): feinsinnig, spitzfindig
4 transferieren (lat.): übertragen
5 diffizil (lat.): schwierig
6 Modifikation (lat.): Abwandlung

Die hier geäußerten Vorstellungen werden zum Widerspruch herausfordern, aber auch wenn man ihnen nicht zustimmt, zeigen sie, dass wir unsere Zukunft nicht ohne die Entwicklung der Technik abschätzen können.

* Hans Moravec, Kinder des Geistes. Auszug in: Zeitmagazin Nr. 12, März 1990, übersetzt von C. v. Randow, S. 28–34

8.3.2 Absurde Pläne – Joseph Weizenbaum

Die Vorstellungen Moravecs *haben viel Widerspruch gefunden. Zu den wichtigsten Kontrahenten gehört der KI-Forscher* Joseph Weizenbaum, *der sich gegen die Anmaßungen einer übertriebenen Computer-Gläubigkeit wendet.*

Die Elite der *Artificial Intelligence*-Gemeinde, zumindest der amerikanische Zweig jener Forschung nach „künstlicher Intelligenz", hat lange Zeit argumentiert, dass jeder Aspekt menschlicher Erfahrung, einschließlich der Erfahrung, ein Mensch zu sein, in maschinelle Begriffe übersetzt werden kann. Moravec folgt dieser Logik des Absurden und kommt ganz logisch zu dem Schluss, dass *Information* das Wesen der menschlichen Existenz ausmache[1]. Daraus folgert er wiederum, dass die Information, die ein bestimmtes Individuum charakterisiert, in eine handliche Botschaft, das heißt eine Zahl, übersetzt und in einen Computer übertragen werden könne: *downloaden,* abladen nennt man das im Fachjargon. Dieser Computer *sei* dann das betreffende Individuum. Und weil der Inhalt eines Computers ganz exakt in einen anderen Computer hineinkopiert werden kann, vielleicht in ein neues und zuverlässigeres Modell als das erste, sei die Botschaft, mit anderen Worten: das Individuum, das die Botschaft *ist,* potentiell unsterblich geworden.

Für den Fall, dass die menschliche Kultur angesichts der bevorstehenden Ausrottung der menschlichen Rasse gerettet werden soll, bliebe nur noch die Aufgabe, die Geister großer Denker, möglicherweise die der *Artificial Intelligence*-Forscher vorneweg, in die Computergehirne von Robotern zu verpflanzen, um diese menschenähnlichen Maschinen dann in den Weltraum zu schicken, in andere Galaxien als unsere zum Beispiel. Doch dass gerade der Tod Teil der menschlichen Erfahrung ist, dass es präzise die Sterblichkeit der Träger menschlicher Kultur ist, die jede neue Generation in die Lage versetzt, das überlieferte kulturelle Erbe neu zu erschaffen und wiederzubeleben – dieser Gedanke scheint der *Artificial Intelligence*-Elite nie in den Sinn gekommen zu sein. (...)

Der Streit darüber, welche Eigenschaften der menschlichen Intelligenz sich denn nun genau in Form von Computerprogrammen verschlüsseln lassen, hat die *Artificial Intelligence*-Gemeinde lange Zeit beschäftigt. Er entzündet sich zum Beispiel an der Frage, bis zu welchem Grad ein Computer lernen kann, menschliche Sprache zu „verstehen". Ich habe lange Zeit die Position vertreten, dass wir Menschen Sprache aufgrund unserer eigenen, ich würde sagen vollständigen, persönlichen Lebensgeschichte verstehen. Weil nun keine zwei Menschen genau die gleiche Lebensgeschichte vorweisen, können auch keine zwei Menschen einander *perfekt* verstehen. Aber der größte Teil unseres Sprachverständnisses steht in Kontexten[2], die wir mit anderen Menschen teilen. Diese gemeinsamen Kontexte machen es uns möglich zu verstehen, was andere uns mitteilen. Die bloße Idee einer linguistischen Botschaft außerhalb jedes Kontextes und ohne jede Absicht ist eine Absurdität. Die Idee, eine Botschaft könnte eine *Bedeu-*

1 Information: Grundbegriff der Computerwissenschaft (Informatik). Informationen lassen sich auf einfache Ja-Nein-Entscheidungen zurückführen, die durch die Symbole „0" und „1" symbolisiert werden können. Diese Symbole ergeben – in vielfacher Kombination (Codierung) – für Computer verständliche Signale bzw. Nachrichten. Geht man davon aus, dass der Bauplan eines Organismus (auch des Menschen) durch die Informationen des genetischen Codes festgelegt ist, so wäre es denkbar, diesen Bauplan in seinem Computer zu speichern. Aber damit ist nicht der ganze Mensch in seinem konkreten Leben, sondern nur sein genetisches Programm aufgeschrieben.

2 Kontext: Begriff aus der modernen Linguistik (Sprachwissenschaft). Menschliche Verständigung erfolgt zumeist situationsgebunden und nicht immer nach den Regeln der Logik bzw. der Grammatik. Beispiel: Ein Ehepaar will Freunde besuchen und klingelt an deren Haustür. Niemand öffnet. Daraufhin sagt der Mann zur Frau: „Sie werden nicht da sein." Dieser Satz wäre ohne Kenntnis der Situation vieldeutig und unverständlich. Es steht ein Futurum, obwohl präsens gemeint ist. Der Satz ist nur mit Hilfe eines Kontextes verstehbar, der ihm seinen Hintergrund gibt. Computersprachen müssen dagegen völlig eindeutig und „kontextfrei" sein.

tung haben, ohne dass ein potentieller Empfänger existierte, der sie entschlüsseln kann, ist ebenso absurd.

Ein entscheidender Aspekt der Lebensgeschichte jedes menschlichen Wesens ist, dass jedes von einer Mutter geboren wurde, dass jedes primitive biologische Bedürfnisse hatte, die von der Mutter oder von einer anderen Person an Mutters Stelle befriedigt wurden, dass es einen menschlichen Körper besitzt, der beim Verstehen und Wissen zwangsläufig eine Rolle spielt. Ich habe einmal geschrieben: „Ein Mensch könnte zum Beispiel wissen, was für eine Art von Gefühl es ist, wenn er die Hand eines anderen berührt. Der Erwerb dieses Wissens ist sicherlich nicht ausschließlich eine Funktion des Großhirns. Das Wissen schließt zum Teil das Bewegungsempfinden ein, sein Erwerb setzt den Besitzer einer Hand voraus, um nur das Allermindeste zu nennen."

Es gibt mit anderen Worten Dinge, die Menschen nur deshalb wissen, weil sie einen Körper haben. Kein Organismus, der keinen menschlichen Körper besitzt, kann diese Dinge in der gleichen Weise wissen wie der Mensch. Jede symbolische Umschreibung dieses Wissens muss notwendigerweise an Information verlieren, die andererseits für manche menschlichen Zwecke entscheidend ist. Mir scheint, dies ist ein elementarer Punkt. Dass die *Artificial Intelligence*-Elite glaubt, Gefühle wie Liebe, Kummer, Freude, Trauer und alles, was die menschliche Seele mit Gefühlen und Emotionen aufwühlt, ließen sich einfach mir nichts dir nichts in einen Maschinenartefakt[3] mit Computergehirn transferieren, zeigt, wie mir scheint, eine Verachtung für das Leben, eine Verleugnung ihrer eigenen menschlichen Erfahrung, um es vorsichtig auszudrücken. Ich war überhaupt nicht überrascht, als ich den amerikanischen Philosophen Dan Dennett sagen hörte: „Wir müssen uns befreien von unserer Ehrfurcht vor dem Leben, wenn wir mit der künstlichen Intelligenz Fortschritte machen wollen", und noch weniger, als der Informatiker Douglas Hofstaedter erklärte, dass „die menschliche Rasse alles in allem nicht das Wichtigste im Universum" sei.[4] (...)

Ideen, auch falsche Ideen, besitzen Macht. Die Idee, dass es sich bei den Juden um eine Form von Ungeziefer handele, hatte immerhin die Macht, ein ganzes Volk der Dichter und Denker wenn schon nicht zur Unterstützung, dann wenigstens doch zur Duldung der Ermordung von Millionen Menschen zu bewegen, die mitten unter ihnen gelebt hatten. Die Idee, dass der Mensch nichts weiter sei als eine „Fleischmaschine" (Minsky[5]) oder der menschliche Körper bloß eine Art „Gelee" (Moravec), ist, wenn auch kläglich missverstanden, am Ende doch machtvoll. Sie repräsentiert die endgültige Form einer *reductio ad absurdum*[6] der augenblicklichen Weltsicht, die, so wie sie ist, auf einer modernen Naturwissenschaft ruht, welche von vielen arrogant gepredigt und von den meisten blind angebetet wird.*

3 Maschinenartefakte: künstlich konstruierte Maschinen

4 Douglas R. Hofstaedter und Daniel C. Dennett sind durch gemeinsame Veröffentlichungen zur Computerwissenschaft auch in Deutschland sehr bekannt geworden, z. B. durch Bücher wie „Gödel-Escher-Bach" und „Einsicht ins Ich". Sie bemühen sich dabei, einen möglichst nüchternen und sachlichen Standpunkt zu Computerproblemen einzunehmen.

5 Marvin Minsky: Professor an dem berühmten Massachusetts Institute of Technology, gehört zu den Vordenkern der KI-Forschung.

6 reductio ad absurdum: Zurückführung auf Sinnlosigkeit

Die Diskussionen über Künstliche Intelligenz werden weiter gehen. Sie werfen die Frage auf, was der Mensch ist oder sein sollte. Diese Vorstellung wiederum läßt sich nie endgültig fixieren, sondern wandelt sich im Laufe der Geschichte. Insofern kann man Nietzsche *zustimmen, der im Menschen ein Wesen des Überganges sah.*

* Joseph Weizenbaum, Absurde Pläne. In: Zeitmagazin Nr. 12, März 1990, S. 38–41

Arbeitsaufträge

1. Worin sieht Moravec die biologischen Beschränkungen, denen ein menschliches Wesen unterworfen ist? (8.3.1)
2. Schon heute wird versucht, das genetische Programm des Menschen in Computern zu speichern. Was aber macht darüber hinaus den Menschen aus? (8.3.1)
3. Welche menschlichen Grunderfahrungen sieht Weizenbaum als nicht auf Computer übertragbar an? (8.3.2)
4. Suchen Sie in der Science-Fiction-Literatur (oder entsprechenden Filmen) nach Beispielen für menschenähnliche Roboter (Computer). Was halten Sie an diesen Beispielen für unmögliche Utopie, was könnte eines Tages Wirklichkeit werden?
5. Vergleichen Sie die Gedanken Moravecs (8.3.1) und Weizenbaums (8.3.2) mit den Überlegungen von R. C. Schank (6.2.5). Wo ergeben sich Berührungspunkte?
6. Moravec rechtfertigt seine Behauptung, menschlicher Geist sei auf Computer übertragbar, durch den Hinweis auf die traditionellen Vorstellungen vom Weiterleben des Geistes (der Seele) nach dem Tode. Wenn nun Weizenbaum einwendet, unser Denken sei von unserem Leib untrennbar: Welches Licht wirft das auf Weltanschauungen, die dem menschlichen Geist ein eigenes, dem Körper gegenüber höheres Sein zusprechen? (8.3.1/8.3.2/8.2.1)

Autorenverzeichnis

Anaximander von Milet (etwa 610–546 v. Chr.); einer der ersten griechischen Philosophen, wohl ein Schüler und Nachfolger des Thales (beide in Milet, einer griechischen Hafenstadt an der kleinasiatischen Küste). Er beschäftigte sich mit kosmologischen Spekulationen (Trommelgestalt der Erde) und Fragen nach Ursprung und Ordnung der Dinge. Schriftliche Überlieferungen gibt es von ihm nicht, nur Zitate bei späteren Autoren.

Anaximenes von Milet (etwa 585–526 v. Chr.); vermutlich ein Schüler Anaximanders. Er ging nicht mehr von dem ápeiron (dem Unbegrenzten) als Ursprung aller Dinge aus, sondern nannte als ihr eigentliches Wesen die Luft. Auch von seinen Lehren ist, ähnlich wie bei Anaximander, nichts direkt überliefert.

Anders, Günther (1902–1992; der Name ist ein Pseudonym); deutscher Kulturphilosoph, Schüler Heideggers und Edmund Husserls, bei dem er 1925 promovierte. Während des Dritten Reiches musste Anders emigrieren, lebte in Paris und in New York und kehrte 1950 nach Europa zurück. Zeitweilig war er mit Hannah Arendt verheiratet. Seine zahlreichen Werke versuchen eine Art phänomenologischer Kulturphilosophie zu entwickeln, die aber nicht in geschlossener Form, sondern eher essayistisch erschien. Durch eine Reise nach Hiroshima und Nagasaki (1958) wurde Anders zu einem philosophischen Tagebuch angeregt, in dem er literarisch eines seiner Hauptthemen variierte: die „Apokalypse-Blindheit" des Menschen, d. h. die menschliche Unfähigkeit, selbst gemachte Katastrophen einschätzen und auf sie reagieren zu können. Sein Werk „Die Antiquiertheit des Menschen" entwickelt scharfsinnige Analysen zur Anthropologie des modernen Menschen (Untertitel: „Über die Seele im Zeitalter der zweiten industriellen Revolution").

Arendt, Hannah (1906–1975); amerikanische Politikwissenschaftlerin und Soziologin deutscher Herkunft. Während ihrer Studienzeit stand sie in engen Beziehungen zu Karl Jaspers und Martin Heidegger. Sie musste 1933 emigrieren, ging zunächst nach Frankreich und später in die USA; ab 1959 lehrte sie an der Princeton-Universität. Zeitweilig war sie mit Günther Anders verheiratet. Hannah Arendt wurde vor allem durch ihre Bücher zum Totalitarismusproblem, zur Philosophie der Politik und zu jüdischen Problemen („Eichmann in Jerusalem", 1964) bekannt. Ihre intensive Beschäftigung mit der Hitler-Stalin-Zeit führte sie zu der Einsicht, dass es sich um eine Zeit gehandelt habe, in der „die Banalität des Bösen" herrschte, „vor der das Wort versagt und an der das Denken scheitert." In ihrem Buch „The Human Condition" (1958) setzt sie sich mit Fragen der modernen Arbeitswelt auseinander, wobei sie die Lebensformen der vita activa und der vita contemplativa als gleichberechtigt nebeneinander stellt.

Aristoteles von Stageira (384–322 v. Chr.); einer der klassischen Philosophen Griechenlands und Schüler Platons. Er gründete eine eigene Schule in Athen, den Perípatos, und bearbeitete alle Gebiete der damaligen Philosophie. Seiner Ausbildung nach war er vor allem Naturforscher (sein Vater war Arzt gewesen), aber Zentrum seiner Philosophie wurde die Metaphysik mit ihrem Bemühen, Begriffe wie Sein und Werden, Wirklichkeit und Möglichkeit, Entstehen und Vergehen zu erklären und in einen systematischen Zusammenhang zu bringen. 342 wurde er nach Mazedonien gerufen, um als Lehrer Alexanders, des späteren „Großen", zu wirken, kehrte aber bald wieder nach Athen zurück.
Im ersten Buch seiner „Metaphysik" versucht Aristoteles, einen Überblick über die Entwicklung der Philosophie von ihren Anfängen bis zu seiner eigenen Position zu geben. Dort finden sich auch Hinweise auf Thales und Demokrit.

Auburtin, Victor (1870–1925); Journalist und Schriftsteller, der durch seine feuilletonistischen Arbeiten bekannt wurde. Sein feinsinniger Humor und die heitere Ironie seiner kleinen Geschichten verschafften ihm einen großen Leserkreis.

Augustinus, Aurelius (354–430); einer der wichtigsten Denker und Lehrer der frühchristlichen Theologie (Patristik). Nach dem Studium der platonischen Philosophie wandte er sich dem Christentum zu, wurde in Mailand von Bischof Ambrosius getauft und ging dann nach Hippo Regius (dem früheren Karthago, Nordafrika), wo er selbst Bischof wurde (396). Seine „Bekenntnisse" (entstanden um 397/98) geben ein eindringliches Zeugnis von seinem Bemühen um eine erfüllte Beziehung zu Gott; außerdem schrieb er ein Werk über eine geistliche Weltordnung (Civitas Dei).

Bense, Max (1910–1990); ein dem mathematisch-naturwissenschaftlichen Denken nahe stehender Philosoph. 1946 wurde er zunächst Professor in Jena, ging dann aber 1949 an die Technische Hochschule Stuttgart. Seine Arbeiten beschäftigen sich vor allem mit der Theorie der Zeichen (Semiotik), auch im Bereich des Künstlerischen; außerdem schrieb er über „Konturen einer Geistesgeschichte der Mathematik" (1948/49). Dieses Werk versucht, die Entwicklung der Mathematik in philosophische und kunstgeschichtliche Zusammenhänge einzuordnen und gehört neben den Arbeiten des Heidegger-Schülers Oskar Becker zu den bedeutsamsten mathematikhistorischen Darstellungen.

Bultmann, Rudolf (1884–1976); einer der bedeutendsten protestantischen Theologen des 20. Jahrhunderts. Ab 1921 war er Professor in Marburg und lernte dort die Philosophie Martin Heideggers kennen, von der er wesentliche Anregungen empfing. Es ging ihm darum, den christlichen Glauben als eine Weise desjenigen menschlichen Existierens zu begreifen, das sich aus Gott versteht, ohne daraus eine Weltanschauung zu machen; entsprechend lehnte er ein „christliches Weltbild" ab. Seine theologische Arbeit richtete sich vor allem auf eine Interpretation biblischer Texte aus dem Erfahrungshorizont konkreten Existierens; Bilder und Mythen schienen dabei überflüssig zu werden (Programm der „Entmythologisierung"). Auch wenn dieser Ansatz umstritten ist, hat die gegenwärtige Theologie Bultmann viel zu verdanken. Seine bedeutendsten Werke sind „Jesus" (1926); „Glauben und Verstehen" (4 Bde. 1933); „Das Urchristentum im Rahmen der antiken Religionen" (1949); „Theologie des Neuen Testamentes" (1953).

Capelle, Wilhelm (geb. 1871); Philosophieprofessor (Hamburg), der sich vor allem mit der antiken Philosophie beschäftigte (Geschichte der griechischen Philosophie, 2 Bde. 1922–34); bekannt wurde er vor allem als Herausgeber und Übersetzer der Fragmente der Vorsokratiker (1935).

Crescenzo, Luciano de (geb. 1928); ursprünglich Elektronik-Manager bei IBM, der sich aber der Philosophie zuwandte und durch seine heiter-optimistische Art unmittelbaren, von neopolitanischer Lebensfreude geprägten Philosophierens über Italien hinaus bekannt wurde („Also sprach Bellavista", „Oi Dialogoi", „Geschichte der griechischen Philosophie"). Crescenzos Darstellung der Vorsokratiker bringt zwar gegenüber anderen Bearbeitern dieses Themas keine neuen Gesichtspunkte, besticht aber durch eine klare und gut verständliche Darstellung.

Descartes, René (1596–1650); französischer Mathematiker und Philosoph (latinisiert: Renatus Cartesius). Nach Reisen durch ganz Europa ließ er sich in Holland nieder (1629) und begann dort mit der Ausarbeitung seiner Philosophie (Hauptwerke: „Discours de la méthode", 1637; „Meditationes de prima philosophia", 1641; „Principia philosophiae", 1644). Außerdem hat Descartes wesentlich an der Entwicklung der Analytischen Geometrie mitgewirkt. Im Winter 1649 hielt er sich auf Einladung der Königin Christine von Schweden in Stockholm auf, ertrug aber die dortige Witterung nicht und starb mit 54 Jahren. Die von ihm geprägte Denkweise hat den Rationalismus der Philosophie im 17. und 18. Jahrhundert entscheidend geformt und wirkt noch heute nach.

Ditfurth, Homar v. (1921–1989); war zunächst Professor für Psychiatrie und Neurologie, arbeitete dann aber vor allem als Wissenschaftsjournalist beim Fernsehen. Er wurde durch viele Sendungen („Querschnitt") populär und veröffentlichte zahlreiche Bücher, in denen er Ergebnisse der modernen Naturwissenschaft allgemein verständlich darzustellen versuchte („Kinder des Weltalls", 1970; „Im Anfang war der Wasserstoff", 1972; „Der Geist fiel nicht vom Himmel", 1976). Er versuchte auch, eine Brücke von den Naturwissenschaften zur Religion zu schlagen („Wir sind nicht nur von dieser Welt", 1981); schließlich engagierte er sich in besonderer Weise für den Schutz und die Bewahrung unserer natürlichen Umwelt („So lasst uns denn ein Apfelbäumchen pflanzen – Es ist soweit", 1985). Sein letztes Buch verbindet biografische Rückblicke mit der Evolution des Menschen („Innenansichten eines Artgenossen", 1989).

Eccles, Sir John C. (1903–1997); australischer Neurologe und Gehirnforscher. Lehrtätigkeiten in Oxford, Sidney, Buffalo (USA) und an weiteren australischen Universitäten; 1963 Nobelpreis für Medizin. Eccles ist durch zahlreiche bahnbrechende Untersuchungen zur Struktur und Arbeitsweise des Gehirns bekannt geworden; wesentliche Bücher sind u. a. „Das Gehirn des Menschen", 1973; „Wahrheit und Wirklichkeit", 1975.

Engels, Friedrich (1820–1895); politischer Schriftsteller, der sich vor allem mit Fragen des wissenschaftlichen Sozialismus beschäftigte. In England (Manchester) hatte Engels die Situation der Fabrikarbeiter erlebt und diese Eindrücke brachten ihn dazu, zusammen mit Karl Marx den kommunistischen Deutschen Arbeiterverein zu gründen (Brüssel 1847). Dieser Verein wandelte sich alsbald in einen „Internationalen Bund der Kommunisten" um, und in dessen Auftrag verfassten Marx und Engels das „Manifest der kommunistischen Partei". Nach 1848 blieben Marx und Engels in England; Engels arbeitete dort als freier Schriftsteller und Organisator der sozialistischen Bewegung. Besonders beschäftigte er sich mit naturphilosophischen Fragen („Dialektik der Natur", 1885) und in diesen Zusammenhang gehört seine Schrift über die Menschwerdung des Menschen durch Arbeit.

Ferguson, Marilyn (geb. 1938); amerikanische Journalistin und Schriftstellerin, die sich mit den Bewusstseinsveränderungen des heutigen Menschen beschäftigt. Ihr Buch „The Aquarian Conspiracy" (1980) enthält eine breite Aufzählung aller Tendenzen, die heute in Richtung auf einen Sinneswandel im Verhältnis des Menschen zur Natur und zu sich selbst zielen. Dabei stehen die ökologischen Gesichtspunkte im Vordergrund, aber dahinter sieht M. Ferguson das Bemühen, eine neue Geistigkeit (Spiritualität) zu entwickeln. Der deutschen Ausgabe setzte der Physiker und New-Age-Vertreter Fritjof Capra ein Vorwort voran; auch er vertritt eine Weltanschauung, nach der alles mit allem zusammenhängt (so in seinem Buch „Wendezeit", 1982).

Fränkel, Hermann (1888–1977); Graezist, der vor allem durch seine Interpretationen antiker Dichtung und Philosophie in Fachkreisen sehr bekannt wurde. Er wirkte zunächst in Göttingen, emigrierte dann aber von 1935 bis 1953 in die USA (Stanford University). Hauptwerke: „Die homerischen Gleichnisse", 1922; „Dichtung und Philosophie des frühen Griechentums", 1950; „Wege und Formen frühgriechischen Denkens", 1960).

Galenus, Claudius (etwa 129–199); römischer Arzt griechischer Herkunft. Neben medizinischen Schriften verfasste er auch philosophische Werke, die durch ihre Zitate manche Rückschlüsse auf die Lehren früherer Philosophen zulassen.

Gehlen, Arnold (1904–1976); deutscher Philosoph und Soziologe. Gehlen arbeitete zunächst in Leipzig, wo er 1934 Nachfolger des Philosophen und Biologen Hans Driesch wurde. Nach weiteren Tätigkeiten in Königsberg, Wien und Speyer ging er 1962 als Soziologieprofessor an die TH Aachen. Seine Arbeiten galten in erster Linie der Anthropologie; wichtigstes Buch wurde „Der Mensch, seine Natur und seine Stellung in der Welt", 1940). Später folgten Auseinandersetzungen mit sozialpsychologischen Problemen der modernen Industriegesellschaft („Die Seele im technischen Zeitalter", 1957; „Zeit-Bilder", 1960) und mit Fragen heutiger Moralität („Moral und Hypermoral", 1969). Die Grundthese Gehlens, der Mensch sei ein Mängelwesen und müsse seine naturgegebenen Defizite durch Kulturleistungen ausgleichen, stützt sich auf biologische Befunde und hat Widerspruch von Seiten der Existenzphilosophie erfahren.

Hegel, Georg Wilhelm Friedrich (1770–1831); deutscher Philosoph und bedeutendster Vertreter des sog. Idealismus. Er begann seine Laufbahn als Philosophieprofessor in Jena, wechselte später nach Heidelberg und schließlich nach Berlin, wo er bis zu seinem Tode blieb. Grundthema seines Denkens war die Entwicklung des Geistes, wobei er „Geist" nicht einfach als individuelles Denkvermögen, sondern als das „Subjekt der Weltgeschichte" verstand. Nach Hegel verwirklicht sich der Geist in der Weltgeschichte durch die „Arbeit des Begriffs"; der Mensch ist dann gleichsam das Organ, durch das sich die Geistesgeschichte vollzieht. Von Karl Marx und Friedrich Engels werden viele Ideen Hegels wieder aufgenommen, dann aber nicht mehr idealistisch, sondern materialistisch interpretiert, weil nach ihrer Meinung der Geist nur auf der Grundlage materieller Bedingungen tätig werden kann.

Heidegger, Martin (1889–1976); deutscher Philosoph. Als Schüler Edmund Husserls wurde Heidegger 1923 Professor in Marburg, 1928 in Freiburg i. Br. Wie Husserl arbeitete er „phänomenologisch", d. h. er ging von den Seins- und Gegebenheitsweisen innerhalb bestimmter Sachverhalte aus, ohne sie auf den naturwissenschaftlich vorgezeichneten Realitätsgehalt zurückzuführen. So ist für ihn das „Sein" nicht identisch mit dem objektiv Vorhandenen, sondern erschließt sich nur dort, wo es sich „ereignet", nämlich im In-der-Welt-sein menschlichen „Daseins". Das Hauptwerk Heideggers, „Sein und Zeit" (1927), ist deshalb als ontologische Analytik der menschlichen Seinsform angelegt; es untersucht die „Existenzialien" dieses Daseins, z. B. die Art, wie der Mensch sich in seiner jeweiligen „Welt" befindet, durch Stimmungen getragen wird (Phänomen der „Angst"), sich in Entwürfen seiner Ek-sistenz auf die Zukunft hin auslegt, sein Dasein „besorgt" und geschichtlich verwirklicht. Dabei unterscheidet Heidegger das „eigentliche" Existieren von einem an das „Man" der öffentlichen Meinung verlorenen Leben. Die von Heidegger propagierte „Entschlossenheit" eigentlichen Daseins hatte auch ihren politischen Hintergrund. Heidegger verschrieb sich damit zeitweilig den Aufbruchsparolen des Nationalsozialismus. Nach dem Kriege verlagerten sich die Schwerpunkte im Philosophieren Heideggers. Nicht mehr das menschliche Dasein stand im Mittelpunkt, sondern das Sein selbst, das sich in seiner Geschichte dem Menschen zuwenden (offenbaren) oder entziehen kann. Diese „Kehre" führte Heidegger in einen oft dunklen, von sprachlichen Gewaltsamkeiten getragenen Denkstil, der unklar zwischen Mythischem, Dichterischem und Religiösem schwankte. Heideggers Einfluss auf seine Zeitgenossen war groß; von ihm ging eine ganze Schule aus, nicht nur bei Theologen (Karl Barth, Rudolf Bultmann, Karl Rahner u. a.), sondern auch bei Altphilologen (Walter F. Otto) und sogar bei Naturwissenschaftlern (Heisenberg). Erst in den Siebzigerjahren hat die Wirkung Heideggers nachgelassen.

Heraklit von Ephesos (um 536–470 v. Chr.); der „dunkle" Philosoph unter den Vorsokratikern, weil seine Sprüche auch für Zeitgenossen nur schwer verständlich waren. Vermutlich hat er ein Werk über seine Lehre verfasst, von dem aber nur Bruchstücke erhalten sind. Die Interpretation dieser Fragmente hat seit Nietzsche viel an Interesse gewonnen, so u. a. bei M. Heidegger, H. Fränkel und W. Schadewaldt.

Husserl, Edmund (1859–1938); deutscher Philosoph und Begründer der Phänomenologie. Husserl wirkte zunächst in Göttingen, ab 1916 in Freiburg i. Br., wo sich um ihn eine ganze Schule phänomenologischer Forschung zu bilden begann. Er kam ursprünglich von der Mathematik her und hatte sich mit zahlentheoretischen Fragen beschäftigt; dabei wurde ihm deutlich, dass die Inhalte mathematischer Theorien nicht zur Erfahrungswelt gehören, sondern durch ideelle Bewusstseinsleistungen aufgebaut werden. Diese Einsicht führte ihn zur Beschäftigung mit der Natur des Bewusstseins überhaupt, vor allem des Zeitbewusstseins. Eine psychologische Bewusstseinstheorie lehnte er ab, da sie nur immer von empirischen Ergebnissen ausgehen, nicht aber Wesenseigentümlichkeiten der Bewusstseinssphäre finden konnte. Seine eigene, phänomenologische Methode übte großen Einfluss aus, vor allem auf seinen Schüler Martin Heidegger, der ihn zu Beginn der nationalsozialistischen Ära aus dem Lehramt drängte (Husserl war jüdischer Abstammung); außerdem auf Max Scheler, Ludwig Landgrebe, Jean Paul Sartre und andere Philosophen, die später zur Entwicklung der Existenzphilosophie beitrugen.

Illies, Joachim (geb. 1925); Biologe und seit 1961 Professor für Zoologie in Gießen. Sein besonderes Forschungsgebiet ist die Limnologie (Untersuchung von Lebensverhältnissen in Gewässern), aber bekannt wurde Illies durch zahlreiche Bücher und Vorträge, in denen er sich an ein breites Publikum wandte, um Fragen der modernen Biologie, vor allem der biologischen Anthropologie, allgemein verständlich darzustellen (u. a. „Adams Handwerk", 1967; „Noahs Arche", 1968; „Die Affen sind wir", 1970; „Zoologie des Menschen", 1971; „Anthropologie des Tieres", 1973). Illies bemüht sich dabei, die geschichtliche Entwicklung biologischer Fragestellungen mit philosophischen Reflexionen zu verbinden.

Jaspers, Karl (1883–1969); Hauptvertreter der Existenzphilosophie. Jaspers kam von der Psychiatrie, war seit 1916 Professor für Psychologie in Heidelberg, wechselte dann auf den Lehrstuhl für Philosophie (1921) und entwickelte eine sich an S. Kierkegaard anschließende philosophische Betrachtung menschlicher Grenzsituationen, die er als „Existenzerhellung" verstand. 1931 erschien sein erfolgreiches Buch „Die geistige Situation der Zeit" als Auseinandersetzung mit den Tendenzen des Massenzeitalters. Zwischen 1935 und 1945 hatte Jaspers Lehrverbot; nach dem Krieg ging er nach Basel und arbeitete dort an dem Ausbau der Existenzphilosophie zu einer geschichtlichen Betrachtung des Menschen („Vom Ursprung und Ziel der Geschichte", 1949). Neben Heidegger und Sartre war Jaspers einer der wichtigsten Philosophen der Nachkriegszeit.
Die stets von persönlichem Engagement getragene Weise existentiellen Philosophierens macht sich auch dort bemerkbar, wo Jaspers nicht für Spezialisten, sondern ein breiteres Publikum schreibt. Seine „Einführung in die Philosophie" (1950) hat daher immer noch grundsätzliche Bedeutung, auch wenn inzwischen die Philosophie stärker in die Nähe der Wissenschaftstheorie gerückt ist.

Jaynes, Julian (geb. 1923 in West Newton/Massachusetts, USA) begann nach einem Psychologiestudium seine Laufbahn als Hochschullehrer an den Universitäten in Toronto und Yale. Seit 1964 lehrt er in Princeton. Er veröffentlichte mehrere Fachbücher, wurde aber international bekannt erst durch sein Buch über den Ursprung des Bewusstseins. Was Bewusstsein ist, hatte Jaynes zunächst auf den Wegen der traditionellen Philosophie und Psychologie untersuchen wollen, vor allem mit den Methoden des in den USA um die Jahrhundertmitte herrschenden Behaviorismus. Als er damit nicht weiterkam, wandte er sich einer biologisch-entwicklungsgeschichtlichen Betrachtungsweise zu. Aber auch sie reichte nicht aus; Jaynes erweiterte sie durch historische Analysen, nachdem er erkannt hatte, dass Bewusstsein sich nur als geschichtlich-kulturelles Phänomen verstehen lässt. Seine Thesen über das Zwei-Kammer-System haben ihm viel Widerspruch, aber auch begeisterte Zustimmung eingetragen. Sie erschienen in dem Buch „Der Ursprung des Bewusstseins durch den Zusammenbruch der bikameralen Psyche" (amerikan. Originaltitel: „The Origin of Consciousness in the Breakdown of the Bicameral Mind", Boston 1976).

Jünger, Friedrich Georg (1898–1977); deutscher Lyriker und Essayist. Seine Bedeutung ist gegenüber dem Werk seines Bruders Ernst etwas in den Hintergrund getreten, aber in den Fünfzigerjahren hat auch Friedrich Georg Jünger eine erhebliche Rolle gespielt. Seine Gedichte (Sammlungen „Der Taurus", 1937, „Die Perlenschnur", 1947) orientieren sich an Formen der klassischen Lyrik; in seinen zahlreichen Aufsätzen und Essays hat er zu kulturphilosophischen und zeitkritischen Fragen Stellung genommen, teils unter dem Einfluss Heideggers, aber mit selbstständigen Untersuchungen, z. B. zum Problem der Technik, zu Fragen der Sprache und des Denkens. Gegenüber den Verflachungen eines angeblichen „Massenzeitalters" versuchte F. G. Jünger, eine elitäre, humanistisch-idealistische Bildungsvorstellung zu entwickeln.

Kierkegaard, Sören (1813–1855); dänischer Philosoph, Vorläufer und Wegbereiter der Existenzphilosophie. Sein Denken war von einem leidenschaftlichen Individualismus geprägt, der ganz persönlichen Erfahrungen und einem ständigen Ringen um das eigene Selbst entsprang. So brach er mit den üblichen Formen ei-

nes gutbürgerlichen Lebens, löste sein eben eingegangenes Verlöbnis mit der jungen Regine Olsen wieder auf, verzichtete auf eine Berufsstellung (1841) und lebte von da an als freier Schriftsteller von ererbtem Vermögen. Er unterschied drei Lebensstadien: Im ersten herrscht eine ästhetische Einstellung, die durch passiv-sinnlichen Genuss gekennzeichnet ist, aber in Verzweiflung endet; im zweiten Stadium sucht der Mensch nach ethischen Grundsätzen, aber die Notwendigkeit, Entscheidungen zu treffen, stürzt ihn in Angst vor der ungesicherten Freiheit der Wahl, und im dritten sucht er nach religiöser Rettung im Glauben. Wichtigste Schriften Kierkegaards: „Entweder – Oder", 1843, „Furcht und Zittern", 1843, „Der Begriff der Angst", 1844, „Die Krankheit zum Tode", 1849.
Die Dissertation Kierkegaards über Sokrates deutet bereits auf seine Neigung hin, Menschen in ihren Grenzsituationen darzustellen; später wird aus dem Entweder-Oder ein bis zur Verzweiflung getriebenes Bemühen, den Einzelnen in seinem einmaligen, unverwechselbaren Selbst zu erfassen und der Begegnung mit Gott auszusetzen.

Koestler, Arthur (1905–1983); Sohn einer Wienerin und eines jüdischen, aus Russland nach Ungarn emigrierten Industriellen; trat 1931 der Kommunistischen Partei Deutschlands bei, reiste 1932/33 ein Jahr durch die Sowjetunion, berichtete 1937 aus dem spanischen Bürgerkrieg, wurde von den Faschisten verhaftet und zum Tode verurteilt, kam jedoch durch englische Intervention frei. 1938 trat er aus der KPD aus, wurde 1940 beim deutschen Einmarsch in Paris inhaftiert, überlebte aber den Krieg. In den Fünfzigerjahren setzte er sich erfolgreich für die Abschaffung der Todesstrafe in England ein. Seine literarische Arbeit war sehr vielseitig. Er veröffentlichte Werke, in denen er sich mit den stalinistischen Schauprozessen auseinander setzte, schrieb über Wissenschaftsgeschichte („Die Nachtwandler", 1959), Kulturphilosophie und anthropologische Probleme. 1983 beging er Selbstmord.

Krüger, Gerhard (1902–1972); Philosophieprofessor, zunächst in Münster (1940), dann in Tübingen (1946). Verschiedene Veröffentlichungen, u. a. „Einsicht und Leidenschaft – Das Wesen des platonischen Denkens" (1939), „Grundfragen der Philosophie" (1965). Krügers philosophischer Stil ist von Heidegger beeinflusst, ohne sich ihm unterzuordnen; das menschliche Dasein in seinen Grundbefindlichkeiten geschichtlich zu verstehen, ist Hauptthema Krügers, zumal in seinen Auseinandersetzungen mit dem antiken Denken.

Landgrebe, Ludwig (1902–1991); Philosophieprofessor, zeitweilig Assistent E. Husserls. Nach 1935 zunächst Dozent in Prag und Löwen, 1947–56 in Kiel, später in Köln. Landgrebe hat in mehreren Werken die Möglichkeiten und Wirkungen der phänomenologischen Methode dargestellt, u. a. „Phänomenologie und Metaphysik" (1949). Die Rundfunkvorträge, aus denen der in 1.2.2 zitierte Textauszug stammt, richteten sich an ein breites Publikum und lassen etwas von der Zeitstimmung nach 1945 spüren, als Philosophie im Sinne einer Hilfe zu neuer Orientierung verstanden wurde.

Landmann, Michael (1913–1984); Philosophieprofessor, nach 1957 an der FU Berlin. Seine Arbeit gilt vor allem der philosophischen Anthropologie (1955). Dabei versteht Landmann die Situation des Menschen als vom Boden geschichtlicher Voraussetzungen getragen, etwa in ähnlichem Sinne wie G. Krüger.

Lübbe, Hermann (geb. 1926); Philosophieprofessor, der sich auch politisch engagiert hat. Lübbe war zunächst Dozent an mehreren Universitäten, wurde 1969 Staatssekretär im Kultusministerium Nordrhein-Westfalens; seit 1971 Ordinarius für Philosophie in Zürich. Seine Veröffentlichungen bemühen sich um ein von Ideologie unbelastetes, pragmatisches Denken, das sich konkreten Zeitproblemen widmet: „Politische Philosophie in Deutschland", 1963, „Philosophie nach der Aufklärung", 1980, „Zeit-Verhältnisse" 1963.

Lukács, Georg (1885–1971); ungarischer Philosoph und Literaturwissenschaftler. Seit 1918 war er Mitglied der kommunistischen Partei Ungarns, lebte zeitweilig in Moskau und Berlin und war zwischen 1945 und 1958 Philosophieprofessor in Budapest. 1956 gehört er zu den geistigen Führern des Aufstandes in Ungarn und wurde kurzzeitig Kultusminister unter Imre Nagy. Seine Arbeiten zur Literaturtheorie und Ästhetik fanden internationale Beachtung; philosophisch vertrat er einen undogmatischen Marxismus („Zur Ontologie des gesellschaftlichen Seins", 1971–73), in dem er sich bemühte, die Lehren des Karl Marx von ihrem krassen Materialismus zu befreien und die Bedeutung des Bewusstseins stärker hervorzuheben. Seine Analysen zur ontologischen Bedeutung der Arbeit versuchen zu zeigen, dass durch Arbeit eine zweite Natur des Menschen gebildet wird, die vorgegebene Ordnungen der (primären) Natur umformt und mit neuem Sinn erfüllt.

Marcel, Gabriel (1889–1973); französischer Philosoph, Dramatiker und Kritiker. 1929 konvertierte er zum Katholizismus und wurde zum Hauptvertreter einer christlichen Richtung des existenzialistischen Philosophierens. Sein Denken richtet sich zunächst auf die Absurdität und Sinnlosigkeit einer Welt, deren innere Zusammenhänge zerbrochen sind und die nur noch als Material für den Machtwillen des Ich dient, d. h. des sich selbst verabsolutierenden Subjekts. Dieses Subjekt verhält sich nur noch zu Objekten, so etwa im naturwissenschaftlichen Denken, aber auch anderen Menschen gegenüber, die um ihr Menschsein gebracht werden. Dagegen richtet sich Marcels „konkrete Ontologie“: sie will den Anderen wieder ernst nehmen und als ein Du anerkennen; erst durch die Teilhabe am Sein des Anderen wird das eigene Sein zur Wirklichkeit. Diese Form der Existenzphilosophie hat G. Marcel in mehreren Werken entwickelt: „Zerbrochene Welt“, 1933; „Philosophie der Hoffnung“, 1945; „Der Mensch als Problem“, 1955; „Die Menschenwürde als existentieller Grund“, 1963.

Moravec, Hans (geb. 1948); amerikanischer Informatiker. Er leitet das „Robotics Institute“ an der Carnegie Mellon University in Pittsburgh (Pennsylvania). Seine Thesen zur technologischen Zukunft der Menschheit hat er in einem Buch „Mind Children“ (Kinder des Geistes) veröffentlicht und damit eine erregte Diskussion ausgelöst. Moravec beurteilt die Zukunft der künstlichen Intelligenz äußerst optimistisch, aber es gibt nicht viele, die diesen Optimismus teilen. In mancher Hinsicht wirken die Gedanken Moravecs wie Science-Fiction und stehen eher den utopischen Romanen von Stanislaw Lem näher als den tatsächlichen Ergebnissen der Computerwissenschaft.

Mumford, Lewis (1905–1990); amerikanischer Soziologe und Kulturphilosoph. Er lehrte als Universitätsprofessor für Sozialwissenschaften an der Columbia University (New York), an der Stanford University und an dem berühmten Massachusetts Institute of Technology. Seine zahlreichen Bücher behandeln Themen der Kulturgeschichte, der Anthropologie und des Verhältnisses zwischen Mensch und Technik. In „Mythos der Maschine“ hat er eine umfassende Darstellung seiner Ideen gegeben, beginnend bei den ersten Kulturleistungen des Frühmenschen bis hin zur modernen Großtechnik.

Nebel, Gerhard (1903–1974); Schriftsteller. Nebel hat mehrere Bücher über griechische Landschaften, über die griechische Götterwelt und über antike Philosophie geschrieben, u. a. „Weltangst und Götterzorn“ (1951), „Das Ereignis des Schönen“ (1953), „Die Geburt der Philosophie“ (1967). Er ist also nicht Fachphilosoph im engeren Sinne, aber seine unmittelbare Beziehung zur griechischen Landschaft lässt manche Gedanken der griechischen Philosophie direkt erlebbar werden.

Nietzsche, Friedrich (1844–1900); Philosoph, der sich in leidenschaftlicher Weise gegen die seiner Ansicht nach dekadente Denkweise der spätbürgerlichen Kultur Europas richtete und dabei auf das Gegenbild der frühgriechischen Welt zurückgriff. Er verkündete den durch Werteverfall heraufziehenden Nihilismus, den er nur durch die Schaffung eines neuen Menschentyps überwinden zu können glaubte (der „Übermensch“). Hauptwerke: „Die Geburt der Tragödie aus dem Geiste der Musik“ (1872), „Also sprach Zarathustra“ (1883 f.), „Jenseits von Gut und Böse“ (1886), „Zur Genealogie der Moral“ (1887). Eine Vielzahl entscheidender Gedanken Nietzsches erschien erst nach seinem Tode in dem Nachlasswerk „Der Wille zur Macht“.
Nietzsches Auseinandersetzung mit den Vorsokratikern gehört in die Frühzeit seines Philosophierens, als ihm die ersten griechischen Philosophen wie Vertreter einer tragischen Weltanschauung erschienen, in der Freude und Leid des Lebens ungebrochen erlebt wurden, ohne sich in Abstraktionen zu verlieren.

Ortega y Gasset, José (1883–1955); spanischer Philosoph, der sich an der „Lebensphilosophie“ Diltheys und Nietzsches orientierte und versuchte, die Philosophie konkret, sinnenfreudig und elegant zu einer weltoffenen Lebenshaltung zu machen. 1911 erhielt er den Lehrstuhl für Metaphysik in Madrid, engagierte sich politisch für eine demokratische Verfassung Spaniens und geriet dadurch in Gegnerschaft zu dem Diktator Franco. Ortega musste Spanien nach Ausbruch des Bürgerkrieges verlassen und ging über Paris, Holland und Portugal schließlich nach Südamerika. Erst 1948 kehrte er nach Spanien zurück. Sein wirksamstes Werk war „Der Aufstand der Massen“ (1930), mit dem er die Primitivität und Barbarei moderner Massenbewegungen anprangerte; außerdem wurden sehr bekannt „Um einen Goethe von innen bittend“ (1934) und „Betrachtungen über die Technik“ (1949).
Seine philosophische Grundhaltung ist durch einen modernen Humanismus geprägt, der sich den aus Antike und Christentum stammenden Traditionen verpflichtet fühlt, diese Traditionen aber vom gegenwärtigen Standpunkt aus reflektiert und kritisch befragt.

Pannenberg, Wolfhart (geb. 1928); protestantischer Theologe, der 1955 bis 1958 als Dozent für systematische Theologie in Heidelberg, bis 1961 als Professor an der Kirchlichen Hochschule in Wuppertal, dann in Mainz und ab 1967 in München wirkte. Zu seinen Werken gehören u. a. „Grundzüge der Christologie“ (1964), „Grundfragen systematischer Theologie“ (1970), „Gottesgedanke und menschliche Freiheit“ (1972), „Wissenschaftstheorie und Theologie“ (1973); „Anthropologie in theologischer Perspektive“ (1983). Seine Betrachtungen zur theologischen Anthropologie gehen auf Vorlesungen zurück, die er 1959/60 in Wuppertal gehalten hatte und die später Grundlage für Rundfunkvorträge im NDR wurden (1961/62).

Parmenides von Elea (um 480 v. Chr.); unter den Vorsokratikern der Philosoph des ruhenden, unveränderlichen Seins; Gegenspieler Heraklits. Von Parmenides ist (bruchstückhaft) ein Lehrgedicht erhalten, das im Ersten Teil die eigentliche Seinslehre (Ontologie) darstellt, im zweiten Teil die „Meinungen" (doxai) der Sterblichen vorführt, nämlich die Ansichten über die Natur, wie sie ähnlich auch von anderen Vorsokratikern entwickelt wurden. Beide Teile ergänzen sich gegenseitig zum Bild einer festen Seinsordnung aller Dinge.

Platon (427–347 v. Chr.); Haupt der Philosophenschule „Akademie" in Athen. Er war Schüler des Sokrates, den er sehr verehrte und dessen Wirken er in seinen frühen Dialogen darstellte (Apologie, Kriton). Später begann Platon eine eigene philosophische Position zu entwickeln, in der es darum ging, die Philosophie als Ideenlehre zu verstehen: Die wahre Erkenntnis richtet sich nicht auf Sinnendinge, sondern auf nur mit dem geistigen Auge zu schauende Urbilder alles Seienden (Dialoge wie „Phaidon", „Politeia", „Symposion"). Der späte Platon versucht dann, die logisch-begrifflichen Schwierigkeiten der Ideenlehre zu meistern, z. B. das Problem, wie sich Einheit und Vielheit zueinander verhalten (Dialog „Parmenides"), und schließlich bemühte er sich, einen deduktiven Weg von den Ideen zu der Welt der konkreten Sinnendinge zu finden („Timaios").

Popper, Sir Karl Richard (1902–1994); Philosoph und einer der Begründer der modernen Wissenschaftstheorie. Er stand zunächst dem sog. Wiener Kreis (M. Schlick, R. Carnap) nahe, der sich um eine kritische Prüfung der naturwissenschaftlichen Denkweise bemühte, musste während der Zeit des Nationalsozialismus nach Australien emigrieren und kam nach 1945 nach Europa zurück. Seit 1947 lebte er als Philosophieprofessor in London. Popper verfasste zahlreiche Werke zur Situation der Wissenschaften („Logik der Forschung", 1935; „Die offene Gesellschaft und ihre Feinde", 1945; „Das Elend des Historizismus", 1960; „Objektive Erkenntnis", 1972). Der langjährige Gedankenaustausch mit John C. Eccles führte zu dem gemeinsamen Buch „Das Ich und sein Gehirn" (1977), in dem beide Autoren den Versuch unternehmen, den traditionellen Dualismus von Körper und Geist (Leib und Seele) neu zu überdenken.

Portmann, Adolf (1897–1982); war nach Studienjahren in München, Paris und Berlin seit 1926 Zoologe an der Universität Basel, wo er auch die Zoologische Anstalt leitete. Er arbeitete an vergleichenden Untersuchungen zur Entwicklungsgeschichte der Tiere, an Studien über ihr Sozialverhalten und vor allem an anthropologischen Fragen. Dabei verband er seine biologische Grundlagenforschung mit philosophischen Überlegungen zur Bedeutung des Lebendigen und zur Sonderstellung des Menschen im Tierreich („Probleme des Lebens", 1949; „Biologische Fragmente zu einer Lehre vom Menschen", 1951).

Rahner, Karl (1904–1984); katholischer Theologe, Schüler M. Heideggers. Nach Dozententätigkeit in Innsbruck wurde Rahner 1964 Nachfolger Guardinis auf dem Lehrstuhl für Religionsphilosophie in München; 1967 Ordinarius für Dogmatik in Münster. Wichtige Werke: „Geist und Welt", 1939; „Hörer des Wortes", 1941; „Grundkurs des Glaubens", 1977; außerdem zahlreiche Schriften zur Theologie (veröffentlicht in 16 Bänden 1954–1984).

Sartre, Jean Paul (1905–1980); französischer Philosoph und Schriftsteller. Nach seinem Studium unterrichtete Sartre zunächst an mehreren französischen Gymnasien und begann seine schriftstellerische Tätigkeit mit Romanen und Erzählungen („Der Ekel", 1938; „Die Mauer", 1939). 1940 geriet er als Soldat in deutsche Kriegsgefangenschaft, konnte aber 1941 nach Paris zurückkehren. Dort entstand unter dem Eindruck Heideggers sein philosophisches Hauptwerk „Das Sein und das Nichts" (1943), das dem An-sich-sein der Dinge das Für-sich-sein des Bewusstseins gegenüberstellte. Außerdem schrieb Sartre Theaterstücke, die seine philosophische Position deutlich machen sollten („Die Fliegen", 1943; „Geschlossene Gesellschaft", 1944; „Die schmutzigen Hände", 1948 u. a.); seine politische Einstellung, die ihn während des Krieges in den französischen Widerstand gebracht hatte, führte ihn zu einer intensiven Auseinandersetzung mit dem Marxismus („Kritik der dialektischen Vernunft", 1960). Seine letzten Werke beschäftigen sich mit einer existenzialistischen Psychoanalyse großer französischer Autoren wie Flaubert, Baudelaire und Mallarmé.

Schank, Roger C. (geb. 1946); seit 1974 Professor für Computer-Wissenschaft und Psychologie an der Yale-Universität, Direktor des „Yale Artificial Intelligence Project". Sein Hauptinteresse gilt der Möglichkeit, Sprachverständnis zu programmieren; dazu entwickelte er ein Konzept rahmenartiger Strukturen, die für einzelne sprachliche Äußerungen einen Verstehenshorizont enthalten, der kontextfrei ist und aufgerufen werden kann, um doppeldeutige Wörter richtig zu interpretieren.

Schilling, Kurt (geb. 1899); Philosophieprofessor in München. Er arbeitete über Aristoteles, Hegel, Kant und Platon; außerdem übersetzte er Tragödien von Aischylos und Sophokles. Seine „Geschichte der Philosophie" (1951) hat ihn besonders bekannt gemacht.

Smullyan, Raymond M. (geb. 1918 auf Long Island, New York); gehört zu den bekanntesten Logikern der USA. Mit zwölf Jahren verließ er die Schule, um im Selbststudium moderne Algebra und mathematische Logik zu lernen; seinen Lebensunterhalt verdiente er sich als Zauberer in Clubs und als Musiklehrer. 1955 wurde Smullyan von dem Philosophen Rudolf Carnap dem Darthmouth College als Professor für mathematische Logik empfohlen; inzwischen hat er an verschiedenen Universitäten der USA gewirkt und mehrere populärwissenschaftliche Logik-Bücher veröffentlicht, u. a. „Dame oder Tiger?", 1983; „Alice im Rätselland", 1984; „Simplicius und der Baum", 1985; „Spottdrosseln und Metavögel", 1986; „Logik-Ritter und andere Schurken", 1987.

Sokrates (469–399 v. Chr.); eine der markantesten Persönlichkeiten der Philosophiegeschichte. Er war Sohn eines Bildhauers und einer Hebamme und hat wohl auch selbst das Bildhauerhandwerk ausgeübt. Meistens hielt er sich aber diskutierend auf dem Athener Markt auf. Ohne eine Schule zu bilden, sammelte er um sich viele vor allem jüngere Männer aus dem Athener Adel; dadurch wurde sein Treiben den Vertretern der Demokratie verdächtig. Im Prozess verurteilte man ihn wegen Jugendverführung und Gotteslästerung zum Tode. Über seine Frau Xanthippe ist kaum etwas bekannt. Dass sie streitsüchtig gewesen sei und ihm das Leben zur Hölle gemacht habe, ist Legende.

Sophokles (497–406/05 v. Chr.); griechischer Tragiker. Nach seinem Vorgänger Aischylos erlebte die griechische Tragödiendichtung durch ihn ihren ersten großen Höhepunkt. Nicht alle seine Werke sind erhalten; die „Antigone" (aufgeführt 442) stellt den Konflikt zwischen göttlichen und menschlichen Gesetzen dar. Die Handlung wird durch Chorszenen erklärt und gedeutet.

Steiner, Rudolf (1861–1925); Begründer der Anthroposophie. Nach einem naturwissenschaftlichen Studium beschäftigte sich Steiner mit dem Lebenswerk Goethes und ließ sich dadurch anregen, eine eigene Weltanschauung zu entwickeln, die im Anschluss an Goethes Begriff der Gestalt das Leben des Menschen unter ganzheitlichen Aspekten sehen wollte. 1902 trat Steiner der „Theosophischen Gesellschaft" bei, die sich um ein vertieftes Verständnis des Religiösen bemühte und dabei Motive der Mystik übernahm. Nach der Trennung von dieser Gesellschaft gründete Steiner seine eigene anthroposophische Schule und verbreitete deren Thesen in einer Vielzahl von Vorträgen und in Büchern, wobei es ihm nicht nur um die Vermittlung theoretischer Überzeugungen, sondern auch um deren praktische Umsetzung, z. B. in Pädagogik (Waldorf-Schulen) und Medizin ging. Die anthroposophische Schule blieb nach Steiners Tod erhalten; in Dornach (Schweiz) schuf sie sich ein Zentrum mit einer Bühne für Mysterienspiele (Ausdruckstanz „Eurhythmie") und weiteren Einrichtungen; dort werden auch die Werke Steiners herausgegeben.

Theobald, D. W.; englischer Wissenschaftstheoretiker. Er studierte in Oxford und wurde dann Dozent für Chemie und Philosophie in Manchester. Außer mehreren Artikeln in naturwissenschaftlichen und philosophischen Fachzeitschriften schrieb er „An Introduction to the Philosophy of Science" (dt. 1973).

Tschuang-tschou (um 300 v. Chr.); einer der bekanntesten Dichter des klassischen China. Ein niederes Staatsamt, das er zunächst innehatte, gab er bald auf, um als freier Schriftsteller zu leben. In einer Zeit politisch-moralischer Krisen gelang es ihm, eine eigenständige Position einzunehmen, ohne sich einer der herrschenden Lehren (Taoismus und Konfuzianismus) anzuschließen.

Uexküll, Thure v. (geb. 1908); aus dem Baltikum stammender Arzt. Er habilitierte sich in München, wurde Professor in Gießen und 1967 in Ulm. Sein „Lehrbuch der psychosomatischen Medizin" (1979) gilt als Standardwerk. Neben seiner medizinischen Tätigkeit widmete er sich naturphilosophischen Fragestellungen.

Valentin, Karl (1882–1948); Münchener Volkssänger und Komiker. Er arbeitete an verschiedenen Bühnen und in Lokalen, gelegentlich auch beim Film. Seine zahlreichen Szenen und Dialoge, die er meist zusammen mit seiner Partnerin Liesl Karlstadt spielte, wurden auch außerhalb Münchens sehr bekannt, vor allem durch ihren Wortwitz und ihre oft skurrile Komik.

Weischedel, Wilhelm (1905–1975); Philosophieprofessor, zunächst in Tübingen, dann ab 1953 an der FU Berlin. Er schrieb ein zweibändiges Werk „Der Gott der Philosophen" (1971), in dem es ihm um eine philosophische Begründung der Theologie ging, die er selbst als eine zutiefst fragwürdige Sache empfand. Diese Fragwürdigkeit aber suchte er ernst zu nehmen und Gott als den eigentlichen Ursprung des Fragens überhaupt zu verstehen. Sehr bekannt wurde Weischedel durch sein popularphilosophisches Buch „Die philosophische Hintertreppe" (1975).

Weizenbaum, Joseph (geb. 1923 in Berlin); Philosoph und Computer-Wissenschaftler. 1933 musste er in die USA emigrieren, wo er seit 1963 als Professor für Computer-Science am Massachusetts Institute of Technology (MIT) wirkt. Sein ursprünglicher Optimismus hinsichtlich der Möglichkeiten, Sprachverständnis für

Computer zu programmieren, schlug ins krasse Gegenteil um, nachdem sein Programm ELIZA ihm deutlich gemacht hatte, dass ein Computer, der in sehr eingeschränkter Weise „sprechen“ kann, von etlichen Mitarbeitern des Instituts wie ein menschlicher Partner angesehen wurde. Weizenbaum wurde einer der engagiertesten Gegner des technokratischen Denkens, das seiner Meinung nach das Wesen des Menschen gefährdet. Auch in Deutschland bekannt wurde sein Buch „Die Macht der Computer und die Ohnmacht des Menschen“ (1976).

Wenzl, Aloys (1887–1967); zunächst Studienrat und ab 1938 Dozent für Mathematik, Physik und Philosophie in München, dann Entlassung aus politischen Gründen. Nach 1945 wurde Wenzl Professor an der Universität München; zeitweilig war er auch Staatsminister für Unterricht und Kultus. Seine zahlreichen Veröffentlichungen beschäftigen sich mit philosophischen Fragen der Naturwissenschaft.

Xenophanes von Kolophon (um 570–480 v. Chr.); griechischer Philosoph, der mit 25 Jahren seine ionische Heimat vor dem Ansturm der Meder verlassen musste und sich danach als fahrender Sänger durchschlug. Seine Kenntnis vieler verschiedener Kulturen und Völker brachte ihn dazu, die Relativität menschlicher Sitten und Denkweisen einzusehen, aber der Einfluss der milesischen Philosophie (Anaximander, Anaximenes) bewahrte ihn vor einem bloßen Relativismus und ließ ihn seine abstrakt-philosophische Gotteslehre entwerfen.

Xenophon (etwa 434–355 v. Chr.); griechischer Historiker, Philosoph und Feldherr. Er schloss sich im Jahre 401 einem Feldzug des Perserkönigs Kyros gegen dessen Bruder Artaxerxes II. an; dieser Feldzug endete in einer Katastrophe für die griechischen Söldner, aber es gelang Xenophon, den Rest seiner Truppen heil in die Heimat zurückzubringen („Anabasis“). In seiner Jugend hatte Xenophon engen Kontakt zu Sokrates, dem er später ein Erinnerungswerk („Memorabilien“) widmete. Es stellt die Persönlichkeit des Philosophen etwas nüchterner dar als etwa die frühen Dialoge Platons, ist aber auch nicht frei von Idealisierungen.

Zenon von Elea (etwa 490–430 v. Chr.); Schüler des Parmenides und Urheber der nach ihm benannten Paradoxe. Er gehört zu den ersten griechischen „Logikern“, die eine damals neue Kunst des dialektisch-formalen begrifflichen Denkens hervorbrachten. Wenn Zenon behauptet, so etwas wie Bewegung sei eigentlich undenkbar, versucht er nicht, gegen den Augenschein zu argumentieren, sondern macht die begrifflichen Schwierigkeiten der Bewegungsvorstellung deutlich. Es hat nicht an Versuchen gefehlt, Zenons Paradoxe aufzulösen; schon Aristoteles hat in seiner „Physik“ gewichtige Gegengründe genannt. Aber erst mit den von Leibniz im 17. Jahrhundert entwickelten mathematischen Methoden (Differenzialrechnung!) wurde es möglich, die Paradoxe Zenons aufzulösen.

Wichtige philosophische Fachausdrücke, die in diesem Band gebraucht werden

absolut: losgelöst, unabhängig von allen Bedingungen, Einschränkungen, Beziehungen (lat. absolvere = ablösen, freisprechen)

abstrakt, Abstraktion: Was „abstrakt“ ist, ist abgezogen von unmittelbar greifbaren Gegebenheiten (lat. abstrahere = wegziehen, abziehen). Gegenbegriff: „konkret“ (wörtl. „zusammengewachsen“).

Akzidenz: Eigenschaft (im Gegensatz zu „Substanz“)

Analyse: Auflösung, gedankliches Auseinandernehmen; Untersuchung; Gegenbegriff: „Synthese“

Antinomie: Widerspruch zwischen zwei vom Denken anerkannten Gesetzmäßigkeiten

a posteriori: im Nachhinein, aufgrund von Erfahrungen

a priori: von vornherein, vor aller Erfahrung

arché (archá): ein griechisches Wort, das ungefähr dem lateinischen „Prinzip“ entspricht und einen anfänglichen, elementaren Seinsgrund bezeichnet (vgl. „archaisch“, „Archäologie“)

Ästhetik: Lehre vom Schönen, Kunstphilosophie; das griechische Wort „aisthesis“ bezeichnet eigentlich die Wahrnehmung.

Attribut: Hinzufügung, Eigenschaftsbezeichnung

Deduktion: (logische) Herleitung; Gegenbegriff zu „Induktion“

Deskription: Beschreibung

Dialektik: ursprünglich eine Denkweise, die etwas durch-denkt (griech. dia = durch); Platon sah darin die Methode der Vernunft. Später wurde dieses Durchdenken als ein Arbeiten mit Gegensätzen verstanden; dialektisch ist ein Verfahren, das eine Sache von zwei einander scheinbar widersprechenden Gesichtspunkten aus betrachtet und die Widersprüche zu überwinden sucht (Hegel, Marx).

Dualismus: eine philosophische Position, für die es zwei grundsätzlich verschiedene Wirklichkeiten gibt, z. B. Leib und Seele oder sinnliche Wahrnehmungswelt und die Dinge selbst.

empirisch: erfahrungsgemäß. „Empirismus" heißt eine philosophische Richtung, die alle Erkenntnis nur aus der Erfahrung gewinnen will.

Ethik: Lehre vom Sittlichen, von den moralischen Grundsätzen menschlichen Handelns

Evidenz: unmittelbare Gewissheit. Evident ist etwas, wenn es ganz offensichtlich ist und nicht bewiesen werden muss.

Existenz: Im Allgemeinen versteht man darunter das Vorhandensein eines Dings. In der Existenzphilosophie wird der Begriff aber anders verwendet und auf die Seinsform des Menschen bezogen.

Idealismus: Meist wird darunter eine Haltung verstanden, in der jemand sein Streben auf hohe Ziele (Ideale) richtet. Im philosophischen Sinne ist „Idealismus" eine Denkweise, für die das eigentlich Wirkliche im Geistigen liegt (Gegensatz zum Materialismus).

immanent: eingeschlossen, einbegriffen. Immanent ist etwas, das in einer Sache liegt (Gegensatz zu „transzendent").

Induktion: wörtl. „Einführung"; Gegensatz zu „Deduktion"; ein Verfahren, das von Einzeltatsachen ausgeht und sie zu verallgemeinern sucht.

Intuition: Eingebung. Es können unmittelbare geistige Einsichten gemeint sein (wie etwa bei Descartes), aber auch mystische Erlebnisse durch höhere Offenbarung.

Logik: Lehre von den Formen richtigen bzw. schlüssigen Denkens

Materialismus: philosophische Richtung, für die alle Realität grundsätzlich auf stoffliche (materielle) Gegebenheiten zurückgeht (Gegensatz zum „Idealismus")

Metaphysik: wörtl.: das, was hinter der Physik kommt. Ursprünglich war der Begriff eine bibliothekarische Verlegenheitslösung; bei der Ordnung aristotelischer Schriften wurden etliche Texte ohne besondere Titel hinter die Physik-Vorlesungen des Aristoteles gestellt und mit der Sammelbezeichnung „Metaphysik" versehen (metá = hinter). Später erhielt der Begriff eine neue, inhaltliche Deutung: „Metaphysik" als Lehre von den grundlegenden Prinzipien des Seins und des Werdens.

mystisch: Bezeichnung für geheimnisvoll-irrationale Vorgänge, besonders für Erlebnisweisen, in denen sich ein intuitiver Zugang zu Gott, zum Ganzen der Welt bzw. der Natur eröffnet

Objekt: Gegenstand; besonders: Erkenntnisgegenstand

Ontologie: Seinslehre, Lehre vom Sein des Seienden. Sie versucht zu klären, was „das Sein" überhaupt ist.

Parádoxon: Widerspruch zwischen zwei als richtig erscheinenden Vorstellungen

Prinzip: das Erste, Grundlage, Anfang

Rationalismus: eine philosophische Position, für die alles Erkennen von der Tätigkeit der Vernunft ausgeht

Reflexion: wörtl.: Zurückbeugung. Gemeint ist das Überdenken dessen, was man tut oder was geschieht.

Relativismus: ein Standpunkt, nach dem Bestimmungen einer Sache nur immer in Bezug auf weitere Bedingungen oder Umstände gültig sein können (also nicht absolut genommen werden dürfen)

Subjekt: das erkennende (bzw. handelnde) Ich

Substanz: der Träger von Eigenschaften (Akzidentien)

Substrat: das, was übrigbleibt, wenn man eine Sache ihrer äußeren Bestimmungen entkleidet

Synthese: Zusammenfassung (Gegensatz zu „Analyse")

teleologisch: zielstrebig, zweckmäßig (von griech. télos = Ziel)

Theorie: gedanklicher Entwurf, der einen Erscheinungsbereich durch Sinn- und Kausalzusammenhänge zu erklären versucht. Eine Theorie kann deduktiv entwickelt werden oder sich auf Erfahrungen stützen, muss aber immer logisch aufgebaut und gut begründet sein, während Hypothesen vorläufige Annahmen zur Entwicklung von Theorien sind.

transzendental: vor der Erfahrung liegend. Eine „Transzendentalphilosophie" untersucht die Bedingungen, unter denen Erfahrung möglich ist (so z. B. Kant).

transzendent: über alle Erfahrung hinausgehend, d. h. empirisch nicht zu bestätigen